JN297080

国際環境法の
基本原則

International Law of the Environment :
Its Fundamental Principles

松井芳郎

東信堂

はじめに

　本書は、筆者の長年にわたる国際環境法研究の集大成……といったものでは、まったくない。国際法学会の古くからの友人なら、「松井さんが国際環境法？　中期高齢者の認知症が始まったのかな？」と、皮肉と同情が入り交じった笑みを浮かべることだろう。筆者は研究テーマについては浮気なたちで自他共に許す「総論屋」であり、実に多様な問題に広く浅く頭をつっこんできたが、国際環境法については国際法協会の「持続可能な発展の法的側面」委員会のメンバーとしてその一端に触れる機会を持ったに過ぎない。同協会の日本支部が筆者をこの委員に推薦していただいたのは、国際環境法に関する筆者の見識を買ってではなく、筆者が発展途上国の発展の問題についてはいくつかの関連論文を発表していたからだろうと推測する。

　それでは、なぜ本書をまとめることになったのか。これについては、明確なきっかけがある。立命館大学に赴任してから、その経緯は省略するが学部で「国際環境法」の講義を担当することになった。講義は後期の配当だったから、最初の年である2004年度の前期は相当の時間をその準備に充て、講義はそれなりに順調に進んでいるように見えた。ところが何度目かの講義で予防原則の話をした後で、学生がやってきて「予防原則」と「防止の義務」とはどう違うのかと質問する。正直に告白すると、先生はここでグッと詰まって苦し紛れに、そんなことはきみ、教科書（Sシリーズ『国際法』）に書いてあるから自分で調べたまえ、と政治家ばりの迷答弁で逃げる。素直な学生はそれで納

得して帰ったが、後で教科書を調べた先生は蒼白になる。「予防原則」と「防止の義務」とは違うと書いてあるが、どう違うかの説明がない！　くだんの学生は素直なだけではなくて真面目らしいから、次週の講義の時には、先生、教科書には説明がありませんでしたが、と言ってくるに違いない。筆者はこのような状況で、再び根拠のない迷答弁を繰り返す昨今の政治家ほど厚顔無恥ではないので、一週間を必死の勉強に充てて頭の中で何とか説明を組み立てた。ところが、当の学生は再質問に来なかった……。付言すれば、彼はその後も講義に出席し試験でもなかなかよい答案を書いたから、先生に愛想を尽かしたわけではなさそうである。

　この経験によって、学部学生相手の講義くらいは適当にという、教師にはあるまじき教育軽視の態度にお灸をすえられた筆者は、この年度の残りの期間だけでなく、次の2006年度の講義——本学では「国際環境法」は隔年講義である——に向けて、これまた慣れない法科大学院の講義準備以外の大部分の時間を国際環境法の勉強に充てることとなった。そしてこのような勉強を通じて、国際環境法のいくつかの問題について講義の必要を越えた関心を持つようになった、というわけである。どのような問題についてとくに関心を持ったかについては、本書をお読みいただければご理解いただけると思うのでここではおくとして、この勉強の過程で一点、気になったことがある。

　それは、国際環境法が国際法の一分野として確立するにつれて、この分野の専門家が無意識にせよ国際環境法を国際法全体から切り離された独自の世界と見る傾向を強めているのではないかということである。地球環境保全という実践的な目的への国際環境法学者のコミットメントには脱帽の他はないし、この分野の個々の制度や条約、理論などに関する学識においては、筆者はとても彼らに及ぶものではない。しかし正直に言えば、このような制度や条約、理論などの一般国際法における位置づけについて、不十分なあるいは不正確な説明が散見されるし、他方では、国際環境法が国際法一般に対して提起する興味深い問題が十分に認識されず、または十分に追求されていない場面にも出会うことがある。

　こうして筆者の浮気心がまたまたむずむずと頭をもたげ、国際環境法について一言申し上げたい気分になってきた。2006年度の講義を終える頃には、

二年度分の講義ノートがそれなりに整い、これをもとにすれば次回、2008年度の講義に間に合うように詳し目の教科書が作れるのではないかという、無謀な判断に達したのである。この判断は、確かに無謀だった。何よりも、それなりに納得がいく講義ノートのつもりだったが、活字にすることを目的にして手を入れ出すと、事実においても理論においても穴だらけであることが自覚された。構成については講義ノートに大きな手を加えていないのであるが、これらの穴を埋める作業だけで相当の時間を要し、結局刊行は2008年度の講義どころか、筆者の立命館大学における講義の最終年度である2010年度までずれ込むことになってしまった。

　このような出自からして当然のことながら、本書は「帯に短し、たすきに長し」である。構成は教科書的である――全12章のうちほぼ倍量ある2章は各2回分の講義に相当し、最終講義日は全体のまとめにあてると規定の15週（2単位）の講義に対応する――が、個々の説明は筆者の「一言申し上げたい気分」を反映して詳しすぎる箇所が少なくなく、学部の学生なら消化不良を起こすかも知れない。他方、体系書ないしは理論書として見るなら、欠落している論点や説明不足の結論が山積しているだけでなく、何よりも国際環境法を専攻してこなかった筆者として、思わぬ間違いを犯していたり、当該の分野では常識に属することを新発見のように騒ぎ立てている箇所もあるかも知れない。もしも本書に独自の存在意義を主張できる点があるとすれば、それは、国際環境法の個々の条約や理論ではなく、その基本原則を中心に議論したこと――それは実は、個々の条約や理論に関する筆者の知識が不足していることの反映でもあるが――、そしてそうすることによって、国際環境法を国際法全体の中に位置づける努力を行ったことだと言えようか。

　国際環境法についてはほとんどずぶの素人が一から始めたのであるから、本書の執筆に当たっては多くの人のご助力をいただいた。とてもすべての方のお名前を挙げることはできないが、以下の皆さんだけは逸することができない。まず、国際法協会の「持続可能な発展の法的側面」委員会に参加した段階で、国際環境法について手ほどきをしていただいたのは当時の名古屋大学法学部の同僚加藤久和教授である。同委員会では、報告者だったニコ・シュライバー教授を始め委員の皆さんとの討論から、多くの教えを受けた。国際

法一般については、Ｓシリーズ『国際法』——同書は国際環境法に独自の章をあてた日本の国際法教科書としては、初期のものである——の共同執筆の仲間との、刺激に満ちた討論をまず挙げなければならない。国際環境法に絞るなら、Ｓシリーズの仲間のうち田中則夫、薬師寺公夫、坂元茂樹の各教授の他、この分野で最近活躍がめざましい中堅の研究者である高村ゆかり、西村智朗両教授、そして名古屋時代からの友人である富岡仁教授に参加いただいて、国際環境法の条約集を作成する作業を進めており、この作業の過程における討論もきわめて有益だった。とりわけ西村智朗教授には本書の第一次稿を通読いただき、多くの貴重なご教示をいただいた。また京都の国際法研究会では、本書のうち三つの章について報告させていただき、多くのご批判やご意見をいただく機会を得た。しかしもちろん——このような場所での常套句ではあるが——、本書の不十分さや間違いの責任がもっぱら筆者にあることはいうまでもない。

　国際法学会の外側では、まず立命館大学法科大学院の教職員の皆さんのご配慮にお礼を申し上げなければならない。筆者は４年前にいささかの大手術を経験し、以後の経過は順調であるものの体力の衰えは否定できず——これが本書の執筆の遅れの一因である——、これを理由に院生・学生の教育や指導の手を抜いたことはないが、法科大学院に特有の雑用の多くについては免除いただくというご配慮を得た。このようなご配慮がなければ、本書の刊行自体がおぼつかなかっただけではなく、術後の回復もこれほど順調ではなかっただろう。術後の回復ということでは、病気の経験で生来のわがままを増した筆者を、なだめたりすかしたり脅したりしながら、献身的に世話をしてくれた妻喜久子にも、深く感謝しなければならない。本書は、このような感謝を込めて彼女に捧げられる。最後に、だが最少というわけではなく、ますます厳しさを増す出版事情の中で、教科書を大きくはみ出す本書の出版をお引き受けいただいた東信堂の下田勝司社長と、編集上の雑務を丁寧にこなしていただいた編集部の松井哲郎氏にも、お礼を申し上げなければならない。

　2010年3月、近づく春の足音を聞きながら、

松井　芳郎

目　次／国際環境法の基本原則

はじめに …………………………………………………… iii
略語表 ……………………………………………………… xv
条約・国際文書一覧 ……………………………………… xix
判例等一覧 ………………………………………………… lv
凡　例 ……………………………………………………… lxiii

第Ⅰ部　総　論　　　　　　　　　　　　　　　　3

第1章　国際環境法の概念と歴史 …………… 5

1. 国際環境法の概念 ……………………………………… 5
   (1) 「環境」とは何か？　5
   (2) 「国際環境法」の定義をめぐって　8
2. 国際環境法の発展 ……………………………………… 11
   (1) 時期区分の試み　11
   (2) 国際環境法の前史(19世紀後半〜1945年)　12
3. 国際環境法の萌芽期(1945年〜1972年) …………… 13
4. 画期としてのストックホルム会議(1972年) ……… 15
   (1) ストックホルム会議の背景と課題　15
   (2) 国際環境法の基礎づけ　17
   (3) 国連環境計画(UNEP)の設置　18
5. 国際環境法の形成と確立 ……………………………… 20
   (1) 国際環境法の形成期(1972年〜1992年)　20
   (2) 国際環境法の現段階：その確立期(1992年〜)　22

第2章　国際環境法の特徴 ……………………… 26

1. 国際環境法の背景 ……………………………………… 26
   (1) 社会的・経済的発展と環境保護の矛盾　26

(2) 科学技術の急速な発展　　　　　　　　27
　　(3)「分裂した世界」における統一した基準の必要性　29
  2. 国際環境法の成立形式 ………………………………32
　　(1) 国際法の伝統的な成立形式と国際環境法　32
　　(2) 枠組条約　　　　　　　　　　　　　　36
　　(3) いわゆる「ソフト・ロー」　　　　　　　38
  3. 行為体の多様化 ………………………………………43
　　(1) 国　家　　　　　　　　　　　　　　　43
　　(2) 国際機構　　　　　　　　　　　　　　45
　　(3) NGOs　　　　　　　　　　　　　　　　46
  4. 国際環境法上の義務の特徴 …………………………50
　　(1) 相互主義的な義務と対世的な義務　　　50
　　(2) 手段・方法の義務と結果の義務　　　　52

第Ⅱ部　国際環境法の基本原則　　　　　　55

第3章　「国際環境法の基本原則」とは何か …………57
  1.「国際環境法の基本原則」をめぐる議論 ……………57
　　(1) 法原則と法規則　　　　　　　　　　　57
　　(2) 国際環境法の基本原則　　　　　　　　59
  2. 領域使用の管理責任 …………………………………62
　　(1) 伝統的国際法における管轄権の配分と
　　　　領域使用の管理責任　　　　　　　　　62
　　(2) 領域使用の管理責任の法的地位　　　　64
　　(3) 古典的な領域使用の管理責任の越境環境
　　　　問題における限界　　　　　　　　　　67
  3. 領域使用の管理責任の現代的発展 …………………70
　　(1)「天然資源に対する永久的主権」、「人類の共同の財産」
　　　　および「人類の共通の関心事」　　　　70
　　(2) 国際公域の保護への拡大とその慣習法化　75
　　(3) その他の関連の発展　　　　　　　　　77

第4章　防止の義務 …………………………………81

1. 防止の義務の発展 ……………………………………… 81
2. 通報および情報の交換 ………………………………… 83
   - (1) 通報と情報交換の諸局面　83
   - (2) 緊急事態における通報と情報の交換　85
3. 通報および協議の義務 ………………………………… 88
   - (1) 協議の義務の意義　88
   - (2) 通報および協議の義務の内容　92
   - (3) 協議の義務と合意の必要性　94
4. 通報および協議の義務の法的地位 …………………… 96
   - (1) 協議の義務は慣習法上の義務か？　96
   - (2) 「相当の注意」義務の一環としての協議の義務　98

第5章　予防原則 ……………………………… 102

1. 予防原則の起源と定義 ………………………………… 102
   - (1) 予防原則の登場　102
   - (2) 予防原則の定義　103
   - (3) 予防原則と防止の義務　105
   - (4) 予防原則における挙証責任の転換？　108
2. 予防原則を規定する多数国間条約など ……………… 110
   - (1) 海洋環境の保護　110
   - (2) 大気の保護　113
   - (3) 有害廃棄物その他の危険物質　114
   - (4) 生物の種の保存　116
   - (5) 共有天然資源の利用　117
   - (6) 若干の検討　118
3. 予防原則が主張された国際裁判など ………………… 120
   - A　国際司法裁判所　120
     - (1) 核実験事件判決再検討要請事件命令　120
     - (2) ガブチコボ・ナジマロシュ計画事件判決　122
     - (3) ウルグアイ河岸パルプ工場事件　122

B　国際海洋法裁判所　　　　　　　　　　　　　123
　　　　(4)　みなみまぐろ事件暫定措置命令　　124
　　　　(5)　MOXプラント事件暫定措置命令　　125
　　　　(6)　ジョホール海峡埋め立て事件暫定措置命令　127
　　C　その他の裁判所および準司法機関　　　　128
　　　　(7)　WTO紛争解決機関　　　　　　　128
　　　　(8)　ヨーロッパ共同体司法裁判所　　129
　　　　(9)　若干の検討　　　　　　　　　　130
　4.　予防原則の法と政策 ……………………………… 135
　　　　(1)　予防原則の法的地位　　　　　　135
　　　　(2)　予防原則の政策的含意　　　　　140

第6章　持続可能な発展 ……………………………… 146

　1.「持続可能な発展」概念の形成 ………………………… 146
　　　　(1)　国連における「発展」概念の変遷　146
　　　　(2)「持続可能な発展」概念の成立　　149
　2.「持続可能な発展」の定義 ………………………………… 150
　　　　(1)　WCEDによる「持続可能な発展」の定義　150
　　　　(2)「持続可能な発展」の構成要素　　152
　　　　(3)　統合の原則　　　　　　　　　　155
　3.　国際法における「持続可能な発展」……………… 159
　　　　(1)　多数国間条約の規定　　　　　　159
　　　　(2)　国際裁判などの事例　　　　　　161
　4.　法原則としての「持続可能な発展」………………… 164
　　　　(1)「持続可能な発展」の法的性格　　164
　　　　(2)「持続可能な発展」の意義　　　　168

第7章　共通に有しているが差異のある責任 …… 171

　1.　はじめに ……………………………………………… 171
　2.「共通に有しているが差異のある責任」の根拠 …… 172
　　　　(1)　共通に有している責任　　　　　172

(2) 差異のある責任：二重の根拠　　　173
　3. 発展途上国に有利な「二重基準」…………… 177
　　(1) 実体的な権利・義務に差を設けるもの　　　177
　　(2) 実体規定の適用に時間差を設けるもの　　　179
　　(3) 「二重基準」への批判　　　180
　4. 発展途上国の持続可能な発展への援助 ………… 181
　　(1) 多数国間環境保護協定実施のための援助　　　182
　　(2) 持続可能な発展を目指す援助　　　184
　5. 生産消費様式の変更 ……………………………… 189
　6. まとめ：「共通に有しているが差異のある責任」の
　　原則の法的性格 ………………………………… 193

第8章　人権としての環境：国際法における環境権… 195

　1. 環境問題への人権からのアプローチ ………… 195
　2. 実体的権利としての環境権①：国際法における
　　環境権の主張 …………………………………… 197
　　(1) 国内法における環境権　　　197
　　(2) 「第三世代の人権」としての環境権の主張　　　199
　　(3) 環境権を規定する国際文書　　　201
　　(4) 先住人民の権利としての環境権　　　204
　3. 実体的権利としての「環境権」②：環境問題への
　　人権条約の適用 ………………………………… 207
　　(1) ヨーロッパ人権条約　　　207
　　(2) ヨーロッパ社会憲章　　　211
　　(3) 自由権規約　　　212
　　(4) 米州人権宣言および人権条約　　　215
　4. 環境権の手続的保障 …………………………… 216
　　(1) 環境情報へのアクセスの権利　　　217
　　(2) 環境に関する政策決定への参加：
　　　　環境影響評価を中心に　　　219
　　(3) 司法その他の手続へのアクセス　　　226

5. まとめ：環境権の意義と限界 …………………… 230

第9章　環境保護と自由貿易 …………………… 236

1. はじめに ……………………………………… 236
2. ガット・WTOの自由貿易体制と環境保護 ……… 237
   - (1) ガット・WTOの仕組み　　　　　　237
   - (2) 自由貿易と環境保護の相互関係　　　238
   - (3) WTOの紛争解決と「貿易と環境」紛争　240
3. 多数国間環境保護協定と自由貿易 …………… 243
   - (1) 多数国間環境保護協定が規定する貿易制限措置　243
   - (2) 多数国間環境保護協定の貿易制限措置と
     GATTとの調整　　　　　　　　　　244
   - (3) ガット・WTOにおける問題の検討　246
   - (4) 「貿易と環境」紛争のフォーラムとしての小委員会
     ―上級委員会手続の適格性　　　　　248
4. 環境保護を掲げる一方的措置と自由貿易：
   小委員会―上級委員会の対応 ………………… 250
   - A　ガットの時代　　　　　　　　　　250
     - (1) カナダ―未加工のニシンおよびサケ　250
     - (2) タイ―タバコ　　　　　　　　　　251
     - (3) 米国―マグロ／イルカI　　　　　251
     - (4) 米国―マグロ／イルカII　　　　　252
   - B　WTOになってから　　　　　　　　252
     - (5) 米国―調製ガソリン　　　　　　　252
     - (6) 米国―エビ／カメI　　　　　　　253
     - (7) EC―アスベスト　　　　　　　　254
     - (8) 米国―エビ／カメ(21条5)　　　　254
     - (9) まとめ：小委員会―上級委員会の判断は
       どのように変化したか　　　　　　255
5. 環境保護を掲げる一方的な貿易措置の適切性：
   まとめに代えて ………………………………… 256

第10章　武力紛争における環境の保護……………260

1. はじめに …………………………………………… 260
2. 武力紛争時において多数国間環境保護協定は
   どこまで適用されるか？ ………………………… 262
   (1) 武力紛争が条約に及ぼす効果　262
   (2) 武力紛争時における多数国間環境保護協定の適用　263
3. 環境保護に適用される武力紛争法 ……………… 266
   (1) 「武力紛争時における環境の保護に関する
       軍事教範および訓令のための指針」　266
   (2) 環境保護のために適用可能な武力紛争法の基本原則　267
   (3) とくに環境保護を目的とする武力紛争法の諸条約　272
4. 武力紛争時の環境破壊による責任 ……………… 276
   (1) 民事責任　276
   (2) 刑事責任　278
5. まとめ ……………………………………………… 280

第Ⅲ部　国際環境法の適用　283

第11章　環境損害被害者の救済……………………285

1. はじめに：被害者救済の諸形態 ………………… 285
2. 伝統的な救済の手段：国家間請求による救済 … 287
   (1) 国際法における「越境環境損害」①：個人の損害　287
   (2) 国際法における「越境環境損害」②：国の損害　290
   (3) 国家間における救済請求とその手続的限界　292
3. 改革の諸提案 ……………………………………… 294
   (1) 無過失責任の主張　294
   (2) ILCによる法典化の試み　296
4. 国際公域に生じた環境損害への対処 …………… 299
5. 国内法を通じた救済 ……………………………… 301
   (1) 越境環境事件における国際私法規則の適用　301

(2) 平等なアクセスと無差別の原則　　　303
　　　(3) 民事賠償責任条約　　　305
　6. 誰が負担するのか？：「汚染者負担の原則」……308
　　　(1) 経済原則としての「汚染者負担の原則」　　　308
　　　(2) 国際法における「汚染者負担の原則」　　　310

第12章　多数国間環境保護協定の遵守確保と紛争解決…………………………………314

　1. はじめに………………………………………314
　2. 国家報告制度と締約国会議………………315
　　　(1) 国家報告制度　　　315
　　　(2) 締約国会議　　　316
　3. 遵守手続………………………………………320
　　　(1) 遵守手続とその目的　　　320
　　　(2) 手続の発動　　　321
　　　(3) 遵守機関の組織と活動　　　322
　　　(4) 不遵守に対する措置　　　325
　　　(5) 遵守手続の性格　　　328
　4. 対抗措置と紛争解決…………………………331
　　　(1) 条約の運用停止と対抗措置　　　331
　　　(2) 紛争解決条項　　　333
　　　(3) 遵守手続と紛争解決手続との関係　　　337
　5. まとめ：遵守手続の評価をめぐって………340

補遺：ICJ・ウルグアイ河岸パルプ工場事件判決について…………………………………343

　参考文献一覧……………………………………347
　事項索引…………………………………………385
　人名索引…………………………………………394

◎装幀　桂川　潤

略語表

AJIL：*American Journal of International Law*
AOSIS：Alliance of Small Island States（小島嶼国連合）
ASEAN：Association of Southeast Asian Nations（東南アジア諸国連合）
ASIL Proc.：*American Society of International Law Proceedings*

BSE：Bovine spongiform encephalopathy（牛海綿状脳症；狂牛病）
BSID：GATT, *Basic Instruments and Selected Documents*
BYIL：*British Yearbook of International Law*

CBD：Convention on Biological Diversity（生物多様性条約）
CCD：Conference of the Committee on Disarmament（軍縮委員会会議）
CCPR：International Covenant on Civil and Political Rights（自由権規約）
CDM：Clean Development Mechanism（クリーン開発メカニズム。公定訳では「低排出型の開発の制度」）
CEC：Commission for Environmental Cooperation（環境協力委員会）
CETS：*Council of Europe Treaty Series*（ヨーロッパ評議会条約集）
CITES：Convention on International Trade in Endangered Species of World Fauna and Flora（ワシントン野生動植物取引規制条約）
COE：Council of Europe（ヨーロッパ評議会）
Colo. J. Int'l Envtl L. & Pol'y：*Colorado Journal of International Environmental Law and Policy*
COP：Conference of the Parties（締約国会議）
COP/MOP：Conference of the Parties serving as the Meeting of the Parties to the Protocol（議定書の締約国の会合としての役割を果たす締約国会議）
CSD：Commission on Sustainable Development（持続可能な発展に関する委員会）
CTE：Committee on Trade and Environment（貿易と環境に関する委員会）

EC：European Communities（1992年のマーストリヒト条約以前）／European Community（同条約以降）（欧州共同体）
ECHR：European Court of Human Rights（ヨーロッパ人権裁判所）

ECHR *Publications*, Ser. A：*Publications of the European Court of Human Right*, Series A: *Judgments and Decisions.*
ECHR *Reports*：*Reports of Judgments and Decisions of the European Court of Human Right*
ECOSOCOR：Economic and Social Council, *Official Records*
EEC：European Economic Community(ヨーロッパ経済共同体)
EEZ：Exclusive Economic Zone(排他的経済水域)
EIA：Environmental impact assessment(環境影響評価)
EJIL：*European Journal of International Law*
Envtl Pol'y & L.：*Environmental Policy and Law*
EPIL：Bernhardt, Rudolf, ed., *Encyclopedia of Public International Law*, published under the auspices of the Max Planck Institute for Comparative Public Law and International Law, 12 Vols, North-Holland, 1981-1990
EU：European Union(ヨーロッパ連合)

FAO：Food and Agriculture Organization(国際連合食糧農業機関)

GAOR：United Nations, General Assembly, *Official Records*
GATT：General Agreement on Tariffs and Trade(関税及び貿易に関する一般協定：条約を示す場合にはGATTを、そのもとで形成されてきた一種の国際機構を示すときには「ガット」を略称として用いる。)
GEF：Global Environment Facility(地球環境ファシリティ：公定訳は「地球環境基金」)
Geo. Int'l Envtl L. Rev.：*Georgetown International Environmental Law Review*
GNP：Gross National Product(国民総生産)
GYIL：*German Yearbook of International Law*

Harv. Int'l L. J.：*Harvard International Law Journal*

IAEA：International Atomic Energy Agency(国際原子力機関)
ICC：International Chamber of Commerce(国際商業会議所)
ICC：International Criminal Court(国際刑事裁判所)
ICJ：International Court of Justice(国際司法裁判所)
ICLQ：*International and Comparative Law Quarterly*
ICRC：International Committee of the Red Cross(赤十字国際委員会)
IUCN：International Union for Conservation of Nature and Natural Resources(国際自然保護連合：現在の名称はWorld Conservation Union。)
ILA：International Law Association(国際法協会)

ILC：International Law Commission（国際法委員会）
ILM：International Legal Materials
ILO：International Labour Organization（国際労働機関）
IMO：International Maritime Organization（国際海事機関：旧名称は政府間海事協議機関（Intergovernmental Maritime Consultative Organization: IMCO）。）
Int'l J. Marine & Coastal L：International Journal of Marine and Coastal Law（formerly, *Int'l J. Estuarine & Coastal L：International Journal of Estuarine and Coastal Law*）
Int'l Org.：International Organization
IPCC：Intergovernmental Panel on Climate Change（気候変動に関する政府間パネル）
IRENA：International Renewable Energy Agency（国際再生可能エネルギー機関）
ITLOS：International Tribunal for the Law of the Sea（国際海洋法裁判所）

J. Envtl L.：Journal of Environmental Law
JWT：Journal of World Trade

Max Planck UNYB：Max Planck Yearbook of United Nations Law
MEAs：Multilateral Environmental Agreements（多数国間環境保護協定）
MOP：Meeting of the Parties（締約国会合）

NAAEC：North American Agreement on Environmental Cooperation（北米環境協力協定）
NAFTA：North American Free Trade Agreement（北米自由貿易協定）
NGOs：non-governmental organizations（国連憲章71条の公定訳では「民間団体」であるが、「非政府機構／組織」と訳すことが多い。）
NYIL：Netherlands Yearbook of International Law

OAU：Organization of African Unity（アフリカ統一機構：2002年にアフリカ連合（African Union: AU）に改組された。）
ODA：Official Development Assistance（政府開発援助）
OECD：Organization for Economic Co-operation and Development（経済協力開発機構）

PCIJ：Permanent Court of International Justice（常設国際司法裁判所）
PCA：Permanent Court of Arbitration（常設仲裁裁判所）

RdC：Recueil des cours de l'Academie de droit international de La Haye
RECIEL：Review of European Community and International Environmental Law
RGDIP：Revue Générale de Droit International Public

SEA：Strategic Environmental Assessment（戦略的環境影響評価）
Stan. J. Int'l L.：*Stanford Journal of International Law*

UNCC：United Nations Compensation Commission（国際連合賠償委員会）
UNCED：United Nations Conference on Environment and Development（国際連合環境発展会議；リオ会議）
UNCLOS：United Nations Convention on the Law of the Sea（国際連合海洋法条約）
UNCTAD：United Nations Conference on Trade and Development（国際連合貿易開発会議）
UNDP：United Nations Development Programme（国際連合開発計画）
UNECE：Economic Commission for Europe（国際連合ヨーロッパ経済委員会）
UNEP：United Nations Environmental Programme（国際連合環境計画）
UNESCO：United Nations Educational, Scientific and Cultural Organization（国際連合教育科学文化機関）
UNFCCC：United Nations Framework Convention on Climate Change（国際連合気候変動枠組条約）
UNRIAA：United Nations, *Reports of International Arbitral Awards*（国際連合仲裁裁定集）
UNTS：*United Nations Treaty Series*（国際連合条約集）

Va. J. Int'l L.：*Virginia Journal of International Law*

WCED：World Commission on Environment and Development（環境と発展に関する世界委員会）
WHO：World Health Organization（世界保健機関）
WMO：World Meteorological Organization（世界気象機関）
WSSD：World Summit on Sustainable Development（持続可能な発展に関する世界サミット；ヨハネスブルグ・サミット）
WTO：World Trade Organization（世界貿易機関）
WWF：World Wildlife Fund（世界野生生物基金）

Yale J. Int'l L.：*Yale Journal of International Law*
YbIEL：*Yearbook of International Environmental Law*
YbILC：*Yearbook of International Law Commission*

ZaöRV：*Zeitshrift für ausländisches öffentliches Recht und Völkerrecht*

条約・国際文書一覧

[1902年]

農業に有益な鳥類の保護に関する条約（Convention for the Protection of Birds useful to Agriculture）：1902年3月19日採択；1908年4月20日発効（Parry, Clive, ed., 191 *Consolidated Treaty Series*, 91（1902）Oceana） ……………………………………12

[1907年]

ハーグ陸戦条約（陸戦ノ法規慣例ニ関スル条約：Convention Respecting the Laws and Customs of War on Land）：1907年10月18日署名；1910年1月26日発効（2 *AJIL Supplement* 90（1908））；日本国・明治45年条約4号
 前文 ……………………………………………………………… 269, 271
 3条 ………………………………………………………………………… 276

ハーグ陸戦規則（陸戦ノ法規慣例ニ関スル規則：Regulations Respecting the Laws and Customs of War on Land）：同上条約附属書 ……………………… 268, 276

ハーグ海軍砲撃条約（戦時海軍力ヲ以テスル砲撃ニ関スル条約：Convention Concerning Bombardment by Naval Forces in Time of War）：1907年10月18日署名；1910年1月26日発効（2 *AJIL Supplement* 46（1908））；日本国・明治45年条約9号
………………………………………………………………………………… 276

自動触発海底水雷ノ敷設ニ関スル条約（Convention Relative to the Laying of Automatic Submarine Contact Mines）：1907年10月18日署名；1910年1月26日発効（2 *AJIL Supplement* 138（1908））；日本国・明治45年条約8号
………………………………………………………………………………… 275

[1909年]

米加境界水域条約（米国とカナダの間の境界水域に関する米国及び英国の間の条約：Treaty Between the United States and Great Britain Respecting Boundary Waters Between the United States and Canada）：1909年1月11日署名；1910年5月5日発効（4 *AJIL Supplement* 239（1910）） ………………………………………13

[1925年]

ジュネーヴ・ガス議定書（窒息性ガス、毒性ガス又はこれらに類するガス及び細菌学的手段の戦争における使用の禁止に関する議定書：Protocol for the Prohibition

of the Use in War of Asphyxiating, Poisonous or Other Gases, and of Bacteriological Methods of Warfare)：1925年6月17日 署名；1928年2月8日 発効（44 *League of Nations Treaty Series* 65）；日本国・昭和45年条約4号
.... 270

[1944年]

国際民間航空条約（Convention on International Civil Aviation）：1944年12月7日作成；1947年4月4日発効（15 *UNTS* 295）；日本国・昭和28年条約21号
.... 66

[1945年]

国連憲章（国際連合憲章：Charter of the United Nations）：1945年6月26日署名；1945年10月24日発効（1 *UNTS* xvi）；日本国・昭和31年条約26号
 1条3 .... 13, 146
 2条4 277
 13条 13
 55条 13, 146-147, 151
 62条 13
 71条 47, 49

国際司法裁判所規程（Statute of the International Court of Justice）：1945年6月26日署名；1945年10月24日発効（1 *UNTS* xvi）；日本国・昭和29年条約2号
 26条1 335
 38条1 .... 32, 34-35, 136, 243
 41条 132

[1946年]

国際捕鯨取締条約（International Convention for the Regulation of Whaling）：1946年12月2日署名；1948年11月10日発効（161 *UNTS* 72）；日本国・昭和26年条約2号
.... 13, 37, 160, 316

[1947年]

1947年のGATT（関税及び貿易に関する一般協定：General Agreement on Tariffs and Trade）：1947年10月30日採択；1948年1月1日暫定適用（55 *UNTS* 194; 55 *UNTS* 308）；日本国・昭和30年条約13号（加入議定書）
 前文 237
 I条 238, 244, 253

II条 …………………………………………………………………… 238
　　III条 …………………………………………………… 238, 244, 250, 252-255
　　XI条 ………………………………………………… 163, 238, 244, 250, 254
　　XI条1 ……………………………………………………………………… 252
　　XIII条………………………………………………………………… 238, 244, 254
　　XX条 ……………………………………………………………… 163, 245, 255-257
　　XX条柱書き ……………………………………………………………… 164, 254
　　XX条(b) ……………………………………………………… 238, 250, 252-253
　　XX条(g) ……………………………………………… 163, 238, 250, 252-253
　　XXII条 ………………………………………………………………………88, 241
　　XXIII条 ……………………………………………………………………… 241
　　XXVIII条2 ……………………………………………………………………… 238

[1948年]

米州人権宣言(人の権利及び義務に関する米州宣言：American Declaration of the Rights and Duties of Man)：1948年5月2日採択 …………………………………… 215

世界人権宣言(Universal Declaration on Human Rights)：1948年12月10日採択(総会決議217A(III)) ……………………………………………………………………60

[1949年]

NATO条約(北大西洋条約：North Atlantic Treaty)：1949年4月4日署名；1949年8月24日発効(43 *AJIL Supplement* 159(1949)) ……………………………………………88

1949年ジュネーヴ文民条約(戦時における文民の保護に関する1949年8月12日のジュネーヴ条約(第IV条約)：Geneva Convention Relative to the Protection of Civilian Persons in Times of War of August 12, 1949)：1949年8月12日採択；1950年10月21日発効(75 *UNTS* 287)；日本国・昭和28年条約26号
　　………………………………………………………………………… 268-269, 279

[1950年]

ヨーロッパ人権条約(人権及び基本的自由の保護のための条約：Convention for the Protection of Human Rights and Fundamental Freedoms)：1950年11月4日署名；1953年9月3日発効(*CETS* No.005; 213 *UNTS* 221)
　　……………………………………………………………………… 201, 207-211
　　2条…………………………………………………………………………… 210
　　6条1 …………………………………………………………………………… 209
　　8条 …………………………………………………………… 207-209, 211, 217

10条 ･･･ 210
　　　10条1 ･･ 217
　　　13条 ･･･ 209
　　　14条 ･･･ 211
　　　第1議定書1条 ･･･ 210-211

[1952年]

北太平洋公海漁業条約(International Convention on the High Seas Fisheries of the North Pacific Ocean)：1952年5月9日署名；1953年6月12日発効(205 *UNTS* 65)；日本国・昭和28年条約1号 ･･ 37, 264

[1954年]

海洋油汚染防止条約(1954年の油による海水の汚濁の防止のための国際条約：International Convention for the Prevention of Pollution of the Sea by Oil)：1954年5月12日署名；1958年7月26日発効(327 *UNTS* 3)；日本国・昭和29年条約18号 ･･ 20, 66, 264

文化財保護条約(武力紛争の際の文化財の保護に関する条約：Convention for the Protection of Cultural Property in the Event of Armed Conflict)：1954年5月14日採択；1956年8月7日発効(249 *UNTS* 240)；日本国・平成19年条約10号 ･･ 276

同〔第1〕議定書(武力紛争の際の文化財の保護に関する議定書：Protocol for the Protection of Cultural Property in the Event of Armed Conflict)：採択・発効は同上 ･･･ 276

[1957年]

ヨーロッパ経済共同体設置条約(EEC設置条約)(ヨーロッパ経済共同体を設置する条約：Treaty Establishing the European Economic Community)：1957年3月25日署名；1958年1月1日発効(数次の改訂・改称を経て2007年のリスボン条約によりEU運営条約となるが、途中の改正経過は省略する。)

先住民及び種族民条約(ILO107号条約)(独立国における先住民及びその他の種族民並びに亜種族民の保護及び統合に関する条約：Convention on the Protection and Integration of Indigenous and Other Tribal and Semi-Tribal Populations in Independent Countries)：1957年6月26日採択；1959年6月2日発効(328 *UNTS* 247: ILO169号条約発効に伴い失効) ･･････････････････････････････ 205

[1958年]

領海条約（領海及び接続水域に関する条約：Convention on the Territorial Sea and the Contiguous Zone）：1958年4月29日署名；1964年9月10日発効（516 *UNTS* 205）；日本国・昭和43年条約11号 ·· 14, 85

公海条約（公海に関する条約：Convention on the High Seas）：1958年4月29日署名；1962年9月30日発効（450 *UNTS* 11）；日本国・昭和43年条約10号
 ··· 14
  2条 ··· 61
  5条1 ·· 66, 69
  6条1 ·· 66

大陸棚条約（大陸棚に関する条約：Convention on the Continental Shelf）：1958年4月29日署名；1964年6月10日発効（499 *UNTS* 311） ·· 14

漁業及び公海の生物資源の保存に関する条約（Convention on Fishing and Conservation of the Living Resources of the High Seas）：1958年4月29日署名；1966年3月20日発効（559 *UNTS* 285） ·· 14, 160

[1959年]

南極条約（Antarctic Treaty）：1959年12月1日署名；1961年6月23日発効（402 *UNTS* 71）；日本国・昭和36年条約5号 ····································· 21, 86, 220, 264, 300, 316

[1960年]

日米安保条約（日本国とアメリカ合衆国との間の相互協力及び安全保障条約：Treaty of Mutual Cooperation and Security between Japan and the United States of America）：1960年1月19日署名；1960年6月23日発効；日本国・昭和35年条約6号
 ··· 88

原子力第三者賠償責任条約（パリ条約）（Convention on Third Party Liability in the Field of Nuclear Energy）：1960年7月29日採択；1968年4月1日発効（956 *UNTS* 251） ··· 14

OECD設立条約（経済協力開発機構設立条約：Founding Convention of the Organisation for Economic Cooperation and Development）：1960年12月14日採択；1961年9月30日発効（888 *UNTS* 179）；日本国・昭和39年条約7号

[1961年]

ヨーロッパ社会憲章（European Social Charter）：1961年10月18日署名；1965年2月26日発効（*CETS* No.:035） ··· 201, 211-212

[1962年]

原子力船運航者賠償責任条約(Convention on the Liability of Operators of Nuclear Ships)：1962年3月25日採択；未発効(57 *AJIL* 268) ······················14

天然資源に対する永久的主権(Permanent Sovereignty over Natural Resources)：1962年12月14日採択(国連総会決議1803(XVII)；2 *ILM* 223(1963))
······················ 15, 70, 148

経済発展と自然保全(Economic development and the conservation of nature)：1962年12月18日採択(国連総会決議1831(XVII)) ······················ 148

[1963年]

1963年IAEAウィーン条約(原子力損害の民事賠償責任に関する条約：Convention on Civil Liability for Nuclear Damage)：1963年5月29日採択；1977年11月12日発効(1063 *UNTS* 265) ······················14

[1964年]

宇宙活動法原則宣言(宇宙空間の探査及び利用における国家活動を律する法的原則の宣言：Declaration of Legal Principles Governing the Activities of States in the Exploitation and Use of Outer Space)：1963年12月13日採択(国連総会決議1962(XVIII)) ······················ 294

[1966年]

社会権規約(経済的、社会的及び文化的権利に関する国際規約：International Covenant on Economic, Social and Cultural Rights)：1966年12月16日採択；1976年1月3日発効(国連総会決議2200A(XXI)附属書；999 *UNTS* 3；6 *ILM* 360)；日本国・昭和54年条約6号 ······················ 195, 200

自由権規約(市民的及び政治的権利に関する国際規約：International Covenant on Civil and Political Rights)：1966年12月16日採択；1976年3月23日発効(国連総会決議2200A(XXI)附属書；999 *UNTS* 171；6 *ILM* 368)；日本国・昭和54年条約7号
······················ 195-196, 212-215
    1条 ······················ 213
    2条 ······················ 42
    6条1 ······················ 214
    14条 ······················ 304
    19条1 ······················ 217
    26条 ······················ 304

27条 ·· 204, 213-214
自由権規約第1選択議定書(市民的及び政治的権利に関する国際規約の〔第1〕選択
　議定書：Optional Protocol to the International Covenant on Civil and Political
　Rights)：1966年12月16日採択；1976年3月23日発効(国連総会決議2200A(XXI)
　附属書；999 *UNTS* 171 ; 6 *ILM* 383) ·· 212

宇宙条約(月その他の天体を含む宇宙空間の探査及び利用における国家活動を律す
　る原則に関する条約：Treaty on Principles Governing the Activities of States in
　the Exploitation and Use of Outer Space, including the Moon and Other Celestial
　Bodies) 1966年12月19日採択；1967年10月10日発効(国連総会決議2222(XXI)附
　属書；6 *ILM* 386(1967))；日本国・昭和42年条約19号
　·· 295

[1968年]

テヘラン宣言(Proclamation of Teheran, Final Act of the International Conference on
　Human Rights)：1968年5月13日採択(A/CONF.32/41) ··························· 148
民事及び商事に関する裁判管轄並びに判決執行に関する条約(European Communities
　Convention on Jurisdiction and Enforcement of Judgments in Civil and Commercial
　Matters)：1968年9月27日作成；1973年2月1日発効(8 *ILM* 229(1969))
　·· 302
人間環境の諸問題(Problems of the Human Environment)：1968年12月3日採択(国連
　総会決議2398(XXIII)) ···16

[1969年]

条約法条約(条約法に関するウィーン条約：Vienna Convention on the Law of
　Treaties)：1969年5月23日採択；1980年1月27日発効(1155 *UNTS* 331 ; 8 *ILM* 679
　(1969))；日本国・昭和56年条約16号
　　前文 ·· 245, 262
　　2条1 ·· 32
　　5条 ·· 319
　　26条 ·· 245, 306
　　30条 ·· 245
　　31条 ·· 242, 263
　　31条1 ·· 166
　　31条3 ·· 164, 166-167, 242
　　32条 ·· 242, 263

34条 ………………………………………………………………… 245
40条 ………………………………………………………………… 318
41条 ………………………………………………………………… 245
58条 ………………………………………………………………… 245
60条 ………………………………………………………………… 333
60条2 ………………………………………………………………… 331
73条 ………………………………………………………………… 262

米州人権条約(人権に関する米州条約：American Convention of Human Rights)：1969年11月22日採択；1978年7月18日発効(1144 *UNTS* 123；9 *ILM* 99(1970)) ……………………………………………………………… 215, 217

油汚染損害民事賠償責任条約(油による汚染損害についての民事責任に関する国際条約：International Convention on Civil Liability for Oil Pollution Damage)：1969年11月29日採択；1975年6月19日発効(973 *UNTS* 3)；日本国・昭和50年条約9号 ……………………………………………………………………… 16

油汚染事故介入権条約(油による汚染を伴う事故の場合における公海上の措置に関する国際条約：International Convention Relating to Intervention on the High Seas in Cases of Oil Pollution Damage)：1969年11月29日採択；1975年5月6日発効(9 *ILM* 25(1970))；日本国・昭和50年条約6号 ……………… 16, 80, 103

社会進歩及び発展に関する宣言(Declaration on Social Progress and Development)：1969年12月11日採択(国連総会決議2542(XXIV)) …………………… 148

化学兵器及び細菌(生物)兵器の問題(Question of chemical and bacteriological (biological) weapons)：1969年12月16日採択(国連総会決議2603A(XXIV)) ……………… 270

[1970年]

友好関係原則宣言(国際連合憲章に従った諸国間の友好関係と協力に関する国際法の諸原則についての宣言：Declaration on Principles of International Law concerning Friendly Relations and Cooperation between States in accordance with the Charter of the United Nations)：1970年10月24日採択(国連総会決議2625(XXV)附属書) ……………………………………………………… 41, 60, 83

深海底を律する原則宣言(国の管轄権の及ぶ区域の境界の外の海底及びその地下を律する原則宣言：Declaration of Principles Governing the Sea-Bed and the Ocean Floor, and the Subsoil Thereof, Beyond the Limits of National Jurisdiction)：1970年12月17日採択(国連総会決議2749(XXV)；10 *ILM* 220(1971))
……………………………………………………………………… 15, 72

[1971年]

ラムサール条約(特に水鳥の生息地として国際的に重要な湿地に関する条約: Convention on Wetlands of International Importance especially as Waterfowl Habitat): 1971年2月2日作成; 1975年12月21日発効(996 *UNTS* 245); 日本国・昭和55年条約28号 89, 182, 221

油汚染損害賠償基金条約(油による汚染損害の補償のための国際基金の設立に関する国際条約: International Convention on the Establishment of an International Fund for Compensation for Oil Pollution Damage): 1971年12月18日採択; 1978年10月16日発効(11 *ILM* 284(1972)); 日本国・昭和53年条約18号

発展と環境(Development and Environment): 1971年12月20日採択(国連総会決議2849(XXVI)) 64

[1972年]

1972年オスロ条約(船舶及び航空機からの投棄による海洋汚染の防止に関する条約: Convention for the Prevention of Marine Pollution by Dumping from Ships and Aircraft): 1972年2月15日採択; 1974年4月7日発効(932 *UNTS* 3)(OSPAR条約の発効に伴い、これと置き換え。) 111

宇宙損害賠償条約(宇宙物体により引き起こされる損害についての国際的責任に関する条約: Convention on International Liability for Damage Caused by Space Objects): 1972年3月29日採択; 1972年9月1日発効(961 *UNTS* 187); 日本国・昭和58年条約6号 290, 295, 299

生物兵器禁止条約(細菌兵器(生物兵器)及び毒素兵器の開発、生産及び貯蔵の禁止並びに廃棄に関する条約: Convention on the Prohibition of the Development, Production and Stockpiling of Bacteriological(Biological)and Toxic Weapons, and on their Destruction): 1972年4月10日採択; 1975年3月28日発効(1015 *UNTS* 163); 日本国・昭和57年条約6号 270

ストックホルム宣言(人間環境宣言とも略称)(Declaration of the United Nations Conference on the Human Environment): 1972年6月16日採択(A/CONF.48/14/Rev.1 and Corr.1; 11 *ILM* 1416(1972))
.... 6, 17-18, 39, 41, 43, 45, 51, 157
 前文1項 6, 195
 前文3項 6
 前文4項 17, 27, 149
 前文5項 7
 前文7項 45

原則1 ··· 6, 149, 201
原則2 ··· 6, 149
原則7 ··· 41
原則11 ··· 43
原則13 ··· 43, 149, 157
原則14 ··· 43, 149, 157
原則17 ··· 43
原則20 ··· 83
原則21 ··· 18, 41, 50, 57, 65-66, 70, 75, 153
原則22 ··· 18
原則23 ··· 18
原則24 ··· 18, 82

ユネスコ世界遺産保護条約(世界の文化遺産及び自然遺産の保護に関する条約：Convention for the Protection of the World Cultural and Natural Heritage)：1972年11月16日採択；1975年12月17日発効(11 *ILM* 1358(1972))；日本国・平成4年条約7号 ··· 6-7, 53, 72, 159, 182, 264

国際連合人間環境会議(United Nations Conference on the Human Environment)：1972年12月15日採択(国連総会決議2994(XXVII)) ··· 19

環境分野における諸国間の協力(Co-operation between States in the field of environment)：1972年12月15日採択(国連総会決議2995(XXVII)) ··· 76

環境に関する国の国際責任(International responsibility of States in regard to the environment)：1972年12月15日採択(国連総会決議2996(XXVII)) ··· 65

国際環境協力のための制度上及び財政上の取り決め(Institutional and Financial Arrangements for International Environmental Cooperation)：1972年12月15日採択(国連総会決議2997(XXVII)；12 *ILM* 433(1973)) ··· 18

環境事務局の所在(Location of the Environment Secretariat)：1972年12月15日採択(国連総会決議3004(XXVII)) ··· 18

ロンドン海洋投棄条約(廃棄物その他の物の投棄による海洋汚染の防止に関する条約：Convention on the Prevention of Marine Pollution by Dumping of Wastes and Other Matter)：1972年12月29日採択；1975年8月30日発効(1046 *UNTS* 120)；日本国・昭和48年条約35号 ··· 81

[1973年]

ワシントン野生動植物取引規制条約(絶滅のおそれがある野生動植物の種の国際取引に関する条約：Convention on International Trade in Endangered Species of Wild Fauna and Flora(CITES))：1973年3月3日採択；1975年7月1日発効(993

　　　　 UNTS 243 ; 12 ILM 1085 (1973)) ; 日本国・昭和55年条約25号
　　　　　　　　　　　　　　　　　　　　　　 72, 116, 159, 243, 316, 322-323
　　　前文 ……………………………………………………………………… 159
　　　2条 ………………………………………………………………………… 116
　　　15条 ………………………………………………………………………… 116
　　　附属書I ………………………………………………………………… 116, 243
　　　附属書II ……………………………………………………………… 116, 243
MARPOL 73 (1973年の船舶による汚染の防止のための国際条約：International Convention for the Prevention of Pollution by Ships)：1973年11月2日作成；未発効 (MARPOL 73/78を参照) (12 ILM 1319 (1973)) ………………………… 20, 80

[1974年]

北欧環境保護条約 (Convention on the protection of the environment)：1974年2月19日採択；1976年10月5日発効 (1092 UNTS 295 ; 13 ILM 591 (1974))
　　　　　　　　　　　　　　　　　　　　　　　　　　　　 89, 221, 303
新国際経済秩序樹立宣言 (Declaration on the Establishment of a New International Economic Order)：1974年4月30日採択 (国連総会決議3201 (S-VI))
1974年パリ条約 (陸起源の海洋汚染の防止に関する条約：Convention on the Prevention of Marine Pollution from Land-Based Sources)：1974年6月4日採択；1978年5月6日発効 (13 ILM 352 (1974)) (OSPAR条約の発効に伴い、これと置き換え。) ……… 111
経済権利義務憲章 (諸国の経済的権利義務に関する憲章：Charter of Economic Rights and Duties of States)：1974年12月12日採択 (国連総会決議3281 (XXIX))
　　　前文 ……………………………………………………………………… 71
　　　2条 ……………………………………………………………………… 70, 71
　　　3条 ……………………………………………………………………… 88, 96
　　　30条 ……………………………………………………………………… 76

[1975年]

ウルグアイ河規程 (Statute of the River Uruguay)：1975年2月26日署名；1976年9月18日発効 (1295 UNTS 339) ………………………………………… 123, 343-345
国際連合環境計画 (United Nations Environmental Programme)：1975年12月9日採択 (国連総会決議3435 (XXX)) …………………………………………………… 275

[1976年]

1976年地中海汚染防止バルセロナ条約 (Convention for the Protection of the Mediterranean Sea Against Pollution)：1976年2月16日採択；1978年2月12日発効 (15 ILM 290 (1076))

　　　　..37
　環境改変技術使用禁止条約(環境改変技術の軍事的使用その他の敵対的使用の禁止
　　に関する条約：Convention on the Prohibition of Military or Any Other Hostile
　　Use of Environmental Modification Techniques(ENMOD))：1976年12月10日採
　　択；1978年10月5日発効(国連総会決議31/72附属書；1108 *UNTS* 151；16 *ILM*
　　88(1977))；日本国・昭和57年条約7号................................ 5, 6, 21, 272-274

[1977年]

ヨーロッパ生産物責任条約(人身損害及び死亡についての生産物責任に関するヨー
　　ロッパ条約：European Convention on Product Liability in regard to Personal
　　Injury and Death)：1977年1月27日採択；未発効(*CETS* No.091) 308
第Ⅰ追加議定書(1949年8月12日のジュネーヴ諸条約の国際的な武力紛争の犠牲
　　者の保護に関する追加議定書(議定書Ⅰ)：Protocol Additional to the Geneva
　　Conventions of 12 August 1949, and relating to the protection of victims of
　　international armed conflicts(Protocol Ⅰ))：1977年6月8日採択；1978年12月7日
　　発効(1125 *UNTS* 3；16 *ILM* 1391(1977))；日本国・平成16年条約12号
　　　　.. 21, 269, 270, 273, 276, 279
　　　1条2 282
　　　35条3 .... 21, 273-274
　　　48条 269
　　　51条 269
　　　51条5 272
　　　52条 269
　　　53条 269, 276
　　　54条 269
　　　55条 21, 269, 273-274
　　　56条 269
　　　57条 269
　　　57条2 .... 272, 279
　　　58条 269
　　　85条3 279
　　　85条4 279
　　　90条 279
　　　91条 276
1977年条約(ガブチコボ・ナジマロシュ閘門システムの建設及び運用に関するハ
　　ンガリー人民共和国とチェコスロバキア人民共和国との間の条約：Treaty

between the Hungarian People's Republic and the Czechoslovak People's Republic concerning the construction and operation of the Gabčíkovo-Nagymaros System of Locks)：1977年9月16日署名；1978年6月30日発効 ················ 122, 166, 225

［1978年］

MARPOL 73/78（1973年の船舶による汚染の防止のための国際条約に関する1978年の議定書：Protocol Relating to the International Convention for the Prevention of Pollution by Ships)：1978年2月17日作成；1983年10月2日発効（1340 *UNTS* 61；17 *ILM* 246（1978））；日本国・昭和58年条約3号 ················ 20, 37, 80

アマゾン協力条約（Treaty for Amazonian Cooperation)：1978年7月3日作成；1980年8月3日発効（17 *ILM* 1045（1978）) ················ 72

［1979年］

1979年ボン条約（野生動物の移動性の種の保存に関する条約：Convention on Conservation of Migratory Species of Wild Animals)：1979年6月23日作成；1983年11月1日発効（19 *ILM* 15（1980）)

長距離越境大気汚染条約（LRTAP条約：Convention on Long-Range Transboundary Air Pollution)：1979年11月13日作成；1983年3月16日発効（1302 *UNTS* 217；18 *ILM* 1442（1979）) ················ 21, 37, 89, 114, 318

月協定（月その他の天体における国家活動を律する協定：Agreement Governing Activities of States on the Moon and Other Celestial Bodies)：1979年12月5日採択；1984年7月11日発効（国連総会決議34/68附属書；18 *ILM* 1434（1979）) ················ 72

二またはそれ以上の国が共有する天然資源に関する環境分野における協力（Cooperation in the field of the environment concerning natural resources shared by two or more States)：1979年12月18日採択（国連総会決議34/186) ················ 89, 97

［1980年］

南極海洋生物資源保存条約（南極の海洋生物資源の保存に関する条約：Convention on the Conservation of Antarctic Marine Living Resources)：1980年5月20日作成；1982年4月7日発効（1329 *UNTS* 47；19 *ILM* 841（1980））；日本国・昭和57年条約3号 ················ 21

特定通常兵器使用禁止制限条約（過度に障害を与え又は無差別に効果を及ぼすことがあると認められる通常兵器の使用の禁止又は制限に関する条約：Convention on Prohibitions or Restrictions on the Use of Certain Conventional Weapons which may be Deemed to be Excessively Injurious or to have Indiscriminate Effects)：1980年10月10日採択；1983年12月2日発効（1342 *UNTS* 137；19 *ILM* 1523（1980）)；

日本国・昭和58年条約12号·· 21, 275
同議定書II(地雷、ブービートラップ及び他の類似の装置の使用の禁止又は制限に
　関する議定書(議定書II)：Protocol on Prohibition or Restrictions on the Use of
　Mines, Booby-Traps and Other Devices(Protocol II))：採択・発効は同上
　··· 275, 276
同議定書III(焼夷兵器の使用の禁止又は制限に関する議定書(議定書III)：Protocol
　on Prohibition or Restrictions on the Use of Incendiary Weapons(Protocol III))：
　採択・発効は同上 ·· 275

［1981年］

コスモス954号事件解決のためのカナダ・ソ連間の議定書(カナダ政府とソビエト
　社会主義連邦共和国政府の間の議定書：Protocol between the Government of
　Canada and the Government of the Union of Soviet Socialist Republics)：1981年4
　月2日署名；同日発効(20 ILM 689(1981)) ··· 290
バンジュール憲章(人及び人民の権利に関するアフリカ憲章：African Charter on
　Human and Peoples' Rights)：1981年6月27日採択；1986年10月21日発効(1520
　UNTS 217；21 ILM 59(1982)) ··· 21
　　　9条 ··· 217
　　　16条1 ··· 202
　　　24条 ··· 21, 202
　　　55条 ··· 202

［1982年］

世界自然憲章(World Charter for Nature)：1982年10月28日採択(国連総会決議37/7
　附属書；22 ILM 455(1983)) ··· 7, 39, 103
　　　前文 ·· 71
　　　3項 ·· 71
　　　10項 ··· 71
　　　21項 ··· 78
　　　24項 ·· 216
国連海洋法条約(海洋法に関する国際連合条約：United Nations Convention on the
　Law of the Sea：UNCLOS)：1982年4月30日採択；1994年11月16日発効(1833
　UNTS 3；21 ILM 1261(1982))；日本国・平成8年条約6号
　·· 5, 20, 37, 41, 72, 80, 220, 264, 299, 334
　　　1条1 ·· 5, 7, 78
　　　21条1 ·· 29

条項	ページ
21条2	29
24条2	85
61条	72
61条2	110
61条3	160
66条	72
94条	78
136条	72
137条	72
145条	299
192条	20, 72, 83
194条	20, 72, 78
194条3	79
195条	142
200条	83
202条	83
206条	89, 220
207条	41
208条	41
210条	41
211条	41
211条2	79
212条	41, 79
217条	29
218条	20, 29, 80
220条	20, 29, 80
235条2	304
236条	264
287条	124, 334
290条1	123
290条3	124
290条5	124
290条6	124
309条	31
311条3	31

[1983年]

2000年及びその後の環境上の展望の準備過程(Process of preparation of the Environmental Perspective of the Year 2000 and Beyond):1983年12月19日採択(国連総会決議38/161) ·· 150

[1984年]

LRTAP条約への1984年EMEP議定書(ヨーロッパにおける大気汚染物質の長距離移転の監視及び評価(EMEP)のための協力計画の長期的資金供与に関する議定書:Protocol on Long-term Financing of the Cooperative Programme for Monitoring and Evaluation of the Long-range Transmission of Air Pollutants in Europe(EMEP)):1984年9月28日作成;1988年1月28日発効(1491 *UNTS* 167)

[1985年]

オゾン層の保護のためのウィーン条約(Convention for the Protection of the Ozone Layer):1985年3月22日 採択;1988年9月22日 発効(1513 *UNTS* 293;26 *ILM* 1529(1985));日本国・昭和63年条約8号 ·· 21, 33, 37
 前文 ·· 103, 113
 1条1 ··· 5
 2条 ··· 37
 2条1 ··· 53, 113
 2条2 ··· 113
 3条 ··· 37
 4条 ··· 37, 83
 5条 ··· 37
 6条 ··· 37
 9条 ··· 38
 11条 ·· 337

LRTAP条約への1985年硫黄放出量削減議定書(Protocol on the Reduction of Sulpher Emissions or their Transboundary Fluxes by at least 30 per cent):1985年7月8日作成;1987年9月2日発効(1480 *UNTS* 215;27 *ILM* 1077(1987)) ·· 21

ASEAN自然保全協定(自然及び天然資源の保全に関する協定:Agreement on the Conservation of Nature and Natural Resources):1985年7月9日採択;未発効 ·· 72, 149, 310

[1986年]

国際機関条約法条約(国と国際機関の間又は国際機関相互の間の条約についての法に関するウィーン条約：Vienna Convention on the Law of Treaties between States and International Organizations or between International Organizations)：1986年3月21日採択(25 *ILM* 543(1986))；未発効 ……………………………32

国際NGOsの法人格の承認に関する条約(国際非政府機構の法人格の承認に関するヨーロッパ条約：European Convention on the Recognition of the Legal Personality of International Non-governmental Organisations)：1986年4月24日採択；1991年1月1日発効(*CETS* No.124) ………………………………… 47, 48

原子力事故援助条約(原子力事故又は放射線緊急事態の場合における援助に関する条約：Convention on Assistance in the Case of Nuclear Accident or Radiological Emergency)：1986年9月26日採択；1987年2月26日発効(25 *ILM* 1377(1986))；日本国・昭和62年条約10号……………………………………………………84

原子力事故早期通報条約(原子力事故の早期通報に関する条約：Convention on Early Notification of Nuclear Accidents)：1986年9月26日採択；1986年10月27日発効(25 *ILM* 1370(1986))；日本国・昭和62年条約9号 ………………………86

南太平洋環境保護条約(1986年ヌーメア条約)(南太平洋地域の天然資源及び環境の保護のための条約：Convention for the Protection of the Natural Resources and Environment of the South Pacific Region)：1986年11月25日採択；1990年8月22日発効(26 *ILM* 38(1987)) ……………………………………………………72

発展の権利に関する宣言(Declaration on the Right to Development)：1986年12月4日採択(国連総会決議41/128附属書)……………………………… 148, 152, 199

[1987年]

モントリオール議定書(オゾン層を破壊する物質に関するモントリオール議定書：Protocol on Substances that Deplete the Ozone Layer)：1987年9月16日採択；1989年1月1日発効(1522 *UNTS* 3；26 *ILM* 154(1987))；日本国・昭和63年条約9号(以後、多数の改正あり。) …………………………21, 28, 37, 81, 113, 182-183, 243, 318
 前文 ……………………………………………………………………………… 114
 2条………………………………………………………………………………………38
 2条9……………………………………………………………………………………38, 318
 2条I ……………………………………………………………………………………38
 4条………………………………………………………………………………………38
 5条………………………………………………………………………………………38, 183
 5条1 …………………………………………………………………………… 180, 182

5条5 ……………………………………………………………… 183
5条6 ……………………………………………………………… 183
5条7 ……………………………………………………………… 183
8条 …………………………………………………………38, 183, 321
10条 …………………………………………………………… 38, 183
10条5 …………………………………………………………… 183
10条A …………………………………………………………… 183
環境と発展に関する世界委員会の報告書(Report of the World Commission on Environment and Development)：1987年12月11日採択(国連総会決議42/187) ……………… 150

[1988年]

南極鉱物資源活動規制条約(Convention on the Regulation of Antarctic Mineral Resource Activities(CRAMRA))：1988年6月2日作成；未発効(27 *ILM* 868(1988))
………………………………………………………………………… 21, 300
LRTAP条約への1988年窒素酸化物規制議定書(Protocol concerning the Control of Nitrogen Oxides or their Transboundary Fluxes)：1988年10月31日作成；1991年2月14日発効(28 *ILM* 214(1988)) ……………………………………………… 21
サン・サルバドル議定書(経済的、社会的及び文化的権利の分野における米州人権条約への追加議定書：Additional Protocol to the American Convention on Human Rights in the Area of Economic, Social and Cultural Rights(Protocol of San Salvador)；1988年11月14日作成；1999年11月16日発効(28 *ILM* 156(1989))
………………………………………………………………………… 21, 203
人類の現在及び将来の世代のための地球の気候の保護(Protection of global climate for present and future generations of mankind)：1988年12月6日採択(国連総会決議43/53) ………………………………………………………………………… 73

[1989年]

有害廃棄物規制バーゼル条約(有害廃棄物の国境を越える移動及びその処分の規制に関するバーゼル条約：Convention on the Control of Transboundary Movement of Hazardous Wastes and their Disposal)：1989年3月22日作成；1992年5月5日発効(1673 *UNTS* 57；28 *ILM* 657(1989))；日本国・平成5年条約7号
……………………………………………… 53, 86, 114, 190-191, 243
前文 ………………………………………………………… 95, 115, 191
2条3 ……………………………………………………………… 86
4条 ……………………………………………………………… 115
4条1 ……………………………………………………………… 190

条約・国際文書一覧　xxxvii

　　4条2 ……………………………………………………………………… 191
　　4条4 ………………………………………………………………………53
　　6条 …………………………………………………………………………95
　　6条1 ……………………………………………………………………… 191
　　6条2 ……………………………………………………………………… 191
　　6条3 ……………………………………………………………………… 191
　　13条1 ………………………………………………………………………86
独立国における先住人民及び種族人民に関する条約(ILO169号条約)(Convention concerning Indigenous and Tribal Peoples in Independent Countries)：1989年6月27日採択；1991年9月5日発効(1650 *UNTS* 383；28 *ILM* 1382(1989))
　　……………………………………………………………………………… 205
南太平洋流し網漁業禁止条約(Convention for the Prohibition of Fishing with Long Driftnets in the South Pacific)：1989年11月24日作成；1991年5月17日発効(1899 *UNTS* 3；29 *ILM* 1453(1990))　………………………………………20
国連環境発展会議(United Nations Conference on Environment and Development)：1989年12月22日採択(国連総会決議44/228) ……………………… 173, 174

[1990年]

ベルゲン閣僚宣言(ECE地域における持続可能な発展に関するベルゲン閣僚宣言：Bergen Ministerial Declaration on Sustainable Development in the ECE Region)：1990年5月16日採択(20 *Envtl Policy & L.* 100(1990))　……………… 103-104
南太平洋流し網漁業禁止条約への第Ⅰ及び第Ⅱ議定書(Protocols No.I and No.II to the Convention of 24 November 1989 for the Prohibition of Fishing with Long Driftnets in the South Pacific)：1990年10月20日作成；1992年2月28日発効(第Ⅰ議定書)；1993年10月5日発効(第Ⅱ議定書)(1899 *UNTS* 3；29 *ILM* 1462(1990))
油汚染事故対策協力条約(1990年の油による汚染に係る準備、対応及び協力に関する国際条約：International Convention on Oil Pollution Preparedness, Response and Cooperation)：1990年11月30日採択；1995年5月13日発効(30 *ILM* 733 (1991))；日本国・平成7年条約20号 ………………………………………86, 310

[1991年]

1991年バマコ条約(Convention on the Ban of Import into Africa and the Control of Transboundary Movement and Management of Hazardous Wastes within Africa：有害廃棄物のアフリカへの輸入並びにアフリカ内における移動及び管理に関するバマコ条約)：1991年1月30日採択；1998年4月22日(30 *ILM* 775(1991))
　　………………………………………………………………… 115, 118-119, 191

越境環境影響評価条約(UNECEエスポー条約)(越境的文脈における環境影響評価に関する条約：Convention on Environmental Impact Assessment in a Transboundary Context)：1991年2月25日採択；1997年9月10日発効(1989 *UNTS* 309；30 *ILM* 802(1991))·· 217, 221-223, 225, 334
 1条·· 5, 222
 2条·· 222-223
 3条··· 89, 217, 222
 3条7·· 92, 334
 4条·· 222
 5条··· 89, 222
 6条·· 222
 7条·· 226
 14条2·· 339
 附属書I·· 222
 附属書II··· 223
 附属書III·· 222
 附属書IV·· 334, 339
 附属書V·· 226
 SEA議定書··· 224
イラク停戦決議(安保理事会決議687(1991))：1991年4月3日採択(30 *ILM* 846(1991))
·· 277, 280, 291
LRTAP条約への1991年揮発性有機化合物規制議定書(Protocol concerning the Control of Emission of Volatile Organic Compounds or their Transboundary Fluxes)：1991年11月18日作成；1997年9月29日発効(2001 *UNTS* 187；31 *ILM* 568(1992))
··· 21
南極環境議定書(環境保護に関する南極条約議定書：Protocol on Environmental Protection to the Antarctic Treaty)：1991年10月4日作成；1998年1月14日発効(30 *ILM* 1461(1991))；日本国・平成9年条約14号 ···························· 21, 86, 220
アルプスの保護のための条約(アルプス条約)(Convention sur la protection des Alpes (Convention alpine))：1991年11月7日作成；1995年3月6日発効
··· 72, 191-192
大規模遠洋流し網漁業と世界の海洋の海洋生物資源に対するその影響(Large-scale pelagic drift-net fishing and its impact on the living marine resources of the world's oceans and seas)：1991年12月20日採択(国連総会決議46/215；31 *ILM* 241(1992))
··· 20, 112

条約・国際文書一覧　xxxix

［1992年］

UNECE越境水路条約（越境水路及び国際湖沼の保護及び利用に関する条約：Convention on the Protection and Use of Transboundary Watercourses and International Lakes）：1992年3月17日採択；1996年10月6日発効(31 *ILM* 1312 (1992))
  1条2 ………………………………………………………………… 6
  2条1 ………………………………………………………………… 117
  2条4 ………………………………………………………………… 142
  2条5 ………………………………………………………………… 117

産業事故越境影響条約（産業事故の越境影響に関する条約：Convention on the Transboundary Effects of Industrial Accidents）：1992年3月17日採択；2000年4月19日発効(2105 *UNTS* 457；31 *ILM* 1330) ……………………………… 86, 310

1992年バルト海海洋環境保護条約（1992年のバルト海区域の海洋環境の保護に関する条約：Convention on the Protection of the Marine Environment of the Baltic Sea Area）：1992年4月9日採択；2000年1月17日発効

気候変動枠組条約（気候変動に関する国際連合枠組条約：United Nations Framework Convention on Climate Change(UNFCCC)）：1992年5月9日採択；1994年3月21日発効(1771 *UNTS* 107；31 *ILM* 849(1992))；日本国・平成6年条約6号
  ………………………………………… 22, 33, 37, 41, 174, 175, 177-178, 317, 339
  前文 ……………………………………………… 28, 73, 114, 118, 174
  1条2 ………………………………………………………………… 5
  3条 ………………………………………………………………… 60
  3条1 ………………………………………………………………… 174, 175
  3条3 ………………………………………………………………… 114
  3条4 ………………………………………………………………… 156, 160
  3条5 ………………………………………………………………… 160, 244
  4条 ………………………………………………………………… 83, 177-178
  4条1 ………………………………………………………………… 178, 315
  4条2 ………………………………………………………………… 178, 315
  4条3 ………………………………………………………………… 178, 180, 316
  4条4 ………………………………………………………………… 178
  4条5 ………………………………………………………………… 178
  7条2 ………………………………………………………………… 317
  7条4 ………………………………………………………………… 317
  7条5 ………………………………………………………………… 317

9条	317
10条	317
11条	317
12条	178
12条1	315
12条2	316
12条3	316
12条5	180, 316
15条	318
16条	317
17条	317

生物多様性条約(生物の多様性に関する条約：Convention on Biological Diversity (CBD))：1992年6月5日署名；1993年12月29日発効(1760 *UNTS* 79；31 *ILM* 822 (1992))；日本国・平成5年条約9号 ………… 22, 73-75

前文	74, 116, 118
2条	5, 151
3条	60
6条	179
14条1	85, 89, 221
16条	84
17条	84
18条3	84
19条3	116

リオ宣言(環境と発展に関するリオ宣言：Rio Declaration on Environment and Development)：1992年6月14日採択(A/CONF.151/26/Rev.1(Vol.1), Annex I；31 *ILM* 873(1992)) ………… 39, 156-157

前文	118, 172, 181
原則1	7, 156, 202
原則2	50, 76, 153, 299
原則3	156
原則4	150, 153, 155, 157, 164
原則7	118, 172, 173-174, 176
原則8	189, 190
原則9	83
原則10	46, 156, 157, 196, 216, 220, 303
原則11	43, 82, 177

原則12 ………………………………………………………………… 259
　　原則13 …………………………………………………………………… 43
　　原則15 ……………………………………………………… 104, 106, 136, 138
　　原則16 …………………………………………………………………… 309, 311
　　原則17 ………………………………………………………………… 82, 219
　　原則18 ……………………………………………………………………… 82
　　原則19 …………………………………………………………………… 82, 89, 99
　　原則20〜22 ……………………………………………………………… 156
　　原則24 ……………………………………………………………………… 261
　　原則25 ……………………………………………………………………… 156
　　原則27 ……………………………………………………………………… 155
アジェンダ21（Agenda 21）：1992年6月14日採択（A/CONF.151/26/Rev.1(Vol.1), Annex II）
　　……………………………………………… 22, 24, 39, 172, 190, 220
　　4.18-4.26項 ……………………………………………………………… 190
　　8章 ………………………………………………………………………… 157
　　17章 ………………………………………………………………………… 41
　　17.49-17.62項 ……………………………………………………………… 79
　　23.2項 ……………………………………………………………………… 220
　　23.3項 ……………………………………………………………………… 24
　　27.1項 ……………………………………………………………………… 47
　　33.13項 …………………………………………………………………… 184
　　33.18項 …………………………………………………………………… 188
　　34〜36章 …………………………………………………………………… 83
　　38章 ………………………………………………………………………… 46
　　38.11-38.14項 …………………………………………………………… 157
　　39.1項 ……………………………………………………………………… 173
　　39.3項 ………………………………………………………………… 173, 177
森林原則声明（すべての種類の森林の管理、保全及び持続可能な開発に関する世界的なコンセンサスを目指す法的拘束力のない権威ある諸原則の声明：Non-legally Binding Authoritative Statement of Principles for a Global Consensus on the Management, Conservation and Sustainable Development of All Types of Forests）：1992年6月14日採択（A/CONF.151/26/Rev.1(Vol.1), Annex III）
　　………………………………………………………………………………… 39
OSPAR条約（北東大西洋海洋環境保護条約：Convention for the Protection of the Marine Environment of the North-East Atlantic）：1992年9月22日採択；1998年3月25日発効（32 *ILM* 1068（1993）） ……………………… 111, 119, 217-218

前文 ……………………………………………………………………… 111, 119
　　2条2 ……………………………………………………………………… 111
　　5条 ………………………………………………………………………… 111
　　9条 ………………………………………………………………………… 218
　　附属書III ………………………………………………………………… 111
　　附属書IV ………………………………………………………………… 111
武力紛争時における環境の保護(Protection of the Environment in Times of Armed
　　Conflict)：1992年11月25日採択(国連総会決議47/37)
　　　…………………………………………………………………………… 266
1992年油汚染民事賠償責任条約(1992年の油による汚染損害についての民事賠償責
　　任に関する国際条約：International Convention on Civil Liability for Oil Pollution
　　Damage 1992)：1992年11月27日採択；1996年5月30日発効(LEG/CONF.9/15)；
　　日本国・平成7年条約18号 ……………………………………………… 299
1992年油汚染損害補償基金条約(1992年の油による汚染損害の補償のための国際基
　　金の設立に関する国際条約：International Convention on the Establishment of
　　an International Fund for Compensation for Oil Pollution Damage, 1992)：1992年
　　11月27日採択；1996年5月30日発効(LEG/CONF.9/16)；日本国・平成7年条約
　　19号 ……………………………………………………………………… 306
化学兵器禁止条約(化学兵器の開発、生産、貯蔵及び使用の禁止並びに廃棄に関する
　　条約：Convention on the Prohibition of the Development, Production and Stockpiling
　　of Bacteriological(Biological)and Toxic Weapons, and on their Destruction)：1992
　　年11月30日採択；1997年4月29日発効(A/47/27, Appendix I；1974 *UNTS* 45)；日
　　本国・平成9年条約3号 ………………………………………… 270, 276
宇宙空間における核動力源の使用に関する原則(Principles Relative to the Use of Nuclear
　　Power Sources in Outer Space)：1992年12月14日採択(国連総会決議47/68)
　　　…………………………………………………………………………… 290
北米自由貿易協定(North American Free Trade Agreement：NAFTA)：1992年12月17
　　日署名；1994年1月1日発効(32 *ILM* 289；605(1993))
　　　……………………………………………………………………… 228, 244
環境及び発展に関する国際連合会議をフォローアップするための制度上の取り
　　決め(Institutional arrangements to follow up the United Nations Conference on
　　Environment and Development)：1992年12月22日採択(国連総会決議47/191)
　　　…………………………………………………………………………42, 157

[1993年]
みなみまぐろの保存のための条約(Convention for the Conservation of Southern Bluefin

Tuna）：1993年5月10日採択；1994年5月20日発効（1819 *UNTS* 359）；日本国・平成6年条約3号 …………………………………………………………………… 124

環境損害民事賠償責任条約（COEルガーノ条約）（環境に危険な活動から生じる損害の民事責任に関する条約：Convention on Civil Liability for Damage Resulting from Activities Dangerous to the Environment）：1993年6月21日採択；未発効（*CETS* No.150；32 *ILM* 1228（1993）） ……………………………… 6, 307-308, 310

ウィーン宣言及び行動計画（Vienna Declaration and Programme of Action）：1993年6月25日採択（A/CONF.157/23；32 *ILM* 1661（1993））

北米環境協力協定（North American Agreement on Environmental Cooperation（NAAEC））：1993年9月14日署名；1994年1月1日発効（32 *ILM* 1482（1993））
…………………………………………………………………… 228-230, 339

コンプライアンス協定（保存及び管理のための国際的な措置の公海上の漁船による遵守を促進するための協定：Agreement to Promote Compliance with International Conservation and Management Measures by Fishing Vessels on the High Seas）：1993年11月24日採択；2003年4月24日発効（FAO Res.15/93；33 *ILM* 968（1994））；日本国・平成15年条約2号 ……………………………………79

[1994年]

1994年の国際熱帯木材協定（International Tropical Timber Agreement 1994）：1994年1月26日採択；1997年1月1日発効（33 *ILM* 1014（1994））；日本国・平成8年条約12号 ……………………………………………………………………………… 160

GEF設立文書（再編地球環境ファシリティ設立文書：Instrument for the Establishment of the Restructured Global Environment Facility）：1994年3月14-16日作成；1994年7月7日発効（33 *ILM* 1273（1994））；日本国・1994年6月27日参加文書寄託
…………………………………………………………………………… 186-188

WTO協定（世界貿易機関を設立するマラケシュ協定：Agreement Establishing the World Trade Organization）：1994年4月15日作成；1995年1月1日発効：（33 *ILM* 1125（1994））；日本国・平成6年条約15号
………………………………………………………………………………13, 238
　　前文 ……………………………………………………………13, 163, 256
　　9条2 …………………………………………………………………… 249

衛生植物検疫措置協定（SPS協定：WTO協定附属書1A）（衛生植物検疫措置の適用に関する協定：Agreement on the Application of Sanitary and Phytosanitary Measures）：作成・発効は同上 ……………………………………………………… 128-129

貿易の技術的障害に関する協定（TBT協定：WTO協定附属書1A）（Agreement on Technical Barriers to Trade）：作成・発効は同上

紛争解決了解(WTO協定附属書2)(紛争解決に係る規則及び手続に関する了解：Understanding on Rules and Procedures Governing the Settlement of Disputes)：作成・発効は同上 241
    3条2 .... 242, 249
    3条9 249
    8条1 248
    13条 249
    17条3 248
    21条5 254

LRTAP条約への1994年硫黄放出量の追加的削減議定書(Protocol on Further Reduction of Sulpher Emissions)：1994年6月14日作成；1998年8月5日発効(33 *ILM* 1540 (1994)) 114

砂漠化対処条約(深刻な干ばつ又は砂漠化に直面する国(特にアフリカの国)において砂漠化に対処するための国際連合条約：Convention to Combat Desertification in those Countries Experiencing Serious Drought and/or Desertification, particularly in Africa)：1994年6月17日署名；1996年12月26日発効(1954 *UNTS* 3；33 *ILM* 1328(1994))；日本国・平成10年条約11号 33, 37, 179

同附属書I・アフリカのための地域実施附属書(Regional Implementation Annex for Africa)：署名・発効等は同上(33 *ILM* 1359(1994)) 179

深海底制度実施協定(1982年12月10日の海洋法に関する国際連合条約第11部の規定の実施に関する協定：Agreement relating to the Implementation of Part XI of the United Nations Convention on the Law of the Sea of 10 December 1982)：1994年7月28日採択；1996年7月28日発効(国連総会決議48/263附属書)；日本国・平成8年条約7号 72

原子力安全条約(原子力の安全に関する条約：Convention on Nuclear Safety)：1994年9月20日署名；1996年10月24日発効(33 *ILM* 1514(1994))；日本国・平成8年条約11号 86

武力紛争時における環境の保護に関する軍事教範及び訓令のための指針(Guidelines for Military Manuals and Instructions on the Protection of the Environment in Times of Armed Conflict)：ICRCが作成し国連総会決議49/50(1994年12月9日)が広範な普及を要請(A/46/323, Annex) 265, 267, 274

エネルギー憲章条約；エネルギー憲章条約エネルギー効率議定書(エネルギー憲章に関する条約：Energy Charter Treaty；エネルギー効率及び関係する環境上の側面に関するエネルギー憲章に関する議定書：Energy Charter Protocol on Energy Efficiency and Related Environmental Aspects)：1994年12月17日採択；1998年4月16日発効(34 *ILM* 373(1995))；日本国・平成14年条約9号および15号

………………………………………………………………………… 192

[1995年]

社会発展に関するコペンハーゲン宣言(Copenhagen Declaration on Social Development)：1995年3月12日採択(A/CONF.166/9) ………………………………………… 156

1995年地中海環境沿岸域保護バルセロナ条約(地中海の海洋環境及び沿岸域の保護に関する条約：Convention for the Protection of the Marine Environment and the Coastal Region of Mediterranean)：1995年6月10日改正採択；2004年7月9日発効(1976年地中海汚染防止バルセロナ条約の改正条約である。)
………………………………………………………………………… 310

責任ある漁業のための行動規範(Code of Conduct for Responsible Fisheries)：1995年10月31日採択(FAO第28回総会決議) ………………………………………… 113

集団的申立の制度を規定するヨーロッパ社会権憲章への追加議定書 (Additional Protocol to the European Social Charter Providing for a System of Collective Complaints)：1995年11月9日署名；1998年7月1日発効(CETS No.:158)
………………………………………………………………………… 211

国連公海漁業実施協定(分布範囲が排他的経済水域の内外に存在する魚類資源(ストラドリング漁業資源)及び高度回遊性魚類資源の保存及び管理に関する1982年12月10日の海洋法に関する国際連合条約の規定の実施のための協定：Agreement for the Implementation of the Provisions of the United Nations Convention on the Law of the Sea of 10 December 1982 Relating to the Conservation and Management of Straddling Fish Stocks and Highly Migratory Fish Stocks)：1995年12月4日採択；2001年12月11日発効(2167 *UNTS* 3；34 *ILM* 1542(1995))；日本国・平成18年条約10号 ……………………………………………………… 41, 112-113, 179, 220
  前文 ………………………………………………………………… 118-119
  5条 ……………………………………………………………………… 160, 220
  6条1 ……………………………………………………………………… 113
  6条2 ……………………………………………………………………… 113
  6条3-7 …………………………………………………………………… 113
  10条 ……………………………………………………………………… 221
  18条 ………………………………………………………………………… 79
  19条 …………………………………………………………………… 79, 80
  21条 ………………………………………………………………………… 80
  23条 ………………………………………………………………………… 80
  附属書II …………………………………………………………………… 113

[1996年]

改正ヨーロッパ社会憲章(European Social Charter(revised))：1996年5月3日署名；
　1999年7月1日発効(*CETS* No.:163) ……………………………………………… 212
ロンドン海洋投棄条約1996年議定書(廃棄物その他の物の投棄による海洋汚染の
　防止に関する条約の議定書：Protocol to the Convention on the Prevention of
　Marine Pollution by Dumping of Wastes and Other Matter)：1996年11月7日採択；
　2006年3月24日発効(36 *ILM* 1(1997))：日本国・平成19年条約13号
　…………………………………………………………………… 112, 220, 310
　　前文 …………………………………………………………………… 112, 118
　　3条1 …………………………………………………………………… 112, 310
　　4条 ……………………………………………………………………… 112, 220
　　5条 ………………………………………………………………………… 112
　　6条 ………………………………………………………………………… 112
　　9条 ……………………………………………………………………… 112, 221
　　23条 ………………………………………………………………………… 112
　　附属書1 …………………………………………………………………… 112
　　附属書2 ………………………………………………………………… 112, 220

[1997年]

国際水路の非航行的利用の法に関する条約(Convention on the law of the non-
　navigational uses of international watercourses)：1997年3月21日採択；未発効(国
　連総会決議51/229附属書；36 *ILM* 700(1997))
　……………………………………………………………… 89, 91, 95, 117
　　5条 ……………………………………………………………………… 117, 160
　　7条 ………………………………………………………………………… 117
　　14条 ………………………………………………………………………… 95
　　17条3 ………………………………………………………………………… 95
　　20条 ………………………………………………………………………… 117
　　21条 ………………………………………………………………………… 117
　　28条 ……………………………………………………………………… 85, 87
　　32条 ………………………………………………………………………… 304
　　29条 ………………………………………………………………………… 265
　　31条 ………………………………………………………………………… 84
　　32条 ………………………………………………………………………… 304
　　33条 ………………………………………………………………………… 334

アジェンダ21の実施の進展のためのプログラム(Programme for the Further Implementation of Agenda 21)：1997年6月28日採択(国連総会決議S/19-2附属書) 185
原子力損害民事賠償責任ウィーン条約改正議定書(本議定書によって改正された1963年IAEAウィーン条約を1997年IAEAウィーン条約という。)(Protocol to Amend the Vienna Convention on Civil Liability for Nuclear Damage)：1997年9月12日採択；2003年10月4日発効(2241 *UNTS* 270；36 *ILM* 1454(1997)) 14, 306
1997年IAEA補完補償条約(原子力損害に対する補完的な補償に関する条約：Convention on Supplementary Compensation for Nuclear Damage)：1997年9月12日採択；未発効(36 *ILM* 1473(1997)) 306
対人地雷禁止条約(対人地雷の使用、貯蔵、生産及び移譲の禁止並びに廃棄に関する条約：Convention on the Prohibition of the Use, Stockpiling, Production and Transfer of Anti-Personnel Mines and on Their Destruction)：1997年9月18日採択；1999年3月1日発効(2056 *UNTS* 211；36 *ILM* 1507(1997))；日本国・平成10年条約15号 275, 276
アムステルダム条約(ヨーロッパ連合条約及びヨーロッパ共同体設立条約を改正するアムステルダム条約：Treaty of Amsterdam amending the Treaty on European Union and the Treaty Establishing the European Community)：1997年10月2日署名；1999年1月1日発効(37 *ILM* 56(1998))
京都議定書(気候変動に関する国際連合枠組条約京都議定書：Kyoto Protocol to the United Nations Framework Convention on Climate Change)：1997年12月11日採択；2005年2月16日発効(2303 *UNTS* 148；37 *ILM* 32(1998))；日本国・平成17年条約1号 28, 81, 114, 178-179, 325, 339
　　前文 114
　　3条 178
　　4条 179
　　6条 179
　　8条 322
　　10条 316
　　12条 179, 185-186
　　13条 317
　　17条 179
　　18条 321
　　25条 318
　　附属書A 179

附属書B ……………………………………………………………… 178

[1998年]

LRTAP条約への1998年重金属議定書(Protocol on Heavy Metals)：1998年6月24日作成；2003年12月29日発効 ………………………………………………… 21, 114

LRTAP条約への1998年残留性有機汚染物質議定書(Protocol on Persistent Organic Pollutants)：1998年6月24日作成；2003年10月23日発効(37 *ILM* 505(1998))
………………………………………………………………………… 114

UNECEオーフース条約(環境問題における情報へのアクセス、政策決定への公衆の参加及び司法へのアクセスに関する条約：Convention on Access to Information, Public Participation on Decision-making and Access to Justice in Environmental Matters)：1998年6月25日採択；2001年10月30日発効(2161 *UNTS* 447；38 *ILM* 517(1999)) ……………………………………… 6, 218, 226-228, 303

　　　前文 …………………………………………………………………… 204
　　　1条 ……………………………………………………………………… 204
　　　2条2 …………………………………………………………………… 227
　　　2条3 ………………………………………………………………… 6, 227
　　　2条5 ……………………………………………………………… 223, 227
　　　3条1 …………………………………………………………………… 228
　　　3条9 …………………………………………………………………… 303
　　　4条 ……………………………………………………………………… 227
　　　5条 ……………………………………………………………………… 218
　　　6条 ……………………………………………………………… 223, 227
　　　7条 ……………………………………………………………………… 223
　　　8条 ……………………………………………………………………… 224
　　　9条 ……………………………………………………………… 227, 303
　　　9条4 …………………………………………………………………… 303
　　　10条5 ………………………………………………………………… 324
　　　15条 …………………………………………………………………… 321
　　　附属書Ⅰ ……………………………………………………………… 223

ICC規程(国際刑事裁判所に関するローマ規程：Rome Statute of the International Criminal Court)：1998年7月17日採択；2002年7月1日発効(A/ CONF. 183/9；37 *ILM* 998(1998))；日本国・平成19年条約6号 ……………………………… 279

ロッテルダム条約(PIC条約)(国際貿易の対象となる特定の有害な化学物質及び駆除剤についての事前のかつ情報に基づく同意の手続に関するロッテルダム条約：Convention on the Prior Informed Consent Procedure for Certain Hazardous

Chemicals and Pesticides in International Trade）：1998年9月11日採択；2004年2月24日発効(2244 *UNTS* 337；38 *ILM* 1(1999))
.... 116, 243, 318

[1999年]

文化財保護第2議定書(1999年3月26日に作成された武力紛争の際の文化財の保護に関する1954年のハーグ条約の第二議定書：Second Protocol to the Hague Convention of 1954 for the Protection of Cultural Property in the Event of Armed Conflict)：1999年5月17日採択；2004年3月9日発効(38 *ILM* 769(1999))：日本国・平成19年条約12号 276

UNECE水・健康議定書(1992年の越境水路及び国際湖沼の保護及び利用に関する条約の水及び健康に関する議定書：Protocol on Water and Health to the 1992 Convention on the Protection and Use of Transboundary Watercourses and International Lakes)：1999年6月17日採択；2005年8月4日発効(38 *ILM* 1708(1999)) 117

国連部隊による国際人道法の遵守(事務総長布告)(Secretary-General's Bulletin: Observance by United Nations Forces of International Humanitarian Law)：1999年8月6日布告；1999年8月12日発効(ST/SGB/1999/13；38 *ILM* 1656(1999))
.... 274

日米独禁協力協定(反競争的行為に係る協力に関する日本国政府とアメリカ合衆国政府との間の協定：Agreement concerning Cooperation on Anticompetitive Activities between the Government of Japan and the Government of the United States of America)：1999年10月7日署名；同日発効 88

LRTAP条約への1999年酸性化、富栄養化、地表レベルオゾン対策議定書(Protocol to Abate Acidification, Eutrophication and Ground-level Ozone)：1999年11月30日作成；2005年5月17日発効 114

有害廃棄物規制バーゼル条約賠償責任議定書(有害廃棄物の国境を越える移動から生じる損害の賠償責任及び補償に関する議定書：Protocol on Liability and Compensation for Damage resulting from Transboundary Movement of Hazardous Wastes and their Disposal)：1999年12月10日採択；未発効(UNEP/CHW.1/WG/1/9/2)

[2000年]

カルタヘナ議定書(バイオセーフティに関するカルタヘナ議定書：Cartagena Protocol on Biodiversity to the Convention on Biological Diversity)：2000年1月29日採択；2003年9月11日発効(39 *ILM* 1027(2000))；日本国・平成15年条約7号

前文 …………………………………………………………………… 116, 244
　　1条 …………………………………………………………………………… 116
　　2条1 ………………………………………………………………………… 53
　　7〜10条 …………………………………………………………………… 95
　　10条6 ……………………………………………………………………… 116
　　11条8 ……………………………………………………………………… 116
　　15条 ………………………………………………………………………… 116
　　17条 ………………………………………………………………………… 85
　　20条 ………………………………………………………………………… 84
　　21条 ………………………………………………………………………… 84
　　附属書III 4項 …………………………………………………………… 116
HNS議定書(Protocol to the OPRC Convention on Preparedness, Response and Cooperation to Pollution Incidents by Hazardous and Noxious Substances)：2000年3月15日採択、未発効 ………………………………………………………………………… 86
ヨーロッパ景観条約(European Landscape Convention)：2000年10月20日採択；2004年3月1日発効(*CETS* No.:176) ………………………………………………… 7

[2001年]

有害活動から生じる越境侵害の防止条文草案(Draft Articles on prevention of transboundary harm from hazardous activities)：2001年5月11日、ILCにより採択；2007年12月6日、総会決議62/68により"commend"(国連総会決議62/68附属書)
　　………………………………………… 63, 82, 90-91, 94, 98, 105, 226, 296
　　6条 …………………………………………………………………………… 226
　　7条 …………………………………………………………………… 219, 226
　　12条 ………………………………………………………………………… 226
　　13条 ……………………………………………………………… 218-219, 226
　　14条 ………………………………………………………………………… 84
　　15条 ………………………………………………………………………… 304
　　17条 ………………………………………………………………………… 85
　　19条 ………………………………………………………………………… 334
ストックホルム条約(POPs条約)(残留性有機汚染物質に関するストックホルム条約：Convention on Persistent Organic Pollutants)：2001年5月22日採択；2004年5月17日発効(40 *ILM* 532(2001))；日本国・平成16年条約3号
　　…………………………………………………………………………… 244, 318
　　前文 …………………………………………………………………… 116, 119, 310
　　1条 …………………………………………………………………………… 116

8条7 ……………………………………………………………………… 116
　　8条9 ……………………………………………………………………… 116
　　附属書B ………………………………………………………………… 142
食糧農業植物遺伝資源条約(食糧及び農業のための植物遺伝資源に関する国際条約：
　　International Treaty on Plant Genetic Resources for Food and Agriculture)：2001
　　年11月3日採択；2004年6月29日発効………………………………………73, 206
国家責任条文(国際違法行為に対する国家責任に関する条文：Articles on Responsibility
　　of States for Internationally Wrongful Acts)：2001年12月12日、国連総会決議56/83
　　により"take note"(国連総会決議56/83附属書) ……………… 122, 278, 291, 332

[2002年]

ASEAN越境煙霧汚染協定(ASEAN Agreement on Transboundary Haze Pollution)：
　　2002年6月10日作成；発効に関しては不詳。
　　………………………………………………………………………………… 114
持続可能な発展に関するヨハネスブルグ宣言及び実施計画(Johannesburg Declaration
　　on Sustainable Development and Plan of Implementation of the World Summit on
　　Sustainable Development)：2002年9月4日採択(A/CONF.199/20)
　　……………………………………………… 24, 116, 156-158, 189-190, 247

[2003年]

1992年油汚染損害補償基金条約の2003年議定書(1992年の油による汚染損害の補償
　　のための国際基金の設立に関する国際条約の2003年の議定書：Protocol of 2003
　　to the International Convention on the Establishment of an International Fund for
　　Compensation for Oil Pollution Damage, 1992)：2003年5月16日採択；2005年3月
　　3日発効；日本国・平成19年条約5号
2003年キエフ議定書(1992年越境水路及び国際湖沼の保護及び利用に関する条約並
　　びに1992年産業事故の越境影響に関する条約への産業事故の越境影響が越境水
　　路に与える損害への民事賠償責任及び補償に関する議定書：Protocol on Civil
　　Liability and Compensation for Damage Caused by the Transboundary Effects
　　of Industrial Accidents on Transboundary Waters to the 1992 Convention on the
　　Protection and Use of Transboundary Watercourses and International Lakes and
　　to the 1992 Convention on the Transboundary Effects of Industrial Accidents)：
　　2003年5月21日採択；未発効 ………………………………………………… 310
エスポー条約戦略的環境影響評価議定書(戦略的環境影響評価に関する越境的
　　文脈における環境影響評価に関する条約への議定書：Protocol on Strategic
　　Environmental Assessment to the Convention on Environmental Impact Assessment

in a Transboundary Context）：2003年5月21日採択；未発効（ECE/MP.EIA/2003/2）
.... 224
アフリカ自然保全条約（自然及び天然資源の保全に関するアフリカ条約：African Convention on the Conservation of Nature and Natural Resources）：2003年7月11日採択；2010年2月1日発効 72, 202
アフリカ女性の権利議定書（人及び人民の権利に関するアフリカ憲章へのアフリカにおける女性の権利に関する議定書：Protocol to the African Charter on Human and Peoples' Rights on the Right of Women in Africa）：2003年7月11日採択；2010年2月1日発効 161, 203
特定通常兵器使用禁止制限条約議定書V（爆発性の戦争残存物に関する議定書：Protocol on Explosive Remnants of War（Protocol V））：2003年11月28日採択；2006年11月12日発効 276

［2005年］

南極環境議定書附属書VI：環境上の緊急状態から生じる賠償責任（Annex VI to the Protocol on Environmental Protection to the Antarctic Treaty, Liability arising from Environmental Emergencies）：2005年6月17日採択；未発効（45 *ILM* 5（2006）） 299-300
2005年世界サミット成果文書（2005 World Summit Outcome）：2005年9月16日採択（国連総会決議60/1） 158

［2006年］

外交的保護条文草案（Draft Articles on Diplomatic Protection）：2006年5月30日、ILCにより採択；2006年12月4日、総会決議61/35により"take note"（A/61/10, para.49）
.... 292
有害活動から生じる越境侵害の場合の損失配分に関する原則草案（Draft Principle on the allocation of loss in the case of transboundary harm arising out of hazardous activities）：2006年6月2日、ILCにより採択；2006年12月4日、総会決議61/36により"take note"（国連総会決議61/36附属書）
.... 6, 289-290, 296-297, 299, 304, 309
持続可能な漁業（分布範囲が排他的経済水域の内外に存在する魚類資源（ストラドリング漁業資源）及び高度回遊性魚類資源の保存及び管理に関する1982年12月10日の海洋法に関する国際連合条約の規定の実施のための協定及び関連文書によるものを含む持続可能な漁業：Sustainable fisheries, including through the Agreement for the Implementation of the Provisions of the United Nations Convention on the Law of the Sea of 10 December 1982 Relating to the Conservation

and Management of Straddling Fish Stocks and Highly Migratory Fish Stocks, and related instruments）：2006年12月8日採択（国連総会決議61/105）
.... 113

[2007年]

先住人民の権利に関する国際連合宣言（United Nations Declaration on the Rights of Indigenous Peoples）：2007年9月13日採択（国連総会決議61/295附属書；46 *ILM* 1013（2007）） 205-206

リスボン条約（ヨーロッパ連合条約及びヨーロッパ共同体設置条約を改正するリスボン条約：Treaty of Lisbon Amending the Treaty on European Union and the Treaty Establishing the European Community）：2007年12月13日署名；2009年12月1日発効（Official Journal of the European Community, 2007/C 306/1, 12 December 2007）（ヨーロッパ共同体設置条約はこれにより改正されるとともにEU運営条約（ヨーロッパ連合の運営に関する条約：Treaty on the Functioning of the European Union）と改称された。）

EU運営条約（Treaty on the Functioning of the European Union）：署名・発効等は同上
　11条 161
　191条 60, 106, 129, 140, 310
　267条 129

[2008年]

有害活動から生じる越境侵害の防止及びそのような侵害の場合における損失の配分の検討（Consideration of prevention of transboundary harm from hazardous activities and allocation of loss in the case of such harm）：2008年1月8日採択（国連総会決議62/68）

クラスター弾に関する条約（Convention on Cluster Munitions）：2008年5月30日採択；2010年8月1日発効（48 *ILM* 354（2009））；日本国・2009年7月14日受諾書寄託
.... 275, 276

[2009年]

国際再生可能エネルギー機関規程（Statute of the International Renewable Energy Agency）：2009年1月26日採択；未発効 192

判例等一覧

【常設国際司法裁判所および国際司法裁判所】

Affaire du vapeur 《Wimbledon》, 17 aout 1923, PCIJ, Ser. A, No.1. ·············· 75
Affaire des concessions Mavrommatis en Palestine, 30 aout 1924, PCIJ, Ser. A, No.2.
　·· 292, 337
Affaire des concessions Mavrommatis a Jérusalem, 26 mars 1925, PCIJ, Ser. A, No.5.
　·· 287
Affaire du 《Lotus》, 7 septembre 1927, PCIJ, Ser. A, No.10. ··············· 62
Affaire relative a l'usine de Chorzów (demande en indemnité) (fond), 13 septembre
　1928, PCIJ, Ser. A No.17. ·· 287-288
Case relating to the Territorial Jurisdiction of the International Commission of the River
　Order, judgment of 10 September 1929, PCIJ, Ser. A, No.23. ············· 89
Trafic ferrovaire entre la Lithuanie et la Pologne, avis consultative du 15 octobre 1931,
　PCIJ, Ser. A/B, No.42. ·· 94

Affaire du détroit de Corfou (fond), arrêt du 9 avril 1949, ICJ Reports, 1949, 4. ······ 85, 293
Reparation for Injuries Suffered in the Service of the United Nations, advisory opinion of
　11 April 1949, ICJ Reports, 1949, 174. ·· 319
Affaire du détroit de Corfou (fixation du montant des réparations dues par la République
　Populaire d'Albanie au Royaume-Uni de Grande-Bretagne et d'Irelande du
　Nord), arrêt du 15 decembre 1949, ICJ Reports, 1949, 244. ············· 291
Réserves a la Convention pour la prévention et la répression du crime de génocide, avis
　consultative du 28 mai 1951, ICJ Reports, 1951, 15. ·················· 51
Certain Expenses of the United Nations (Article 17, paragraph 2, of the Charter),
　advisory opinion of 20 July 1962, ICJ Reports, 1962, 151.················· 319
South West Africa Cases (Ethiopia v. South Africa; Liberia v. South Africa), Second
　Phase, Judgment of 18 July 1966, ICJ Reports, 1966, 6. ·············· 69, 133
North Sea Continental Shelf Cases (Federal Republic of Germany/Denmark; Federal
　Republic of Germany/Netherlands), judgment of 20 February 1969, ICJ Reports,
　1969, 3. ·· 34-35, 93, 97, 161
Affaire de la Barcelona Traction, Light and Power Company Limited (nouvelle requête:
　1962) (Belgique c. Espagne) deuxième phase, arrêt du 5 février 1970, ICJ Report,

1970, 3. .... 51, 292

Nuclear Tests Cases (Australia v. France ; New Zealand v. France), Request for the Indication of Interim Measures of Protection, Order of 22 June 1973, *ICJ Reports*, 1973, 99 ; 135. .... 77, 120, 130

Fisheries Jurisdiction Case (United Kingdom of Great Britain and Northern Ireland v. Iceland) Request for the Indication of Interim Measures of Protection, Order of 17 August 1972, *ICJ Reports*, 1972, 12. 132

Fisheries Jurisdiction Cases (United Kingdom of Great Britain and Northern Ireland v. Iceland; Federal Republic of Germany v. Iceland), Merits, judgments of 25 July 1974, *ICJ Reports*, 1974, 3, 175. .... 61, 90, 97

Nuclear Tests Case (New Zealand v. France), Judgment of 20 December 1974, *ICJ Reports*, 1974, 457. 120

Case Concerning Continental Shelf (Tunisia/Libyan Arab Jamahiria), judgment of 24 February 1982, *ICJ Reports*, 1982, 18. 36

Case Concerning Continental Shelf (Libyan Arab Jamahiria/Malta), judgment of 3 June 1985, *ICJ Report*, 1985, 13. 34

Case Concerning Military and Paramilitary Activities in and against Nicaragua (Nicaragua v. United States of America), Merits, judgment of 27 June 1986, *ICJ Reports*, 1986, 14. .... 35, 42, 87, 268

Case Concerning Passage Through the Great Belt (Finland v. Denmark) Request for the Indication of Provisional Measures, Order of 29 July 1991, *ICJ Reports*, 1991, 12. 132

Demande d'examen de la situation au title du paragraphe 63 de l'arrêt rendu par la Cour le 20 décembre 1974 dans l'Affaire des essai nucléaires (Nouvelle-Zélande c. France), ordonnance du 22 septembre 1995, *ICJ Reports*, 1995, 228. ··· 23, 120-121

Legality of the Threat or Use of Nuclear Weapons, advisory opinion of 8 July 1996, *ICJ Reports*, 1996, 226. .... 23, 42, 76, 137, 263, 265, 267-268, 270-271, 274, 282

Affaire relative à l'application de la Convention pour la prévention et la répression du crime de génocide (Bosnie-Herzegovine c. Yougoslavie) exceptions préliminaires, arrêt du 11 juillet 1996, *ICJ Reports*, 1996, 595. 51

Case Concerning the Gabčikovo-Nagymaros Project (Hungary/Slovakia), judgment of 25 September 1997, *ICJ Reports*, 1997, 7.
.... 23, 26, 76, 89, 93, 105, 122, 132, 161-162, 166, 225

Conséquences juridiques de l'édification d'un mur dans le territoire palestinien occupé, avis consultative du 9 juillet 2004, *ICJ Reports*, 2004, 136. ....43, 265, 268, 277

Case Concerning Armed Activities on the Territory of the Congo (Democratic Republic of

the Congo v. Uganda), judgment of 19 December 2005, *ICJ Report*, 2005.
.... 15, 268, 277
Case Concerning Pulp Mills on the River Uruguay (Argentina v. Uruguay), Request for the indication of provisional measures, order of 13 July 2006, *ICJ Reports*, 2006.
.... 23, 122, 163
Affaire relative à des usines de pâte à papier sur fleuve Uruguay (Argentine c. Uruguay), arrêt de 20 avril 2010, *ICJ Reports*, 2010 .... 23, 343-345

【国際海洋法裁判所】

List of cases: No.2, *The M/V "Saiga" (No.2) Case* (Saint Vincent and the Grenadines v. Guinea), Judgment of 1 July 1999. 78
List of cases: Nos 3 & 4, *Southern Bluefin Tuna Cases* (New Zealand v. Japan; Australia v. Japan), Request for provisional measures, Order of 27 August 1999.
.... 23, 112, 124-125, 130-131
List of cases: No.7, *Case concerning the Conservation and Sustainable Exploitation of Swordfish Stocks in the South-Eastern Pacific Ocean* (Chile/European Community), Order of 20 December 2000. 336
List of cases: No.10, *The MOX Plant Case* (Ireland v. United Kingdom), Request for provisional measures, Order of 3 December 2001. .... 23, 90, 94, 99, 125-126
List of cases: No.12, *Case concerning Land Reclamation by Singapore in and around the Straits of Johor* (Malaysia v. Singapore), Provisional Measures, Order of 8 October 2003. .... 23, 97, 127, 131

【仲裁裁判所】

〔Bering Sea〕*Fur Seal Arbitration*, United States of America / Great Britain, Award of the Tribunal of Arbitration, 15 August 1893, John Bassett Moore, *History and Digest of the International Arbitration to which the United States has been a Party*, Vol.1, 933 (Reprint, William S. Hein, 1995). 12
The North Atlantic Coast Fisheries Case, Great Britain v. United States of America, Award of the Tribunal, The Hague, 7 September 1910, 11 *UNRIAA* 173 (Reprint, 1974).
.... 262
Mixed Claims Commission, United States and Germany, Administrative Decision No.II, November 1, 1923, 7 *UNRIAA* 23 (1956). 293
Island of Palmas Case (Netherlands/U.S.A.), award of 4 April 1928, 2 *UNRIAA* 829 (1949). 12, 63-64

S.S. "I'm Alone" (Canada v. United States), awards of June 30, 1933 and January 5, 1935, 3 UNRIAA 1609 (1949). ·· 291
Trail smelter case (United States, Canada), awards of 16 April 1938 and 11 March 1941, 3 UNRIAA 1905 (1949). ························ 12-13, 20, 64, 68, 69, 94, 287, 288, 290
Affaire du Lac Lanoux, (Espagne/France), sentence du 16 novembre 1957, 12 UNRIAA 281 (1963). ·· 90, 92-95, 98
Rainbow Worrior, (New Zealand v. France), United Nations Secretary-General, 6 July 1986, 24 ILR 241 (1987). ·· 291
Case concerning the difference between New Zealand and France concerning the interpretation or application of two agreements concluded on 9 July 1986 between the two States and which related to the problems arising from the Rainbow Warrior Affaire, Decision of 30 April 1990, 20 UNRIAA 215 (1994). ························ 291
Arbitral Tribunal Constituted under Annex VII of the United Nations Convention on the Law of the Sea (UNCLOS): *Southern Bluefin Tuna Case* (Australia and New Zealand v. Japan), Award on Jurisdiction and Admissibility, August 4, 2000, 39 ILM 1359 (2000). ··· 125, 336
PCA, Arbitral Tribunal Constituted Pursuant to Article 287, and Article 1 of Annex VII, of the United Nations Convention on the Law of the Sea for the Dispute Concerning the MOX Plant, International Movement of Radioactive Materials, and the Protection of the Marine Environment of the Irish Sea, *The MOX Plant Case* (Ireland v. United Kingdom), Order No.3, Suspension of Proceedings on Jurisdiction and Merits, and Request for Further Provisional Measures, 24 June 2003. ·· 126, 132
Arbitration Regarding the Iron Rhine ("IJzeren Rijn") Railway (Belgium/the Netherlands), Award of the Arbitral Tribunal, The Hague, 24 May 2005, at, http//www.pca-cpa. org/. ·· 164, 166, 336

【ヨーロッパ人権委員会および人権裁判所】

X and Y v. *Federal Republic of Germany*：European Commission of Human Rights, Decision of 13 May 1976, 5 *Decisions and Reports* 161 (1976). ····················· 207
Powell and Rayner v. *United Kingdom*：ECHR, judgment of 21 February 1990, 172 *Publications*, Ser. A 1 (1990). ·· 207-208
Case of Fredin v. *Sweden* (No.1)：ECHR, Camber, judgment of 18 February 1991, 192 *Publications*, Ser. A 1 (1991). ·· 210-211
Case of Zander v. *Sweden*：ECHR, Camber, judgment of 25 November 1993, 279

Publications, Ser. A 29 (1993). ……………………………………………… 209
López-Ostra v. *Spain*：ECHR, judgment of 9 December 1994, 303 *Publications*, Ser. A 39 (1994). ……………………………………………………………………… 208
Noel Narvii Tauira and 18 others v. *France*, European Commission of Human Rights, Decision of 4 December 1995, 83-B *Decisions and Reports* 112 (1995). ………… 210
Case of Balmer-Schafroth and others v. *Switzerland*：ECHR, Grand Camber, judgment of 26 August 1997, 43 *Reports* 1346 (1997-IV). ………………………………… 209
Case of Guerra and Others v. *Italy*：ECHR, Grand Camber, judgment of 19 February 1998, 64 *Reports* 210 (1998-I). ……………………………………………… 210, 217
Case of Coster v. *the United Kingdom*：ECHR, Grand Camber, judgment of 18 January 2001. ……………………………………………………………………………… 211
Hatton and others v. *United Kingdom*：ECHR, Third Section, judgment of 2 October 2001；ECHR, Grand Chamber, judgment of 8 July 2003, *Reports* 189 (2003-VIII). ……………………………………………………………………… 208-209, 233
Case of Öneryildiz v. *Turkey*：ECHR, Former First Section, judgment of 18 June 2002; Grand Camber, judgment of 30 November 2004, *Reports* 79 (2004-XII). ……………………………………………………………………………… 210, 217
Case of Taşkin and others v. Turkey：ECHR, Third Section, judgment of 10 November 2004, *Reports* 179 (2004-X). ……………………………………………… 209
Case of Fedeyeva v. *Russia*：ECHR, judgment of 9 June 2005, Reports 255 (2005-IV). ……………………………………………………………………………… 209

【ヨーロッパ社会権委員会】

European Roma Rights Centre v. *Italy*：European Committee of Social Rights, Decision on the Merits, 7 December 2005, Complaint No.27/2004. …………………… 212
Marangopoulos Foundation for Human Rights (*MFHR*) v. *Greece*：European Committee of Social Rights, Decision on the Merits, 6 December 2006, Complaint No.30/2005. ……………………………………………………………………………… 211-212

【人及び人民の権利に関するアフリカ委員会】

The Social and Economic Rights Action Center and the Center for Economic and Social Rights v. *Nigeria*, African Commission on Human and Peoples' Rights, Comm. No.155/96 (2001), Decision Done at the 30th Ordinary Session from 13th to 27th October 2001.………………………………………………………………… 202-203

【米州人権委員会および裁判所】

Inter-American Commission on Human Rights, Resolution No.12/85, Case No. 7615, Brazil, March 5, 1985, in, *Annual Report of the Inter-American Commission on Human Rights, 1984-1985*, OEA/Ser.L/V/II.66, Doc.10 rev.1, 1 October 1985. 215

The Mayagna (Sumo) Awas Tingni Community, v. *Nicaragua*, Judgment of August 31, 2001, Inter-Am. Ct. H.R., (Ser.C) No.79 (2001). 215-216

【自由権規約委員会】

E.H.P. v. *Canada* : Decision on Admissibility, 27 October 1982, CCPR/C/OP/1 at 20 (1984) 214

Ivan Kitok v. *Sweden* : Views adopted on 27 July 1988, CCPR/C/33/D/197/1985 (1988). 213-214

Bernard Ominayak, Chief of the Lubicon Lake Band v. *Canada* : Views of the Human Rights Committee adopted on 26 March 1990, A/45/40, 1. 213

E.W. et al. v. *The Netherlands* : Decision on Admissibility, 8 April 1993, CCPR/C/47/D/429/1990 (1993). 214

Landsman et al. v. *Finland* : Views adopted on 26 October 1994, CCPR/C/52/D/511/1992 (1994). 214, 235

Erlingur Sveinn Haraldsson and Orm Snaevar Sveinsson v. *Iceland* : Views adopted on 24 October 2007, CCPR/C/91/D/1306/2004. 235

【ガット/WTO紛争解決機関】

United States – Trade Measures Affecting Nicaragua, Report by the Panel, L.6053, 13 October 1986. 258

United States – Taxes on Petroleum and Certain Imported Substances, Report of the Panel adopted on 17 June 1987, L.6175, *BSID*, Supp. No.34, 136. 312

Canada – Measures Affecting Exports of Unprocessed Herring and Salmon, Report of the Panel adopted on 22 March 1988, L. 6284, *BSID*, Supp. No.35, 98. 250-251

Thailand – Restrictions on Importation of and Internal Taxes on Cigarettes, Report of the Panel adopted on 17 November 1990, DS10/R, *BSID*, Supp. No.37, 200. ... 251

United States – Restrictions on Imports of Tuna, Report of the Panel circulated 3 September 1991 (not adopted), DS21/R. 251-252

判例等一覧　lxi

United States – Restrictions on Imports of Tuna, Report of the Panel circulated 16 June 1994 (not adopted), DS29/R. 163, 252

United States – Standards for Reformulated and Conventional Gasoline, Report of Appellate Body, 29 April 1996, WT/DS2/AB/R, adopted 20 May 1996. .... 242, 252-253

United States – The Cuban Liberty and Democratic Solidarity Act, DS38, Request for Consultation, 3 May 1996. 258

United States – Import Prohibition of Certain Shrimp and Shrimp Products, Report of the Panel, 15 May 1998, WT/DS58/R; Report of the Appellate Body, 12 October 1998, WT/DS58/AB/R, adopted 6 November 1998. .... 163, 165, 253

European Communities – Measures Concerning Meat and Meat Products (Hormones), Report of the Appellate Body, WT/DS26/AB/R-WT/DS48/AB/R, February 13, 1998. .... 104, 128, 132

Japan – Measures Affecting Agricultural Products, Report of the Appellate Body, WT/DS76/AB/R, 22 February 1999. 128-129

Nicaragua – Measures Affecting Imports from Honduras and Columbia, DS188, Request for Consultation, 17 January 2000. 258

Chile – Measures Affecting the Transit and Importing of Swordfish, DS193, Request for Consultation, 19 April 2000. 258

Korea – Measures Affecting Government Procurement, Report of the Panel, 1 May 2001, WT/DS163/R, adopted 19 June 2000. 242

European Communities – Measures Affecting Asbestos and Asbestos-Containing Products, Report of the Panel, 18 September 2000, WT/DS135/R; Report of the Appellate Body, 12 March 2001, WT/DS135/AB/R, adopted 5 April 2001. 254

United States – Import Prohibition of Certain Shrimp and Shrimp Products (Recourse to article 21.5 by Malaysia), Report of the Panel, 15 June 2001, WT/DS58/RW; Report of the Appellate Body, 22 October 2001, WT/DS58/AB/RW, adopted 21 November 2001. .... 194, 254

European Communities – Measures Affecting the Approval and Marketing of Biotech Products, Report of the Panel, 29 September 2006, WT/DS291, 292, 293/R, adopted 21 November 2006. 129

【その他の国際裁判所および準司法機関】

European Court of Justice: Judgment of 30 November 1976, Handelskwekerij G. J. BierBV v. Mines de potasse d'Alsace SA, refernce for a preliminary ruling, Reports of Cases before the Court, 1976-8, 1735. ·· 302

European Court of Justice: Judgment of 5 May 1998, Case C-157/96, Reference to the Court under Article 177 of the EC Treaty by the High Court of Justice, Queen's Bench Division (United Kingdom), for a preliminary ruling in the proceedings pending before that court between The Queen and Ministry of Agriculture, Fisheries and Food, et al. ·· 129, 131, 134

NAAEC, CEC, Final Factual Record Presented in Accordance with Article 15 of the NAAEC in relation to the "Cruise Ship Pier Project in Cozumel, Quintana Roo", A14/SEM/96-001/13/FFR, 24 October 1997. ·· 229

【国内裁判所】

United States: District Court for the Southern District of New York, Opinion *In Re: Union Carbide Corporation Gas Plant Disaster at Bhopal, India in December, 1984*, May 12, 1986, 25 *ILM* 771 (1986). ·· 302

名古屋新幹線公害訴訟、名古屋高裁昭和60年4月12日判決、下民集34巻1〜4号461頁；判時1150号30頁 ·· 198

大阪国際空港事件、大阪高裁昭和50年11月27日判決、判時797号36頁 ·· 198

同、最高裁大法廷昭和56年12月16日判決、民集35巻10号1369頁；判時1025号39頁 ·· 198

女川原発訴訟、仙台地裁平成6年1月31日判決、判時1482号3頁 ·· 198

凡　例

◆「条約・国際文書一覧」には、本文中で引用した条約とソフト・ロー文書の他、必ずしもこれらの定義に該当しないが何らかの意味で関連があると思われる国連総会決議等も収録した。ただし、条約機関の決議等は原則としてここではあげず、必要に応じて事項索引に掲げてある。ここには、各文書の原名の他、採択や発効などのデータをあげ、また、可能な限りは印刷物の出典（できるだけ公式の条約集かこれに準ずる文献に依拠した）を示している。掲載されている印刷物を見出すことができなかった文書については、関連の条約機関等のウェブ・サイトにアップされている文書によっている。なお、ここにあげている条約については本文中では出典を示していない。

◆「判例等一覧」には、本文中に引用した裁判所の判決や準司法機関の決定等を、これらの機関毎にあげてある。使用言語は、判決等に正文の記載があるものはそれにより、そうでない場合には英文を用いた。出典はできるだけ印刷された公式の判例集によるようにしたが、それが利用できない場合には当該の機関の公式のウェブ・サイトによっている。なお、一般に検索が困難なものについては、URLを記載した。本文中の脚注には、判例集等を用いたものはその該当頁とパラグラフを示し、それができなかったものについては、「判例等一覧」と照らし合わせれば、出典を確認できるようにした。

◆「略語表」には、本文中に頻出する概念および国際機構名等を、略語－フル・ネーム（日本語訳：公定訳があるものは原則としてそれによった）の順にあげてある。本文中ではこれらの略語を用いたが、各章で頻出するものについては当該の章における初出のさいに日本語名（略語）として示したものもある。定期刊行物の略称については「参考文献一覧」に複数回出るもののみについて掲載し、当該の刊行物が公式に用いている略号があればそれにより、それがない場合には「ブルーブック」の方式にならった。

◆「参考文献一覧」の《研究論文および著書》欄には、本書の執筆に当たって参照したすべての文献をあげる予定だったが、あまりに膨大になるので原則として直接引用したものに限ることとした。これらについては、「一覧」において引用の形式──原則として（著者名、刊行年）の形とし、同一年に複数の業績がある場合にはa、b、cで区別した──を示し、本文中の脚注ではこれによっている。また、《国際機構の文書などの一次資料》欄では、発行機関、文書名、刊行年および文書番号を記し、本文中の脚注では文書番号のみを示しているので、「一覧」と照合して文書名等を確認願いたい。なお、《条約集、判例集などの参考図書》の欄には国際環境法の教育研究に多く用いられる参考図書をあげるが、これらに一般的に収録されている文書については本文中に出典を注記しない。

◆索引は「条約・国際文書索引」、「判例等索引」、「人名索引」および「事項索引」の四本立てであるが、前二者は「条約・国際文書一覧」および「判例等一覧」に該当の頁を記載することで索引を兼ねさせることとして、後二者についてのみ巻末に独自の索引をおく。

国際環境法の基本原則

International Law of the Environment:
Its Fundamental Principles

第Ⅰ部　総　論

第1章　国際環境法の概念と歴史

1. 国際環境法の概念

(1)　「環境」とは何か？

　「環境」という用語は「誰もが理解しているが誰も定義できない」といわれる[1]。環境に関する条約その他の国際文書の多くは、当該文書が保護対象とする「環境」の一部ないしは規制対象とする活動を定義する。たとえばオゾン層の保護のためのウィーン条約は、「オゾン層」を定義し(1条1)、生物多様性条約(CBD)は「生物の多様性」を定義する(2条)。また、国連海洋法条約(UNCLOS)は「海洋環境の汚染」を定義し(1条1(4))、気候変動枠組条約(UNFCCC)は「気候変動」を定義している(1条2)。しかし、これらの条約では「環境」の一般的な定義は与えられていない。

　もっとも、当該の条約が規律する人間活動の対象の角度から、「環境」を一般的に定義しているように見える条約がないわけではない。たとえば環境改変技術使用禁止条約2条は「環境改変技術」を、自然の作用の意図的な操作により「地球(生物相、岩石圏、水圏及び気圏を含む。)又は宇宙空間の構造、組成又は運動」に変更を加える技術をいうと定義する。また、国連ヨーロッパ経済委員会(UNECE)が作成した越境環境影響評価条約の1条(vii)は「環境影響」を、「人の健康及び安全、植物相、動物相、土壌、大気、水、気候、景観及び歴史記念物若しくはその他の物理的構造物又はこれらの間の相互作用」に対

1　Birnie & Boyle, 2002, 4：邦訳、4。

する影響であって、「これらの要素の変更によって生じる文化遺産又は社会経済的条件」に対する影響を含むと定義している。このような定義は、UNECEが一貫して用いるもののように見える。1992年の越境水路及び国際湖沼の保護及び利用に関する条約1条2も同一の規定であり、1998年の環境問題における情報へのアクセス、政策決定への公衆の参加及び司法へのアクセスに関する条約2条3の「環境情報」の定義もこれに類似する。後者の条約の公式の解説書は、同条約はここで「環境の範囲を定義するのに最も近いところに来ている」という[2]。さらに、1993年にヨーロッパ評議会(COE)が作成した環境損害民事賠償責任条約2条10は、「環境」は「大気、水、土壌、植物相及び動物相並びにこれらの要素の相互作用のような無生物及び生物の天然資源」、「文化遺産の一部を構成する財産」および「景観の特徴的な様相」を含むという。国際法委員会(ILC)が作成し2006年に国連総会が"take note"した「有害活動から生じる越境侵害の場合の損失配分に関する原則草案」原則2(b)における「環境」の定義も、文化遺産を除外した以外はこれと同じ内容である。

他方、1972年のストックホルム国連人間環境会議が採択したストックホルム宣言に目を向けると、人間環境とは自然的側面——水、大気、土地、生物、生物圏および天然資源——と人工的側面——生活環境、労働環境など——とから成り、人の生命を支え、人に知的、道徳的、社会的および精神的成長の機会を与えるものであって、人の福祉および基本的人権の享受にとって不可欠である(前文1項、3項；原則1、2)とされる[3]。以上の文書はいずれも、国際環境法における「環境」概念の一般的な定義を意図したものではないが、これらの諸規定からすれば、国際環境法にいう「環境」について少なくとも次の二点の特徴を導くことができるように思われる。

第1に、「環境」はきわめて広範な概念であることが理解される。たとえば「環境」は環境改変技術使用禁止条約では自然環境を意味するが、その他の多くの文書では人工の環境も含むものであり、人工の環境といっても顕著な普遍的価値を有する文化遺産(ユネスコ世界遺産保護条約前文および1条における「文化

---

2 UNECE, 2000, 35.
3 国際文書における「環境」の定義については、Sands, 2003, 15-18; Kiss & Shelton, 2004, 2-4を参照。

遺産」の定義）だけではなく、私たちの身の回りの生活環境や労働環境も含む。したがって、常識的な理解では「環境」とは別の概念である保健・衛生も、環境に含めて論じられるようになる〔⇒第5章3.(7)；(8)；第9章〕。また自然環境はストックホルム宣言にいうような諸要素だけでなく、それらによって構成される「景観(natural beauty)」を含み（同条約2条の「自然遺産」の定義）、さらにそれらが人々に与える「快適性(amenity)」をも含んでいる（UNCLOS1条1(4)）。つまり「環境」とは、人間を取り巻く客観的な物理的存在だけでなく、それらに対する人間の主体的な受け止め方をも含意する。2000年にCOEが採択したヨーロッパ景観条約1条aは「景観(landscape)」を、「人々が認識する区域(an area, as perceived by people)であって、自然的及び／又は人間的な諸要素の作用及び相互作用の結果によって性格付けられるもの」と定義している[4]。

しかし第2に、国際環境法における「環境」の「人間中心的(anthropocentric)」な理解に注意しなければならない。自然環境でさえ、それ自体としてではなく人間との関わりにおいて問題となる。ストックホルム宣言の前文5項は「世界のすべてのもののなかで、人民がもっとも貴重なものである」とうたい、リオ宣言の原則1は「人は、持続可能な発展への関心の中心にある」という。リオ宣言の原則1は、環境主義者によって「無制約な人間中心主義の勝利」だと批判される[5]。しかし、人間活動が地球環境に与えた負荷に対処することが国際環境法の主要な目的であるとすれば、これは必然的な限界だといわねばなるまい[6]。ほとんど唯一の例外は、1982年の世界自然憲章であって、従来の文書は人間中心的で人類の利益のための自然保護に焦点を当てていたのに対して、「憲章は自然の保護それ自体を目的として強調している」と評価される[7]。しかし、確かに同憲章は「人間は自然の一部であること」、「文明は自然に根ざすものであること」、「すべての生命形態はかけがえのないものであって、人間にとっての価値のいかんを問わず尊重に値すること」を認める

4　国内環境法でも「アメニティ」が重視されている点については、畠山、1993、参照。さらに、従来は「環境」とはほとんど無縁だった資源、とくに漁業資源の保存・管理も、近年では生態系の問題として環境問題に含まれる〔⇒第5章2.(1)；3.(4)〕。

5　Pallemaerts, 1993, 12-13.

6　吉村・水野、2002、33-34、参照。

7　Sands, 2003, 45-47.

が、ここでも「自然に影響を与えるすべての人間活動を指導し判断するべき保存の原則」が規定されているのである。ボイルもいうように、「国際環境法は本来的に環境中心的な性格だというよりも、本質的には人間中心主義的なものである。時として環境の"内在的価値"が語られるが、その主題は大きくいって、地球生活の質と持続可能性における人類の利益に役立つことを意図している」[8]。

(2) 「国際環境法」の定義をめぐって

国際環境法の教科書に目をやると、「国際環境法は、環境の保護を主要な目的とする国際法の実体的、手続的および制度的規則から構成される」[9]という定義や、「国際環境法は、環境の保護と保全を目的とする一群の国際法規である」[10]という定義を見ることができる。ここでは、このような国際環境法の定義に関連して、以下の二つの問題を検討しておこう。

第1に、国際環境法は「国際環境の法(international environmental law)」なのか、それとも「環境の国際法(international law of the environment)」なのか、言い換えれば国際法であるか国内法であるかを問わず「国際環境」に関わるすべての法を含むのか、それとも環境に関わる国際法の一分野を意味するのか。上に引用した定義では、国際環境法は環境に関わる国際法の一分野だという答えが与えられている。地球環境は不可分の一体をなし、その悪化はすべての国、すべての人民の生活と生存を脅威するから、地球環境の保護のためにはすべての国の協力が不可欠であり、こうした国際協力はおもに国際法を通じて実現される。このことは、大気、海洋、宇宙空間などいわゆる「国際公域(global commons)」についてはとりわけ明らかだが、国の管轄権のもとにある環境の保護についても同じことが言える。生態系の不可分性のために、一国における環境悪化は地域的な、さらには地球的な影響を及ぼすかも知れないからである。また、グローバリゼーションの時代において一国が厳しい環境基準を採用すればその国の産品が競争上不利な立場に立たされ、あるいはその国の

---

8 Boyle, 2007, 141.
9 Sands, 2003, 15.
10 臼杵、2001、1。

資本がより緩やかな環境基準を採用する国に逃避するかも知れない。このような結果を避けるためには、諸国が条約を通じて共通の環境基準を設け、その実施のために協力することが不可欠となる[11]。つまり国際環境法は、地球環境の不可分の一体性と、おもに領域を単位とする主権国家から構成されるという現在の国際社会の分権的構造との矛盾に対処するために、不可欠の役割を果たすのである[12]。

　しかし他方では、国際環境法上の国の義務の大部分は、国際法の他の分野における義務の多くと同じように、国に特定の行為形態を採用するように義務付ける「手段・方法の義務（行為の義務）」ではなく、国に特定の結果の達成を義務付けるがそのための手段の選択については国に大きな裁量の余地を認める「結果の義務」か、あるいは国に特定事態の発生防止を義務付けるが同じく手段の選択は国に委ねる「特定事態防止の義務」に留まる〔⇒第2章4.(2)〕。したがって、国際環境法上の義務の実施のためには、多くの場合各国の国内法に依拠しなければならないのであり、この意味で国際環境法の総体的な把握のためには、各国の環境法の理解が不可欠である。国際環境法と国内法としての環境法のこのような相互依存の関係は、一方では国際環境法の教科書がその国内的実施を重視し[13]、他方では日本の環境法の教科書・体系書が国際環境法に関する独立の章をおいている[14]ことにも現れているといえる。

　さて、ここで検討しておきたいもう一つの問題は、国際環境法は国際法全体の一部であるのか、それとも自己完結的で独自の法分野かという問題である。国内法としての環境法について[15]と同じように、国際環境法についてもこれを独自の法分野と見る見解がもちろん存在する。たとえばボダンスキーらは、新しい関心事項、新しい行為体、基準設定と遵守の新しい手続に照らして、「国際環境法は独自の分野として出現した」という[16]。確かに国際環

11　Gündling, 9 *EPIL* 119.
12　See, Birnie & Boyle, 2002, 7-8；邦訳、8-11；Sands, 2003, 11-15.
13　たとえば磯崎、2000、第2章；西井編、2005。
14　たとえば吉村・水野、2002、第Ⅰ部第10章、第Ⅱ部第5章；阿部・淡路編、2006、第Ⅲ章、第Ⅶ章；大塚、2006、第Ⅱ編第5～7章。
15　たとえば吉村・水野、2002、31-32；大塚、30-31。
16　Bodansky, et al., 2007, esp., 4-6, 24-25.

法は、おもにそこに規定する義務の性格に由来して、成立形式や法主体、遵守確保の手段などにおいていくつかの特性を有する、相対的に独自の法分野であることは否定できない〔⇒第2章〕。しかし、これらの特性の多くは程度の差はあっても国際法の他の分野にも見受けられるものである。つまり、国際環境法を国際法の他の分野から隔絶された独自の小宇宙を構成すると理解しようとするなら、これは正当化できないと思われる。かねてより「国際人権法」「国際環境法」といった形での国際法の「個室化」に強く批判的だったブラウンリは、近年ではこの問題は、学生をほしがるけれども一般国際法の厳格な知識、というよりはそのような知識自体を要求しない輩の「学問的帝国建設と機会主義」とによってますます先鋭なものになったという。「国際環境法」は国家や国際機構の慣行を知ることなく発展させられた、もっぱら学問上だけの個性(wholly academic personality)になりはてたというのである[17]。このようなブラウンリの発言には、いささか「老いの一徹」の気配を感じるかも知れないが、国際人権法、国際環境法といった個別分野の法の研究や教育に携わるものにとって、これは常に念頭においておくべき警告だと思われるのである。

　国際法の他の諸分野との関係についていえば、国際環境法はたとえば領域主権の原則、条約法や国家責任法など、一般国際法の適用を受けるのはもちろんとして、国際人権法〔⇒第8章〕、国際経済法〔⇒第9章〕、海洋法、国際人道法〔⇒第10章〕などの国際法の他の分野とも一部で重なり合い、相互に影響を与え合うことにも注意したい。M. フィッツモーリスは、国際環境法は世代間衡平といった独自の概念を発展させてきただけでなく、戦争法、国家責任法、海洋法、人権法といった国際法の既存の分野の発展にも貢献してきたという[18]。さまざまな分野の国際法のこのような相互影響のプロセスを、国際法の「相互豊富化(cross-fertilization)」と呼ぶ論者もある[19]。どのように分類されるものであっても、国際法上の問題を解決するためには全体としての国際法を統合的に適用することを必要とすると考えれば、国際環境法は「環境

17　Brownlie, 1996, 763-764.
18　Fitzmaurice, 1996.
19　Sands, 1998 ; Sands, 1999.

問題に対する国際法の適用以上のものではなく、それ以下でもない」[20]とする見解を支持することができるであろう。

2. 国際環境法の発展

(1) 時期区分の試み

　それでは、国際環境法はどのような経過をたどって形成され発展してきたのだろうか。国際環境法の発展については、いくつかの時期区分が試みられてきた。たとえば臼杵知史はこれを、環境条約が出現し「領域使用の管理責任」原則が確立する「形成期」（1940年代以前）、新たな環境損害に関する国際法が発展し国家の管理責任が強化された「発展期」（1950年代～1970年代）、および実体的防止義務と手続的義務が進展し、条約への参加促進と義務履行確保の方法が登場した「地球環境保護の新時代」（1980年代以降）に区分する[21]。

　他方サンズは、資源開発の限界が認識されるようになった第1期（19世紀における初期の漁業条約から1945年の国連成立まで）、環境問題に権限を有する国際機構が設立され特定の汚染源に対処する条約が登場した第2期（国連成立から1972年のストックホルム会議まで）、国際環境問題への対処の調整が取り上げられある種の産品の生産・消費・貿易の禁止が登場した第3期（ストックホルム会議から1992年のリオ会議まで）、および環境考慮がすべての人間活動に組み入れられるようになり国際環境法上の義務の履行確保に注意が払われるようになった第4期（リオ会議以後）、を区分する[22]。また、キスとシェルトンも、ストックホルム会議、リオ会議およびヨハネスブルグ会議を画期として四期の時期区分を行う[23]。より大括りな時期区分はサンドによるそれで、彼は国際環境法の伝統期（ストックホルム会議まで）、近代期（ストックホルムからリオまで）および脱近代期（リオ以後）を区分する[24]。

　研究者が行う時期区分は、研究上・講学上の便宜のためのものであって、

20　Birnie & Boyle, 2：邦訳、2；see also, Boyle, 2007, 126-128.
21　臼杵、2001、2-15。
22　Sands, 2003, 25-69.
23　Kiss & Shelton, 2004, 39-67.
24　Sand, 2007.

必ずしも一般的な妥当性を主張できるものではないが、ここでは以上のような時期区分、とくにサンズのそれを参考にしながら国際環境法の発展を簡単に跡づけておこう。なお、先に掲載した条約・国際文書一覧は年表を兼ねることを意図して年代順に構成したので、併せてこれを参照されたい。

(2) 国際環境法の前史(19世紀後半～1945年)

　条約についていえば、19世紀後半以後、おもに乱獲の防止を目的とする漁業条約を初めとして、生起する「環境」問題に個別的に対処するための条約が結ばれるようになる。この種の代表的な条約として、多くの論者は1902年の農業に有益な鳥類の保護に関する条約をあげるが、同条約のタイトルも示すように、これらは基本的には経済的な観点からの資源保護・利用に関する条約で、必ずしも環境保護の法意識を反映したものではなかった[25]。

　慣習法に目を移せば、現在でも国際環境法上の国の義務の中核をなす領域使用の管理責任は、1928年のパルマス島事件仲裁判決で領域主権にいわば内在するものだと判示され、1938年と1941年のトレイル製錬所事件仲裁判決では越境環境問題への適用が確認された。しかし、伝統的国際法におけるこの原則には、後に説明するような限界があることに留意する必要がある〔⇒第3章2.〕。また国際機構として、19世紀には国際河川の管理・利用に関して国際河川委員会が設立されるようになるが、これらはこの時期には国際河川の通航利用に関して関係国の利害を調整することをおもな任務としており[26]、環境保全がこれらの重要な役割となるのは後年のことである。

　この時期の条約、慣習法、判例に、後年の国際環境法に通じる考え方や規制の技術が見られないわけではない。たとえば1893年のベーリング海オットセイ事件仲裁判決は、公海におけるオットセイ捕獲の自由を確認したが、他方では付託合意に基づいて公海における捕獲に関する詳細な規則を定めた[27]。

---

[25] 同条約はとくに食虫性の「益鳥(Oiseaux utiles)」の殺害、捕獲などを禁止する(1条)一方、猛禽類、ペリカン、ウなどの「害鳥(Oiseaux nuisibles)」については例外とすることを認める(9条)——現在の環境主義者が見れば卒倒するような——規定を有する。

[26] 奥脇、1991、参照。

[27] 村瀬、1999b/2002、346-349；青木、2007；Matthias Hopfner, 2 *EPIL* 36；Stephens, 2009, 200-206、参照。

また、1909年の米加境界水域条約は汚染防止に関する規定をおいただけでなく国際合同委員会を設置し、トレイル製錬所事件は同委員会の勧告に基づく交渉を経て仲裁付託が合意されたものである[28]。しかし、これらの事例はおのおの独自の要因によってもたらされたもので、環境保護の一般的な法意識を反映したものではなく、したがって、この時期に「国際環境法」自体が存在したという考え方はとれないと思われる。

3. 国際環境法の萌芽期(1945年〜1972年)

　第2次世界大戦後になっても、状況が大きく変わったわけではない。しかし、この時期を前の時期と区別して国際環境法の萌芽期として性格づけるのは、後にこの法分野の国際法の発展のおもな舞台となる国際機構の多くが、この時期に設置されたからである。たとえば国連憲章は環境保護に関する具体的な規定をおいていないが、国際法の漸進的発達と法典化を含めて総会の国際協力に関する権限を規定する13条、経済的・社会的国際協力を国連の目的として掲げる1条3および55条、この分野における経済社会理事会の任務を定める62条など、後の国連による環境保護活動の根拠となる規定を含んでいた。1947年のガットは当初はもっぱら自由貿易の推進を目指して設置されたものだったが、1994年のWTO協定が「持続可能な発展」を前文に掲げたことを契機として、環境保護にも留意するようになった〔⇒9章〕。また、現在では海洋環境の保全に中心的な役割を果たしている国際海事機関(IMO)の前身である政府間海事協議機関(IMCO)は、1958年の成立当時は、海上の安全に関わる技術的な問題に関する国際協力の達成を主要な目的としていた。さらに、現在では「ヨーロッパ環境法」を主導しているヨーロッパ連合(EU)は、ヨーロッパの経済統合を目的に1957年に成立したヨーロッパ経済共同体(EEC)を起源とする[29]。

　条約についていえば、1946年の国際捕鯨取締条約は「鯨族の適当な保存を

28　Sands, 2003, 455-456；Madders, 2 *EPIL* 276；繁田、2006、参照。
29　ヨーロッパ環境法については、本書では詳述することができない。岡村、2004；Sands, 2003, 732, et seq., 参照。

図って捕鯨産業の秩序のある発展を可能とする」ことを目的とする(前文)ものであり、地球環境保全の国際世論を背景に反捕鯨運動の舞台として変質するのは後年のことである。1958年ジュネーヴ海洋法四条約の中では、漁業及び公海の生物資源の保存に関する条約は、自国民に対して公海生物資源の保存に必要な措置を採用し、この目的のために他国と協力する国の義務を定めた(1条2)が、ここでいう「保存」とは食糧その他の海産物の最大限の供給を確保することを目的とする(2条)もので、ここには海洋環境保全の考えは伺えない[30]。また、公海条約は汚染防止規則を制定する国の義務(24条)と、放射性廃棄物による汚染防止のために権限ある国際機関と協力して措置をとる国の義務(25条)を規定したが、これらの規定は海洋環境保全の初期の試みとしての意義は否定できないものの、規制の範囲は限られたものだった[31]。さらに、領海条約と大陸棚条約には、海洋環境保護に関する明文の規定は含まれていない[32]。

ところで、前掲の条約・国際文書一覧を見るとこの時期に原子力損害への民事賠償責任に関する条約が目につく。経済協力開発機構(OECD)が1960年に作成した原子力第三者賠償責任条約(パリ条約)、1962年の原子力船運航者責任条約(未発効)および1963年に国際原子力機関(IAEA)が作成した原子力損害民事賠償責任条約(ウィーン条約)である。しかしこれらの条約も、パリ条約前文の言葉を借りれば「原子力事故によって損害を被った人に対して適切かつ公正な補償を確保する」とともに「平和目的のための核エネルギーの生産及び利用の開発がこれによって妨げられないよう確保する」、つまり当時は幼稚産業であった原子力発電等の推進を目的とするものだった[33]。1963年ウィーン条約が環境損害を視野に納めるようになるのは、1997年の議定書によってである。

慣習法との関連で注目しておいてよいのは、1962年に国連総会が採択した

---

30 この条約については、小田、1969、とくに46-55、参照。
31 これらの規定の意義と限界については、富岡、2004、249-251、参照。また、横田、1959、400-409、をも参照。
32 もっとも関連規定としては、領海条約24条と大陸棚条約5条1および7をあげることができる。See, Brownlie, 1974, 6-8.
33 See, Birnie & Boyle, 476：邦訳、543-545。

天然資源に対する永久的主権決議(決議1803(XVII))である。国がその管轄下に所在する天然資源を自由に開発する権利を有するというこの考えは、領域主権の当然の帰結であり、後に国際司法裁判所によって慣習法であることが確認される[34]が、一見したところこれとは逆の方向性を有する1970年の総会決議・深海底を律する原則宣言(決議2749(XXV))とともに、次の時期における発展途上国の主張の基調を据えるものであった〔⇒第3章3.(1)〕。

4. 画期としてのストックホルム会議(1972年)

(1) ストックホルム会議の背景と課題

　ストックホルム会議開催のおもな背景は、1960年代に明らかになった先進資本主義国における環境破壊の進行だった。農薬などによる環境破壊に警鐘を鳴らしてセンセーションを巻き起こしたレイチェル・カーソンの『沈黙の春』が刊行されたのは1962年である。60年代にはまたヨーロッパとくに北欧諸国や、北アメリカで酸性雨による被害が問題となりだす[35]。「ゼロ成長」を提唱したものとして物議をかもしたローマ・クラブの報告『成長の限界』は、ストックホルム会議ときびすを接して1972年に公表された。日本では、「四大公害訴訟」(熊本水俣病訴訟；新潟水俣病訴訟；富山イタイイタイ病訴訟；四日市ぜんそく訴訟)[36]が1967～69年に提起されている。リベリア船籍の巨大タンカー、トリー・キャニオン号が英仏海峡で座礁し、流出した油によって英仏の海岸に重大な被害が出た事件は1967年に発生した。

　トリー・キャニオン号事件は、とりわけ象徴的だったといえる。これは、単なる偶然の事故ではなかった。その背景には、高度経済成長に伴う先進国における石油消費の激増と、それがもたらしたタンカーの超大型化があったからである。しかもこの事件は、このような事故に対処するためには従来の国際法がまったく不備であることも明らかにした。旗国主義によって公海上の船舶に対してはその旗国が排他的な管轄権を有する〔⇒第3章2.(2)〕が、リ

34　*ICJ Report*, 2005, para.244.
35　鈴木、2001、参照。
36　これらの事件については、阿部・淡路編、2006、17-18；大塚、2006, 6-8を参照。

ベリアは便宜船籍国であってトリー・キャニオン号に実効的な管理を及ぼすことはできず、流出した石油を焼却するために英国が最終的に行った同号に対する空爆が、国際法のいかなる規則によって正当化されるか明らかではなかったのである[37]。この事件を契機として1969年には、油汚染損害民事賠償責任条約と油汚染事故介入権条約とが作成された。

　ストックホルム会議はこのような背景のもとに、先進国とそのNGOsのイニシアチブによって開催されたものだった。会議開催を決めた1968年の総会決議2398(XXIII)は、「人口の急増及び都市化の加速によって一層悪化させられている、大気と水の汚染、浸食その他の形態の土壌の劣化、廃棄物、騒音及び殺虫剤の副作用のような諸要素によってもたらされる人間環境の継続的かつ加速度的な損傷」への懸念を表明した。このような懸念は明らかに、先進国で進行する環境破壊にかかわるものである。この決議は同時に、発展途上国が環境問題に関する知識と経験の動員から受益して、このような問題の発生を予防することを可能とすることへの希望を表明したが、途上国がこうした動きに反発したのは当然の成り行きだったといえる。ストックホルム会議の事務局長を務めたストロングは、会議における途上国の立場を次のように要約した[38]。

　「発展途上国の多くの人々が、環境へのこの新しい懸念が彼ら自身のやむにやまれぬ緊急の優先事項である発展にとってどのような関連を有するのかを疑問視したのは、驚くべきことではない。彼らは、もしもそれが本当に富んだ社会の病弊であるなら、そもそも彼らがなぜそれに関わらなければならないのか、とりわけ彼ら自身の発展がまだ初歩的な段階にあるときに、と問うた。実際、もしもより多くの工業がより多くの汚染を意味するなら、より多くの汚染を歓迎したいという者さえある。しかし同時に彼らは、より工業化された社会がとる行動が彼ら自身の利益にどのように影響するのか、技術援助の利用可能性はどうなるのか、そして彼ら自身の発展のために必要な市場には何が起こるのか、と問うた。彼らは、彼ら自身

37　緊急状態や自衛権が援用された。この事件については、Stansfield, 11 *EPIL* 333；山田、2005；加藤、2007、を参照。
38　Strong, 1972, 7.

に直接の影響を与えるような種類の環境問題には、どのような注意が払われるべきかを問うたのである」。

こうしてストックホルム会議において初めて、現在に至るまで国際環境法を規定し続ける基本的な課題、つまり環境保全と社会的・経済的発展とをどのように調和させるかという課題が、明確な形をとって登場する〔⇒第2章1.(1)；第6章2.〕。この事実を、ストックホルム会議の第1の意義としてあげるべきであろう。会議の準備過程でも会議自体においても、環境／発展の対立と調整はもっとも主要なアジェンダであり続けた[39]。ストックホルム宣言は、発展途上国においては環境問題の大部分が低開発から生じていることを認めて、途上国は環境を保護し改善する必要性を考慮に入れてその努力を発展に向けるべきことをうたい（前文4項）、経済的・社会的発展が好ましい生活環境と労働環境の確保にとって不可欠であること、途上国における環境の欠陥に対処するためには援助の供与と一次産品の価格安定が必要であり、すべての国の環境政策は途上国の発展の潜在力を損なうべきではなく、途上国が発展計画に環境保護を組み込むために要する費用には援助が利用可能とされるべきであって、発展と環境の調和を図るためには総合的なアプローチと合理的な計画が必要であること、などを規定した（原則8〜14）。ここには、その言葉こそ用いられていないが、後に取り上げる「持続可能な発展」の萌芽的な現れも見られる（原則1〜3、5など）〔⇒第6章1.(2)〕。ソーンは、こうして経済的・社会的発展を人間環境改善の不可分の要素とすることによって、会議は先進国と途上国の危険な衝突を避け、途上国がストックホルムで建設的な役割を果たすことを可能にしたのだと述べる[40]。

(2) 国際環境法の基礎づけ

ストックホルム会議の意義として第2に、国際環境法の基礎を据えたことをあげなければならない。この会議以後、相対的に独自の法分野としての国際環境法について語ることができるようになるということは、多くの論者に

39　See, A/CONF.48/10；A/CONF.48/14/Rev.1. 以下、ストックホルム会議の文書の引用は後者の報告書による。
40　Sohn, 1973, 466.

よって指摘されている[41]。ストックホルム宣言自体は典型的なソフト・ロー文書である〔⇒第2章2.(3)〕が、そこに規定された諸原則のいくつかはのちに国際環境法の基本原則に結実していくのである。たとえば、原則21は領域使用の管理責任を確認しただけでなくその一層の発展の契機を与え〔⇒第3章〕、原則22は越境環境損害の被害者救済に向けて国際法の発展のために協力するべきことを規定した〔⇒第11章〕。また、原則23は環境基準の設定に当たって各国の価値体系を考慮するべきことを求めるとともに、のちの「共通に有しているが差異のある責任」に通じる考え方〔⇒第7章〕を示し、原則24は環境問題に関する国際協力が主権平等に基づくべきことをうたった。この点では、ストックホルム宣言が従来の関連文書のように個々の保護対象や区域をベースにするのではなく、「生物圏の生態学的均衡(the ecological balance of the biosphere)」の観点を打ち出した(前文3項；原則2；4；6など)ことも、地球環境保護の法意識の出現を示すものとして注目される。

(3) 国連環境計画(UNEP)の設置

さて、ストックホルム会議の意義としては第3に、これ以後国連の環境活動の中心となっていく国連環境計画(UNEP)の設置にイニシアチブをとったことをあげなければならない。会議は「制度的および財政的取り決めに関する決議」において国連総会に対して、管理理事会、環境事務局、環境基金などからなるUNEPの設置を勧告し、これを受けた総会は決議2997(XXVII)によってその設置を決定する。UNEPは、総会が衡平な地理的配分を基礎に3年任期で選ぶ58か国が構成する総会の補助機関であって、環境分野における国際協力を促進すること、この目的のために政策を勧告すること、国連システム内の環境計画の指示・調整のために政策的指針を提供すること、生起する環境問題に対して諸政府の注意を喚起するために世界の環境状況を注視すること、などを任務とする[42]。なお、総会決議3004(XXVII)は環境事務局をナイロビに置くことを決定したが、それは、これまで国連と専門機関の本部はすべて先進国に置かれてきたが、国際機構をすべての人民の経済的・社会的

---

41 E.g., Gündling, 9 *EPIL*, 121-122；Sohn, 1973, 511-515；Weiss, 1993, 678.
42 UNEP設置の経過とその初期の任務については、Hardy, 1974、を参照。

発展の促進のために用いるためにはそれらを衡平な地理的配分を考慮して配置するべきことを確信したからであった。

　国際環境法の発展が、当初からUNEPの目的として一般的に規定されていたわけではない。しかし、国連総会がUNEP管理理事会に「適切な行動のために」付託した(総会決議2994(XXVII)本文2項)ストックホルム会議の「人間環境のための行動計画(the Action Plan for the Human Environment)」——合計109件の「勧告」からなる——は、国際環境法の発展にかかわる多くの具体的な「勧告」を含んでいた。たとえば、国際水域に生息しまたは国の間を移動する種の保護のための条約締結に関する勧告32；国際的意義を有する生態系の国際協定による保護に関する勧告38；気候への影響のリスクがある活動を評価し関係国と協議するように求める勧告70；国の管轄権を越える汚染物質の管理について国際協力を呼びかける勧告72；海洋汚染の規制に関する国際文書の受諾とそれらの遵守確保を求める勧告86；天然資源と文化遺産の保護のための条約に関する勧告98および99；環境政策と貿易措置の関係に関する勧告103〜105、などである。

　UNEPは1982年には「環境法の発展と定期的再検討のための計画(the Programme for the Development and Periodic Review of Environmental Law)」を採択して、本格的に環境法(国内の環境法を含む)の発展に取り組むことになる[43]。UNEPは1976年の地中海汚染防止条約を皮切りに「地域海洋プログラム(the Regional Seas Programme)」を推進し、オゾン層の保護に関するウィーン条約およびモントリオール議定書、有害廃棄物規制バーゼル条約、CBDとそのカルタヘナ議定書など多くの普遍的な環境保護条約の起草に関わり、またこれらの条約の多くにおいて事務局の職務を果たしている。こうして、「UNEPが国際環境法の発展と適用に重要な貢献を行ってきたことを疑うものは、ほとんどないであろう」[44]。

43　Montevideo Programmeと略称され、現行の「計画」は2001年に採択されたもので、「環境法の実効性」、分野ごとの「保存および管理」、「他の分野との関係」の3部から構成される。See, UNEP, 2001.
44　Sands, 2003, 83. 国際環境法の発展におけるUNEPの役割については、ibid., 40-45, 83-85；Birnie & Boyle, 53-57：邦訳、66-69を、UNEPの一般的な仕組みと任務については、Dupuy, 5 *EPIL* 319；奥田、2005、を参照。

5. 国際環境法の形成と確立

(1) 国際環境法の形成期(1972年～1992年)

　ストックホルム会議を契機として、国際環境法は明確にその形成期に入ったといえる。資源保護や個別的な環境破壊に対処するための従来の条約にとどまらず、この時期には地球環境保護の一般的な法意識に裏打ちされた条約が登場した。この点では、海洋法が先行したように見受けられる。1982年に採択されたUNCLOSは、海洋環境を保護し保全するすべての国の義務(192条)や、あらゆる発生源からの海洋環境の汚染を防止、軽減および規制するため必要な措置をとるすべての国の義務(194条)を規定した。同条約はまた、執行に関して限定的ながら寄港国(218条)と沿岸国(220条)の管轄権を認めることによって、伝統的な旗国主義から一歩を踏み出した。1954年海洋油汚染防止条約に代わるものとして1973年に採択され78年の議定書によって改正されたMARPOL73/78条約は、「海洋環境を保護する必要」を前面に掲げ(前文)、「海洋に入った場合に、人の健康に危険をもたらし、生物資源及び海洋生物に害を与え、海洋の快適性を損ない又は他の適法な海洋の利用を妨げるおそれのあるすべての物質」に包括的に適用されるものである(2条(2))。同条約はまた、UNCLOSよりもさらに限定的ながら証書を検査する寄港国の管轄権を認め(5条(2))、非締約国の船舶への準用を求めた(5条(4))。このような「管轄権」は、当時進行中だった国連海洋法会議によってもたらされる国際法の発展に従って解釈されることになる(9条(2)および(3))[45]。公海漁業も、環境保護の観点からの規制を受けるようになった。1989年には地域条約ながら南太平洋流し網漁業禁止条約が採択され、1990年には条約水域でその国民や漁船が操業する国と条約水域に隣接する国に開かれる議定書が作成された。国連総会も、1991年には次の年中に大規模遠洋流し網漁業のモラトリアムを実施するように求める決議46/215を採択する。

　この時期にはまた、大気汚染への対処が本格的に始まる。(国際)環境法が対処しなければならない大気汚染は、かつてのトレイル製錬所事件のように原因行為が特定され被害範囲も限られていた、したがって伝統的国際法でも

45　本条約については、水上、2001；磯崎、2006、124-129を参照。

対処が可能であった環境被害とは異なり、原因行為が特定できずその累積的効果によって被害が生じるものであり、被害の範囲もまた広範に及ぶものであって、地球環境保護の法意識に裏打ちされたまったく新しい対処を必要とする。そのような最初の試みは地域条約であるが、UNECEがイニシアチブを取った1979年の長距離越境大気汚染条約だった。本条約は枠組条約に属するものであって、のちに硫黄放出量(1985年；1994年)；窒素酸化物(1988年)；揮発性有機化合物(1991年)；重金属(1998年)など多数の議定書によって規制を具体化していく。そして、1985年のオゾン層保護ウィーン条約と1987年のモントリオール議定書は、周知のように大気保護に関する始めての普遍的な条約であり、枠組条約という形式において、また次の時期に具体化される不遵守手続において、典型的な地球環境保護の条約となる〔⇒第2章2.(2)；第12章3.〕。

　さて、この時期の特徴としてはもう一点、国際法の他の分野に環境考慮が影響を与えだしたことがあげられよう。たとえば武力紛争法についていえば、1976年の環境改変技術使用禁止条約は環境改変技術の敵対的利用を禁止し、1977年のジュネーヴ諸条約に追加される第1議定書(35条3；55条)は、不十分ながら環境を攻撃対象とすることを禁止した。また、1980年の特定通常兵器使用禁止制限条約のいくつかの議定書も、環境保護の効果を有するものだった〔⇒第10章3.(3)〕。また人権分野では、1981年のバンジュール憲章(24条)や1988年の米州人権条約サン・サルバドル議定書(11条)には、初歩的ながら環境権に関する規定が登場する〔⇒第8章2.(3)〕。さらに、前の期に属する南極条約にも環境保護に通じる規定が存在したが、1980年の南極海洋生物資源保存条約は南極大陸周辺の海洋環境の保全と海洋生態系の保護をうたう(前文)ものだった。南極について特徴的なことは、1988年の南極鉱物資源活動規制条約が厳しい環境保護の規定を持ちながらも、なお環境考慮から発効が見込めなくなり、1991年には南極地域を自然保護地域として指定する(2条)南極環境議定書が採択されたことである。鉱物資源活動は、本議定書の改正が可能となる発効後50年を経過するまでは、禁止される(7条；25条)[46]。こうして、国連環境発展会議(リオ条約：UNCED)の準備がすでに始まっていた1990年ま

---

[46] 南極環境議定書については、臼杵、2001b；星野、2005；磯崎、2006、230-231を、南極条約体制における環境保護については、池島、2000、とくに第3部を参照。

でには、「いまや国際環境法と呼ばれる独自の法分野が存在した」とサンズはいう[47]。

(2) 国際環境法の現段階：その確立期(1992年〜)

　国際環境法の現段階は、「持続可能な発展」をキー・ワードに開催された1992年のUNCEDに始まる、その確立期である。この時期を特徴づける主要な原則については第3章以下で多少とも立ち入った検討を行うので、ここではこの時期の時期としての特徴にだけ簡単に触れておこう。

　発展途上国の社会的・経済的な発展の実現は、地球環境の保護にはるかに先んじて国連の主要な関心事の一つだったが、前述のようにストックホルム会議を契機としてこの両者の調整が国際環境法の重要な課題として意識されるようになる〔⇒本章4.(1)〕。環境と発展に関する世界委員会(WCED)が1987年に発表した報告書『われら共通の未来』によって広く知られるようになった「持続可能な発展」の概念は、UNCEDにおいて普遍的な承認を受け、その後の国際環境法の発展を領導することになる〔⇒第6章〕。環境主義者の間には、「持続可能な発展」のイデオロギーを導入したUNCEDは、国際法の自立的な一分野としての国際環境法の衰退の始まりだったのではないかという批判がある[48]。しかし、このような予測はその後の発展によって証明されていない[49]。キスらはむしろ、条約法と慣習法の両側面において国際環境法を強化したことと、「持続可能な発展の法(droit du développement durable)」を生み出したことを、UNCEDの法的な成果としてあげる[50]。UNCEDではUNFCCCとCBDが署名のために開放され、そこで採択されたアジェンダ21を契機として砂漠化対処条約や国連公海漁業実施協定が締結される。

　この時期はまた、環境条約に特有の履行確保手続が登場したことでも注目できる。モントリオール議定書に始まり、京都議定書やオーフース条約など

---

47 Sands, 2003, 51. もっとも、この頃までの越境環境損害の禁止に関する条約および慣習法の主要な目的は国の経済的利益の保護であって、環境は間接的に保護されたに過ぎないという指摘があることに注意したい。See, Wolfrum, 1990, 317.
48 Pallemaerts, 1993, 18-19.
49 Sands, 2003, 53.
50 Kiss et Doumbe-Bille, 1992, 832, et seq.

に引き継がれる(不)遵守手続がそれである〔⇒第12章〕。さらに、国際的な司法機関や準司法機関で、国際環境法の原則や規則が援用される事例が目立つようになった。ICJでは1995年の核実験事件判決再検討申請事件(ニュージーランド対フランス);1996年の核兵器使用の合法性勧告的意見(WHOおよび国連総会の意見申請);1997年のガブチコボ・ナジマロシュ計画事件判決(ハンガリー／スロバキア)、2010年のウルグアイ河岸パルプ工場事件(アルゼンチン対ウルグアイ)、まだ判決には至っていないが2008年に提訴された除草剤空中散布事件(エクアドル対コロンビア)がある。国際海洋法裁判所(ITLOS)では、いずれも暫定措置の事例であるがみなみまぐろ事件(オーストラリア・ニュージーランド対日本);MOXプラント事件(アイスランド対英国);ジョホール海峡埋め立て事件(マレーシア対シンガポール)が注目される〔⇒第5章〕。また、ガット／WTOの紛争解決機関〔⇒第9章〕やヨーロッパ人権裁判所〔⇒第8章〕でも、環境関連の主張が結果に影響を及ぼすようになっている。このように司法機関等における援用が一般化した事実は、国際環境法が諸国および諸国民の法意識の中に定着したことを、明らかに示すものだといえよう。ICJとITLOSが設けた環境問題専門の裁判部が利用されていない事実は、このことを逆照射するもののように思われる。ICJは2006年には、その不利用を理由に環境問題裁判部の裁判官選挙を行わなかったが、当時の裁判所長ヒギンズはこれを、諸国は当然のことながら環境法を国際法全体の一部と見なしていることは明らかだと説明したのである[51]〔⇒第12章4.(2)〕。

　さらにもう1点、リオ会議はそれ自体「参加革命(participatory revolution)」と呼ばれ、多数のNGOsがオブザーバー資格を認められただけでなく、一層多くのNGOs等が参加するグローバル・フォーラムが並行して開催された[52]。そしてリオ以降の国際環境文書では、NGOs等の市民社会がその作成に積極的に参加するようになっただけでなく、履行確保の過程でも北米環境協力協定やオーフース条約の遵守委員会に見られるように、公式の参加を認められるようになりつつある〔⇒第8章4.(3)〕。こうして国際環境法は、現在ではNGOsなどの非国家行為体の参加なしには語ることができなくなったといえるであ

51　A/62/4, para.241.
52　Sand, 2007, 41.

ろう〔⇒第2章3.〕。

　なお、2002年にヨハネスブルグで開催された持続可能な発展に関する世界サミット（WSSD）を、追加的な時期区分の画期と見る見解がないわけではない〔⇒本章2.(1)〕。しかし、この会議はストックホルム会議の30周年、リオ会議の10周年に当たり、政治宣言と実施計画を採択したが、これらにはストックホルム宣言やリオ宣言に相当する新しい規範的な内容は含まれていないので、この会議を国際環境法の観点から画期と見るのは適当ではないと思われる[53]。ただし、WSSDは別の意味では国際環境問題に「新しい」次元を開くものだったといえるかも知れない。それは、環境問題にかかわる非国家行為体を従来のNGOs中心の理解から産業界や地方自治体などを含むものへと大きく拡大しただけでなく、これらを持続可能な発展の追求における国と平等の「パートナー」として位置づけたことである。

　WSSDへの参加は、狭義のNGOsだけでなくアジェンダ21がいう「すべての主要なグループ（all major groups）」に開かれるものとされた[54]。WSSDでは本会議において非国家行為体による一般的声明を聴取し、これらの代表が国家代表と同じ資格で参加する「各層の利害関係者によるイベント（Multi-stakeholder event）」、「パートナーシップ・イベント」、「ラウンド・テーブル」などが開催された[55]。さらに、WSSDの成果文書は、「タイプ1の成果文書」と呼ばれる政府間の約束である政治宣言および実施計画と、政府だけでなく広く多様な非国家行為体が参加する「タイプ2の成果文書」とに区別された[56]。タイプ2は「パートナーシップ・イニシアチブ」とも呼ばれ、国家、国際機構および非国家行為体がさまざまな組み合わせにおいて提出した、持続可能な発展の実現を目指す諸提案をいわば「編纂」したものであって、いかなる意味でも規範的性格を有するものではない[57]。多様な非国家行為体の役割を大きく向上させるこ

53　See, e.g., Atapattu, 2006, 91-93 ; Schrijver, 2008, 93-97. WSSDはもともと「新しい概念、新しい条約または新しい政策を発展させ、採択すること」を意図していたわけではない（Perrez, 2003, 12.）。
54　アジェンダ21の23.3項およびWSSD手続規則64（A/56/19, Chapter VIII.A.）を参照。
55　See, A/CONF.199/20.
56　See, Vice-Chairpersons' summary of informal meetings on partnerships for sustainable development, A/CONF.199/4, Annex III.
57　A/CONF.199/CRP.5 and Add.1.

のような動向は、冷戦の終結とグローバリゼーションの進展を色濃く反映するものと見ることができ、いささかの皮肉を込めて「持続可能な発展の民営化」と呼ばれることがある[58]が、このことの問題性については後に検討することにしよう〔⇒第2章3. (3)〕。

58　See, Beyerlin and Reichard, 2003 ; Gupta, 2003.

第2章　国際環境法の特徴

1. 国際環境法の背景

　国際環境法とは環境問題に適用される国際法であり、つまり国際法全体の一部を構成するが、他方ではそれが国際法の他の分野では見られない一定の特徴を有することも否定できない〔⇒第1章1. (2)〕。本章ではそのような国際環境法の特徴を検討するが、そのためにはまず、何がそのような特徴の背景にあるのかを考えておく必要がある。

(1)　社会的・経済的発展と環境保護の矛盾

　1972年のストックホルム会議を契機に国際環境法の形成が本格化するのは、おもに先進資本主義国における経済成長至上主義的な開発政策から生じた環境破壊に対処するためだった〔⇒第1章4.〕。ICJはガブチコボ・ナジマロシュ計画事件判決において、「長年にわたって、人類は経済的その他の理由によって恒常的に自然に干渉してきた。過去にはこのことは、しばしば環境への影響を考慮することなく行われた。新しい科学的知見のために、また、無思慮かつ不変のペースでこのような干渉を遂行することが人類——現在と将来の世代——に与えるリスクの自覚が高まったために、この20年間に新しい規範と基準が多くの文書において発展させられ規定されてきた」と述べる[1]。

1　*ICJ Reports*, 1997, 78, para.140.

このような背景からして当然のことながら、環境保護はまず何よりも先進国にとっての課題として登場した。しかも先進国は、環境保護の進展によって経済的に受益する可能性もある。たとえば、「環境に優しい」技術革新や省エネルギーが促進されて生産コストが低下し、あるいは「グリーンな」産品は環境意識の向上に伴って市場を拡大することになろう。他方発展途上国にとっては、厳しい国際的な環境基準が採用されることによって自国の発展に直接の影響を受けるだけでなく、先進国で厳しい環境基準が設けられれば自国の産品がこのような先進国の市場から排除される結果となる。また、途上国にとっては何よりも「環境問題の大部分は低開発から生じている」(ストックホルム宣言前文4項)。したがって、環境保護と社会的・経済的発展の矛盾に関わる対立は、おもに先進国(たとえばOECD諸国)と途上国(たとえばグループ77の諸国)の間に生じることになる。

しかし、それだけではない。先進国にとっても、環境保護のコスト負担はその産品の国際競争力に影響するかもしれない。また、ある環境規制の実施がどのような影響を与えるかは、当該の国の産業構造や地理的な条件などによって異なる。同様に途上国の立場もこのような諸条件によって左右されるもので、けっして均一のものではない。こうして環境保護と発展をめぐる対立は、先進国相互間にも(たとえば米国とEU)、先進国内部にも(たとえば政府と環境NGOSsの間や省庁の相互間)、さらには途上国間にも(たとえば産油国とAOSISの間)存在する。したがって、社会的・経済的発展と環境保護の矛盾が国際環境法にどのような影響を及ぼすかについては、当該の環境問題をめぐる国際社会のあり方を具体的に分析して初めて理解できるものであることに留意しなければならない。

(2) 科学技術の急速な発展

人間活動が環境破壊をもたらすメカニズムについては、科学的に十分解明されていない部分が多い。また、環境破壊を防止し除去するための技術は日進月歩である。このような科学技術の状況は、国際環境法にさまざまな影響を及ぼす。たとえば、科学者や技術者などの専門家の知見は、環境条約に対する合意の形成に一定の役割を果たす。1988年にUNEPとWMOが設立した

「気候変動に関する政府間パネル(IPCC)」は政府代表ではあるがおもに専門家によって構成される組織で、その報告書は気候変動枠組条約(UNFCCC)やその京都議定書の作成に一定の役割を果たした[2]。また、モントリオール議定書の交渉に当たっては、フロンガスのオゾン層破壊作用に関する発見などの科学的知見が政治的議論を大きく方向付けたという[3]。さらに、UNEPが主導した「地中海行動プラン(Mediterranean Action Plan)」では、科学者やUNEPおよび各国政府内の専門家からなる「認識の共同体(epistemic community)」が合意の形成と国内的実施において決定的な役割を果たしたという調査結果もある[4]。

また、科学的知見の不確実さや技術的対処の未発達の克服は、成立した多数国間環境保護協定(MEAs)にとって重要な課題となり、多くのMEAsは科学技術の発展とそのための国際協力を条約目的の一つとして掲げる。さらに、条約の履行確保のためにも科学技術上の知見が不可欠の役割を果たすから、多くのMEAsは締約国会議(COP)に対して科学上・技術上の助言を与える任務を有する補助機関を設ける。予防原則をめぐっては周知の対立があるが〔⇒第5章〕、いずれにせよ、環境破壊のメカニズムが解明され、これに対処する費用対効果が高い技術が開発される程度に応じて、環境規制のための合意が得やすくなることから、MEAsに多く見られる「枠組条約」の形式が採用されることになる〔⇒本章2.(2)〕。この種の典型的な条約であるUNFCCCの前文は「気候変動を理解し及びこれに対処するために必要な措置は、関連する科学、技術及び経済の分野における考察に基礎をおき、かつ、これらの分野において新たに得られた知見に照らして絶えず再評価される場合には、環境上、社会上及び経済上最も効果的なものになる」ことを認める。

なお、科学技術上の知見はMEAsに必ずしも直接に反映されるわけではないことに注意しておかなければならない。そこには、政策決定者による政治的な判断が介在するのである。科学的な知見が政策決定者によって無視され、

2　See, IPCC, 2004.
3　サスカインド、1996、122-125。ただし著者は、これはむしろ例外的な事態で、条約交渉における科学者の影響力はそれほど大きくないという(同書、111-114)。
4　Haas, 1989.

あるいは歪曲して利用される可能性は少なくない。ここに、研究の自由とその成果の公表の自由の確保や、科学者の側における社会的責任の意識の確立が、重要な課題として浮かび上がる。

(3) 「分裂した世界」における統一した基準の必要性

地球環境は人為的な国境によって分断されず不可分の一体をなすから、その保護のためには国際的に統一された基準の設定が不可欠である。また、一部の国が高い環境基準を採用すれば、その国の産品の国際競争力が弱くなるかもしれない。さらに、グローバリゼーションが進んだ現代社会では、人間、商品、資本などが複数の管轄権を通じて円滑に交流できるためには、各管轄権のもとにおいて共通の基準が設けられていることが必要である[5]。

海洋法を例にとるなら、国は自国の領海の環境保全のための法令を制定することができるが、外国船舶の設計、構造、配乗または設備については、当該法令は「一般に受け入れられている国際的な規則又は基準を実施する」ものでなければならない(国連海洋法条約(UNCLOS)21条1(f)；同条2)。海洋環境の汚染防止のための規則の執行は原則として旗国により(同条約217条)、例外的には寄港国(218条)および沿岸国によって(220条)行われるが、このような規則は「権限のある国際機関又は一般的な外交会議を通じて定められる適用のある国際的な規則及び基準」に従うものでなければならない。ここにいう「権限のある国際機関」は、明記されていないが国際海事機関(IMO)を意味するという[6]。

このような統一された基準の必要性にもかかわらず、現代世界では社会経済構造、文化的伝統や法体系、経済発展段階などを異にする200に近い国が併存し、これらの相互間で合意を達成することは困難である〔⇒本章1. (1)〕。このような状況のもとで一般的な合意を達成するために、「コンセンサス方式」と「パッケージ・ディール」を組み合わせる交渉方式が工夫されてきた。この方式を始めて本格的に採用したのは第3次国連海洋法会議だと言われ、同会議の手続規則は実質問題を投票に付する前に一般的合意に達するために

5　See, Boyle & Chinkin, 2007, 19-24.
6　Birnie & Boyle, 2002, 59：邦訳、71。

あらゆる努力を払うことを求める(規則37)とともに、実質問題に関する決定は出席し投票する代表の3分の2の多数(当該会期に参加する国の過半数であることを条件とする)によって行うものとした(規則39)が、本手続規則は国連総会が承認した次のような「紳士協定」を附属書として組み込む:

　「海洋の諸問題が相互に密接な関連を有しおよび全体として検討される必要があること、ならびに可能な限り最大限の受諾を得るような海洋法に関する条約を採択することが望ましいことに留意し、

　会議はコンセンサスにより実質事項に関する合意に達するためにあらゆる努力を払うべきであり、コンセンサスに達するためのあらゆる努力を尽くすまではこのような事項に関して投票を行うべきではない」[7]。

第3次国連海洋法会議でノルウェー代表として活躍したエヴェンセンは、コンセンサス方式、パッケージ・ディールおよび紳士協定は、第3次海洋法会議の政策決定における三つの主要な礎石だったという[8]。コンセンサス方式は、一般的合意を達成するためのあらゆる努力を行って積極的な反対がなくなった段階で、議長が票決を行うことなくコンセンサスによる採択を宣言し、なお不満を残す代表には「宣言」や「留保」の形で見解の表明を認める方式である。コンセンサス方式は全会一致とは異なるが、頑固な少数派が正式の反対を固持すればコンセンサスが成立しないという意味では、こういった国に拒否権を認めることになりかねない。そこで、こうした結果を避けて少数派をコンセンサスに向かわせるインセンティブとして、上記の第3次国連海洋法会議の場合のように最終的には手続規則にしたがった票決を行うことが留保されるのが普通である。

他方、パッケージ・ディールとはエヴェンセンによれば、「会議が採用した手続の本質は、〔条約の〕ある部において達成された妥協は別の部において「代償」として交渉された妥協との関係で評価されなければならないということ」だったと要約される[9]。すなわち、必ずしも論理的には結びつかない別個の

7　Third United Nations Conference on the Law of the Sea, Rules of Procedure, UN Doc., A/Conf.62/30/Rev.2.

8　Evensen, 1986, 483.

9　Ibid., 485.

争点にかかわる一定の選択肢を組み合わせることによって、全体としての合意の達成を目指す。ある代表は一争点について譲ることを、別の争点について自国の立場を受け入れさせるテコとするのである。争点ごとの決定は仮のものとされ、最後に争点ごとの決定の「パッケージ」が全体として可否の決定の対象とされる。したがって、最終的に採択された条約への留保は認められず（UNCLOS 309条）、締約国が相互間で別個の協定を締結する権利も制約を受ける（同 311条3）。

コンセンサス方式とパッケージ・ディールの組み合わせは、第3次国連海洋法会議の成功を導いたものとして注目された。この会議の票決方式にコメントしたソーンは、コンセンサス方式は「国際法の法典化のプロセスがその発展のプロセスに、そして国際生活の新しい必要性ならびに正義および衡平への国際法の適合のプロセスに取って代わられつつある」ときにはその適切性を増すのであり、「新しい法は可能な最大限の支持を背景にもたなければならず、さもなければすべての努力はむなしく響くことになろう」という[10]。ブザンも、相互依存を深める世界では諸国は国際的に合意された制度のもとで最大限の利益を獲得できるのであって、このような状況におけるグローバルな国際交渉では、コンセンサス方式は不可欠の役割を果たすと指摘する[11]。

第3次国連海洋法会議が対応したこのような状況は、環境分野一般の国際交渉でもしばしば見られるものであり、したがってこうした交渉方式がこの分野でも多く用いられることは不思議ではない[12]。もっとも、パッケージ・ディールによる妥協が困難な国際人権法や人道法といった分野では、実効的な条約への合意が困難となるというコンセンサス方式の限界が露呈されることがあり、これに対処するために対人地雷の禁止交渉では「オタワ方式」と呼ぶ新しい交渉方式が案出された〔⇒第10章3.(3)〕ことに注意しておこう。

10　Sohn, 1975, 353.
11　Buzan, 1981.
12　以上で引用した文献の他、コンセンサス方式については、Suy, 7 *EPIL* 759；Zemanek, 1983；Boyle & Chinkin, 2007, 157-160 を、また、第3次国連海洋法会議におけるその適用については、Eustis, 1976-1977；Boyle & Chinkin, 2007, 144-148を参照。

2. 国際環境法の成立形式

(1) 国際法の伝統的な成立形式と国際環境法

一般的な理解によれば、国際法の伝統的な成立形式はICJ規程38条1に列挙されている。そこで、ここで明文上「法則決定の補助手段」とされている同条1(d)の判例と学説を別にして、これらを国際環境法に当てはめてみよう。

①条　約　ICJ規程38条1(a)にいう条約とは、国際法主体の間で原則として文書の形式によって締結され、国際法によって規律される国際的な合意をいい、単一の文書によるか二以上の文書によるかを問わず、また名称のいかんを問わない[13]。条約は意識的な「立法」行為の対象となるから、環境問題のような新分野に適した成立形式であり、これまでも二国間条約のほか、地域的なあるいは普遍的なMEAsが多数結ばれてきた。またこれは国際環境法に限らないが、伝統的国際法の形成過程からは排除されてきた発展途上国が条約締結交渉には平等の立場で参加できること、文書の形式によることから慣習法と比べて相対的にではあるが、成立のいかんや内容が明確であって解釈・適用が容易であることも特徴としてあげられよう。さらに、多くの国では条約の批准のためには議会の同意が必要だから、条約は間接的にではあるが議会を通じた国民の意思に支えられているという意味で、正統性が高い国際法形成の形式であるともいえる。

しかし他方では、条約には法形成の形式としていくつかの限界があることにも注意が必要である。諸国の利害や見解が鋭く対立する分野では普遍的な合意を得るのは一般に困難であり、そのために交渉開始から条約の採択まで、そして採択から発効までに長時間を要することが少なくない。同じ理由によって、条約の内容はしばしば「最小公分母」的になるかあるいは異なった解釈を許す曖昧なものとされ、また、多様な留保の存在によって条約関係が複雑になる。他方で留保を認めないと、普遍的参加を確保できずあるいは発効に長期間を要することになる。さらに、条約はそれ自体としては非締約国を拘束しないことはいうまでもない[14]。

13　条約法条約および国際機関条約法条約の各2条1(a)を参照。
14　条約自体が慣習法の法典化であるかまたは慣習法化する場合は別である(条約法条約4条参照)。

もっとも、条約一般が有する以上のような限界は、環境分野ではそのままの形では当てはまらないといえるかも知れない。MEAsの多くは、とくに近年では比較的短期に合意が成立し効力を発生してきた。たとえばオゾン層保護ウィーン条約は交渉に約5年、発効に3年強を要したのに対して、UNFCCCは交渉に15か月を発効に2年弱を、砂漠化対処条約は交渉に約1年半を、発効までにはさらに2年半を要した。またMEAsでは、一般に留保が禁止される。もっともこの点については、議定書はともかく条約の本体は多くの場合、「ソフトな」義務を規定する枠組条約〔⇒本節(2)〕であることに留意する必要がある。そのような場合には、「柔軟性は条約文それ自体に埋め込まれるように意図されている」のである[15]。

ところで、環境保護の分野における条約の著しい増大が、それ自体として問題を生じていることにも注意しておこう。国際法一般においてと同様に環境分野においても統一的な立法機関は存在せず、多様な国際機構やアド・ホックな国際会議がそれぞれの関心と権限の範囲内で条約を作成し、それらの相互間を調整する仕組みは整えられていない。その結果、条約間における重複、矛盾、欠落などいわゆる「条約渋滞(treaty congestion)」と呼ばれる問題が生じる。実体的な権利義務に関する「条約渋滞」については、「国際環境機構」の主張のような立法論〔⇒本章3.(1)〕を別にすれば、さし当たりは条約の解釈・適用のレベルで対処する他はないが、この点でも問題が山積している。すべての環境紛争について管轄権を有する単一の紛争処理機関が存在しないだけでなく、とくに近年では独自の遵守手続をおくMEAsが増大している〔⇒第12章3.；4.(2)〕から、条約の解釈・適用の過程で手続的にかえって法の断片化が促進されかねない。「条約渋滞」に伴う手続的な問題としては、条約遵守のために各締約国に課される負担も重大である。条約義務遵守のための法令や行政組織の整備に加えて、条約が求める国家報告の適時の提出や定期的に開催されるCOPs等の条約機関への代表派遣〔⇒第12章2.〕は、発展途上国にとってはもちろん先進国にとっても相当の重荷となる。途上国に対しては条約遵守に必要となる「増加費用」の支援が約束されている〔⇒第7章4.(1)〕が、いうま

---

[15] Sands, 2003, 135. 国際環境法における条約の位置については、ibid., 125-140；Birnie & Boyle, 2002, 13-15：邦訳、16-20；Kiss & Shelton, 2004, 70-84をも参照。

でもなく満足なものではない[16]。

②**慣習法**　ICJ規程38条1(b)は、慣習法を「法として認められた一般慣行の証拠としての国際慣習」と表現し、これは慣習法が、諸国が「認める」という主観的要素(法的信念：*opinio juris*)と「一般慣行」という客観的要素の二要素からなることを示す。ICJはその前身である常設国際司法裁判所(PCIJ)の時期から、一貫してこの「二要素説」を維持しており、1985年のリビア・マルタ大陸棚事件判決では、慣習国際法がこれらの二要素からなることは「もちろん公理である」と述べた[17]。したがって、慣習法の形成は一般に緩慢であって、地球環境の保護のように新たに提起されるようになった問題に敏速に対応することは困難である。シンマによれば、近年の慣習法の大部分は主権または主権的権利の拡張を規制するもので、真の意味での社会的利益に対応できるものではないという[18]。

　もっとも伝統的な慣習法にも、環境問題に適用可能なものがなかったわけではない〔⇒第1章2.〕。ブラウンリはかつて、慣習法の役割は限定的で環境保護については今後の発展に待つべきところが多いが、他方では慣習法規則は過小評価するべきではない若干の役割を果たすと指摘して、国家責任に関する規則、領域主権および海洋自由の原則を例にあげた[19]。近年では、国際機構の存在が慣習法形成を促進していると指摘される。たとえば国際機構が起草する多数国間条約は、しばしば慣習法の形成に大きな役割を果たす。ICJの北海大陸棚事件判決は、大陸棚条約の1〜3条が慣習法を反映したものであることを認めただけでなく、条約規定が慣習法化する条件を明らかにした[20]。また、リビア・マルタ大陸棚事件判決は、当時は未発効だったUNCLOSが規定する排他的経済水域制度の慣習法化を認めた[21]。一定の国連総会決議や、ストックホルム宣言、リオ宣言といったソフト・ロー文書でさえ慣習法の形成に導いた事例がある〔⇒本章2.(3)〕[22]。

16　「条約渋滞」については、西村、2005、62；Hicks, 1998-1999, 参照。
17　*ICJ Report*, 1985, 29, para.27.
18　Simma, 1994, 323-324.
19　Brownlie, 1974, 1.
20　*ICJ Reports*, 1969, 39, para.63；41-43, paras.70-74.
21　*ICJ Reports*, 1985,, 33, para.34.
22　国際環境法における慣習法の位置については、以下を参照：Birnie & Boyle, 2002, 16-18：邦訳、

ところで、北海大陸棚事件判決が上に引用した箇所で、慣習法の形成における特別利害関係国 (States whose interests are specially affected) の特別の役割を認めたことも示すように、慣習法の形成には多少とも権力の要素が係わることは否定できない。とりわけ伝統的な理解では、慣習法形成の二要素である一般的慣行と法的信念とは、別個にではなく前者が後者の証拠となるような方法で実行されること、逆に言えば後者は前者に化体したような形で表現されることが求められたことに照らせば、そうである。ところがICJはニカラグア事件判決で、法的信念が慣行とは別個に、たとえば国連総会決議によって表明される可能性を認めた[23]。このことは、国連総会がすべての加盟国の主権平等を基礎に構成される機関であるという意味で、慣習法形成の民主化とその正統性の向上に資するものと思われる[24]。

③「文明国が認めた法の一般原則」 ICJ規程38条1(c)は、「文明国が認めた法の一般原則 (the general principles of law recognized by civilized nations)」を裁判所の裁判基準の一つとして規定する。この概念は学説上、自然法の原則；国内法に共通の一般原則；国際法の一般原則；国内法か国際法かを問わず法一般に共通の原則などと定義されてきた。当初PCIJ規程に導入されたときには、裁判所が適用法規の不存在により「裁判不能 (non liquet)」を宣言することを避けるために、この規定によって文明国が「国内法廷において (in foro domestico)」適用してきた法原則の適用を認めるものと解されていたという[25]。「文明国」という言葉は、そのような国だけを国際法主体と認めていた伝統的国際法の残滓であることはいうまでもない。

この言葉だけをとっても、「文明国が認めた法の一般原則」は国際法の成立形式としては問題があり、裁判基準としてICJが明文で援用した事例もない。もっとも、学説上は裁判所がこの規定を適用したものと解されている事例がないわけではない。なかでも、権利濫用 (abuse of rights) の禁止、衡平原則 (equity; equitable principle)、信義誠実 (good faith) の原則、エストッペル (estoppel)

20-24；Sands, 2003, 143-150；Kiss & Shelton, 2004, 84-85.
23　松井、2006、8-9, 参照。
24　See, Boyle & Chinkin, 2007, 100-104, 108-109.
25　田畑、1973、120-127；Mosler, 7 *EPIL* 90-95.

などは、環境分野でも潜在的に有用な原則であるといえる。しかし、裁判所はこれらの原則を「文明国が認めた法の一般原則」としてよりも、国際法の一般原則として適用したと見る方がよいかも知れない。たとえば衡平原則についてICJは、チュニジア・リビア大陸棚事件判決で、実定法の厳格さを緩和するという意味での衡平は国際法には存在せず、裁判所は可能な法解釈の内から事例の状況にてらして正義の要請にもっとも近いと思われる解釈を選ぶことができるが、本件で裁判所が行わなければならないのは「国際法の一部としての衡平の原則を適用することであり、衡平な結果をもたらすために関連あると見なすさまざまな諸考慮を考量することである」という[26]。

このように国際法の既存の成立形式は、国際環境法の分野で意味を持たないわけではないが、同時に、これらの成立形式が上記のような限界を有することも否定できない。そこに、以下のような新しい「成立形式」の主張が生まれる理由があるのである。

(2) 枠組条約

枠組条約(framework conventions/treaties)とは、条約自体には一般的な環境保全の義務とそのための国際協力、COPsと事務局等からなる実施の仕組みなどを定め、附属書や議定書によって具体的な規制の方式や基準を設定する形の条約をいう。前述の事情のために〔⇒本章1.(1)〕、環境保全の一般的な目的については合意しても、具体的な規制措置については相対立する諸国に、まず出発点として一般的義務を受諾させることを可能にするとともに、科学的知見や対処技術の発展に伴いより明確かつ厳格な基準の導入を可能とすることを目的とする。このために、附属書や議定書の改正手続を簡略化するものがある〔⇒第12章2.(2)〕[27]。こうして枠組条約方式はMEAsの締結を促進するだけでなく、これへの多数の国の参加を確保するという目的に資することになるが、他方では条約関係を変幻自在として安定性と予測可能性を損ない、

---

26 *ICJ Reports*, 1982, 60, para.71. 国際環境法における法の一般原則の位置については、以下を参照：Birnie & Boyle, 2002, 18-20；邦訳、24-27；Sands, 2003, 150-152；Kiss & Shelton, 2004, 86-88. なお、「信義誠実」原則の役割については、村瀬、1995/2002、参照。
27 枠組条約については、以下を参照：山本、1993；兼原、1995；渡辺、2001、第4章；西井編、2005、32-42.

また「民主主義の赤字」をもたらす危険もあるという指摘にも注意したい[28]。

　枠組条約は、1985年のオゾン層保護ウィーン条約以来環境分野に特徴的な条約形式として注目されるようになったが、その利用は環境分野に限られるわけではなく、また、近年に始まるわけでもない。その原型は漁業条約に見られるとされ[29]、たとえば1946年の国際捕鯨取締条約や1952年の日・米・加の間の北太平洋公海漁業条約は、枠組条約に特徴的な形式を有していた。もっとも、枠組条約が環境分野で近年とくに目立つことは明らかである。地域的な条約ではUNEPの地域海洋プログラムのもとで締結された1976年地中海汚染防止バルセロナ条約[30]などの諸条約、UNECEが作成した長距離越境大気汚染条約[31]、普遍的な条約ではUNFCCC、砂漠化対処条約などその例は少なくない。採択当時は「枠組条約」という用語自体が存在しなかったと思われるMARPOL73/78条約やUNCLOSも、最近では枠組条約だとみなされることが多い。

　さて、ここで枠組条約の例として、オゾン層の保護のためのウィーン条約の構造を簡単に見ておこう。締約国は一般的義務として組織的観測、研究および情報交換を通じて協力し、オゾン層を変化させることにより悪影響を与える活動を規制、制限、縮小および防止するために適当な措置をとり、また、議定書および附属書の採択のために協力することを目的に、利用可能な手段により自国の能力に応じて適当な措置をとる(2条)ほか、研究および組織的観測(3条)ならびに法律、科学および技術の分野における協力(4条)を約束する。実施措置としては、COPを設けて条約の実施状況を検討し、議定書の採択・改正、および附属書の改正を行う(6条)。この目的のために締約国は、条約および議定書の実施のためにとった措置に関する情報をCOPに送付する(5条)。

　同条約に基づいて1987年に、モントリオール議定書が採択された。議定書は、附属書に列挙するオゾン層破壊物質に関し、その生産および消費を議定

28　Handl, 1991, 61-63.
29　Birnie & Boyle, 2002, 30：邦訳、19、注71。
30　1995年に改正されて地中海環境沿岸域保護バルセロナ条約となり、2009年9月現在で合計7点の議定書を擁する。
31　2009年9月現在で合計8点の議定書を擁する。

書が定める基準に従って凍結、削減することを義務づける(2条〜2条 I)。議定書はまた、非締約国との規制物質の貿易を禁止、制限し(4条)〔⇒第9章3.〕、発展途上国が規制措置の実施のために要する増加費用をまかなうための資金供与の制度を設ける(10条)ほか、途上国の特別の事情に配慮する規定をおく(5条)〔⇒第7章〕。さらに議定書は、違反に対処する制度と手続の設定を予定し(8条)、これにしたがって締約国会合は1992年に「不遵守手続」を決定する〔⇒第12章3.〕。議定書の規制措置は、その後の数次の改正によって強化されてきた。

条約および議定書の改正はコンセンサスにより、コンセンサスが得られないときは条約の場合は出席し投票する締約国の4分の3の、議定書の場合は3分の2の多数によって行う。改正はこれを批准または受諾した締約国についてのみ効力を生じるが、議定書については別の発効要件を定めることができる(以上、条約9条)。他方、議定書が定める規制措置の改正——議定書上の用語は「調整(adjustments)」——はコンセンサスで行い、コンセンサスが得られないときは発展途上国および先進国の各過半数を含むことを条件に、出席し投票する締約国の3分の2によって行うものとされ、この決定はすべての締約国を拘束する(議定書2条9)。つまり、議定書の規制措置については同意原則が緩和されているのである[32]。

(3) いわゆる「ソフト・ロー」

「ソフト・ロー(soft law)」の定義は多様であるが、ここでは、名宛人に明確な権利を付与し義務を課する「ハード・ロー(hard law)」と対比されるものであって、国際会議の宣言、国連総会の決議、国際機構が採択する行動綱領やガイドラインのように、明確な法的拘束力はないが国の行動を枠づけあるいはそれに指針を与えるものをいうものとして用いる。そのような呼び名で呼ばれるかどうかは別にして、ソフト・ローもまた近年に始まるものではなく、その利用が環境分野に限られるものでもない[33]。もっとも、ソフト・ローは

---

[32] ウィーン条約およびモントリオール議定書については、以下を参照:臼杵、2001d;西前、2005;磯崎、2006, 180-185;Birnie & Boyle, 2002, 517-523:邦訳、586-593;Sands, 2003, 352-357;Kiss & Shelton, 2004, 575-580.

[33] ソフト・ローの歴史およびより広くいわゆる「非拘束的合意」との関係については、たとえば

環境分野ではとくに多用されており、ストックホルム会議が採択したストックホルム人間環境宣言、国連総会決議である世界自然憲章、UNCEDが採択したリオ宣言、アジェンダ21、森林原則声明など、その例は枚挙にいとまがない。森林原則声明は正式名称を「すべての種類の森林の管理、保全及び持続可能な開発に関する世界的なコンセンサスを目指す法的拘束力のない権威ある諸原則の声明(Non-legally Binding Authoritative Statement of Principles for a Global Consensus on the Management, Conservation and Sustainable Development of All Types of Forests)」といい、そこにはソフト・ロー文書の性格が端的に示されている。

環境分野においてソフト・ローが有益な理由については、次のような点があげられている：法的約束の程度が、したがって不遵守の帰結がより限定的であるため、その履行に困難が伴う場合でも国にとって受諾が容易である；条約のように国内的な批准等の手続を必要とせず、政策選択に関する民主的な説明責任を免れることができる；問題の所在やその解決方法について不確実性があっても対処が可能で、状況の変化への対応も容易である；交渉過程がより柔軟であって、国際機構やNGOsの参加を認めることが容易である；条約の場合と比べて、国際的な支持とコンセンサスの証拠をより速やかに示すことができる。総じて以上のような理由により、交渉と合意がより容易であって国際社会の緊急の要請に速やかに応えることができる[34]。

ソフト・ローは正確にいえば、それ自体としては現行「法」(lex lata)ではなく、政治的な指針ないしは「あるべき法(lex ferenda)」の提示に留まる。したがって、法実証主義の立場からは一種の形容矛盾である、概念があいまいで有益な目的には役立たない、あるいは「法」と「非法」の限界をあいまいにするという厳しい批判がある[35]。ソフト・ロー概念へのこのような実証主義的批判には、傾聴するべき点が多い。とりわけ国際環境法の分野では、環境保護の強い実践的意欲のためもあってか、ソフト・ローを安易にハード・ローと取り違える議論が少なくない〔たとえば、⇒第5章4. (1)〕から、ソフト・ロー文書の

以下を参照：中村耕、2002；齋藤、2003；齋藤、2005。
34　Kiss & Shelton, 2004, 89-90；Boyle, 1999, 902-903；Boyle & Chinkin, 2007, 214-216.
35　村瀬、1985/2002、21-29、位田、1985b；Weil, 1983.

扱いには十分な注意が必要である。しかし他方では、現在の国際社会にソフト・ローと呼ばれる(法現象ではないとしても)社会現象が存在すること、そしてその背後にはそれを生み出す社会的必要性が存在することも否定できない[36]。したがって、ソフト・ローを「法ではない」として切り捨てるのではなく、その社会的背景を理解し規範的意味を検討しておくことが必要だと思われる。

　国際環境法の社会的な背景についてはすでに概観した〔⇒本章1.〕が、この分野におけるソフト・ローの多用についてはリースマンによる次のような指摘が示唆に富む。すなわち、ソフト・ローの急成長に対する批判の一部は、正式の法定立過程ではわれわれ先進国が少数派に転落したという力関係の変化に対する、われわれの不満に関係している。われわれはこうして形成される法を好まず、この法はソフトだと断言する。この不満は妥当かも知れないが、ソフト・ローを形成した人々も妥当な不満を有する。彼らの見方からすれば、われわれがハードだとする慣習法はわれわれ工業世界が他者に対する絶大な力によって作り出したものなのである。ソフト・ローをめぐる論争には二つの陣営があるのであって、われわれがソフト・ローを批判する際には、鏡の裏側にはわれわれとは異なる見方をする他者が存在することを認識することが重要なのだ、とリースマンはいう[37]。つまりソフト・ローをめぐる議論は、国際法の成立形式に関する優れて理論的な論争に見えながら、その背後には現存の国際法とその発展の方向に関する実践的な価値判断が隠されていることを忘れてはならない[38]。

　ソフト・ローの規範的な意義に目を移すなら、バクスターも述べたように、「条約が拘束力を有するのに対して、会議の宣言とか国連総会の宣言または決議は拘束力を持たないというのは、はなはだしい単純化」であることを確認しなければならない[39]。ボイルとチンキンも、ある文書が「ハード」か「ソフト」かの区別は確かに重要ではあるが、「法形成に関して言えばそれは必ず

36　ソフト・ローの多用の背景としてグローバリゼーションの進展をあげる考えとして、以下を参照：Koskenniemi, 2005, 74-76；小寺、2007、15-17。
37　Reisman, 1988, 377；see also, Dupuy, 1988, 382.
38　「対抗言説」としてのソフト・ロー概念の役割については、齋藤、2007を参照。
39　Baxter, 1980, 561.

しも決定的ではない」という[40]。それ自体としてはソフト・ロー文書であっても、たとえばストックホルム宣言の原則21などのように慣習法を「法典化」したものがありうる〔⇒第3章〕。また友好関係原則宣言のように、国際機構の決議が加盟国による当該機構の設立文書等の解釈を示すこともありうる。こうした場合には、ソフト・ロー文書自体に法的拘束力がなくても、その内容は慣習法としてあるいは条約の法として拘束力を有する。

また、条約が具体的な規制の内容についてはソフト・ロー文書を含む外部の文書が定める基準に委ねる場合がある。たとえばUNCLOSは海洋汚染の防止に関して、「国際的に合意される規則及び基準並びに勧告される方式及び手続」に言及しており（207条；208条；210～212条）、これらにはIMOやIAEAなどが総会とその補助機関で採択する決議、指針等を含むものとされる。このような方式は「言及による編入(incorporation by reference)」と呼ばれ、こうしてそれ自体としては法的拘束力を持たない決議や指針が条約を通じて事実上の拘束力を獲得する[41]。

さらに、ソフト・ロー文書が出発点となって条約が締結された例は少なくない。たとえば、ストックホルム宣言の原則7はUNCLOS第XII部に大きなインパクトを与え、アジェンダ21の17章C節は国連公海漁業実施協定の作成を導いた。枠組条約におけるCOPが採択するソフト・ロー文書が議定書交渉の過程で大きな役割を果たした例としては、UNFCCCのCOP1（1995年）が採択したベルリン・マンデートが京都議定書の基礎となり、COP6（2001年）におけるボン合意が京都議定書の遵守手続をもたらしたことが注目できよう。また、ソフト・ロー文書を国の慣行と法的信念が後追いすることによって、慣習法が形成される場合もある。たとえば、ストックホルム宣言の原則21の「国の管轄権の範囲外の区域の環境」に影響を及ぼさないように確保する国の責任の部分は、当時は慣習法ではなかったとしても現在では慣習法化していることは疑いない。こうした場合にはソフト・ローは「立法過程の中間段階」[42]、あるいは「形成途上の法(*leges in statu nascendi*)」[43]である。これは、たん

40　Boyle & Chinkin, 2007, 210.
41　Boyle & Chinkin, 2007, 219-220, 247；西本・奥脇、2007を参照。
42　Birnie & Boyle, 2002, 25：邦訳、33。
43　Dupuy, 1988, 387.

なる段階論ではない。ソフト・ローは、ハード・ローの形成をもたらす政治的雰囲気を作り出すことによって、規範創設の継続的な過程において能動的かつダイナミックな役割を果たすのである[44]。

ソフト・ローの批判者たちは国内法における法の概念にとらわれて、国際法の具体的なあり方を軽視しているといえるかも知れない。もう一度リースマンの言葉を借りて言い直せば、ソフト・ロー現象の普及は国際法学者の仕事を複雑にしたように見えるが、この複雑さはソフト・ローの特定の使用からというよりも、むしろ国際法自体の性格と複雑さから生じているのである[45]。たとえば集権的な立法機関を欠く国際社会では、「法」と「非法」の区別は国内法の場合ほど明確ではなく、それ自体としては「ハード・ロー」であることが明らかな条約にも「ソフト」な義務を規定するものが少なくない〔⇒本節(2)〕。また、ソフト・ローは法的拘束力を欠くから、違反があっても国家責任は追及できず裁判所での援用もできないといわれる。しかしこの点でも、法の適用・執行が集権化されていない国際社会では「法」との区別は絶対的ではない。ソフト・ローの場合でも、国際機構がその実施状況をフォロー・アップするなどの形で、「ソフト」な実施手続が存在する。たとえば国連総会は、リオ宣言とアジェンダ21の実施状況をフォロー・アップするために持続可能な発展委員会(CSD)を設置し(総会決議47/191)、また1997年には同じ目的で総会の第19回特別会期を招集した。

さらに、前述のようにソフト・ロー文書の内容が慣習法あるいは条約の法として拘束力を有する場合には、そのようなものとして国際裁判における援用も可能である。たとえばICJが、国連総会決議は一定の条件を満たせば諸国の法的信念の表明と見なしうることを認めたことは、よく知られている[46]。同裁判所はまた、自由権規約2条1が規定する規約の場所的適用範囲を解釈するに当たって、個人通報に関する「見解」や国家報告に関する「総括的所見」といった、それ自体法的拘束力を持たない自由権規約委員会の文書を

---

44 See, Palmer, 1992, 269-270.
45 Reisman, 1988, 374.
46 ニカラグア事件判決(*ICJ Reports*, 1986, 99-100, para.188.)および核兵器使用の合法性勧告的意見(*ICJ Reports*, 1996, 254-255, para.70.)。

援用した[47]。付言すれば、国際関係では一般に紛争の裁判付託は極め付きの例外で、大部分の紛争は二国間・多数国間の交渉によって解決される。このような交渉ではソフト・ロー文書は国際社会のコンセンサスを示すものとして、当事者の主張の正統化のために大きな役割を果たす[48]。「非拘束的な文書はたんなる「出来そこないの条約」ではなく、若干の状況においては法的拘束力を有する条約と同じかそれ以上に実効的であり得る」と指摘されるのである[49]。

3. 行為体の多様化

国際環境法の世界では、国のほか国際機構、NGOs、個人、企業、自治体など多様な行為体(actors)が活躍する。これらの行為体がすべて国際法主体でもあるとはいえないが、それらは国際環境法の形成や適用などの過程で実質的に大きな役割を果たす。この事実は、国際人権法など国際法の他の分野でも見られるが、国際環境法においてとくに顕著な現象である。そこで本節では、国際環境法における主な行為体について検討する。

(1) 国　家

国は伝統的国際法では唯一の法主体であり、国際関係に影響を及ぼすほとんど唯一の行為体だった。このような状況は変化しつつあるが、現在でも国が環境分野で主要な役割を果たすことは明らかである。たとえばストックホルム宣言は環境と調和のとれた発展計画を立案する国の義務(原則13および14)、環境を管理し規制する国の機関の設置(原則17)などを規定し、リオ宣言は実効的な環境法令を制定する国の義務(原則11)、環境損害の被害者への責任と賠償に関する国内法の整備(原則13)などを定める。しかし現在ではむしろ、国は環境問題の解決にとっては障害となっているという見解が台頭し

47　占領下パレスチナにおける壁構築の法的効果意見(*ICJ Reports*, 2004, 179-180, paras.109-111.)。
48　See, Bodansky, 1995-1996, 116-119.
49　Raustiala, 2000, 423. ソフト・ローについては、以下を参照：Birnie & Boyle, 2002, 24-27；邦訳、32-36；Sands, 2003, 140-143；Kiss & Shelton, 2004, 89-100；Boyle, 1999；Chinkin, 1989；Dupuy, 1991.

ている。たとえばパーマーは、国家主権とそれに由来する同意の原則は国際法が環境問題に効果的に取り組むためのもっとも大きな障害だという[50]。

確かに環境問題だけでなく多くの分野において、一部の国がその主権を振りかざして合意の達成を妨げる事例は枚挙にいとまがない。このような状況は克服されねばならないが、その克服のためには現在でも国際社会がおもに国によって構成されるという現実から出発する必要がある。国は国際法の主要な主体であり、かつての主権的な活動領域に国際機構が浸透し非国家行為体の役割が増大した現在でも、このことは引き続き当てはまる。国際法の原則と規則を創設し実施するのも、国際機構を設立してこれに一定の権限を付与するのも、さらに、国際法過程へのNGOsなど他の行為体の参加を認めるのも相変わらず国である[51]。NGOsの役割は国際法の国家中心的構造に挑戦するものではあるが、それは必ずしも国への挑戦となるわけではなく、市民が多様な声で語ることによって国が弱まるわけではない、と指摘される[52]。つまり、国際法を変えるためにはまず国を変えなければならない。パーマーは多数決によってすべての加盟国を拘束する国際環境規制を採択できる「国際環境機構」を構想するが、「此岸から彼岸へ」の途を考えることはできなかった[53]。

ところで国際環境法では、個人やNGOsなどの「市民社会」がその形成や履行確保のために大きな役割を果たす。この点でおもに注目されているのは市民社会が直接に役割を果たす道筋である〔⇒本節(3)〕が、現在の国際社会でも市民社会が国を通じて間接的に役割を果たす、古典的な道筋を忘れてはならない。このような国家の役割について、かつて当時の国連事務総長だったブトロス・ガリは、「〔現在進行しつつあるグローバリゼーションのもとでは〕孤立した個人と世界との間には、媒介の要素、つまり個人が世界の生活に参加することを可能とする組織された社会が存在しなければならない。この要素が、国家とその国民の主権である。それらは、すべての人間の帰属意識の必要性に答えるものである」と述べた[54]。つまり、個人と世界とをつなぐ国のこの

---

50 Palmer, 1992, 270-273. サスカインド、1996、38-47、も参照。
51 Sands, 2003, 71.
52 Charnovitz, 2006, 362.
53 Palmer, 1992, 278.
54 Boutoros-Ghali, 1993, 4.

ような「媒介の要素」としての役割も、忘れてはならないと思われるのである。

(2) 国際機構

　国際環境法はおもに国際社会の一般的利益に関わるために〔⇒本章4.〕、その形成と機能のために国際的な制度や機構の存在を不可欠とする。ストックホルム宣言は、「ますます多くの種類の環境問題が、範囲において地域的又は世界的であるので、〔……〕共通の利益に基づく諸国家間の広範な協力並びに国際機構の行動を必要とするであろう」という（前文7項。原則25も参照）。ウェイユが指摘したように、国際社会の一般的利益の存在を認めながらその保護のために法的行動をとることができる代表機関が存在しないとすれば、個別国家が一般的利益を僭称して行動することに道を開き、国際社会を混乱に導き国際法の基礎を掘り崩すことになりかねない[55]。

　国際機構の権限は基本的にはその設立文書によって定まるから、国際環境法との関係でどのような役割を果たすのかも機構によって違うが、一般的には以下のようなことがいえよう：国際機構は第1に、国際的な環境問題についての国家間の協力と調整のフォーラムとなり、環境問題を国際的なアジェンダとしてクローズアップすることに貢献するだけでなく、環境情報の交換のチャンネルとしても働くことにより、国際環境法形成の条件作りを行う；第2により直接的には、国際機構は環境条約や環境に関するソフト・ロー文書を自ら起草しあるいは他の機関——たとえばその目的のために招集される国際会議——による起草のイニシアチブをとることによって、国際環境法の発展に貢献する；第3に、国際機構はこのようにして成立した環境条約の履行確保とソフト・ロー文書のフォロー・アップを実施するとともに、それをめぐる紛争解決にも役割を果たす；そして第4に国際機構は、これらすべてのことを通じて人々の環境保護の法意識を育て、環境保護の推進に向けて国際世論を動かす[56]。

　ところで、MEAsの多くは地球環境の保護という国際社会の一般的利益ないしは締約国の共通利益の実現を目的に掲げ、そのための原則と規則を定立

55　Weil, 1983, 432-433. See also, Simma, 1994, 235, 248-249.
56　See, Sands, 2003, 76-78；Kiss & Shelton, 2004, 102-105.

するとともに、それらの履行確保の仕組みをも組み込んでおり、論者によって「多数国間条約体制」とか「レジーム」と呼ばれる一種の小宇宙を形成しているように見える[57]。他方、MEAsはその制度的取り決めの側面——一般に、総会に相当するCOP、その補助機関としての科学技術上の助言に関する補助機関や実施に関する補助機関、および事務局が置かれる——に注目すれば、国際機構の一種と性格づけることができるかも知れない〔⇒第12章2.(2)〕[58]。なお、これらの条約は多くの場合、地域的な経済統合機関の参加に道を開いており、そのような場合には国際機構の「入れ子細工」の観を呈することになる。

若干のコメントを付け加えておこう。環境分野に限らず国際機構はそれ自体行為体であり多くの場合国際法主体性を有するが、その意思は設立文書にしたがって加盟国によって決定されるものであるから、加盟国からまったく独立した存在として捉えることはできない[59]。またこれとも関連して、国際機構の権限が強化されていけば、国際環境法においても正統性の問題が提起されることになろう[60]。さらに、環境分野全体を権限のもとにおく単一の国際機構は存在せず、この分野の国際機構は地理的範囲においても権限事項においてもほとんど無限のバラエティに富む。したがってそれらの権限はしばしば重複し、機構相互間の調整が重要な課題となるのである[61]。

(3) NGOs

周知のように近年では、環境保護における市民の役割の重要性が強調される。リオ宣言は、「環境問題は、〔……〕関心のあるすべての市民が参加することによりもっとも適切に扱われる」と述べた（原則10）。おもに個人が係わる環境権の問題〔⇒第8章〕を別にして、市民社会のメンバーは多くの場合何ら

---

57 山本吉、1996；小寺、2000、参照。
58 MEAsの制度的取り決めについては、以下を参照：Sands, 2003, 108-111；Kiss & Shelton, 2004, 148-153；Churchill & Ulfstein, 2000；吉田、2000；柴田、2006b。
59 See, Birnie & Boyle, 2002, 36：邦訳、41。もっとも国際機構、とくにその事務局が「官僚化」することにより、よかれ悪しかれ独自の行為体としての性格を強める傾向があることにも注意が必要と思われる。
60 See, Bodansky, 1999.
61 アジェンダ21第38章、参照。

かの組織を通じて環境問題に関する働きかけを行うから、ここではこのような組織、つまりNGOsを取り上げる。アジェンダ21は第III部において「主要なグループ」の役割の強化をうたい、とりわけNGOsは「アジェンダ21の実施におけるパートナーとして認められるべきである」と強調した（27.1項）。

NGOsの定義について1996年の経社理決議1996/31「国際連合と民間団体との間の協議関係」は、「政府機関または政府間の合意によって設立されたのでない組織」という素っ気ない消去法を採用する[62]。他方、ヨーロッパ評議会が1986年に採択した国際NGOsの法人格の承認に関する条約ではNGOsは、国際的に有益な非営利目的を有すること；締約国の国内法が規律する文書により設立されたこと；二以上の国に影響する活動を行うこと；締約国の領域に登録事務所を有し、運営管理の中心は当該の締約国かその他の締約国に存在すること、という要件を満たす協会、基金またはその他の私的な団体、と定義される（1条）。このように、NGOsの一般に認められた定義は存在しないが、この用語を用いる人は誰でも、「聞き手が自分が述べることを理解していると確信している」という[63]。

さて、NGOsは憲章71条のもとで経済社会理事会との協議取極を通じて、あるいはその他の形で国連活動に積極的に参加してきた[64]。ヨーロッパを中心に、地域的機構ではNGOsにより広範な参加を認めるものも少なくない。そして環境問題は、人権、平和と軍縮、発展途上国の発展などと並んで、NGOsの活動がもっとも活発な分野である[65]。環境分野に限らずより一般的にいえることであるが、国際環境法に関するNGOsの活動は以下のような役割を果たすといえる：

第1にNGOsは、一方では長年の経験と深い知識、広範な情報網に裏打ちされた広報活動によって環境保護の世論を構築し、他方ではこのような世論

---

62 ECOSOC Res.1996/31. Consultative relationship between the United Nations and non-governmental organizations, para.12. ただし同決議は、協議関係を樹立するためには、当該のNGOsの代表的性格と民主的な意思決定、財政的・人的な政府からの独立などの厳しい要件を課する（ibid., paras.9-13.）。
63 Bakker & Vierucci, 2008, 12.
64 国連におけるNGOsの活動については、馬橋、1999を参照。
65 山村編、1998；高島、2002b、参照。

を汲み上げて国内的・国際的な政策決定過程に反映させて、国際環境法形成の条件作りを行う；第2にNGOsは、MEAsやソフト・ロー文書の原案を起草して、国連機構、国際会議などにおいて目的を同じくする諸国と協力してその採択のための活動を繰り広げるなど、より直接的に国際環境法の発展に貢献する；第3にNGOsは、監視活動、情報の収集と提供などの活動を通じて、MEAsの履行確保について条約機関や締約国と協力し、NGOsのこうした役割を明記するMEAsも少なくない；また第4にNGOsは、個別の条約を離れても、環境分野において権限を有する国際機構においてオブザーバー資格を与えられている。たとえば国連の持続可能な発展委員会(CSD)では、NGOsのオブザーバーは会議への出席と文書配布、許可を得ての発言などの権利を認められており、これは国連機関における最高度の参加だとされる[66]。

　以上のように、NGOsが環境分野における国際的な行為体として重要な役割を果たすことは明らかである。このような状況を背景に、NGOs関係者や国際法学者の間には、NGOsに一定の国際法主体性を認めるべきだという根強い主張が登場する。サンズはかつて、国のみを主体とする国際法の伝統的モデルには基本的な問題があると指摘し、NGOsが国際社会の重要な参加者であるという政治的現実に法的表現を与えるべきであり、環境権の概念を確立してこの権利の法的な擁護者としてのNGOsの役割を認め、とりわけNGOsに国と交渉し裁判所に出廷する当事者資格を認めるべきだと主張した[67]。

　このような主張はその趣旨を十分に理解することができるが、NGOsにより一般的な国際法主体性を認めることについては、問題点が少なくない。第1に、目的、組織形態、活動方式などにおいてきわめて多様かつ不定型なNGOsから、どのような基準で誰が国際法主体性の認定を行うのか。経社理決議1996/31は協議関係を結ぶNGOsの資格を目的、構成、組織、運営、財政などに関して定めた(1～14項)。また、国際NGOsの法人格の承認に関するヨーロッパ条約は、一定の要件を備えた国際NGOsに締約国の国内法上付与された法人格を相互に承認することを定める。しかし、前者は経社理にお

66　See, Kiss & Shelton, 2004, 163-172.
67　Sands, 1989.

ける協議的地位の承認に関わり、後者はNGOsの国内法上の法人格の相互承認に関わるものであるから、これらの要件や手続をNGOsの国際法人格承認のために、そのまま適用することはできない[68]。

　第2に、国が少なくとも理論的には国民を民主的に代表するという意味で正統性を有するのに対して、NGOsは誰を代表し何によってその正統性が担保されるのか。確かに、多くの環境NGOsは国際社会においてその正統性を認められてきたが、それは国際社会の一般的利益を擁護してきた長年の活動実績によるものであって、NGOsが内部組織において民主的な意思決定を保障しているとしても、そのことは当該NGOsが国際社会の人民を民主的に代表していることを意味するわけではなく、その活動が今後も常に国際社会の一般的利益を擁護することを確保するものでもない。この点については、関連の非国家行為体をNGOsだけでなく、自治体や企業も含む広範な「各層の利害関係者」に拡げる近年の傾向〔⇒第1章5.(2)〕に注意する必要がある。もちろん企業や業界団体は規制の対象となるという意味で「利害関係者」であることは明らかであり、国際環境法の形成や実施の過程でそれらの見解を考慮する必要があることは否定できない。しかし、それらは当該の業界の個別的利益のみを代表するものであって、どのような意味でも国際社会の一般的利益を代表するものではない。これらを国等と平等の「パートナー」と認めることによって、ネズミの子守を猫に委ねる愚を犯してはならないのである[69]。

　そして第3に、NGOsの国際法主体性を認定するために何らかの基準と認定の手続を設けるとすれば、そのことは認定権限を有する機関へのNGOsの従属をもたらしかねず、そのことによって政府から独立して行動するというNGOsの最大の強みが減殺される結果となるかも知れない。経社理決議1996/31は、NGOsへの協議的地位の付与と撤回は経社理とその補助機関であるNGOs委員会（Committee on Non-governmental Organizations）を通じて行う加盟国の特権であって（15項）、憲章71条にいう協議的地位は経社理非理事国と

---

[68] ただし、経社理決議1996/31にいう協議関係は今や慣習国際法となったということができ、NGOsは国と同一の権利義務とはいわないまでも、ともに法人格を有する「地位の平等」を獲得したという、相当に荒唐無稽な主張もある。See, Willetts, 2000, 205-206.

[69] NGOsの正統性については、以下を参照：Charnovitz, 2006, 348, 359, 363-368；Robasti, 2008, 51, 66-70.

専門機関に与えられるオブザーバー資格(憲章69、70条)とは基本的に異なっており、NGOsにこれらと同じ参加権を与えるものではない(18項)と規定する。そして加盟国が、NGOs委員会を通じてこの「特権」を十二分に「活用」し、NGOsの活動を間接的に規制しようとしてきたことは、よく知られている[70]。NGOsにより公式の地位を与えるべきだという国際機構(とくにその事務局)や一部の国の主張は、そのことを通じてNGOsの活動をより効果的に管理したいという意図の表れだという指摘もあるのである[71]。

以上のように、NGOsに国際法主体性などのより公式の地位を与えるべきだという主張には、にわかには賛同しがたいが、そうだからといって繰り返して述べてきたように、環境分野だけでなく現代国際関係一般においてNGOsが果たす重要な役割を否定するものでは決してない。デュピュイの言葉を借りれば、NGOsは「主体でもなく客体でもないが、それにもかかわらず行為体」なのである[72]。そしてNGOsの行為体としての役割は、それに国際法主体性のたがをはめることによってではなく、より自由なその活動を確保することによって、よりよく果たすことができるものと思われる[73]。

4. 国際環境法上の義務の特徴

(1) 相互主義的な義務と対世的な義務

国際環境法上の義務であっても、トレイル製錬所事件やラヌー湖事件が典型的に示すように、一国の義務が相手国の権利に対応しかつこれらが互換的であるようなもの、つまり相互主義的な義務が存在することは明らかである。領域使用の管理責任〔⇒第3章2.〕は、「自国の管轄又は管理下の活動が他の国家の環境〔……〕に影響を及ぼさないように確保する責任」(ストックホルム宣言原則21；リオ宣言原則2)の局面では、この種の義務に相当する。これは、以上のような古典的な事例には限られない。たとえば、1979年の長距離越境大気

---

[70] Robasti, 2008, 27-31.
[71] Ibid., 39-46；Tanzi, 2008, 148-152.
[72] Dupuy, 2008, 204.
[73] 以上の点については、松井、2004、284-290、参照。

汚染条約や1991年の越境環境影響評価条約は、おもにこのような権利義務を規定する[74]。

他方、現代国際法では、このような国の個別的利益を超えた国際社会の一般的利益を保護法益と見なす傾向が強まっている[75]。このような傾向を先導したのはICJであって、1951年のジェノサイド条約に対する留保事件勧告的意見は、このような条約では締約国は個別の利害ではなくて条約目的を実現するという「共通の利益」のみを有するものであり、「したがってこの種の条約においては、国の個別的な利益または不利益、もしくは権利と義務の間の完全な契約的均衡の維持について語ることはできない」と述べた[76]。ついで1970年のバルセロナ・トラクション事件第2段階判決は、「国際社会全体に対する国の義務」と外交的保護の分野における義務のように他国との関係で生じる義務の「根本的な相違」を強調して、「その性格自体からして、前者の義務はすべての国の関心事項である。当該の権利の重要さに照らせば、すべての国がその保護に法的利益を有すると見なすことができる。それらは、対世的義務(obligations *erga omnes*)である」と述べた[77]。

以上のようなICJの言明はおもに人権分野を念頭においたものだったが、国際環境法における義務の多くも国際社会全体に対する義務ないしは対世的義務であるといえる。ストックホルム宣言は「〔人間環境の保護及び改善〕は、全世界の人民の願望であり、すべての政府の義務である」というが、これは明らかに対世的義務を含意する。先と同じ領域使用の管理責任を例にとれば、「自国の管轄又は管理下の活動が〔……〕国の管轄権の範囲外の環境に影響を及ぼさないように確保する責任」の局面では、このような義務に該当する。言い換えれば、いずれの国の管轄権も及ばない国際公域(global commons)の環境を保護する国の義務は、国際社会全体に対する義務ないしは対世的義務である他はないのである。さらに、ILCが第1読採択した国家責任条文案第19条が規定した国の国際犯罪の概念も、このような考え方を背景としていた。

---

74 See, Beyerlin, 1996, 610-611.
75 See, Simma, 1994, 230-235；Beyerlin, 1996, 605-611.
76 *ICJ Reports*, 1951, 23.
77 *ICJ Reports*, 1970, 32, para.33. See also, *ICJ Reports*, 1996, 616, para.31.

そこでは、「国際社会の根本的利益の保護のために不可欠である」国際的義務の重大な違反である「国際犯罪」とそれ以外の国際違法行為とが区別され、「大気又は海洋の大量の汚染を禁止する義務」が前者の義務の例とされていたのである[78]。国際環境法上の義務の多くが有するこのような対世的性格は、すでに見たこの分野における国際機構の役割〔⇒本章3. (2)〕や後に検討する予防原則〔⇒第5章〕、さらには履行確保の措置〔⇒第12章〕などに影響を及ぼすこととなる。

(2) 手段・方法の義務と結果の義務

　最終的に採択された国家責任条文からは姿を消したが、ILCが第1読採択した国家責任条文草案は国の国際的義務を、特定の行為形態の採用を求める「行為の義務(obligation of conduct)」ないしは「手段・方法の義務(obligation of means)」(第1読草案20条)と、特定の結果の達成を求める「結果の義務(obligation of result)」(同21条)とに区別した。前者の場合には国際的義務が要求する行為形態が採用されなければ結果のいかんを問わずそのこと自体が義務違反になるのに対して、後者の場合には求められる結果を達成するための手段の選択は国に委ねられており、国が自ら選択した手段で求められる結果が達成できない場合に義務違反が存在するものとされた[79]。ILCはさらに、「結果の義務」の特別の形態として、「防止の義務(obligation of prevention)」(23条)を別個に規定した。国際的義務が特定の事態の発生の防止を求めている場合に、国が自ら選択した手段で当該事態の発生を防止できずかつ事態の発生と国が採用した行為形態の間に――間接的な――因果関係が存在する場合に、義務違反が存在するとされる[80]。

　このような国際的義務の性質分類に即していえば、MEAsが特定の法令の

---

[78] Draft articles on State responsibility: Article 19. – International crimes and international delicts, *YbILC*, 1976, Vol.II, Part Two, 95-122.

[79] State Responsibility, Text of articles 20 to 22 with Commentaries thereto, adopted by the International Law Commission at its Twenty-Ninth Session, *YbILC*, 1977, Vol.II, Part Two, 11-30.

[80] State Responsibility, Text of articles 23 to 27 with Commentaries thereto, adopted by the International Law Commission at its Thirtieth Session, *YbILC*, 1978, Vol.II, Part Two, 81-86. 国際環境法における義務の性質分類については、村瀬、1999b/2002、354-357、を参照。ただし村瀬は、本文の二分類に「維持の義務」を加える。

制定や環境影響評価の実施など、「行為の義務」を定めることがないわけではない。しかし、MEAsが定める義務の大部分は「結果の義務」、とりわけ「防止の義務」であるに留まり、その履行のための手段の選択は当該の国に委ねられている。たとえばオゾン層保護ウィーン条約2条1は締約国に、この条約と自国に対して効力を有するその議定書に基づきオゾン層の変化の悪影響から人の健康と環境を保護するために「適当な措置」をとることを義務づけ、カルタヘナ議定書2条1は締約国に、この議定書に基づく義務を履行するために「必要かつ適当な法律上の措置、行政上の措置その他の措置をとる」ことを義務づける。また、ユネスコ世界遺産保護条約における締約国の義務は、自国領域内にある世界遺産を認定し保護するために、自国の能力を用い適当な場合には国際協力を得て「最善を尽くす」ことであり(4条)、有害廃棄物規制バーゼル条約で締約国が負う義務には、条約規定を実施するために違反行為を防止し処罰するための措置を含めて、「適当な法律上の措置、行政上の措置その他の措置をとる」ことが含まれる(4条4)[81]。

　MEAsが定める義務の多くがこのようにソフトな「結果の義務」に留まるのは、国の主権的自由の尊重に由来するものと思われる。たとえばILCは、とりわけ国の国内体制を通じて実施されるべき国際的義務は、国の国内的な自由の尊重の観点から国家の機構の外側の境界線で立ち止まるのだと説明した[82]。UNEP管理理事会が2002年に採択した「多数国間環境協定の遵守及び執行に関する指針(Guidelines on Compliance with and Enforcement of Multilateral Environmental Agreements)」も、「国は、多数国間環境協定の遵守を向上させるために有益かつ適切な対処の方法を選択する点において、最善の立場にある」という[83]。このことは、それ自体としては「行為の義務」に該当すると思われる法令制定義務の多くにも当てはまる。制定されるべき法令の具体的な内容の決定は、締約国の判断に委ねられているからである。

81　岩間、2001、113、参照。
82　Commentary to Draft Article 21, para.(1), *YbILC*, 1977, Vol.II, Part Two, 19.
83　UNEP, 2002, Guidelines, para.14.

第Ⅱ部　国際環境法の基本原則

第3章 「国際環境法の基本原則」とは何か

　第Ⅰ部における総論的な考察を受けて、第Ⅱ部では本書のライトモチーフである国際環境法の基本原則について説明する。本章は第Ⅱ部のいわば序論であって、国際環境法の基本原則の意味を考えるとともに領域使用の管理責任について論じるが、この両者を同一の章で議論するのは後者が前者のいわば出発点となる原則だと考えるからである。サンズは、「国際環境法の諸規則は相対立する方向性を有する二つの基本的な主題、すなわち、国はその天然資源に対して主権的権利を有するという主題と、国は環境への損害を生じてはならないという主題の文脈の中で発展してきた。これらの目的は、〔領域使用の管理責任に関する〕ストックホルム宣言の原則21において規定されている」という[1]。

1.「国際環境法の基本原則」をめぐる議論

(1)　法原則と法規則

　国際環境法に限らず、一般に「法原則(principles of law)」と「法規則(rules of law)」は区別して論じられるが、これらの違いが説明されることはそれほど多くはない。小寺彰は、法規則はその名宛人に具体的な行動を指示するのに対して、法原則はそのような指示内容を持たず法規則の背後にあってその存

---

[1]　Sands, 2003, 235.

在根拠を示すもの、と述べる[2]。このような区別は、多くの論者が暗黙のうちに前提としているものだといってよい。

国際環境法の分野でもしばしば引用される法哲学者ドゥオーキンによれば、法原則と法規則の違いは論理的なものであって、双方とも特定の状況において法的義務に関する特定の決定を指示するが、それらは指示の性格において相違する。規則は「白か黒か(all-or-nothing)」の形で適用されるのに対して、原則はある方向を支持する議論の理由を述べるが特定の決定を必然的とするものではなく、政策決定者があれこれの方向付けを斟酌するに際して考慮に入れるべきものである。原則は重みと重要さの「幅」を有するが、規則はこのような幅を持たない[3]。

このようなドゥオーキンの区別は、国際環境法においても広く受け入れられている。たとえばボダンスキーは気候変動枠組条約(UNFCCC)3条が規定する「原則」は前文とも4条にいう「約束」とも異なる第3の機能を果たすと指摘して、「前文の条項と違って原則は法的基準を具現するが、この基準は約束よりも一般的なものであり特定の行動を指定しない」という[4]。彼は別の機会にはこのような区別を「規則」と「基準(standards)」の区別として論じ、それは本質的には決定を「事前に(*ex ante*)」行うか「事後に(*ex post*)」行うかの区別であって、「規則」はいかなる行為が許容されるか許容されないかを事前に定めるのに対して、「基準」はより開かれた評価基準を定めておりその適用は裁量となるという[5]。ボイルもまた、「原則」は「規則」や「義務」のような鋭い切れ味を欠くかも知れないが、「ソフト」ではあっても、「非拘束的」な法とは混同されるべきでないきわめて重要な法の一形態をなす、と述べる[6]。

以上のような定義からも理解されるように、原則は必ずしも規則のように特定の成立形式〔⇒第2章2.〕を必要とするわけではない。ある原則が法原則であることを示すためには、当該の原則が援用されあるいは論点とされた先

---

[2] 小寺、2004、29。
[3] Dworkin, 1967, 25-27.
[4] Bodansky, 1993, 501.
[5] Bodansky, 2004, 276.
[6] Boyle, 1999, 907. See also, Boyle & Chinkin, 2007, 220-225. 国際環境法における「原則」については、Paradell-Trius, 2000；鶴田、2005、参照。

例、その原則を例証するように見える条約や制定法などに言及することになる。後者の場合、当該の原則が条約や制定法の前文、あるいは会議議事録や委員会報告などの準備文書に引用されておれば一層有利であって、ある原則を支持するこのような資料が多ければ多いほど、これを法原則だとする主張は強まることになる[7]。これを国際環境法の原則に当てはめれば、その根拠は国際法のあらゆる成立形式に加えて、とりわけ各種のソフト・ロー文書に求められる。原則の出自のこのような多様性あるいは開放構造は、一方ではその柔軟性の理由となるが、他方では法的地位のあいまいさという問題点をも導く[8]。つまり、ある原則が法原則だと認められている事実からただちに特定の法的帰結を導くのは誤りである。ある原則は慣習法を法典化したものかも知れないし、別の原則は形成されつつある法を示すものかも知れず、また、将来の法形成を目指すがさし当たりは政治的な指針に過ぎない原則もあろう。したがって個々の原則について、上記のようなさまざまな要素の具体的検討によってその法的意義を明らかにする作業が不可欠となる[9]。

(2) 国際環境法の基本原則

　国際環境法においては、おそらくは国際法の他のいかなる分野よりも多く[10]「原則」が用いられるが、その社会的根拠について、パラデルートゥリウスは以下の3点をあげる：第1に、対処するべき環境問題の複雑さとこれをめぐる諸国の対立とは、特定の状況に適用される法規則の基礎として一般的な規範である原則を必要とする；第2に環境上の危機の認識が深まり、解決を見いだす緊急の必要性があるのに対して、既存の法成立形式では有効に対処できない；そして第3に環境分野における科学的知見の不確実さとその急速な発展に対応する必要があること、である[11]。これらはまさに、この分野で枠組条約、ソフト・ロー文書といった法形式が多用される理由と同じであって〔⇒第2章1.〕、この事実は、ソフト・ロー→法原則→法規則という、法の一

7　See, Dworkin, 1967, 41.
8　Paradell-Trius, 2000, 93-95.
9　See, Sands, 2003, 232-234；French, D., 2005, 52-53.
10　Kiss & Shelton, 2004, 203.
11　Paradell-Trius, 2000, 93-94.

連の凝固と具体化の過程を示唆するものかも知れない。

　それでは、国際環境法における原則としてはどのようなものがあるのか。この分野では一般国際法における友好関係原則宣言（国連総会決議2625（XXV）附属書）――「本宣言に具現された憲章の諸原則は、国際法の基本原則を構成する」とする――や、人権分野における「世界人権宣言」（国連総会決議217A（Ⅲ））に該当する文書は存在しない。もっとも、個別の環境条約の間には「原則」と題する規定を有しているものが散見される。たとえばUNFCCC 3条「原則」は、衡平の原則と共通に有しているが差異のある責任（1項）、発展途上締約国への配慮（2項）、予防措置の適用と費用対効果の大きい措置の考慮（3項）、持続可能な発展（4項）および協力的・開放的な国際経済体制の確立（5項）を規定する。また、生物多様性条約（CBD）3条はストックホルム宣言の原則21をそのまま「原則」として取り込み、EU運営条約191条はEUの環境政策の目的および原則を定める。しかしこれらは、当該の条約の目的達成や解釈・適用を導くべき原則であって一般的に適用可能な原則をうたうものではなく、一見したところそのように見えるUNFCCC 3条の場合でも、条約の枠内での原則であることを示す規定の仕方を採用する[12]。

　そこで学説に目を移すと、たとえばサンズはこの分野における条約や宣言などから以下のような原則が導かれるという：①天然資源に対する国の主権と越境環境損害を生じさせない国の責任（領域使用の管理責任）；②防止行動の原則；③協力の原則；④持続可能な発展の原則；⑤予防原則；⑥汚染者負担の原則；⑦共通に有しているが差異のある責任の原則[13]。パラデルートゥリウスは、伝統的で確立した国際環境法の原則としてサンズのいう①～③と無差別の原則および共有天然資源の衡平利用と管理調整の原則を、近年登場した原則として④とこれから派生する⑤、⑦および世代間衡平の原則などをあげる[14]。また、IUCNの環境法委員会が中心になって起草した「環境および発展に関する国際規約（International Covenant on Environment and Development）」草案は第Ⅱ部「基本原則」において、すべての生命形態の尊重（2条）；人類の共

12　See, Bodansky, 1993, 501-505.
13　Sands, 2003, 231.
14　Paradell-Trius, 2000, 97-98.

通の関心事(3条);諸価値の相互依存性(4条);世代間衡平(5条);防止(6条);予防(7条);発展の権利(8条);貧困の除去(9条)および消費パターンと人口政策(10条)、を規定する[15]。さらに広範には、シュライバーはすべての原則が国際法上同じ範囲と地位を有するわけではなく、あるものは十分に確立しており他のものは形成途上であると断りながら、天然資源に対する永久的主権に始まる12の原則をあげる[16]が、これらは国家責任や紛争の平和的解決など環境分野に限られない国際法の一般原則を別にすれば、上記のいずれかに含まれる。

前述のようにこれらの原則の法的性格はさまざまである〔⇒本節(1)〕が、原則はそのようなものとしてある程度共通の役割ないし機能を果たすと理解されており、これについては以下のような点が指摘されている。第1に原則は、これを具体化するための規則の起草を促進しその内容を方向付ける。このような役割は、枠組条約が規定する原則の場合にとくに顕著である。

原則は第2に、裁判所が国際環境法の規則——条約上の規則であれ慣習法上の規則であれ——を解釈し適用するにさいして指針を提供する。また、ICJが原則を直接裁判基準に用いた事例も指摘されている[17]。たとえばICJはアイスランド漁業管轄権事件判決において、公海の自由は「すべての国により、公海の自由を行使する他国の利益に合理的な考慮を払って、行使されなければならない」と規定する公海条約2条の規定を直接適用して、アイスランドの50カイリ漁業水域に関する規則とその適用は「〔公海〕条約2条に規定される原則の侵害を構成する」と判断した[18]が、公海自由の行使に当たって他国の利益に「合理的な考慮」を払うことを求めるこの規定は、その不確定な性格のために典型的な「原則」であると認められているものである[19]。さらに、原則は既存の規則の解釈の指針としてだけではなくて、適用可能な既存の規則が存在しない場合に、裁判所が新しい規則を採用し適用することを正当化す

15　See, IUCN, et al., 1995.
16　Schrijver, 1997, 240-249.
17　小寺、2004、29-37。
18　*ICJ Reports*, 1974, 29, para.67; 198, para.59.
19　Boyle & Chinkin, 2007, 221.

る役割をも果たすという指摘もある[20]。

　第3に原則は、外交交渉から環境運動に至るまでの広い局面で行為者が自己の主張を正統化するための武器としてのイデオロギー的役割をも果たす[21]。原則が果たす以上のような役割については、個々の原則を取り上げるさいにより具体的に検討することとしたい。

　さて、それでは以上のような一般的な理解を前提として、本章の2. 以下と続く数章においては、国際環境法の基本原則とされているもののいくつかを取り上げて、何ほどか具体的な検討を行うことにしよう。

2. 領域使用の管理責任

(1) 伝統的国際法における管轄権の配分と領域使用の管理責任

　国際環境法は、地球環境は不可分の一体をなすという事実と、それにもかかわらず地球上の空間は国家領域を基本的な単位として細分されているという事実との間の、矛盾の解決を主要な課題とする〔⇒第2章1. (3)〕。そして伝統的国際法では、この矛盾の解決の出発点は国家とその主権である他はなかった。すなわち一方では、伝統的国際法では国は唯一の国際法主体であり、国際社会において国が引き受ける義務の淵源は、条約によるものはもちろん慣習国際法にあっても国の間の合意に求められた[22]。また他方では、伝統的国際法では地球上の空間は国の領域(領土；領海；領空)と国際公域(公海およびその上空)に区分され、国の領域は原則として当該国の排他的な主権に服するものとされたが、同時にこのことの裏返しとして、他のすべての国も領域主権とそれを外部からの侵害に対して保全する権利を有する。その結果、国の領域内で行われる活動が外国および外国人に損害を及ぼさないように確保することは、もっぱら当該国の責任となるとされたのである。伝統的国際法におけるこのような管轄権配分のありかたにかんがみれば、これに深く根ざすものとして、領域使用の管理責任が国際環境法における国の義務の出発点

20　Dworkin, 1967, 29.
21　原則の機能については、Paradell-Trius, 2000, 95-97；鶴田、2005、72-78、を参照。
22　ロチュース号事件判決：PCIJ, Ser. A, No.10, 18-20.

となることが、十分に理解できよう[23]。

　つまり領域使用の管理責任は、原因活動が行われる国の領域主権とその越境悪影響を受けるかも知れない国の領土保全とを調整する原則だった[24]。ハンドゥルは、国の主権平等に基礎をおく国際社会においては、一国の領域内の行為は越境影響を生じる場合にはその国の排他的な権能の範囲を超えて国際関心事項となり、等位にある他国の同様の権利と矛盾を来すのであって、個別国家の権利に固執することは不合理で非難されるべきこととなる、という[25]。しかし、原因活動がある国の領域内で行われるものである以上は、この調整は当該の国の領域主権の優越のもとに行われるものでなければならない。かつてコスケニエミは、このような場合には「主権平等という古典的な概念装置」が働くが、いずれの国の権利も絶対的ないしは優越的ではなく、ここでは主権に有利な推定——著名なロチュース原則——は働かないと述べたが、彼は原因行為が特定の国の領域内で行われることを見落としたように見える[26]。ここに、活動の有害性の挙証責任は被影響国にあること〔⇒本節(2)〕、協議の義務は被影響国の同意の必要を含意しないこと〔⇒第4章3.(3)〕などの根拠があると思われる。ILCも、「有害活動から生じる越境侵害の防止」条文草案にとっては、「領域管轄権は、優越的な基準である」と説明する[27]。

　このような考え方に古典的な表現を与えたのは、1928年の常設仲裁裁判所によるパルマス島事件仲裁判決だった。当時の米国領フィリピンとオランダ領東インドの中間に位置する孤島パルマス島の領有を両国が争ったこの事件において、単独仲裁裁判官を務めたスイスのマックス・フーバーは、大略以下のように述べた。「国家間の関係においては、主権とは独立を意味する。地球の一部分に関する独立とは、他のいかなる国家をも排除して、そこにおいて国家の権能を行使する権利である。〔……〕この権利は、そのコロラリーとして義務を伴う。すなわち自国領域内において他国の権利、とりわけ平時と戦時における保全および不可侵への他国の権利と、外国領域におけるその国

23　See, Sands, 2003, 13-15.
24　Okowa, 1996, 276；兼原、1998、参照。
25　Handl, 1975, esp., 52-56. See also, Wolfrum, 1990, 310-311.
26　Koskenniemi, 1991, 75.
27　Commentary to article 1, para.(8), A/56/10, 383. 下線は原文。

民のために各国が主張することがある権利とを、保護する義務である」。なぜなら、領域主権を基礎とする空間の配分は、「国際法がその擁護者である最低限の保護を、すべての場所で諸国民に保障する」ことを目的とするからである。判決が領域取得の権原として「領域主権の継続的かつ平和的な行使」を強調したのは、このことなしには国は上記のような義務を履行することができないからだった[28]。

　領域使用の管理責任を越境環境問題に適用してこの分野においてリーディング・ケースとなったのが、1938年に中間判決が、41年に最終判決が下されたトレイル製錬所事件仲裁判決である。この事件は、カナダに所在する製錬所の排煙が米国において森林や農作物に被害を生じたもので、カナダは特別協定において責任を原則として認めていたが、裁判所は、「国際法の諸原則および米国の法の下では、国は深刻な結果をもたらし侵害が明白で説得力ある証拠により立証される場合には、煤煙により他国に対してもしくは他国にある財産または人に対して損害を与えるような方法で自国領域を使用または使用を許可する権利を持たない」と述べ、「〔トレイル製錬所の〕行動が、ここに決定されたカナダ自治領の国際法上の義務と合致するように確保することは、自治領政府の義務である」と判示した[29]。領域使用の管理責任は、さらにICJのコルフ海峡事件判決でも再確認されるが、この事件については防止の義務との関係で別途検討することにしたい〔⇒第4章2. (2)〕。

(2) 領域使用の管理責任の法的地位

　以上のような意味での領域使用の管理責任は、伝統的国際法の礎石である領域主権の原則の当然のコロラリーであって、慣習法として十分に確立していたといえる。ストックホルム会議の時点でこれを確認すれば、前年の1971年に採択された総会決議2849(XXVI)「発展と環境」は、会議に提出されるべき行動計画が「天然資源に対する永久的主権の行使、および自国の資源を自国の優先順位ならびに必要に応じて、他国に有害な結果をもたらすことを避けるような方法で開発する、すべての国の権利を完全に尊重する」よう求めて

28　2 *UNRIAA* 829, esp., 839.
29　3 *UNRIAA* 1905, 1965-1966.

いた(4項(a))。ストックホルム宣言の原則21それ自体が、あるいは少なくとも「他の国家の環境〔……〕に影響を及ぼさないように確保する責任」の部分が当時の慣習法を反映するものだったことは、あまねく認められていたことだったといってよい[30]。さらに、ストックホルム会議の成果を受けて1972年の総会は、後述の決議2995（XXVII）〔⇒本章3. (2)〕とならんで、ストックホルム宣言の原則21および22が規定する諸原則は「この問題を規律する基本的規則」であることに留意して、この会期に総会が採択するいかなる決議も両原則に影響を及ぼすことはできないとする、決議2996（XXVII）「環境に関する国の国際責任」を採択する。

ところでボダンスキーは、領域使用の管理責任――彼が具体的に論じたのはこれにいわば内在する防止の義務〔⇒第4章〕についてであるが――の慣習法としての性格を否定して、それは伝統的に理解されてきた慣習法の要件である国の恒常的な慣行を反映しておらず、むしろ国の言説を根拠とする「宣言法（declarative law）」にすぎないと論じた[31]。確かに、上に引用したストックホルム宣言の原則21や関連の総会決議がボダンスキーがいう「宣言法」の性格を有することは否定できず、また、領域使用の管理責任ないしは防止の義務について、伝統的な要件に照らしてその慣習法としての性格を説得的に論証した研究は見当たらないようである。

しかし――ハンドゥルの反論によれば――、「重大な越境影響に関する基本規則の国際法的な地位は、国際法秩序の公理的な前提である諸国の主権平等に直接に関連する。この規則は、その領域と資源を使用する一国の主権的権利と、まさにこれと同じ主権に基づく権利を防御として援用する別の国の権利とを調整しようとするものである。したがってその有効性は、慣習国際法を証明する通常の帰納的な方法による確認に依存するものではなく、「必要とされる行動からの多様な離反を示す証拠によって無効とされ」うるものでもない」[32]。同様に、領域使用の管理責任ないしは防止の義務は、ストックホ

30　Eg., Sohn, 1973, 485-493；Brownlie, 1974, 10；Wolfrum, 1990, 310；山本、1977、10-15；一之瀬、2008、62-69。
31　Bodansky, 1995-1996.
32　Handl, 2007b, 534, citing Tomuschat, 1993, 295. ここにいう「重大な越境影響に関する基本規則」とは、防止の義務を意味する。

ルム宣言の原則21を契機として慣習法への発展を始めたのだという理解がある[33]が、このような理解も領域使用の管理責任が領域主権の基本原則に深く根ざすものだという事実を見落としているといわねばならない。こうした理解を示す論者が、上に引用したパルマス島事件判決の領域主権に関する前半部分のみを引用して、そのコロラリーとしての義務を述べる後半部分に触れていない[34]のは偶然ではないと思われる。

　他方、国際公域にはいずれの国の主権も及ばず、したがってここで行われる活動については領域使用の管理責任は適用されない。ここでは、登録に基づく一種の属人主義によって、国の管轄権が及ぶものと考えられていた。すなわち、公海自由の原則の不可分のコロラリーとされる旗国主義によれば、船舶は登録に基づき当該の国の国籍を取得しその旗を掲げる権利を有し（公海条約5条1）、公海上では原則として旗国の排他的管轄権に服する（同6条1）。旗国と当該船舶の間には真正な関係がなければならず、国は自国の旗を掲げる船舶に対して行政上、技術上および社会上の事項に関して有効に管轄権を行使し、有効に規制を行う義務を負う（同5条1）。また1944年の国際民間航空条約によれば、航空機は登録を受けた国の国籍を有するものとされ（17条）、国籍国はその航空機が所在のいかんを問わず当該領域に施行されている規則に従うことを確保する義務を負い、公海上空においては規則はこの条約に基づいて設定されたものでなければならない（12条）。

　したがって、少なくとも理論的には、国際公域における船舶および航空機による汚染行為は、その旗国または国籍国によって規制されるはずであった。ストックホルム宣言の原則21が、国の「管轄下（within their jurisdiction）」の活動の他に「管理（control）」下の活動にも言及しているのは、おもにこのことを含意するものだったといわれる[35]。たとえば1954年の海洋油汚染防止条約は、船舶からの油の排出を海域と基準を定めて禁止する（3条1；2）ものであって、対象船舶に油記録簿の備え付けを義務付けて寄港地国によるその検査を認めた（9条1；2）が、違反の処罰は旗国の法に従って行われるものと規定した（3条

33　French, D., 2001, 381-385. See also, Schrijver, 2007, 173-174.
34　French, D., 2001, 377.
35　Sohn, 1973, 493.

3)^{36}。

(3) 古典的な領域使用の管理責任の越境環境問題における限界

　以上のように、伝統的国際法においても越境環境問題に適用可能な原則がなかったわけではない。しかしこれらの原則は、少なくとも環境問題の文脈では以下のようなさまざまな限界を抱えるものだった。領域使用の管理責任は、前述のように領域主権の原則に基礎をおく限りにおいて慣習国際法に確かな基礎を有するといえた〔⇒本節(1)(2)〕が、他方ではこの領域主権がその主要な限界を画することにもなる。つまり、領域主権の結果として国は自国の領域内である活動を自ら実施しあるいは私人による実施を許可することについて、条約等による特段の禁止や制限が証明されない限り排他的な権利を有する。ところが、越境環境損害の原因行為である産業活動等は、一般に社会的に有用とみなされている行為であり、その禁止や規制について合意することは困難である〔⇒第4章1.(1)〕。

　もちろん、条約上の規制がなくても国は慣習国際法上、自国領域における活動が他の国またはその国民の権利を侵害しないように「相当の注意(due diligence)」を払う義務を負う。しかしこの義務は、越境環境損害を出すこと自体を禁止する「結果の義務」ではなく、損害を出さないように「相当の注意」を払って措置を講じる義務に留まる。そして「相当の注意」義務は、国に直接帰属する行為の場合を別にして、私人の行為、自然現象など国にとって「外部的な」現象に関しては「特定事態防止の義務」に該当するものとされ、この種の義務のもとでは国が選択した手段によって防止するべき特定事態の発生を防げなかっただけではなく、当該の手段と事態の発生の間に間接的な因果関係──事態の発生を防止することができる利用可能な手段が存在するのに国がその手段をとらなかったこと──が存在する場合にのみ、義務違反が生じ国家責任が発生するものとされる^{37}〔⇒第2章4.(2)〕。すなわち「相当の注意」を払っていたなら、越境環境損害を生じても国家責任は発生しない。また、

36　Bienie & Boyle, 2002, 360-362：邦訳、403-406；富岡、1988、374-375。
37　ILC国家責任条文第1読草案23条：*Yb ILC*, 1978, vol.II, Part Two, 81-86, esp., 82, note(397)；山本、1982、54-57、参照。

払うべき「相当の注意」の内容は何ら特定されておらず、「相当の注意」の基準は状況依存的であって解釈の余地や見解の相違を残し、そのことが被害国が原因行為国の国家責任を援用することを困難にする[38]。そして、たとえこのような障害を克服して原因行為国の国家責任を援用できたとしても、当然のことながらそれは越境環境損害が生じた後のことであって、「相当の注意」義務は抑止効果を別にすれば環境破壊の予防には役立たないものだった。

他方、保護法益に目を移せば、伝統的な領域使用の管理責任は二国間において生じる義務であって、その保護法益は、相手国の領土保全の権利あるいはその国民が国際法違反の行為によって損害を被らない権利であると理解されていた。越境環境問題に即して言えば、領域使用の管理責任は他国とその国民に被害が生じて初めて問題となる、事後の損害賠償のための法理であり、国の領域やその国民の身体・財産に物理的な被害を生じない環境破壊には対処できなかった[39]。このことを理由にハンドゥルは、損害の発生を国家責任成立の独自の根拠と認めないILCの国家責任条文第1読草案2条(この点では採択された条文2条も同じ)を批判するが[40]、これに対してはILCの立場からすれば、損害発生の要否は一次規則である「相当の注意」義務の内容の問題であると反論されるであろう[41]。トレイル製錬所事件を例にとれば、米国は請求提出の準備のために要した費用を主権侵害に対する損害賠償として請求したが、裁判所は「侵害(an injury)の存在、その原因およびそれによる損害(the damage)の存在が合理的に証明されることなしには、損害賠償は認められない」と述べてこれを退けた[42]。まして伝統的な領域使用の管理責任は、国際公域の環境破壊に対処することはまったく想定していなかった。

手続上の限界も重大だった。伝統的国際法において越境環境損害の被害者が救済を求める筋道は、被害者が管轄権を有する国内裁判所において私法上の請求として行う道と、その国籍国の外交的保護権を通じて行う道とがあっ

---

38 Handl, 2007, 118. なお「相当の注意」義務について一般的には以下を参照：湯山、2002/06 ; Blomeyer-Bartenstein, 10 *EPIL* ; Pisillo-Mazzeschi, 1992.
39 See, Handl, 1975, 50.
40 Ibid., 58, et seq.
41 See, Draft articles on Responsibility of States for internationally wrongful acts, Commentary to Article 2, para.(9), A/56/10, 73.
42 3 *UNRIAA* 1905, 1932-1933, 1959-1962, esp., 1959.

たが、いずれについても多くの実体的・手続的な障害があった〔⇒第11章2.〕。当時理解されていた「相当の注意」義務の敷居は、トレイル製錬所事件仲裁判決が「重大な結果をもたらし侵害が明白で説得力ある証拠により立証される場合」と述べるようにかなり高く、また、被害者ないしはその国籍国がその欠如を立証することは困難だった。とりわけ、伝統的国際法では国際請求を提出する原告適格は、請求主題に関して自らに属する法的な権利または利益を証明した当事者にのみ認められるものとされ[43]、越境環境損害についてこれを証明することはしばしば至難の業である。さらに、外交的保護権は国の権利として構成されたから、同様の産業活動を自国内においても展開している国は、将来の先例となることを恐れて、請求の提出を差し控えることも少なくない。たとえば1986年の旧ソ連におけるチェルノブイリ原発事故に際して、賠償請求権を留保した国はあったものの現実に請求を行った国が皆無だった事実の背景には、当時のソ連を拘束する明確な関連条約が存在しなかったこととともに、同様に自国内で原発を運営している諸国が先例となることを恐れたことがあったといわれる[44]。

他方、属人主義的な管轄権を通じての国際公域における環境破壊の規制についても、大きな限界があった。旗国主義を例に挙げると、旗国と船舶との間に存在しなければならない「真正な関係」の内容は、当時はまったく定式化されていなかった[45]。とりわけ便宜船籍船の場合は、旗国が船舶に対して「行政上、技術上及び社会上の事項について有効に管轄権を行使し、及び有効に規制を」行う(公海条約5条1)ことは期待できず、このことの問題性を事故の場合について露呈したのがトリー・キャニオン号事件だった〔⇒第1章2. (4)〕。事故の場合だけでなく通常の船舶運航に関しても、旗国主義が公海上の汚染防止にほとんど無力だったことは、1954年海洋油汚染防止条約〔⇒本節(1)〕の経験が明らかに示していた[46]。加えて、公海における環境破壊行為によって実際に被害を被るのは、多くの場合遠方に所在する旗国ではなく、汚染行為

---

43 ICJの南西アフリカ事件第2段階判決：*ICJ Reports*, 1966, esp., 51, para.99.
44 領域使用の管理責任の以上のような限界については、山本、1977；Sands, 2003, 401-412；兼原、1994、161-170 を参照。チェルノブイリ事故については、繁田、1993を参照。
45 山本、1977、20。公海条約5条については、横田、1959、313-323を参照。
46 富岡、1988、376-377。

が行われた場所に近い沿岸国であるが、沿岸国がこのような場合に当該の船舶に対して何らかの形で管轄権を行使することは認められていなかった。

3. 領域使用の管理責任の現代的発展

　以上のような限界の克服に向けての国際環境法の発展は、おもにストックホルム会議以後のことであって、その主な内容については以下の各章で検討することとなり、とりわけ領域使用の管理責任を基礎とする防止の義務の発展は、次章のテーマである。そこでここでは、2. で見た領域使用の管理責任の限界に関わるその後の発展であって、次章以下ではそれ自体として検討できないものについて略述しておこう。

(1) 「天然資源に対する永久的主権」、「人類の共同の財産」および「人類の共通の関心事」

　ストックホルム宣言の原則21がいう、「国際連合憲章及び国際法原則にしたがって、自国の資源をその環境政策に基づいて開発する〔国の〕主権的権利」は、「国家主権の基本的な構成要素の一つ」であり[47]、このことが疑われたことは国家実行上も学説上もかつてなかったと言ってよい。それにもかかわらず、国連総会が1962年の「天然の富と資源に対する永久的主権」(決議1803(XVII))や、1974年の経済権利義務憲章(決議3281(XXIX))2条など多くの決議でこれを確認してきたのは、その資源に対する主権が先進国とその企業によって事実上踏みにじられてきた、発展途上国の長年の苦い経験があったからである[48]。したがって天然の富と資源に対する永久的主権の概念は、登場の当初は自国の天然資源を自由に処分し開発する当該の国とその人民の権利を中心に構成され、環境保全と直接に関係するものではなかった。

　ところが、ストックホルム会議が環境保全と社会的・経済的発展の調整を主要な課題としてクローズ・アップした〔⇒第1章4.〕ことを契機に、天然資源

47　Sohn, 1973, 486.
48　決議1803については、松井、1966；Schrijver, 1997, esp., Part Iを、また、この決議に対する発展途上国の見方については、Anghie, 2005, Chap.4を参照。

に対する永久的主権は国の環境保護の義務と一体のもとして規定されるようになる。たとえば経済権利義務憲章は、一方では外国投資を規制し外国人資産を国有化する権利を中心として天然資源に対する永久的主権を規定した(2条)が、他方では前文において「環境を保護し、保全し及び改善する」ための条件の創出に寄与することを目的の一つとして掲げるとともに、30条では「現在及び将来の世代のために環境を保護し、保全し改善することは、すべての国家の責任である」ことを認め、すべての国は「このような責任に従って自国の環境政策及び発展政策の確立のために努力する」と規定した。総会は1982年には、「自然に影響を及ぼすすべての人間の行動を指導し判断するべき〔天然資源の〕保全の原則を宣言」(前文)する、「世界自然憲章」(決議37/7附属書)を採択する。この憲章で総会はとりわけ、「地球上の陸及び海のすべての区域」がこの保全の原則に従うこと(3項)、「天然資源は浪費されてはならず、〔……〕この憲章に規定する諸原則に適合する自制をもって利用する」べきこと(10項)などをうたった。

　これらの文書は、保護と保全の対象である環境や天然資源をたとえばストックホルム宣言の原則21のように他国や国の管轄権の範囲外のそれらに限定していないから、自国自身の環境と天然資源をも対象としているという理解が可能である。こうしてILAが2002年に採択した決議「持続可能な発展に関する国際法の諸原則のニューデリー宣言」は、その冒頭に「天然資源の持続可能な利用を確保する国の義務」を掲げることになる。そこでは、まずストックホルム宣言の原則21／リオ宣言の原則2が再確認される(1.1項)とともに、「国は、天然資源(自国の領域または管轄のもとにある天然資源を含む。)を、先住人民の権利に特別の考慮を払って自国の人民の発展に貢献するように、また、天然資源の保全および持続可能な利用ならびに生態系を含む環境の保護に貢献するように、合理的で持続可能かつ安全な方法で管理する義務を負う。国は、天然資源の利用率を決定するにさいしては、将来の世代のニーズを考慮に入れなければならない〔……〕」と規定される(1.2項)[49]。「持続可能な発展の法的側面」委員会の報告者としてILAのこの議論を主導したシュライバーは、

49　ILA, 2002, 25-26, 391-393.

これを天然資源に対する永久的主権において「権利と義務の均衡をはかる」ことだと表現した[50]。

確かにストックホルム宣言の頃から、国がそれによって自国の領域または管轄下の環境を保護し天然資源を保全する義務を引き受ける多数国間条約が目に付くようになる。たとえば初期の例では1972年のユネスコ世界遺産保護条約、1973年のワシントン野生動植物取引規制条約(CITES)、1979年のボン条約などをあげることができる。またUNCLOSは海洋環境を保護する国の一般的な義務を定めた(192条；194条〔⇒本節(3)〕)だけでなく、自国の排他的経済水域(EEZ)において生物資源の保存を確保する国の義務を規定した(61条；66条)。地域的な条約に目を移せば、1985年のASEAN自然保全協定、1986年の南太平洋環境保護条約(ただし、対象はEEZを中心とする海域に限られる)、2003年のアフリカ自然保全条約などを、さらに小地域の条約としては1978年のアマゾン協力条約、1991年のアルプス条約などを例にあげることができる。

これらの条約の多くは、関連の区域における環境の保護や資源の保全が人類ないしは締約国の「共通の関心事」であるという認識を基礎としたが、一部にはこれをさらに進めて関連の環境や資源は「人類の共同の財産(common heritage of humankind)」であるとする主張が存在した。「人類の共同の財産」とは、1970年の総会決議2749(XXV)「深海底を律する原則宣言」が国の管轄権外の海底とその資源をそのように性格付けたことに端を発し、1979年の月協定11条やUNCLOS第XI部において条約化されたものである。UNCLOSによれば、深海底とその資源は人類の共同の財産であるから、これに対していずれの国も主権を主張することはできず、いずれの国、自然人または法人もこれらを専有することはできない。深海底資源に関するすべての権利は人類全体に付与され、これについては国際海底機構が人類全体のために行動する(136条；137条)[51]。

さて、1988年にマルタは国連総会に、「気候を人類の共同の財産の一部とす

50　Schrijver, 1997, 323-336, 391-392. See also, Handl, 1991, 85-87.
51　田中、1993、参照。ただし、1994年に国連総会が採択した深海底制度実施協定によって、UNCLOSにおける「人類の共同の財産」の思想はほとんど骨抜きにされたという。See, Brunnee, 2007, 561-563.

る宣言」と題する議題を提案した。気候はすべての人間活動を条件付ける天然資源であり、人間活動の結果被るかも知れない重大な変化からこれを守らなければならないというのである[52]。また、国連食糧農業機関（FAO）はかつて、拘束力のない総会決議によってであるが「植物遺伝資源は人類の財産（a heritage of mankind）でありしたがって制約なしに利用可能とされるべきであるという、普遍的に承認された原則」に基礎をおく（1条）と称する「植物遺伝資源に関する国際了解」を宣言した[53]。しかし、このような主張が一般的に認められることはなかった。マルタの提案をもとに採択された総会決議43/53「人類の現在及び将来の世代のための地球環境の保護」は、「気候は地球上の生命の維持にとって不可欠の条件をなすから、気候変動は人類の共通の関心事であると宣言する」（1項）にとどまった。そしてこの表現は、UNFCCC前文にほぼそのまま引き継がれる。またFAOについて言えば、2001年にそれが作成した食糧農業植物遺伝資源条約は、食糧および農業のための植物遺伝資源は「すべての国の共通の関心事（a common concern of all countries）」であることを認め（前文）、このような資源に対する各国の主権的権利を規定する（10条1）とともに、このような資源の持続可能な利用（6条）と、これらに対する円滑な取得の機会とそれから生じる利益の公正かつ衡平な配分を達成するための多数国間システムの設立に合意した（10条2；11〜13条）。

「人類の共同の財産」と「人類の共通の関心事」とをめぐるこのような相克は、CBDの交渉過程において典型的だったという。先進国によれば、遺伝資源は「人類の共同の財産」であってそれへのアクセスは自由でなければならないが、他方で遺伝資源を用いて開発された医薬品等の産品は知的所有権による保護の対象となり、その利用のためには対価を必要とする。これに対して発展途上国は、遺伝資源であっても天然資源に対する永久的主権の例外ではなく、それへのアクセスは自国の規制に従って行われるべきであり、また、自国はその利用から得られる利益には衡平に与る権利を有すると主張し

52　Declaration Proclaiming Climate as Part of the Common Heritage of Mankind: Letter dated 9 September 1988 from the Permanent Representative of Malta to the United Nations addressed to the Secretary-General, A/43/241, 12 September 1988.
53　Resolution 8/83. International Undertaking on Plant Genetic Resources, Report of the Conference of FAO – Twenty-Second Session, Rome. 5-23 November 1983, para.285.

た[54]。しかし、この文脈における「人類の共同の財産」概念の援用は正当化されないであろう。ここでは「人類の共同の財産」概念は、深海底資源のような共有物ではなくいずれかの国の領域内に所在する資源に対して適用が主張される。言い換えれば、この概念は本来、事実上(*de facto*)アクセスできない資源からあがる利益に発展途上国がアクセスすることを容易にする概念装置であったものが、ここでは法的に(*de jure*)アクセスできない資源への「北」のアクセスを可能にするために主張されたのである[55]。

　こうしてCBDは「人類の共同の財産」概念を取り入れず、「生物の多様性の保全が人類の共通の関心事である」ことを認めるとともに、「諸国が自国の生物資源について主権的権利を有することを再確認」した(前文)。「〔天然資源に対する〕永久的主権」と「〔人類の〕共同の財産」の概念は相互に相容れない[56]が、「人類の共通の関心事」は「共同の財産」のような主権的な含意をもたず、したがって個別国家の国内事項に必ずしも干渉することなくある事柄に対する国際社会の関心を正当化する適切な表現だと見なされたのである[57]。各国が天然資源に対する永久的主権を認められることの結果、遺伝資源へのアクセスは資源の所在国の定めるところによりその国の法令に従うことになり(15条1)、また、遺伝資源の提供国はその研究開発の成果と利用から生じる利益に公正かつ衡平に与ることになる(同条7)。他方で締約国は「人類の共通の関心事」を反映して、生物多様性の保全とその持続可能な利用を(6条)、また、生物の多様性の構成要素の持続可能な利用を(10条)確保する責任を有し、保全については生息域内保全(*in-situ* conservation)が原則であって生息域外保全(*ex-situ* conservation)は補完的なものとされる(8条；9条。これらの定義は2条を参照)。このほかCBDは、バイオテクノロジーを含む技術へのアクセスと移転(16条)、これから生じる利益の配分(19条)、情報の交換と科学技術協力(17条；18条)、資金の供与(20条；21条)など、多くの規定において資源主権と人類の共通の関心事のバランスを図っている。もっともここでは「その個々の

54　CBDの起草過程におけるこのような対立については、Burhenne-Guilmin & Casy-Lefkowitz, 1992；Mgbeoji, 2003を参照。
55　Brunnee, 2007, 563-564.
56　Mgbeoji, 2003, 835.
57　French, D., 2005, 59.

状況及び能力に応じ」、「可能な限り、かつ、適当な場合には」、「相互に合意する条件で」などという制約が課された「ソフト」な義務が規定され、その実効性はほとんどもっぱら実施過程に委ねられていることを認めなければならない。なお、CBDの締約国会議（COP）は2002年に、遺伝資源の取得の機会やそれから生じる利益の配分に関する国内的な措置および相互の合意のための指針として、「遺伝資源の取得の機会およびその利用から生じる利益の公正かつ衡平な配分に関するボン・ガイドライン」を採択した[58]。

このCBDの例に見られるように、「人類の共通の関心事」の概念は環境や資源が所在する国の主権を前提としながら、なおそれらの保護と保全に対する国際社会全体の利益を巧妙に表現するものだといえる。しかし、「人類の共通の関心事」の概念がそれ自体としておのずから領域国の主権の行使を枠付けるわけではない。この概念それ自体が、あるいはそれに基礎をおく自国の環境を保護しその天然資源を持続可能な方法で利用する国の義務が、慣習法化したと見るのはいうまでもなく早計である[59]。そのためにはこの概念は、条約の形で具体化されさらには国際機構ないしはレジームといった形でその実施の枠組みを与えられる必要がある[60]。条約を締結することによって国がその環境の保護や資源の利用について一定の義務を引き受けることは、主権的権利を一定の方法で行使することを必要とするという意味でその制限となるが、「しかし、国際約束を取り結ぶ権能はまさに国の主権の一属性に他ならない」[61]。

(2) 国際公域の保護への拡大とその慣習法化

ストックホルム宣言の原則21は、「国は、国際連合憲章及び国際法原則にしたがって、自国の資源をその環境政策に基づいて開発する主権的権利を有し、また、自国の管轄又は管理下の活動が他の国の環境又は国の管轄権の範囲外の区域の環境に影響を及ぼさないように確保する責任を有する」と規定する。

58　CBD, COP 6 Decision VI/24, Access and benefit-sharing as related to genetic resources, A. Bonn Guidelines on Access to Genetic Resources and Fair and Equitable Sharing of the Benefits Arising out of their Utilization, UNEP/CBD/COP/20, Annex.
59　French, D., 2005, 59.
60　See, e.g., Mgbeoji, 2003, 835-837；Brunnee, 2007, 551-556, 572.
61　ウィンブルドン号事件判決：PCIJ, Ser. A, No.1, 25.

そして、リオ宣言の原則2も、「環境政策」の後に「及び発展（開発：development）政策」を加えただけで、同文である。環境主義者は「及び発展（開発）政策」の付加を経済開発に傾斜した後退であると批判するが、おおかたの理解では両者に解釈上の違いはない〔⇒第1章5.(2)〕。その他、UNCLOS193条および194条2、オゾン層の保護に関するウィーン条約前文、UNFCCC前文、CBD3条など、同趣旨の規定を有する国際文書は数多い。ただし、UNCLOS194条2にいう「すべての必要な措置をとる」義務は、従来の「相当の注意」義務よりは厳しい基準を要求しているという指摘[62]があることに注意したい。

ところでストックホルム宣言の原則21は、領域使用の管理責任の対象を「他の国の環境」だけでなく「国の管轄権の範囲外の区域の環境」にも拡大して、この責任が国際公域の環境を保全する責任をも含意するという解釈に道を開いた。そして国連総会は、この解釈にただちに追随する。ストックホルム会議を受けて開催された同年の総会は、決議2995（XXVII）「環境分野における諸国間の協力」において、「国はその天然資源の探査、利用及び開発に際して、その国家管轄権の範囲外にある区域において相当の有害な効果（significant harmful effects）を生じてはならない」ことを強調した。また、1974年の経済権利義務憲章30条も、ストックホルム宣言の原則21をそのまま取り入れている。

こうして、領域使用の管理責任が国際公域の環境への適用も含めて慣習法化したことについては、現在では諸国の見解においても学説上も争いはないといってよい。ICJは1996年の核兵器使用の合法性勧告的意見において、「国の管轄権および管理の下における活動が他国または国の管轄権を越える区域の環境を尊重するように確保する国の一般的義務の存在は、現在では環境に関する国際法全体の一部となっている」と述べ[63]、同判決のこの部分は1997年のガブチコボ・ナジマロシュ計画事件判決でも肯定的に引用された[64]。これに伴って領域使用の管理責任から生じる義務は、伝統的な二国間関係の義務を超えて、国際社会全体に対する「対世的義務（obligations *erga omnes*）」となったと考えられる〔⇒第2章4.(1)〕。

---

62 栗林、1994、34。
63 *ICJ Reports*, 1996, 241-242, para.29.
64 *ICJ Reports*, 1997, 41, para.53.

(3) その他の関連の発展

さてここで、伝統的な管轄権の配分方式の越境環境問題における限界として先に指摘した二つの点について、その後の発展を簡単に見ておこう。その一つは、国の領域とその国民の身体・財産に物理的な損害が生じることがなくても、自然環境自体を保護法益として守らなければならないという法意識が登場したことである。兼原敦子は、伝統的な領域使用の管理責任とストックホルム宣言の原則21とを区別して、後者が規定するものを「環境損害防止原則」と呼び、前者では領域主権と領土保全という対等な権利間の調整が行われるのに対して、後者では環境という国際法益の保護のために領域主権が規制されると指摘する[65]。

核実験事件においてオーストラリアは、その同意なしに放射性降下物をその領域に堆積させ領空に散布することは自国の領域主権を侵害し、また、公海上の船舶・航空機に対する干渉と放射性降下物による公海の汚染は公海自由の侵害をなす、と主張した。またニュージーランドは、フランスの核実験は陸地、海洋および空の環境を不当な人工放射性汚染から保全する自国を含む国際社会のすべてのメンバーの権利を侵害するものであり、また、自国の領域に放射性物質を入れない自国の権利を、さらには核実験による干渉を受けることなく公海の自由を享受する自国の権利を侵害するものであると主張した。これに対してICJは、このような請求が裁判所の管轄権の範囲にまったく含まれないとか、オーストラリアおよびニュージーランドがこれらの請求に関する法的利益を証明できないだろうとアプリオリに仮定することはできないと判断して、フランス政府はオーストラリアおよびニュージーランドの領域に放射性降下物を堆積させるような核実験を避止するべきであるという仮保全措置を指示したのである[66]〔⇒第5章3. (1)〕。本件は仮保全措置段階の判断にとどまるが、物理的な損害発生の可能性を問題とせず、国の領域に放射性降下物を堆積させることが当該国の主権侵害となり、あるいは自国領域の環境を保全する国の権利を侵害する可能性を認め、したがってこれらが請求原因となる可能性を認めた点では、主権侵害自体に対する賠償請求を退け

---

65 兼原、2001、31-45。
66 *ICJ Reports*, 1973, 103, paras.22-23；106；139-140, paras.23-24；142.

たトレイル製錬所事件判決〔⇒本章2.(3)〕との対比は明確であろう。ただし、本件仮保全措置が両原告国が主張した公海の汚染防止、つまり国際社会の一般的利益の保護にまでは及んでいないことには、注意が必要と思われる。

また、1982年の総会決議37/7「世界自然憲章」が自然それ自体の保護を全面に掲げて、領域使用の管理責任を、国は「自国の管轄又は管理下の活動が他の国又は国の管轄権の範囲外の区域に存在する自然体系(the natural systems)を害さないように確保する」と言い換えている(21項(d))事実にも、このような法意識の前進を伺うことができる[67]。同様に、UNCLOS 194条はあらゆる発生源からの海洋環境の汚染を防止・軽減・規制する国の広範な義務を規定したが、ここにいう「海洋環境の汚染」とは、人間による海洋環境への物質またはエネルギーの直接・間接の導入であって、生物資源および海洋生物に対する害、人の健康に対する危険、海洋活動に対する障害、海水の水質を利用不適とすることならびに快適性の減殺のような有害な結果をもたらしまたはもたらすおそれのあるもの、と定義されている(1条1(4))。こうしてストックホルム会議以後の発展を概観したボイルらは、「現在では、国際法は他の国および公域の環境を危害から保護しているという命題の背後には、実質的なコンセンサスが存在する」と結論する[68]。

もう一点は、国際公域の環境保全に関する旗国主義の限界を克服する方向であって、これはおもに旗国の義務の強化と寄港国および沿岸国の管轄権の承認によってもたらされた。旗国の義務についていえば、公海条約5条1は船舶と旗国の間になければならない「真正な関係」をまったく定式化していなかった〔⇒本章2.(1)(2)〕のに対して、UNCLOS 94条は1項で公海条約5条1の末文を繰り返しただけでなく、2項以下でこの点に関する旗国の義務を詳細に規定した。このような義務にはとりわけ、自国を旗国とする船舶の公海上の事故等であって他の国の海洋環境に重大な損害をもたらすものについて調査を行う義務が含まれる(7項)。国際海洋法裁判所は、「船舶とその旗国との間には真正な関係が必要だとする〔国連海洋法〕条約の規定の目的は、旗国の義

---

67 See, Birnie & Boyle, 2002, 561-563：邦訳、636-638。
68 Birnie & Boyle, 2002, 123：邦訳、152。
69 サイガ号事件本案判決：ITLOS, Judgment of 1 July 1999, para.83。

務のより実効的な実施を確保すること」にあると述べた[69]。UNCLOSではまた、国は船舶からの汚染をできる限り最小とする措置をとらなければならず（194条3(b)）、自国を旗国とする船舶からの海洋環境の汚染を防止・軽減・規制するために法令を制定する義務をも負い、このような法令は国際基準と少なくとも同等の効果を有するべきものとされた（211条2）。同様の義務は、大気からのまたは大気を通じる海洋環境の汚染に関して、自国に登録された航空機にも適用される（212条）[70]。

また1993年にFAOが作成したコンプライアンス協定は、アジェンダ21の呼びかけ（17.49-17.62項）に応じて、海洋生物資源の保存および管理のための国際的な措置の遵守を回避するために行われる漁船の船籍移転（reflagging）に対処することを主な目的に、自国の旗を掲げて公海において操業する漁船に対する旗国の責任を強化する。すなわち、締約国は自国の旗を掲げる漁船が保存管理のための国際的な措置の実効性を損なう活動に従事しないように確保する義務を負い、この目的のために公海漁業について承認制をしき、本協定上の自国の責任を遂行できると認めない限りは承認を与えないものとされた（3条）。締約国は、公海漁業に従事することを承認された漁船について漁船記録を保持し（4条）、また、相互におよびFAOを通じて関連の情報を交換する義務を負う（5条；6条）。さらに1995年の国連公海漁業実施協定も、ストラドリング魚種および高度回遊性魚種の漁獲は小地域的または地域的な漁業管理機関または枠組みを通じて行うものとし、このような機関が定める保存管理措置の遵守を確保する旗国の義務（18条）だけでなく、この目的のために旗国が行うべき取締りについても詳細な規定をおく（19条）。さらにIMOでも、航行の安全と環境保護に関する旗国の義務の遵守の問題に対処することを目的に、1992年に「旗国による履行に関する小委員会（Subcommittee on Flag State Implementation）」が設置された[71]。

他方、公海上における旗国の排他的管轄権については、先に見たトリー・キャニオン号事件〔⇒第1章4. (1)〕が事故の場合におけるその限界を暴露した

---

70 UNCLOS211、212条については、栗林、1994、73-92を参照。
71 このような傾向については、以下を参照：La Fayette, 2001, 215-226；Boyle & Chinkin, 2007, 126-128, 131-134；林、2006；林、2008、第10章。

結果を受けて、1969年には油汚染事故介入権条約が、海難等から生じる重大かつ急迫した危険を防止・軽減・除去するために沿岸国が公海上で必要な措置をとることを認めた。通常の航行に伴う海洋汚染については、1954年海洋油汚染防止条約に代わるものとして1973年に採択され78年の議定書によって改正されたMARPOL73/78条約は、限定的ながら証書を検査する寄港国の管轄権を認め(5条(2))、非締約国の船舶への準用を求める(5条(4))とともに、このような「管轄権」は当時進行中だった国連海洋法会議によってもたらされる国際法の発展に従って解釈される(9条(2)および(3))と規定した。そしてUNCLOSは、執行に関して限定的ながら寄港国(218条)と沿岸国(220条)の管轄権を認めることによって、伝統的な旗国主義から一歩を踏み出すことになる[72]。さらに国連公海漁業実施協定も、旗国による遵守および取締りを原則としながらも(19条)、小地域的または地域的な漁業管理機関または枠組みを通じた取締りのための協力を規定し、とりわけ本協定の締約国間においては他の締約国を旗国とする漁船の検査を相互に認めることとし(21条)、また、寄港国にも自国の港等に任意にとどまる船舶を検査し、保存管理措置の実効性を損なう方法で漁獲された漁獲物の陸揚げおよび転載を禁止する権限を与えた(23条)[73]。

---

72 UNCLOSにおける海洋環境保護の執行(213-222条)については、栗林、1994、92-124を、とくに旗国主義の変容については、富岡、1988;富岡、2002;薬師寺、2001、を参照。
73 国連公海漁業実施協定における旗国以外の国による取り締まりについては、林、2008、第9章、参照。

第4章　防止の義務

1. 防止の義務の発展

　ある国の管轄または管理下において行われる活動が、他の国または国際公域の環境に悪影響を及ぼさないように確保するもっとも直接的な方法は、国際法によって原因活動を禁止しまたは規制することだといえる。もちろん、このような例がないわけではない。たとえばモントリオール議定書は、附属書に定める規制物質の消費量と生産量を規制し、最終的にはゼロとすることを求める。また、気候変動枠組条約（UNFCCC）の京都議定書は、先進締約国について数値化された温室効果ガスの削減抑制義務を定めた。さらに、ロンドン海洋投棄条約は、附属書に特定する廃棄物等の海洋投棄を禁止し、もしくは特別または一般の許可に服させることとした。しかし、原因活動は一般に社会的に有用とみなされあるいは当該の国の経済発展にとって不可欠と位置づけられているから、これらを実体的に禁止しあるいは規制することについて諸国の合意を達成することは容易ではない。そこで、このような実体的な規制に代えて発展してきた「防止の義務」は、国の裁量を制約することがより少ない手続的な義務であって、通報、情報の提供、環境影響評価、協議などによって構成される[1]。

　「防止の義務(obligation of prevention；duty to prevent)」は、「防止行動の原則

1　実体的規則と事前協議の関係については、児矢野、2006、229-230；一之瀬、2008、112-117、参照。

(principle of preventive action)」、「未然防止原則(preventive principle)」、「"侵害禁止"の原則／規則("no harm" principle/rule)」などとも呼ばれ、領域使用の管理責任に内在するものあるいはその当然の帰結だといえる。ボイルらは、国は国際法上自国の領域または管轄権のもとにおいて、重大な地球的環境汚染または越境環境侵害の淵源を管理または規制するために適切な措置をとることを求められており、それは「侵害防止の義務であり、たんなる事後における賠償の基礎ではない」という[2]。もっとも、越境環境侵害の防止のために国が払うべき「相当の注意」の内容はかつてはまったく不確定であり、このため領域使用の管理責任は事実上は、事後における損害賠償の根拠として限られた役割を果たすだけだった〔⇒第3章2. (3)〕。

　この「相当の注意」義務の内容が、条約やソフト・ロー文書などを通じて具体化されるようになるのは比較的近年のことであり、とりわけ1992年のリオ会議(UNCED)を契機としてだったといえる。たとえば1972年のストックホルム宣言は、すべての分野の諸活動の環境への悪影響を管理し、防止し、減少させおよび除去するためには国際協力が不可欠であると一般的にうたう(原則24)にとどまった。これは、環境情報の提供を求める規定の可否をめぐる厳しい対立の結果だとされ、前章で見た総会決議2995(XXVII)および2996(XXVII)〔⇒第3章3. (2)；2. (1)〕の採択は、この対立の妥協のためだったという[3]。これに対して、1992年のリオ宣言はより具体的に、実効的な環境法令を制定する義務(原則11)、環境影響評価(原則17)、環境上の緊急状態についての通報と支援(原則18)のほか、越境環境悪影響を生じるかも知れない活動についての通報、情報提供および協議の義務を規定した(原則19)〔⇒本章3. (1)〕。

　ILCが2001年に採択した「有害活動から生じる越境侵害の防止」条文草案によれば、国は自国の領域またはその管轄・管理下における活動が重大な越境侵害を生じることを防止しまたはその危険を最小とするためにすべての適当な措置をとるものとされ(3条)、この目的のために自国では適切な監視の仕組みの設立を含めて立法上、行政上などの措置をとる(5条)ほか、国際的には被影響国および権限ある国際機構と協力する義務を負う(4条)ものとした。

2　Birnie & Boyle, 2002, 109：邦訳、130-131。
3　Sohn, 1973, 496-502. 一之瀬、2008、132-141、も参照。

後者の義務の中心をなすのが通報と協議の義務であるが、これらについては2. 以下で検討することとしたい。

2. 通報および情報の交換

(1) 通報と情報交換の諸局面

　通報(notification)および情報の交換(exchange of information)は、一般的にいえば「憲章に従って、相互に協力する国の義務」(友好関係原則宣言)の一環だともいえるが、環境保護の分野では「あれこれの形で、事実上すべての国際環境協定に見いだされる」[4]といわれる。国際環境文書はたとえば、以下のような諸局面において通報と情報交換を要求している。

　もっとも一般的なレベルでは、とくに発展途上国を念頭において、環境問題解決の促進を目的とする科学技術上の知識や情報の交換が規定される。たとえばストックホルム宣言の原則20は、環境問題における科学交流の促進や情報の自由な交流と移転、とりわけ発展途上国への環境技術の普及などを規定する。またリオ宣言の原則9は、科学技術上の知見の交換と技術の開発・移転の促進によって、持続可能な発展のための国の対処能力を強化することをうたい、これを受けたアジェンダ21も広範な分野別の交流の他、環境上適切な技術の移転、協力および対処能力の強化、科学的な交流のためのシステムの構築、教育や公衆の意識向上の面での協力と連携などを規定する(第34～36章)。

　次いでより具体的には、条約目的達成のための焦点をより絞った情報交換の義務が規定される。たとえば国連海洋法条約(UNCLOS)200条は、海洋環境を保護し保全する義務(192条)の一環として、国が汚染に関して取得した情報およびデータを交換することを奨励し、また202条はこの目的のために発展途上国に対して科学、教育、技術その他の分野で協力するように求める。さらに、オゾン層の保護のためのウィーン条約4条やUNFCCC 4条1(h)は、科学・技術の面だけでなく、社会経済や法律の面でも条約に関連する情

4　Sands, 2003, 829.

報を交換するように求め、生物多様性条約(CBD)17条は同様に広範な情報の交換を規定するほか、実行可能な場合にはこれに情報の「還元(repatriation)」をも含めるよう求める。同条約18条3は締約国会議(COP)が情報交換の仕組みを確立すると規定したが、これを受けてバイオセーフティに関するカルタヘナ議定書20条は「バイオセーフティに関する情報交換センター(the Biosafty Crearing-House)」を設置した。

さらに一層具体的には、条約の遵守を確保する措置の一環として、締約国が条約実施のためにとった措置に関する情報をCOP、事務局といった条約機関に送付するべきことを規定する多数国間環境保護協定(MEAs)も少なくない〔⇒第12章2.(1)〕。たとえば、オゾン層の保護のためのウィーン条約5条、同モントリオール議定書7条および9条3、UNFCCC4条1(j)および12条、同京都議定書7条、CBD26条などがその例である。送付するべき情報の詳細については、条約自体が規定をおくかあるいは条約機関がこれを決定する。

ところで、通報ないし情報の交換にとってしばしば障害となるのは、おもに先進国によって主張される、安全保障上・産業上の秘密の保護や知的所有権の保護の必要性である。この問題に関しては、**MEAs**はおもに次の二つの形で対処する。すなわち第1に、産業上の秘密や安全保障に関する情報を、交換義務の対象としないことがある。たとえば国際水路の非航行的利用の法に関する条約31条や有害活動から生じる越境侵害の防止条文草案14条がその例であるが、両文書とも関係締約国に対して、そのような状況においてもできるだけ多くの情報を提供するよう誠実に協力することを求める。また CBD16条はバイオテクノロジーを含む技術の移転を奨励するが、それは知的所有権の保護と両立する形で行うべきものと規定する。第2に、原子力事故援助条約6条やバイオセーフティに関するカルタヘナ議定書21条は、情報の提供国が秘密のものとして指定した情報を、受領国が保護するべきことを定めている。

通報および情報の交換は、もちろんそれ自体としても無意味ではないが、とくに防止の義務との関連では協議の前提として重要であり、しばしば協議と一体のものとして規定される〔⇒本章3.〕。環境情報へのアクセス、とりわけその公衆への公開は環境問題解決への市民参加の観点からも注目される

が、この点については環境権との関係で後に検討することとしたい〔⇒第8章4.〕。

(2) 緊急事態における通報と情報交換

　自国の領域または管轄下において生じた事故などの緊急事態において、影響を受けるかも知れない国や権限ある国際機構に通報を行い情報を提供する当該の国の義務は、一般的な環境情報の交換よりも一層強い意味で必要とされることはいうまでもない。ICJは、英国軍艦がアルバニアの領海で触雷し人的・物的な損害を受けたコルフ海峡事件の判決において、アルバニア領海における機雷の敷設が同国の了知なしには行われえなかったことを前提として、航行一般の利益のために領海における機雷原の存在を通報し接近しつつある英国軍艦に差し迫った危険を警告するアルバニアの義務を、人道の基本的考慮、海洋交通自由の原則および「自国領域を他国の権利を侵害する行為のためにそれと知りつつ利用することを許さないすべての国の義務」に基礎付け、この点でアルバニアの義務違反を認定した[5]。そしてこのICJの判示は、1958年の領海条約15条2において法典化され、さらに国連海洋法条約24条2に引き継がれることになる。

　緊急事態における通報と情報提供を義務づける条約は、多数国間条約に限っても少なくない。たとえばCBD 14条1(d)は、自国の管轄・管理下で生じる急迫したまたは重大な危険または損害が他国の管轄下の区域またはいずれの国の管轄にも属さない区域の生物の多様性に及ぶ場合に、これを影響を受ける国にただちに通報することを義務づける。同カルタヘナ議定書は、生物多様性に著しい悪影響を及ぼすおそれのある改変生物の意図されない越境移動の事態に関して、バイオセーフティに関する情報交換センターに通報する義務を規定するとともに、通報されるべき情報を特定した(17条)。また、国際水路の非航行的利用の法に関する条約28条や、ILCの有害活動から生じる越境侵害の防止条文草案17条も、緊急事態における速やかな通報を規定する。緊急事態における通報と情報提供の義務を定める二国間条約は、一層数

---

[5] *ICJ Reports*, 1949, 22-23.

多い[6]。

　他方、通報されるべき緊急事態を自国の管轄・管理下で生じるものに限らない国際文書も存在する。たとえばリオ宣言の原則18やUNCLOS198条を、その例として挙げることができる。また有害廃棄物規制バーゼル条約13条1は、有害廃棄物その他の廃棄物の国境を越える移動または処分中に他の国の人の健康または環境に侵害を及ぼす事故が発生したことを知った場合に、当該他の国が速やかに通報を受けることを確保するよう締約国に義務づけるが、この場合「国境を越える移動」は定義上当然に複数の国が係わる(2条3)から、ここでも事故の発生場所は問われていないと見ることができる。これに対して、南極環境議定書15条が対処を求める緊急事態は、ことの性質上当該国の「管轄」のもとで生じるものではないが、南極条約7条5を通じて当該の国が属人的管轄権を行使する活動に関するものだから、当該の国の「管理下」の活動だということになろう。

　環境上の緊急事態における通報それ自体を目的とする条約も、いくつか結ばれている。その典型はチェルノブイリ原発事故を契機にIAEAが作成した1986年の原子力事故早期通報条約であって、他の国に対して放射線安全に関する影響を及ぼしうるような放射性物質の越境放出をもたらしておりまたはもたらすおそれがある事故の場合に、被影響国とIAEAに対して事故発生の事実と種類および発生時刻等については「直ちに(forthwith)」、放射線の影響を最小とするために条約が定めるデータについては「速やかに(promptly)」通報することを定める(2条；5条)。IAEAはまた、このような事故に対する対処体制の整備を目的とする原子力安全に関する条約を1994年に作成している。油による海洋汚染をもたらす事故等については、IMOが1990年に油汚染事故対策協力条約を作成し、2000年のHNS議定書は対象を油以外の有害物質にも拡大した。さらに、UNECEが1992年に作成した産業事故越境影響条約は、このような通報、協議、対処、協力などに関する義務を、附属書に定める有害物質を扱う活動にかかわる産業事故一般に拡大した。締約国(国だけでなく、条約の対象である事項について権限を委譲された地域経済統合機構を含む：27条)は、

6　See, e.g., Prevention of Transboundary Harm from Hazardous Activities, Commentary to Article 17, para.(1), esp., note 1015, A/65/10, 432-433.

産業事故通報システムを設置して、越境影響を生じる事故についてはこのシステムを通じて附属書に定める情報が遅滞なく通報されるように確保する義務を負う(10条)。

　次節で検討する一般的な通報および協議の義務についてはなお意見の違いが残るが、事故等の緊急事態における通報の義務は一般国際法上の義務となっていると解される。たとえばUNEPは後述の共有天然資源に関する行動原則草案〔⇒本章3.(1);4.(1)〕で、一般的な通報と協議については「必要である(It is necessary)」とする(原則6)のに対して、緊急事態における通報と協議については国はその「義務を有する(have a duty)」(原則9)と、明らかに表現上の区別を行う。またICJは、前引のコルフ海峡事件判決の一節を、ニカラグア事件判決においても引用した[7]。ILCは「通報の原則は、環境上の緊急状態の事例においては十分に確立している」といい[8]、これは「原因行為国に課された相当の注意義務である」と説明する[9]。学説上もこうした見解は広く共有されており、一般的な通報および協議の義務についてはその慣習法化を否定するオコワでさえ、緊急事態において危機にさらされている国への通報は慣習法上の義務であるという見解を支持する[10]。

　もっとも、緊急事態における通報の義務が慣習法化しているとしても、通報が行われるべきタイミングは必ずしも明らかではない。たとえば原子力事故早期通報条約は、前述のように通報されるべき情報の種類によって、そのタイミングに差を設けた。また国際水路の非航行的利用の法に関する条約28条2は、「遅滞なくかつ入手可能な最も迅速な手段により」通報することを求めており、ILCは「遅滞なく(without delay)」を「緊急事態を認識すると同時に」と、「入手可能な最も迅速な手段により」を「利用可能なもっとも速やかなコミュニケーションの手段が用いられるべきこと」と説明する[11]が、このような理

7　*ICJ Reports*, 1986, 112, para.215.

8　Prevention of Transboundary Harm from Hazardous Activities, Commentary to Article 8, para.(5), A/56/10, 408.

9　Draft principles on the allocation of loss in the case of transboundary harm arising out of hazardous activities, Commentary to principle 5, para.(2), A/61/10, 167.

10　Okowa, 1996, 330-332. See also, Kiss & Shelton, 2004, 191-194；Sands, 2003, 841-847.

11　Commentary to Draft Article 28, para.(3), *YbILC*, 1994, Vol.II, Part Two, 130. See also, Prevention of Transboundary Harm from Hazardous Activities, Commentary to Article 17, para.(2),

解がどこまで一般化できるのかは定かではない。また、通報に含められるべき情報についても、上記のように条約において具体化されている場合を除いて、明確ではないことにも留意しなければならない。

3. 通報および協議の義務

(1) 協議の義務の意義

「協議(consultation)」は、従来は「交渉(negotiation)」と区別されずに紛争解決のための外交的手段の一つとして扱われてきたが、近年では紛争の事前の予防ないしは回避の手段として独自の意義を認められるようになっている。このように、協議という言葉は交渉と互換的に用いられる――下記の先例の多くもそうである――ことが少なくないが、両者を区別するとすれば以下のようになる。すなわち交渉とは、多少とも特定された争点ないし問題をめぐって、紛争処理の文脈では紛争が生じた後に、合意を達成することを目的に行われるものをいう。これに対して協議とは、一国が外国に影響を与えるかも知れない政策決定を行う前に、相手国の意見を聞き見解を交換することによって、相手国の立場や利害を政策決定に反映させることを可能とし、こうして紛争の発生を未然に防ぐことを目的とするものをいう。協議はここで取り上げる環境保全や共有天然資源開発の分野だけでなく、経済活動[12]、安全保障[13]など多くの他の分野でも見受けられる[14]。

さて、共有天然資源とりわけ国際河川の利用に関しては、比較的古くから隣接する流域国間において協議を規定する二国間条約が存在した[15]。多数国間のレベルではソフト・ロー文書ではあるが、1974年の総会決議3281(XXIX)・経済権利義務憲章3条が共有天然資源の最適利用のために情報および事前協議のシステムに基づく諸国間の協力を求め、また、1978年にUNEP

A/65/10, 433.
12 たとえば1947年のGATT22条；1999年の日米独禁協力協定7条・8条。
13 たとえば日米安保条約とNATO条約の各4条。
14 通報と協議の義務については、Kirgis, 1983；山本、1981；臼杵、2001c；児矢野、2006；一之瀬、2008、を参照。
15 See, A/CN.4/384, paras.104-107, *YbILC.*, 1985, Vol.II Part One, 23-24.

管理理事会が採択し[16]、これを受けて1979年の総会決議34/186が「指針及び勧告」として「留意」した「二またはそれ以上の国が共有する天然資源の保存および協調的利用において国の指針となる環境分野における行動原則草案（draft principles of conduct in the field of the environment for the guidance of States in the conservation and harmonious utilization of natural resources shared by two or more States）」も、資源共有国の間の情報交換、通報および協議を規定した（原則5〜7）。さらに、国際水路の非航行的利用の法に関する条約は、計画措置に関する情報交換、通報および協議について詳細な規定をおく（11〜19条）。

共有天然資源——ただし、その定義については根深い対立があり[17]、それが具体的に何を指すかは最後の条約の場合を除いて特定されていない——の最適利用を目指すこのような通報と協議は、PCIJがオーデル河国際委員会の領域的管轄権事件判決で述べた国際河川流域国の「利益共同体（a community of interest）」の観念と、それに基づくすべての流域国の河川利用における「完全な平等」の考えに基礎をおくものと考えられる[18]。ここでPCIJが述べたのは国際河川の航行目的の利用についてであるが、ICJはガブチコボ・ナジマロシュ計画事件判決でこの原則を非航行的利用にも拡大した[19]。

共有天然資源以外の分野においても、ある国の管轄または管理下の活動が他国または国際公域の環境に悪影響を及ぼす可能性があるときに、前者の国が後者の国または権限ある国際機構に対して通報と情報提供を行い協議に応じるべきことを規定する条約は少なくない。多数国間条約に限っても、1971年のラムサール条約5条、1974年の北欧環境保護条約11条、1979年の長距離越境大気汚染条約5条、1982年のUNCLOS206条、1991年の越境環境影響評価条約3条および5条、1992年のCBD14条1(c)など、その例をさまざまな環境分野において数多くあげることができる。またリオ宣言の原則19は、「国は、国境を越えた環境への重大な悪影響を生じるかも知れない活動について、潜在的な被影響国に対して事前に時宜にかなった通報と関連情報の提供を行い、

16　UNEP, Decision 6/14 of the Governing Council, A/33/25, Annex. For the text of the draft principles, see, UNEP/GC.6/17, reproduced in, 17 *ILM* 1091 (1978).
17　たとえばUNEPの行動原則草案について、A/33/25, 101, para.422.
18　PCIJ, Ser. A, No.23, 27.
19　*ICJ Reports*, 1997, 56, para.85.

これらの国と早期にかつ誠実に協議する」と規定した。このような条約規定を適用し、あるいはこれとは独立に行われた国家実行の事例も記録されている[20]。

　裁判例についていえば、ラヌー湖事件仲裁判決は上流国による河川の水利用が下流国に与える影響について、事前の通報と誠実な協議——判決は「協議」と「交渉」を互換的に用いる——が必要であるがそれは下流国の同意権までは意味しないと判示した[21]。ICJのアイスランド漁業管轄権事件判決も、協議——判決は「交渉」の語を用いる——との関連で示唆に富む。ここでICJは、沿岸国アイスランドの優先的漁業権と遠洋漁業国英国の伝統的漁業権の調整のためには、衝突する権利の性格そのものから交渉が必要となると判断して、いわゆる交渉命令判決を下した。すなわち、両国はお互いの権利と必要とされる漁業保存措置を十分に考慮に入れる義務を負うのであって、「紛争水域における漁業資源を恒常的な監視のもとにおき、科学的その他の利用可能な情報に照らして保存と開発のために必要とされる措置を共同で検討し、そして効力を有する国際協定を考慮に入れてこれらの資源の衡平な利用について共同で検討する義務を負う」が、科学的知識その他の関連情報と経験とを有するのはおもに当事者であり、したがって両者に交渉を指示することは本件では司法機能の適切な行使である、とICJは判示したのである[22]。また、ITLOSのMOXプラント事件暫定措置命令は、アイルランドが請求した暫定措置の緊急性を否定したが、MOXプラントの稼働から生じる影響についてさらに情報を交換し、それがアイリッシュ海の環境にもたらすリスクをモニターし、適切な場合には海洋環境汚染を防止する措置を案出するために「すみやかに協議に入る」よう、職権で暫定措置を命じた[23]。

　このような通報と協議の義務を中軸とする防止の義務を集大成しようとしたのが、ILCが2001年に採択した有害活動から生じる越境侵害の防止条文草案である。本条文草案は、国際法上禁止されていない活動で「物理的な効果

20　See, A/CN.4/384, paras.112-113, *YbILC*., 1985, Vol.II Part One, 26；Okowa, 1996, 308-311.
21　12 *UNRIAA* 281（1963）, 306-307, para.11.
22　*ICJ Reports*, 1974, 31-32, paras.72-75. なお、同時に下された西独対アイスランドの事件の判決も同趣旨である。
23　ITLOS, Order of 3 December 2001, para.89.

を通じて重大な越境侵害を生じるリスクがある」ものに適用される(1条)。国は防止(3条)、国際協力(4条)および国内的実施(5条)の一般的な義務を負い、この目的のために、活動について許可制を設けてこれを既存の活動にも適用するとともに、許可条件の不遵守については許可の終了を含む適当な措置をとる(6条)。国は許可の前に活動のリスクの評価(環境影響評価を含む)を行うものとされ(7条)、リスク評価が重大な越境侵害のリスクを示す場合には、原因国は被影響国に対して評価の基礎となった関連情報とともにこれを通報し(8条)、関係国間で越境侵害を防止しまたはそのリスクを最小とするためにとられるべき措置について協議が行われる(9条)。このような協議においては、以下に例示されるような「利益の衡平なバランスに含まれる諸要素」を考慮することが求められる(10条)：

(a) 重大な越境侵害のリスクの程度及びそのような侵害を防止し又はそのリスクを最小としもしくは侵害を修復するための手段の利用可能性の程度；
(b) 被影響国にとって可能な侵害との関係における原因国にとっての活動の重要性であって、社会的、経済的及び技術的な性格の全体的な利益を考慮に入れたもの；
(c) 環境に対する重大な侵害のリスク及びそのような侵害を防止し又はそのリスクを最小としもしくは環境を修復するための手段の利用可能性；
(d) 原因国及び適当な場合には被影響国が防止の費用を負担する程度；
(e) 防止の費用及び他の場所で又は他の方法で活動を実施する可能性もしくは他の活動をもってこれに代える可能性との関係における当該活動の経済的な現実性；
(f) 被影響国が同じ活動又は類似の活動に適用する防止の基準及び類似の地域的又は国際的な慣行において適用される基準。

コメンタリーでは、このリストは包括的なものではないことが明記される他、個々の諸要素の間の優先順位も事例の具体的な事情によって異なるものであることが指摘され、したがってそれらは諸国が利益の衡平なバランスを達成するために交渉するさいの「若干の指針を提供するもの」と位置づけられる。この規定は、国際水路の非航行的利用の法に関する条約6条にならうも

のであるが、領域使用の管理責任に由来するものとしての防止の義務が、越境環境侵害のリスクがある活動を行いまたは許可する原因国の主権的権利と、そのような侵害を受けるかも知れない被影響国の領土保全の権利とを調整する原則である事実を、今一度確認させるものとしても注目に値するものと思われる[24]。

(2) 通報および協議の義務の内容

協議の義務の具体的な内容については、(1)で関連の条約等の規定のいくつかを紹介したが、これらを整理すれば以下のようなことがいえると思われる。まず、協議が開始されるためには、原因行為国が被影響国に対して計画されている活動について通報を行うことが不可欠であり、通報には被影響国が活動の影響について評価することができるように、利用可能な技術的その他の関連情報を添えることが必要である。原因行為国がイニシアチブを取らない場合には、被影響国は通報を要求する権利を否定されない。被影響国は、その利益に関する唯一の判断者だからである[25]。たとえば国際水路の非航行的利用の法に関する条約18条や「有害活動から生じる越境侵害の防止」条文草案11条は、原因行為国からの通報がない場合の手続について明示の規定をおく。なお、通報の要否をめぐる原因行為国と被影響国との見解の対立が、通報の要件である原因行為の重大な越境環境侵害の可能性に関する評価の違いに起因する場合に、UNECEエスポー条約3条7は附属書に定める手続による事実審査委員会への付託を規定した。このような事実審査方式は、国際水路の非航行的利用の法に関する条約(33条)や有害活動から生じる越境侵害の防止条文草案(19条)が紛争解決手続として踏襲することになる〔⇒第12章4.(2)〕。

通報は、協議を意味のあるものとするように適時に、つまり計画されている活動について政策決定が行われる前か少なくともそれが実施に移される前に行われなければならない。他方で被影響国は、計画を不当に遅延させることがないように合理的な期間内に回答を行わなければならない。合理的な期

---

24 See, Prevention of Transboundary Harm from Hazardous Activities: draft article 10 and commentary thereto, A/56/10, 412 et seq.
25 ラヌー湖事件仲裁判決、12 *UNRIAA* 281 (1963), 314, para.21.

第4章　防止の義務　93

間内に回答がなければ、被影響国は活動を黙認したものとみなされよう。国際水路の非航行的利用の法に関する条約13条と有害活動から生じる越境侵害の防止条文草案8条は、被影響国による回答の期限を6か月以内とする。

協議ないし交渉は「誠実に(in good faith)」行わなければならない。たとえばICJの北海大陸棚事件判決は、「当事者は、合意が達成されなかった場合に何らかの画定方法を自動的に適用するためのある種の前提条件として形式的な交渉過程をたんに通り過ぎるためにではなく、合意を達成することを目的に交渉に入る義務を有する。彼らは、交渉が意味を持つように行動する義務を負い、いずれかの当事者がそれを修正することをいっさい考えずに自らの立場に固執するなら、この義務にしたがったことにはならないであろう」という[26]。またラヌー湖事件仲裁判決は、誠実交渉義務の内容を多少とも具体化したものとして注目される。すなわち、「正当化されない討論の中断、異常な遅延、合意された手続の無視、相手方の提案または利益を考慮に入れることを系統的に拒否すること、より一般的にいえば誠実の規則の違反がある場合」には交渉義務の違反があるとされる。上流国は、存在する相異なる利益を考慮に入れるよう努力し、自国の利益と両立する限りでこれらの利益にすべての満足を与えることに務め、そしてこの点に関して他の流域国の利益と自国の利益の調和を図るよう真に配慮する義務を負う[27]。

ところでICJはまた、ガブチコボ・ナジマロシュ計画事件判決において、近年において環境保護に関して新しい規範と基準が多くの文書において発展させられてきたことを指摘して、「国が新しい活動を計画するときだけでなく、過去に開始された計画を継続するときにも、このような新しい規範が考慮に入れられなければならず、新しい基準がしかるべく重視されねばならない」と述べた[28]〔⇒第6章3.(2)〕。このような考え方をふまえて、たとえば国際水路の非航行的利用の法に関する条約9条や有害活動から生じる越境侵害の防止条文草案12条のような国際文書は、活動開始の時点だけでなくそれが継続中においても、越境環境悪影響を生じるかも知れないリスクをモニターす

26　*ICJ Reports*, 1969, 46-47, para.85.
27　12 *UNRIAA* 281 (1963), 306-307, para.11; 314-315, para.22.
28　*ICJ Reports*, 1997, 77-78, para.140.

るために引き続き情報の交換を行うべきことを規定している〔⇒第8章4.(2)〕。先に引用したMOXプラント事件暫定措置命令が協議を指示したのも、計画活動が環境に与えるリスクを継続的にモニターするためだった〔⇒本節(1)〕。もっとも、このようなモニターの結果、当該の活動が予期された以上の損害を生じることが示されたとしても、そのことによってただちに活動の中止が義務付けられるわけではない。たとえばトレイル製錬所事件仲裁判決は、米国における被害の再発を防ぐための制度を定めたが、それにもかかわらず被害が再現した場合には制度を改定するとともに損害賠償を支払うべきものとした[29]。

(3) 協議の義務と合意の必要性

　協議ないし交渉の義務は合意達成の義務を含むものではなく、また、合意が達成されなかった場合に原因行為国が当該の活動を実施に移すことを妨げないものとされる。これは原因行為国の領域主権の当然の帰結であって〔⇒第3章2.(1)〕、このことは国家実行の上でも学説上も、また判例においても広く認められていることである。ILCは有害活動から生じる越境侵害の防止条文草案9条へのコメンタリーで、協議は原因行為国が被影響国にとって受諾可能な解決に達する真の意図をもたずに行うたんなる形式であってはならないが、他方では被影響国に拒否権を与えるものであってもならず、両者の間にバランスをとらなければならないという[30]。

　判例についていえば、PCIJはリトアニアとポーランドの間の鉄道運輸事件の勧告的意見において、連盟理事会決議の解釈としてではあるが、交渉の約束は「交渉を開始するだけでなく、合意に達する目的でできるだけそれを遂行すること」を意味するが、「合意を達成する義務を含むものではない」と述べた[31]。またラヌー湖事件仲裁判決は、「一定の分野における管轄権が二国間の合意を条件として、あるいはそれを通じてでなければもはや行使し得ないと

29　3 *UNRIAA* 1905 (1949), 1974-1981 ; see, Lefeber, 1996, 42-45.

30　Prevention of Transboundary Harm from Hazardous Activities, Commentary to Article 9, para.(2), A/56/10, 409-410.

31　PCIJ, Ser,A/B, No.42, 116.

認めることは、国の主権に対して本質的な制限を課することを意味するものであり、このような制限は確実な証拠が存在するのでなければ、認めることはできないであろう」と述べ、「利害関係国間の事前の合意を条件としてのみ、国は国際河川の水力を利用することができるという規則は、慣習として、まして法の一般原則として証明することはできない」と指摘した[32]。

ところでオコワは、「国がそれを望む場合、事前の同意をある活動の合法性の条件としてはならない理由は、原則上は存在しない」という[33]。確かに、ある活動を行うことについて、被影響国の合意を要すると規定する条約がないわけではない。たとえば国際水路の非航行的利用の法に関する条約は、通報国は被通報国の回答までの期間内（原則として6か月）は被通報国の同意を得ることなく計画を実施または許可してはならず（14条）、被通報国の要請がある場合には協議中は別段の合意がない限り計画の実施または許可を6か月間差し控える（17条3）と規定する。また、有害廃棄物規制バーゼル条約6条とカルタヘナ議定書7〜10条は、有害廃棄物と改変生物の輸入について、それぞれ輸入国のいわゆるインフォームド・コンセント——カルタヘナ議定書の用語では「事前の情報に基づく合意（the advanced informed agreement）」——を条件とする。

しかし、国際水路の非航行的利用の法に関する条約の場合は、14条の規定は国際水路の衡平かつ合理的な利用と重大な侵害を与えない義務（5〜7条）を実施するために必要なものと位置づけられており[34]、つまり共有天然資源に関する特例であると思われる。また、有害廃棄物規制バーゼル条約とカルタヘナ議定書の場合は、そもそも一般国際法上は輸入国の側に輸入の可否を決定する主権的権利があることに注意しなければならない。バーゼル条約は前文において、「いずれの国も、自国の領域において外国の有害廃棄物及び他の廃棄物の搬入及び処分を禁止する主権的権利を有することを十分に認め」ている[35]。つまりこれらはあくまで例外な存在なのであって、協議の義務が

32　12 *UNRIAA* 281（1963）, 306, para.11; 308, para.13. 強調は原文ではイタリック。
33　Okowa, 1996, 306, note 106.
34　The law of the non-navigational uses of international watercourses, Commentary to draft article 14, para. (2), *YbILC*., 1994, Vol.II, Part Two, 114.
35　Birnie & Boyle, 2002, 432：邦訳、493、参照。

同意を得る義務を意味するものではないという一般原則を、否定するものではないのである。

また、環境影響評価が当該活動は重大な損害をもたらす越境環境影響を生じるであろうことを示すなら、被影響国の同意が必要であるという主張がある[36]。この主張はそれ自体としては妥当なように思われるが、残念ながらそれを支持する条約や国家実行などの実証的証拠は示されていない。

4. 通報および協議の義務の法的地位

(1) 協議の義務は慣習法上の義務か？

通報および協議の義務は、一般的にはともかく共有天然資源の開発と環境保全の分野では、慣習法上の義務となっているという理解が有力である。たとえばカーギスは、共有天然資源に関する経済権利義務憲章3条は「国連加盟国の大多数の規範的期待を反映したもの」だと述べた[37]。越境環境問題一般における通報と協議については、ILAの「遠距離大気汚染の法的側面に関する委員会」はその第1報告書において、現行の国際法（shallを用いる）と形成途上の法およびあるべき法（shouldを用いる）とを厳格に区別すると明言して、計画活動の事前の通知（6条）、緊急状態（7条）および協議（8条）を、いずれも前者に含めた[38]。またハンドゥルは以下のような根拠で、評価、通報、協議からなる手続的義務が慣習法かあるいはおそらく法の一般原則の形で、一般国際法の一部となっているという立場を強く支持する：第1に、それは条約の他、国際裁判所の判決、国の外交的請求、国際機構の決議といった形で一連の実質的な国際的支持を得ている；第2にそれは、越境環境侵害を防止し最小とするために協力する国の一般的な義務の特定の表現である；そして第3に、防止の義務は手続的義務によって裏打ちされることによって始めて現実的な規範的命題となるという意味で、特定の手続的義務は防止の義務に連な

36　Lefeber, 1996, 38.
37　Kirgis, 1983, 80-81.
38　Committee on Legal Aspects of Long-Distance Air Pollution, First (Preliminary) Report of the Committee, ILA, 1984, 378-379, 404-409.

る実体的な義務と不可分の相互連関の関係にある[39]。さらにサンズは、リオ宣言の原則19は「慣習国際法上の義務を反映する」という[40]。

　この点に関して注目されるのは、これまでの裁判例が争われている権利ないしは義務の性格——PCIJの言葉を借りれば関係国が「利益共同体」をなすという事実〔⇒本章3. (1)〕——からして、通報／協議の手続的義務を法的義務だと認めてきたことである。たとえばICJが、北海大陸棚事件判決において当事国の誠実交渉義務を導いたのは、「大陸棚の法制度の発展の基礎に常に存在してきた観念にしたがって」である〔⇒本章3. (2)〕。同じくアイスランド漁業管轄権事件判決では、沿岸国の優先的漁業権と遠洋漁業国の伝統的漁業権の調整のためには、衝突する権利の性格そのものから交渉が必要となると判断された〔⇒本章3. (1)〕。また、ITLOSがジョホール海峡埋め立て事件暫定措置命令で情報の交換、リスクの評価、協議などの暫定措置を定めた〔⇒第5章3. (6)〕理由の一つは、マレーシアとシンガポールが「ジョホール海峡およびその周辺において同一の海洋環境を共有している」からである[41]。他方、翻って考えると越境環境事件において争われるのは、原因活動が行われる国の領域主権とその越境悪影響を受けるかも知れない国の領土保全とをどのように調整するかという問題である〔⇒第3章2. (1)〕。そうだとすれば、この場合には争われているこのような権利の性格自体から、協議の法的義務が導かれるとはいえないであろうか。

　もっとも、共有天然資源の場合における通報と協議の法的地位についてさえ、評価は必ずしも一定していない。たとえばUNEPは上記の原則草案〔⇒本章2. (2)；3. (1)〕に付された「説明覚書」において、同原則は当該規定が一般国際法上の現存の規則であるかどうかについては予断するものではないととくに断り、この原則草案を受け取った国連総会も、「国際法においてすでにそのようなものとして承認されている規則の拘束的性格を損なうことなく」という但し書き(2項)を付しながらも、これに「指針及び勧告」として「留意する」にとどまる決議34/186を採択した。

39　Handl, 2007, 541-543.
40　Sands, 2003, 839. See also, Kirgis, 1983, 88, et seq.；Gundling, 9 *EPIL* 125.
41　ITLOS, Order of 8 October 2003, para.91.

まして、越境環境問題一般に適用される通報と協議の義務については、それが慣習法上の義務となっていることを疑う見解が少なくないことに注意しなければならない。たとえばILCは、有害活動から生じる越境侵害の防止条文草案9条へのコメンタリーにおいて、協議が誠実の原則に根ざすものであることを強調したが、この規定が慣習法の法典化なのかそれとも国際法の漸進的発達に当たるのかについては、述べなかった[42]。学説に目を移せばオコワは、慣習法化の証拠としてあげられる事実の大部分は寄せ集めであり、多義的であり不確定なものであって——たとえば条約慣行は慣習法の証拠であるかも知れないが、逆に当該事項を規律する慣習法の欠如を示すものかも知れない——、先に述べた緊急事態の場合〔⇒本章2. (2)〕を除いて、それ以外の手続的義務が慣習法化しているかどうかは疑わしいという[43]。臼杵知史もこの問題については、慎重に賛否両論を紹介するのにとどめている[44]。

(2) 「相当の注意」義務の一環としての協議の義務

このように、越境環境問題における通報と協議の義務、より一般的にいえば一定の手続的な義務が慣習法上の義務となっているかどうかについては議論の余地が残るように思われるが、たとえそれを肯定するとしても、なお残された問題があることに留意しなければならない。もちろん条約が具体的な規定をおいている場合は別として、こうした慣習法上の義務の違反に対して、どのような法的効果が付与されるのかという問題がそれである。ラヌー湖事件仲裁判決は、先に紹介したような誠実交渉義務〔⇒本章3. (2)〕の違反がある場合には「制裁が科されうる(peut être sanctionnée)」と述べたが、それがどのような制裁であるのかは特定しなかった[45]。児矢野マリの『国際環境法における事前協議制度』は、この制度の実施過程にまで踏み込んだ貴重な業績であるが、彼女が具体的に検討したのは個別条約の実施過程だけで、協議義務の違反があった場合の一般的な対応については理論的な可能性の分析にとど

---

[42] Prevention of Transboundary Harm from Hazardous Activities, Commentary to Article 9, A/56/10, 409-412.
[43] Okowa, 1996, 317, et seq. 児矢野、2006、292、参照。
[44] 臼杵、2001c、189。
[45] 12 *UNRIAA* 281 (1963), 307, para.11.

まっている[46]。

　もっとも、裁判所が争われている権利の性格からして交渉／協議の義務が存在すると認めた場合、交渉／協議を具体的に義務づける判決ないしは命令を下した例がまれではないことは、先にも見たとおりである〔⇒本節(1)〕。とりわけITLOSがMOXプラント事件において、協力の義務はUNCLOS第XII部および一般国際法のもとにおける海洋環境の汚染防止の基本原則であることを認め、慎慮に基礎付けて当事国に情報の交換と協議を命じたことは注目に値しよう〔⇒第5章3. (5)〕。しかし、裁判所がこれを越えて、交渉／協議の義務の違反の直接の結果として、原因行為の差し止めや損害賠償を認めるとは考えにくいであろう[47]〔⇒補遺〕。

　そこで注目されるのが、今のところおもに学説上の主張にとどまってはいるが、通報と協議の義務ないしはより広く手続的な義務一般を、「相当の注意」義務の一環に組み入れて理解する立場である。たとえばオコワは、国は自国領域内における活動が重大な越境侵害を生じないように確保する義務を負うことについてはほとんど異論がないが、この点に関する慣習法の主要な欠陥はこの義務が国にどのような具体的措置を要求するのかを特定しないことであり、手続的義務は国の「相当の注意」義務の内容を決定するのに中心的な役割を果たすだろうと主張する[48]。児矢野もまた、事前協議手続を防止の基本原則を具体化する重要な手段として位置づけ、これに、協議の実施自体が相当の注意の一つを構成する；協議の実施を通じて計画国が払わねばならない相当の注意の具体的な内容が明らかとなる、という二つの意味を認める[49]。さらにボイルらは、リオ宣言の原則19は独立した慣習規則とはなっていないとしても、「その不遵守はリオ原則2のもとで他国を侵害から保護するために〔当該の国が〕注意をもって行動しなかったことの強い証拠となろう」という[50]。

　この点で興味深いには、ハンドゥルが手続的義務は一般国際法上の義務と

46　児矢野、2006、251以下。
47　児矢野、2006、263-271、参照。
48　Okowa, 1996, 332-333.
49　児矢野、2006、232-233。
50　Birnie & Boyle, 2002, 127：邦訳、159。See also, Kiss & Shelton, 2004, 204-206.

なっているとする先の主張〔⇒本節(1)〕に続けて、「しかしいずれにせよ、この結論を受け入れるかどうかにかかわらず、国がこれらの義務を無視するときには自らの危険負担においてそうするのだということは、一般に認められている。これらを遵守する措置は、当該の国が関連の越境影響を防止する実体的義務を果たすために注意をもって行動したかどうかを指し示す重要な指標なのである」と述べていることである[51]。

　先に述べたように、手続的な義務としての「防止の義務」は領域使用の管理責任に内在するものである〔⇒本章1.(1)〕が、この義務のもとでは、国は越境環境侵害という特定事態の発生を自らが選択した手段で防止することを義務づけられ、事態の発生を防止することができる利用可能な手段が存在するのに国がその手段をとらなかったことによって防止するべき越境環境侵害が発生したときに、義務違反が生じ国家責任が発生するものとされる〔⇒第3章2.(2)〕。そうだとすれば、越境環境侵害の発生が予見可能であり、通報や協議といった手続が利用可能であることが証明される限りにおいて、これらの手続が「相当の注意」義務の内容を構成するという主張は十分に正当化されると思われる。

　この点との関連では、それ自体としては草案で条約化の見通しは明らかではないが、ILCが作成した有害活動から生じる越境侵害の防止条文草案が注目に値する。同条文草案3条は、重大な越境環境侵害を防止し最小とするために「すべての適当な措置」をとる原因行為国の義務を規定するが、このような義務は「相当の注意」義務であって、本条は協力に関する4条とともに防止に関する諸条文の基礎を据えるものであり、「すべての適当な措置」とはこれらの諸条文で特定されるすべての行動および措置をいう、とILCは説明する。さらにILCは、9条が規定する防止措置に関する協議の義務も4条が要求する協力の一環であり、この要求は防止に関する諸規定の中心をなす「相当の注意」義務は継続的なものだという前提から生じるものだ、と述べている[52]。こうして本条文草案は、通報と協議の義務を含む「相当の注意」義務を核心と

51　Handl, 2007, 541-543.
52　Prevention of Transboundary Harm from Hazardous Activities, Commentary to Articles 3 and 9, A/56/10, 390-396, 409-412.

して構成されていると見ることができるのである[53]。

---

[53] なお、緊急事態における通報等の義務を定める国際文書には、通報されるべき緊急事態を自国の管轄・管理下のものに限定しないものがあり〔⇒本章2. (2)〕、この場合には当該義務の根拠は、領域使用の管理責任における「相当の注意」義務にではなく、一般的な国家間の協力義務に求めることになろう（一之瀬、2008、221-223、参照）。

第5章　予防原則

1. 予防原則の起源と定義

(1) 予防原則の登場

　前述のように、伝統的国際法でも越境環境問題への対処が不可能だったわけではない。国は排他的な領域主権の結果として領域使用の管理責任を有し、自国の管轄または管理下の活動が他国と他国民に損害を生じないように相当の注意を払う義務を負っていた〔⇒第3章2.(1)〕。相当の注意義務は、原因行為国と被影響国との二国間関係において損害が生じた後に事後の賠償の基礎として機能するもので、越境損害の防止については大きな限界を有したが、こうした限界については防止の義務の発展などによって克服の方向が目指されてきた〔⇒第3章3.(2)(3)；第4章1.〕。

　しかし、科学技術の発展とそれに伴う産業活動の高度化、そしてそれらの背後にある社会経済構造の変容は、防止の義務の発展によっては対処に限界がある地球的規模の環境破壊を生じた。たとえば有害廃棄物の投棄による海洋汚染、温室効果ガスの堆積による地球温暖化、人間活動に起因する生物種の絶滅などを考えてみよう。これらの例のように、環境破壊が多様な原因行為の累積を通じて徐々に進行する場合には、当面は目に見える環境損害は生じないし、原因行為者を特定することも原因行為と環境破壊の因果関係を証明することもきわめて困難である。被害者を同定することさえ、不可能な場合があろう。また環境損害は、いったん生じれば回復不可能である場合が少

なくない。

　このような状況のもとに登場するのが、環境破壊の「危険(risk)」に対しては、原因行為と環境被害の間の因果関係が科学的に明確でない場合でも対処が必要だとする、「予防原則(precautionary principle)」の考え方である。もっとも、このような発想自体は必ずしも新しいものではない。たとえば、1969年の油汚染事故介入権条約(1条；5条1、3(a))や、1982年に国連総会が採択した世界自然憲章(決議37/7、11項(b))には、このような発想を見て取ることができる。

　しかし、予防原則の考えそのものは1970年代に当時の西ドイツの国内環境法に登場したVorsorgeprinzip(「予防原則」または「事前配慮原則」と訳される)を起源とするものであって、おもに同国の主張によって1980年代の半ば頃より北海の環境保護に関する国際文書に導入されるようになったという[1]。また、普遍的な適用を予定する環境保護条約としては、1985年のオゾン層保護ウィーン条約〔⇒本章2.(2)〕が前文において「予防措置(precautionary measures)」に「留意」したのがもっとも初期の例と思われる[2]。

(2)　予防原則の定義

　予防原則を環境問題一般に適用可能な原則として提示した初めての国際文書は、1990年にUNECEが採択したベルゲン閣僚宣言だという。同宣言は、「持続可能な発展を達成するためには、政策は予防原則に基づくものでなければならない。環境上の措置は、環境悪化の原因を予見し、防止し及びこれに対処するものでなければならない。重大な又は回復不可能な損害の脅威がある場合には、完全な科学的確実性の欠如が環境の悪化を防ぐための措置をとることを延期する理由として用いられるべきではない」(7項)と述べた。

　他方、予防原則を規定するもっとも初期の普遍的な国際文書は、1992年のUNCEDが採択したリオ宣言と、そこで署名に開放された気候変動枠組条約

1　ドイツの環境法における事前配慮原則についてはさし当たり、戸部、2000、を、北海の環境保護へのその導入については、堀口、2000、34-40、を参照。
2　予防原則の起源と展開については、以下を参照：水上、2001b、214-222；岩間、2004、54-55；大塚、2004、70-71；Freestone, 1991, 21-26；Freestone & Hey, 1996, 4-6.

(UNFCCC)〔→本章2.(2)〕である。予防原則の一般的な定義としてもしばしば引用されるリオ宣言の原則15は、次のようにと規定する：「環境を保護するために、国はその能力に応じて予防的な取組方法を広く適用する。重大なまたは回復不可能な損害の脅威が存在する場合には、完全な科学的確実性の欠如が環境の悪化を防ぐための費用対効果が大きい措置をとることを延期する理由として用いられてはならない。」

　ベルゲン閣僚宣言とリオ宣言はともにソフト・ロー文書であり、一見したところ酷似した内容をもつが、いくつかの相違にも気がつく。ベルゲン閣僚宣言は「予防原則」という用語を用いる一方、これを勧告的に(should)表現しているのに対して、リオ宣言は「予防的な取組方法(precautionary approach)」という言葉を用いつつも、これを義務的に(shall)記述する。両者は措置の発動要件を「重大な又は回復不可能な損害の脅威」と「完全な科学的確実性の欠如」とすることでは共通するが、リオ宣言がいう「〔国の〕能力に応じて」、「費用対効果が大きい措置」という条件はベルゲン閣僚宣言には存在しない。これらがその一端を示すように、予防原則の概念は用語や表現においても、発動要件や措置の条件についてもきわめて多様であって、単一の簡潔な定義を与えることは困難である[3]。

　それでは、このような用語の違いは意味の違いを伴うのだろうか。用語としては、国際文書は「予防原則」、「予防措置」および「予防的な取組方法」を用いてきた。これらの用語を、対立的に用いた事例がある。たとえばWTO紛争解決機関で争われたEC－ホルモン事件〔⇒本章3.(7)〕では、ECが予防原則は「国際法の一般慣習規則」であるか少なくとも「法の一般原則」だと主張したのに対して、米国はそれは慣習国際法ではなく、「原則」というよりもむしろ「取組方法」だと主張した[4]。このような対立にかんがみれば、「原則」は法的な意味合いが強いのに対して「取組方法」／「措置」はもっぱら政策的な概念だというニュアンスの差を指摘できるかもしれない。しかし、当該の文書の性格や内容、その使用の文脈などにかかわらず、用いられている用語から直接に

3　以下を参照：岩間、2004、61-63の資料2～4；高村、2004、64-65の表。
4　WT/DS26/AB/R-WT/DS48/AB/R, paras.120-122. 予防原則をめぐる米欧対立については、中村民、2001、参照。

その法的な性格を導くとすれば、論点窃取の誤りを犯すかも知れない。それに、多くの論者はこれらの用語を互換的に用いているように見える。そこで本書でも具体的な引用の場合を別にして、その法的な意義について予断することなく、少なくとも学説上はもっとも多く用いられる「予防原則」という言葉を使うこととしたい[5]。

(3) 予防原則と防止の義務

 それでは、前章で説明した防止の義務と本章にいう予防原則とは、同じものなのか異なるものなのか、そして異なるとすればどの点において違うのか。防止の義務にいう「防止(prevention)」を事前に手を打って環境損害を「防ぐ」という常識の世界における意味に理解するなら、「防止」は目的であって予防原則はそれを達成するための手段だという説明[6]が可能かも知れない。しかし、「防止の義務」は国際法においては、領域使用の管理責任に内在するものとして発展してきた特定の意味を有する〔⇒第4章1.〕のであって、このような常識的な説明は法の世界では妥当し得ない。

 防止の義務と予防原則とは、「予防は治療に勝る」という発想に基づく点では、確かに共通の基盤を有するといってよい。ICJはガブチコボ・ナジマロシュ計画事件判決で、「環境保護の分野においては、環境への損害がしばしば回復不可能な性格を有するために、また、この種の損害における賠償のメカニズムに内在する限界のために、警戒と防止(vigilance and prevention)が必要とされることを、裁判所は認識している」と述べた[7]。またILCは「有害活動から生じる越境侵害の防止」条文草案へのコメンタリーにおいて、「修復、救済または賠償の義務との対比において、防止の義務の強調はいくつかの重要な側面を持つ。危害が生じた場合の補償はしばしば、活動または事故の以前に存在していた状況を回復することはできないので、防止は政策として優先されるべきである。防止の義務または相当の注意義務の履行は、〔……〕有害活動の

---

5 これらの用語の異同については、以下を参照:水上、2001b、222-223;水上、2003、75-78;大塚、2004、72-73;髙村、2004、61-62;堀口、2002、73-74;Hey, 1991-1992, 304-305; Freestone, 1994, 210-215.

6 Atapattu, 2006, 205-206; 273-277.

7 *ICJ Reports*, 1997, 78, para.140.

事業者が侵害を防止するために必要なすべての措置をとることを不可避とする。いずれにせよ、政策として予防は治療に勝るのである」と述べたが、このことは防止の義務だけでなく予防原則にも等しく当てはまるものだといえる[8]。

実際、防止の義務に関わるILCの上記条文草案は、その一部では予防原則に依拠している[9]のであって、両者は截然と区別できるものではないように見える。それにもかかわらず、これらの両者は多くの文書において並んではあるが別個に規定されているので、異なる意味・内容をもつものと理解されていると見てよい。たとえばリオ宣言は、防止の義務と関連する諸規定（原則2；17〜19）と並んで、予防的な取組方法に関する規定（原則15）をおいた。また、1993年のマーストリヒト条約によって導入されたEC条約130r条[10]の2項は、共同体の環境政策が依拠するべき原則のなかに「予防原則」と「防止的行動がとられるべきであるという原則」とを併記した。さらに、NGOsレベルの提言であるがIUCNの「環境および発展に関する国際規約」草案は6条で防止を、7条で予防を、それぞれ別個に規定する[11]。

それでは、これらはどのように区別されるのか。IUCNは、7条のコメンタリーで大略次のように述べた。すなわち、予防（7条）は防止（6条）に由来するものであるが、両者は挙証の基準において区別される。伝統的な越境侵害防止の義務は侵害発生の「説得力ある証拠」によって発動されるのに対して、予防原則は危険の程度や可能な侵害の重大性にかかわる科学的不確実性が存在する場合でさえ、行動を求めるものである、と[12]。このように、防止の義務は原因行為とその環境悪影響の間の因果関係が科学的に証明されて初めて適用される原則であるのに対して、予防原則はこの点について科学的な不確実性が存在する場合にも措置をとることを求める点に両者の違いを見いだす説

---

8 Prevention of Transboundary Harm from Hazardous Activities, General commentary, para.(2), A/56/10, 377.

9 See, Commentary to article 3, para.(14); Commentary to article 7, para (4); Commentary to article 10, paras.(5)-(7), ibid., 394-395, 403, 415-416.

10 アムステルダム条約によって174条となり、リスボン条約によってEU運営条約191条となる。以下、EC条約／EU運営条約の条文番号は当該の事例の時期の条文番号による。

11 IUCN, et al., 1995, 3, 38-41.

12 Ibid., 40.

明は、広く受け入れられているように思われる[13]。この結果として、両原則は適用の「タイミング」において異なるもの[14]、あるいは予防原則は防止の義務を「厳格化」したもの[15]と位置づけられる。さらに、防止の義務の場合には原因行為とその環境悪影響との因果関係の挙証責任が被影響国にあるのに対して、予防原則の少なくとも厳格な形態では挙証責任の転換が生じる、つまり原因行為が環境悪影響を生じないことを、原因行為国の側で証明しなければならないと主張されることもある〔⇒本節(4)〕。

それでは、こうした効果の違いを生み出した根拠は何であろうか。この問題について兼原敦子は、防止の義務は国家責任法における国の注意義務の内容や程度を反映して実定法化されたのに対して、予防原則は防止の義務をたんに「厳格にした」ものではなく、予防つまり地球環境の現状保全を国際法益とし、これが侵害された場合は予防状態の回復を求めるもので、国家責任法による事後救済を本来的に予定しないものだという[16]。

このような兼原の指摘を手掛かりに考えるなら、防止の義務と予防原則とは第1に、前者が領域主権に定礎するのに対して後者はそうではない点に相違があると思われる。前述のように防止の義務は領域使用の管理責任に内在するものであるが、領域使用の管理責任は原因行為が行われる国の領域主権とその越境悪影響を受けるかも知れない国の領土保全とを調整する原則だった。両国の領域主権は法的には等価であるが、原因行為がある国の領域内で行われるものである以上は、この調整は当該の国の領域主権の優越のもとに行われなければならなかった〔⇒第3章2.(1)〕。これに対して予防原則の場合は、原因行為国の領域主権と被影響国の領土保全とを調整するという構図はもはやない。ここではそもそも被影響国を同定することが困難ないしは不可能であり、その保護法益は個別国家の利益というよりも地球環境の保全という国際社会の一般的利益であって、このような一般的利益のために原因行為国の主権的権利をどのように制約するのかが課題となる。

13　たとえば、高島、2001、13-16、22(注(33))；大塚、2004、70-74；髙村、2004、62-63；髙村、2005、21-22；小山、2006、164-165；Freestone, 1991, 30-32；Cameron & Aboucher, 1996, 45, 51.
14　Freestone & Hey, 1996, 13
15　髙村、2004、62-63；髙村、2005、22；Gündling, 1990, 26.
16　兼原、1994、170-178。なお、予防原則の基礎付けをめぐる学説については、堀口、2002、を参照。

第2に、兼原も指摘するように、防止の義務を構成する「相当の注意」義務は、それ自体としては一次規則に属するものではあるが、国家責任法と不即不離の関係において発展してきたものであり、その違反があった場合には国家責任法が作動を開始するという意味ではこれと不可分の関係にあった。これに対して、予防原則はさし当たりは立法ないしは政策の指針として機能するものであり〔⇒本章4.〕、したがってその違反が国家責任を生じるという関係にはないが、たとえそれが条約等によって実定法化された場合でも(不)遵守手続などの独自の履行確保措置を伴うもので〔⇒第12章〕、兼原がいうように「本来的に」かどうかは別にして、当面は国家責任法による事後救済を予定してはいない。

このように、防止の義務と予防原則とは存立の根拠ないしは保護法益を異にするものであって、両者を連続的に捉えるのは誤りだと思われる。防止の義務と予防原則とを連続的に捉える論者は、国際法上確立していることが疑いない前者とのつながりを強調することによって、後者にも法的基礎を与えようという意図を、無意識的にせよ有しているように見える。たとえば、キャメロンとアバウチャーは、予防原則をストックホルム宣言の原則21やトレイル製錬所事件仲裁判決の延長線上に位置づけて、「予防原則の諸要素で、国際法上新しいものは何もない」という[17]。このような実践的意欲には同感を惜しむものではないが、しかし、予防原則の楽観的で誤った基礎付けは、かえってその議論の説得力を失わせるだけでなく、予防原則の法的な確立にとって不可欠な、地球環境の保全を国際社会の一般的利益として承認させるための努力を背景に押しやることによって、実践的にも消極的な影響を及ぼすと危惧されるのである。

(4) 予防原則における挙証責任の転換？

予防原則の定義に関わってもう一点、この原則によって挙証責任が転換されるという主張を検討しておこう。このような主張を典型的に示すのは、環境NGO「科学および環境の健全さネットワーク(Science & Environmental Health Network)」の主催のもとに参集した科学者や環境運動家の会合が採択した、

---

17 Cameron & Abouchar, 1996, 45. なお、堀口、2002、59-60、参照。

「予防原則に関するウィングスプレッド・コンセンサス声明」である。同声明は、「ある活動が人間の健康または環境に対する危害の脅威を生じるときには、原因と結果の因果関係の若干が科学的に十分に証明されない場合でさえ、予防措置がとられるべきである。この文脈において、公衆ではなくて活動を行おうとする者が、挙証責任を負うべきである」と主張した[18]。

このような主張は、研究者やNGOsのレベルにはとどまらず、国際裁判における若干の政府の弁論にも見受けられる〔⇒本章3. (1) (2) (5)〕が、それは実は挙証責任の転換ではなく、その通常の適用を主張しているに過ぎないという指摘がある[19]。隣人が私の庭の花を盗んだと私が主張するときには、事実を証明しなければならないのは私であって隣人ではないのと同様に、何事かを主張する者が事実を証明しなければならないというのは、通常の文脈における挙証責任の適用に過ぎないというのである。しかしこの論者は、予防原則が主張される「通常の文脈」を理解していないようである。隣人は私の庭の花を盗む権利を有さないが、国が自国領域内においてある産業活動を許可することは領域主権により、公海漁業に従事することは公海自由の原則により、それぞれ許容されていることである。したがって他国が、そのような活動は地球環境を損なう危険があるから、当該の国がこれを実施するためにはその無害を証明しなければならないと要求するなら、それは挙証責任の転換を主張している以外の何ものでもなかろう。

予防原則による挙証責任の転換が主張された国際裁判については後に検討するが、結論を先に言えば、一部の裁判官の少数意見を別にして裁判所がこうした主張を認めた事例は存在しない〔⇒補遺〕。また当事国の主張も、挙証責任の転換は予防原則の論理的な帰結であるとする断言以上に、これが実定法となっているという証明を行っているわけではない。EUは予防原則の主唱者であるが、EU委員会は予防原則に関する2000年の「通報」〔⇒本章4. (2)〕において、アプリオリに危険な産品について事前許可制を敷いている国では当該の産品を市場化しようとする企業に安全の挙証責任を課するが、許可制

---

18 The Wingspread Consensus Statement on the Precautionary Principle, Wingspread Conference on the Precautionary Principle, January 26, 1998, available at <http://www.sehn.org/wing.html>, visited on 2 July 2007. なお、高島、2001、15；小山、2006、167-168、をも参照。
19 Atapattu, 2006, 231-233.

がない場合にはユーザーないしは公の当局に危険の挙証責任を課すことが可能で、企業等に挙証責任を課すことがあってもそれは事例ごとの判断であって一般原則ではあり得ないと論じた[20]。学説においても、挙証責任の転換が政策として望ましいという理解は広く共有されているが、個別条約を超えてこれが実定法化しているという主張は見られないようである[21]。したがって、予防原則における挙証責任の転換については、これを具体的に規定した個々の条約を検討することが必要になる〔⇒本章2.(1)(3)〕。

2. 予防原則を規定する多数国間条約など

　ここでは予防原則を規定する国際文書の中から多数国間条約を中心にいくつかを分野別に取り上げて、それらに何らかの共通の特徴がないかどうかを考えてみよう[22]。

(1) 海洋環境の保護

　予防原則が初めて導入されたのは海洋環境保護の分野である〔⇒本章1.(1)〕が、普遍的なレベルでこれが本格化するのは1990年前後のことだったと思われる。1982年の国連海洋法条約(UNCLOS)には予防原則への言及はないが、排他的経済水域および公海における生物資源の保存に関する規定は予防の発想に基礎をおくものだという指摘がある[23]。もっとも、兼原敦子はUNCLOSにおける「保存」概念の変化を指摘しながらも、61条2が保存措置に「入手することのできる最良の科学的根拠」を求めていることから、「予防原則は適用の余地がない」という[24]。UNEPの管理理事会は、1989年に決議「廃棄物の海洋投棄を含む海洋汚染への予防的な取組方法」を採択して、「海洋環境に排出さ

20　COM/2000/0001 final, para.6.4.
21　たとえば、髙村、2004、71-72；髙村、2005、20-21；堀口、2003、60；Hey, 1991-1992, 310；Martin-Bidou, 1999, 655-658.
22　このような国際文書の探索については、以下を参照した：岩間、2004、61-63の資料2〜4；髙村、2004、65の表；Martin-Bidou, 1999, 634-642. なお、Atapattu, 2006, 234-241, 参照。
23　See, Hewison, 1996, 316-317；Freestone, 1999, 146-149.
24　Kanehara, 1998, 7. なお、水上、2001b、82-83、参照。

れた汚染物質の効果に関する科学的な証明を待つことは、海洋環境への回復不可能な損傷および人間の苦痛をもたらすかも知れない」ことを認めて、すべての政府に対して「予防行動の原則(principle of precautionary action)」を採用するように」勧告した[25]。また、国連事務総長は1990年に、予防原則は近年の事実上すべての国際的な討論の場で是認されており、「海洋環境の保護および資源の保存への将来の取組方法にとって相当の重要性を有する」と述べる[26]。

　もっとも、海洋環境保護のための多数国間条約への予防原則の導入が本格化するのはUNCED以後のことであった。1992年の北東大西洋海洋環境保護条約(OSPAR条約)は、投棄による汚染に関する1972年のオスロ条約と陸起源の汚染に関する1974年のパリ条約に代わるもので、予防原則を考慮してすべての汚染源に対処することを目的とし(前文)、海洋環境に直接または間接に導入される物質またはエネルギーが環境損害を生じる懸念の合理的な理由がある場合には、「導入と結果の間の因果関係の決定的な証拠がない場合であっても」防止措置をとることにより「予防原則を適用する」と規定する(2条2(a))。本条約は使用済み沖合施設の廃棄を原則禁止とし、例外として締約国当局がこれを許可する場合には、このような廃棄が陸上処理等より望ましいとする理由を示すとともに所定の環境影響評価(附属書IV)を行い、その結果を条約実施のために設けられる委員会(OSPAR委員会)を通じて他の締約国に通知して、異議の申し出があった場合には二国間および委員会における協議を行うものとする(5条;附属書III)[27]。この制度はオスロ条約の事前正当化手続(Prior Justification Procedure: PJP)を受け継ぐもので、ある意味では予防原則における挙証責任の転換を示すものとして注目されている[28]。

　このほかこの分野では、UNEPの地域海洋プログラムのもとで作成された

25　Resolution 15/27 "Precautionary approach to marine pollution, including waste-dumping at sea", A/44/25, 152.
26　Law of the Sea: Report of the Secretary-General, A/45/721, 19 November 1990, para.60.
27　OSPAR Decision 98/3 on the Disposal of Disused Offshore Installations, Ministerial Meeting of the OSPAR Commission, Sintra: 22-23 July 1998, Summary Record OSPAR 98/14/1-E, Annex 33.
28　児矢野、2006、144-153;Hey, 2002, 339-341、参照。オスロ条約のPJPは産業廃棄物の投棄に適用されたが、OSPAR条約がこの種の投棄を一般的に禁止したことを受けて廃止されたという。OSPAR条約については、堀口、2002、40-45、参照。

条約のいくつかが予防原則を規定するが、普遍的な条約としてはロンドン海洋投棄条約1996年議定書をあげることができる。本議定書は1972年ロンドン条約の枠組みのもとで得られた成果と「予防および防止に向けての発展」を考慮して(前文)作成され、海洋環境への廃棄物等の投棄が害を生じるかも知れないと信じる理由がある場合には、「投棄とその効果の間の因果関係を証明する決定的な証拠がない場合であっても」適切な防止措置をとることによって「予防的な取組方法」を適用すると規定する(3条1)。廃棄物等の海上焼却と投棄等を目的とする輸出は完全に禁止される(5条；6条)が、投棄については「例外列挙(reverse list)」方式による原則禁止が採用され(4条；附属書1)、例外を援用しようとする締約国は許可を与える前に代替措置の適用可能性や投棄の環境影響を評価することが必要であり、許可条件の遵守について継続的に監視を行うとともにこれらの事項についてIMOと他の締約国に報告を行うことを義務づけられる(9条；附属書2)。本議定書は2006年3月24日に発効し、その締約国の相互間ではロンドン条約に取って代わることとなった(23条)。

ところで、近年では漁業資源の保存と管理が海洋環境保護の一環として位置づけられるようになった[29]。たとえば、みなみまぐろ事件の暫定措置命令においてITLOSは、「海洋生物資源の保存は海洋環境の保護および保全の一要素である」ことを認めた[30]。これに伴って、この分野にも予防原則が導入されるようになっていることが注目される。国連総会は1991年の決議46/215において大規模遠洋流し網漁業を漸減させ1992年12月末までにその完全なモラトリアムを実現するように勧告したが、その根拠の一つは科学的データの検証によればこの種の漁法が海洋生物資源の保存と持続可能な管理に悪影響を与えないとは結論されなかったこと、このような悪影響が完全に防止される証拠が示されなかったことだった。

漁業資源の保存と管理に予防原則を適用した初の普遍的な条約は、1995年の国連公海漁業実施協定である。本協定は、ストラドリング魚類資源および高度回遊性魚類資源の保存、管理および開発に対し「予防的な取組方法を〔……〕広く適用する」ものとし、情報が不確実、不正確または不十分な場合

29　See, Rayfuse, 2004, 487-493.
30　ITLOS, Order of 27 August 1999, para.70.

には「一層の注意を払う」ことを求めて、「十分な科学的情報がないことをもって、保存管理措置をとることを延期する理由とし、又はとらないこととする理由としてはならない」と規定した(6条1；6条2)。同協定はまた、予防的な取組方法の実施について枠組みを定めた(6条3～7)だけでなく、これらの漁業資源の保存および管理における「予防のための基準値の適用に関する指針(guidelines for the application of precautionary reference points)」を詳細に規定する(附属書II)。本協定が予防的な取組方法を採用したことは、「予防原則が国際漁業法の重要な一要素として一般的に受諾されたことを示す」とされる[31]。

この頃から関連のソフト・ロー文書は、予防原則と海洋生態系の維持との関係を強調するようになる。1995年にFAO総会が採択した「責任ある漁業のための行動規範」は、「漁業を行う権利は、水性生物資源の実効的な保存および管理を確保するよう漁業を責任ある方法で行う義務を伴う」とうたい、国と漁業管理機関は水性生物資源を保護し水の環境を保全するために、「水性生物資源の保存、管理および利用について予防的な取組方法を広く適用するべきである」と規定した(6条1；6条5。7条5も参照)[32]。また国連総会が2006年に採択した決議61/105は、国が直接にまたは地域漁業管理機関を通じて、「漁業資源の保存、管理および利用について、国際法および「責任ある漁業のための行動規範」にしたがって予防的な取組方法および生態系的な取組方法(ecosystem approach)を広く適用するように」要請した。

(2) 大気の保護

大気の保護も、早くから予防原則の発想が導入された分野だったといえる。1985年のオゾン層の保護のためのウィーン条約は、文面上は「国内的及び国際的に既にとられているオゾン層の保護のための予防措置に留意」した(前文)だけであるが、「オゾン層を変化させ又は変化させるおそれのある人の活動の結果として生じ又は生ずるおそれのある悪影響から人の健康及び環境を保護するために適当な措置をとる」という一般的義務(2条1。同条2(b)も参照)は、予防原則を思わせる表現である。また、1987年のモントリオール議定書

31　Hewison, 1996, 315.
32　See, Edeson, 1996.『漁業に関する国際条約集』新水産新聞社、1999年、所収の翻訳を参照した。

は、前文において予防措置に言及しているほか、全体として予防措置の考えを採用したものだといわれる[33]。

1992年のUNFCCCは、前文において「気候変動の予測には、特に、その時期、規模及び地域的な特性に関して多くの不確実性があることに留意」し、「締約国は、気候変動の原因を予測し、防止し又は最小限にするために予防措置をとるとともに、気候変動の悪影響を緩和すべきである。深刻な又は回復不可能な損害のおそれがある場合には、科学的な確実性が十分にないことをもって、このような予防措置をとることを延期する理由とすべきではない」と規定した(3条3)。UNFCCC3条が規定するこのような原則は、1997年の京都議定書において指針とされる(同議定書前文)。

1979年にUNECEが作成した長距離越境大気汚染条約は枠組条約であって、それが定める「ソフトな」義務はその後の諸議定書によって具体化されてきたが、1994年の硫黄放出量削減第2次議定書は前文において、大気汚染物質の排出を予測し、防止しまたは最小としおよびその悪影響を緩和するために予防措置をとること、深刻なまたは回復不可能な損害のおそれがある場合には、科学的な確実性が十分にないことをもってこのような予防措置をとることを延期する理由とすべきではないが、このような措置は費用対効果が高いものであるべきことをうたった。また、1998年の残留性有機汚染物質議定書および重金属議定書、ならびに1999年の酸性化、富栄養化および地表レベルオゾン対策議定書は、各々前文において同文でリオ宣言の原則15に規定する予防的な取組方法を考慮して措置をとると述べる。

同じく地域条約では、いささか文脈を異にするが2002年のASEAN越境煙霧汚染協定は、協定実施のための指導原則の一つとして、「越境煙霧汚染から重大なまたは回復不可能な損害が生じるおそれがある場合には、十分な科学的確実性がない場合であっても、当該締約国は予防的措置をとる」と規定した(3条3)。

(3) 有害廃棄物その他の危険物質

1989年の有害廃棄物規制バーゼル条約の交渉の契機となった1987年の

---

[33] Birnie & Boyle, 2002, 117：邦訳、144-145。

UNEP管理理事会決議14/30「有害廃棄物の環境上健全な管理」は、アドホック専門家作業部会が1985年に作成した「有害廃棄物の環境上健全な管理のためのカイロ指針及び原則」を採択した[34]。この「指針及び原則」は、国が有害廃棄物の処理を認可された施設においてのみ行うように確保するとともに、施設の操業許可は評価の結果処理が健康または環境に対する重大な悪影響を生じないことが証明された場合にのみ行われるべきだと規定した(14項)点において、予防原則における挙証責任の転換の発想を取り入れていた。ところでバーゼル条約には予防原則ないしは類似の表現は登場しないが、同条約が前文や一般的義務に関する4条で有害廃棄物等の発生源における対処を規定していることは、予防的な取組方法への支持を示すものだという[35]〔⇒第7章5.〕。

他方、アフリカ統一機構(OAU：現AU)が作成した1991年バマコ条約は、多くの点でバーゼル条約にならうが、非締約国からアフリカ諸国への有害廃棄物の輸入を禁止し(4条1)、そのアフリカ内における移動も厳重に規制する(4条3(i)〜(u))。一般的義務に関する4条は「アフリカにおける廃棄物の発生」(同条3)を規定し、ここで「予防的措置の採用」を義務づけた。締約国は、汚染問題に対して防止的、予防的な取組方法を採用し実施するように努力し、とりわけ人間または環境に対して害を生じるかも知れない物質については、このような害に関する科学的な証明を待つことなく環境への排出を防止するとともに、同化能力を前提とする許容排出アプローチではなく、製品のライフサイクル全体にクリーンな生産方法を用いることによって予防原則を適用するように相互に協力する。この規定は防止と予防を結びつけたこと、損害が「深刻」または「回復不可能」であることを求めないこと、必要とされるかも知れない行動のしきいを低くしたこと等で、「もっとも先進的なものの一つである」と評価される[36]〔なお、⇒第7章5.〕。

有害物質の管理・移動に予防原則を導入する例は、廃棄物には限らない。

34　Cairo Guidelines and Principles for Environmentally Sound Management of Hazardous Wastes, text in, 16 *Envtl Pol' y & L*, 31（1986）, approved by UNDP Governing Council resolution 14/30 "Environmentally sound management of hazardous wastes", A/42/25, 83-84.

35　Birnie & Boyle, 2002, 430：邦訳、490。

36　Sands, 2003, 270。

1998年のロッテルダム条約(PIC条約)は、禁止されまたは厳しく制限された化学物質および重大な有害性を有する駆除剤の越境移動の禁止または情報提供に基づく事前の同意手続について規定するが、提供するべき情報に「予防措置に関する情報」を含めた(14条3(d);附属書V1項(e))。また、2001年のストックホルム条約(POPs条約)は、リオ宣言の原則15に規定する予防的取組方法に留意して残留性有機汚染物質から人間の健康と環境とを保護することを目的とし(前文;1条)、附属書A～Cに規定する規制物質のリストへの新たな登載の提案について、予防的な方法で対処するべきことを規定する(8条7;同条9)。2002年の持続可能な発展に関するヨハネスブルグ世界サミットの実施計画は、化学物質と有害廃棄物の管理においてリオ宣言の原則15にいう予防的取組方法を考慮するように求めるとともに、これら二条約の批准と実施を促進するように勧告した(23項)。

(4) 生物の種の保存

1992年の生物多様性条約(CBD)は前文において、「生物の多様性に関する情報及び知見が一般に不足していること」を認めて、生物の多様性の著しい減少または喪失のおそれに対しては予防的に対処するべきことに留意した。同条約19条3に基づいて締約国会議(COP)が2000年に採択したカルタヘナ議定書は、前文と1条においてとりわけ改変された生物の越境移動に関してリオ宣言原則15の「予防的な取組方法」に従うことをうたって、締約国が改変された生物の輸入に当たって予防的な取組方法を適用して決定を行うことを認め(10条6;11条8)、また議定書に従って行われる危険性の評価に予防的な取組方法を取り入れた(15条;附属書III 4項)。同議定書は予防的な取組方法を義務づけ規範としてではなく許容規範として規定する点で、WTO協定に附属する衛生植物検疫措置協定(SPS協定)5条7と共通する〔⇒本章3.(7)〕。

1973年のワシントン野生動植物取引規制条約は、時期的にいって当然だが予防原則には触れず、絶滅のおそれがある種であって取引を厳重に規制された例外的な場合に限るもの(附属書I)と、必ずしも絶滅のおそれはないが取引を厳重に規制しなければ絶滅のおそれがある種となるおそれがあるもの(附属書II:以上の定義は条約2条)について、附属書の改正に関する手続規定(15

条)をおいた。この点に関して、1994年の第9回COPが採択した決議「附属書I及びIIの改正のための基準」は、これらの議定書の改正提案を検討するに当たって、締約国が予防的な取組方法により、種の状況または取引が種の保存に与える影響について不確実性が存する場合には、当該の種の保存の最善の利益のために行動し、種に対する予期される危険と均衡がとれた措置を採用するように求める[37]。

(5) 共有天然資源の利用

共有天然資源の利用の分野では1992年にUNECEが作成した越境水路条約が、当事者に対して「越境影響」を防止し、規制しおよび削減するために「すべての適当な措置」をとることを義務づけ(2条1)、このような措置をとるに当たって当事者はとりわけ予防原則によって導かれると規定した(同条5(a))。有害物質放出の越境影響の可能性を避けるための行動は、科学的研究がこのような因果関係を十分に証明していないという理由で延期してはならない。また、1999年に作成された同条約の水・健康議定書も、統合的な水管理システムの枠内で「水に関連する疾病(water-related disease)」を防止し、規制しおよび削減するためにすべての適当な措置をとることを義務づけ(4条1)、議定書を実施する措置をとるに当たって当事者はとりわけ予防原則によって導かれるべきものとする(5条(a))。

他方、国連総会が1997年に採択した国際水路の非航行的利用の法に関する条約は、国際水路の衡平かつ合理的な利用(5条)と、このような利用に当たって他の水路国に重大な危害を与えない義務(7条)を規定するが、条文上は予防原則ないしはこれと類似した表現を用いない。しかしILCは、他の水路国またはその環境に重大な危害を与える国際水路汚染を防止し、削減しおよび規制する水路国の義務を規定する21条は、国際水路の生態系を保護し保全する水路国の義務を規定する20条とともに、予防行動の原則を適用するものだと説明する[38]。

---

[37] The Conference of the Parties to the CITES, Resolution Conf.9.24 (Rev. CoP13), Criteria for amendment of Appendices I and II, Annex 4, Precautionary measures.

[38] Draft Articles on the Law of the Non-navigational Uses of International Watercourses, Commentary to Article 21, para.(9); see also, Commentary to Article 20, paras. (3) and (9), *YbILC*,

(6) 若干の検討

　以上のような国際文書とくに多数国間条約を通観すると、いくつかの特徴が浮かび上がってくる。まず外見上の特徴として、時期的には予防原則の導入は1992年のUNCEDを契機に本格化し、とりわけ1990年代の半ばころから目立つようになる。また、成立当初は予防原則を規定していなかった条約で、このころ以降に採択された改正や議定書などによって新たに予防原則を取り入れた例も少なくない。締約国の地理的な範囲についていえば西欧が目立つのは明らかであるが普遍的な条約も少なくなく、また西欧以外の地域にもバマコ条約のように先進的な例が見受けられる。予防原則の導入にイニシアチブをとったものとしてはUNEP、UNECEといった国連機関の役割が大きく、またCOPのような条約機関が議定書の作成や決議の採択などによって音頭をとった例も少なくない。

　各条約の内容上の特徴については、各条約が保護法益をどのような認識しているのかに注目しよう。それはリオ宣言の言葉を借りれば、「われわれの家である地球の不可分性と相互依存性を認識」して(前文)、国は「地球の生態系の健全性および一体性を保存し、保護および回復するために地球的規模のパートナーシップの精神において協力する」(原則7)という認識だといえる。こうして「地球の気候の変動及びその悪影響」は、また、「生物の多様性の保全」は「人類の共通の関心事」である(UNFCCCおよびCBDの各前文)。「海洋環境に対する悪影響を回避し、生物の多様性を保全し、海洋生態系を本来のままの状態において維持」すること、「海洋生態系を保護しおよび保全し、海洋生態系が引き続き海の正当な使用を維持し、また、引き続き現在および将来の世代のニーズを満たすような方法で人間の活動を管理すること」の必要性が認識される(国連公海漁業実施協定およびロンドン海洋投棄条約1996年議定書の各前文)[39]。地域条約の場合であっても、当該の地域の諸国に共通の環境価値の保護と保全が目的とされる。たとえばバマコ条約は「厳格な管理によって、

　　1994, Vol.II, Part Two, pp.119-122.
39　これらの条約における国際社会の一般的利益の承認については、大気についてBoyle, 1991c, 8-11を、国連公海漁業実施協定につきFreestone, 1991, 162-164を、CBDにつきBurhenne-Guilmin & Casy-Lefkowitz, 1992, 47-48, を参照。

有害廃棄物の発生から生じるかも知れない悪影響からアフリカの住民の健康および環境を保護する」決意に基づいて締結されたもの(前文16項)であり、OSPAR条約は「海洋環境とそれが支える動植物とはすべての諸国民にとって不可欠の重要性を有すること」、「北東大西洋の海洋環境は固有の価値を有することを承認し、これに対して協調した保護を与える必要性を認めて」締結されたものである(前文)。

　さらに、規制の対象である人間活動とこれに関連する事象も、本質的に越境的な性質を持つ。UNFCCCが対象とする気候変動は「地球的規模の性格を有する」ものであり(前文)、国連公海漁業実施協定がその漁業を規律する魚種は「分布範囲が排他的経済水域の内外に存在する魚類資源〔……〕及び高度回遊性魚類資源」である(前文)。有害廃棄物規制バーゼル条約、バマコ条約、カルタヘナ議定書、PIC条約、ワシントン野生動植物取引規制条約などは、関連の物質や生物の越境移動自体を規制する。またPOPs条約前文は、「残留性有機汚染物質は有毒性を有し、難分解であり、生物内で蓄積され、ならびに大気、水および移動性の種によって越境移転され放出地からはるかに離れた地に沈積されて陸上および水中の生態系に蓄積される」という。

　このように、各条約が保護する利益は個々の国家の個別的利益ではなく、国際社会全体の一般的利益ないしは締約当事者に共通の利益であるという認識が、予防原則の導入を可能としたものであるように思われる。ここには、原因行為国の領域主権と被影響国の領土保全を調整するという、防止の義務の構図はもはや存在しない〔⇒本章1. (3)〕。そうだからこそ、これらの諸条約ではそれが規定する義務の遵守確保のために(不)遵守手続という特別の制度がおかれることにもなる。もっとも、本節で取り上げた諸条約においても、特定の原因行為国で行われたある行為が特定の被影響国において目に見える被害を生じるという事態が、想定できないわけではない。そこでこれらの条約でも、こういった事態に対処するために古典的な紛争解決条項が維持されることになる〔⇒第12章4. (3)〕。

3. 予防原則が主張された国際裁判など

　国際裁判や類似の手続において当事者が予防原則を援用する事例が見られるが、個々の裁判官の少数意見などを別にして、裁判所等が事案にこれを明文で適用しあるいはこれを確立した国際法原則として扱ったものはまだないように思われる。以下ではこのような事例をいくつか取り上げて、予防原則が援用される文脈を確認しておこう[40]。

A　国際司法裁判所
(1)　核実験事件判決再検討要請事件命令

　核実験事件判決再検討要請事件命令(ニュージーランド対フランス：1995年9月22日)を理解するためには1974年12月20日の核実験事件判決を見ておく必要があるが、後者の事件における1973年6月22日の仮保全措置命令も予防原則の観点から興味を引かれる。ここでICJは、フランスによる今後の核実験から生じる放射性降下物のニュージーランド領域への堆積から同国に回復不可能な損害が生じることが証明される可能性は排除されないとして、とりわけフランス政府はニュージーランド領域に放射性降下物を堆積させるような核実験を避止するべきであるとする仮保全措置を命じた[41]。

　さて、核実験事件ではニュージーランドは裁判所に対して、南太平洋における放射性降下物を生じるフランスの核実験は自国の国際法上の権利を侵害するものであり、この権利は将来の実験によって侵害されるであろうと判決するように求めた〔⇒本節(9)〕[42]。これに対してICJは、ニュージーランドの請求の真の目的はこのような実験を終了させることだと解する[43]とともに、今後大気圏内核実験を行わないというフランスの一方的宣言に法的拘束力を認め[44]、訴訟目的が消滅したとしてニュージーランドの請求を棄却した[45]。た

40　国際裁判等で予防原則が主張された事例については、Atapattu, 2006, 242-273, 参照。
41　*ICJ Reports*, 1973, 141-142, paras.30, 36.
42　*ICJ Reports*, 1974, 459-460, para.11.
43　Ibid., 467, para.31.
44　Ibid., 472-473, paras.46-49.
45　Ibid., 478, para.65.

だし裁判所は判決の63項において、「この判決の基礎が影響されることになれば、原告は裁判所規程の条項にしたがって状況の再検討を要請することができよう」と述べる[46]。

1995年9月以降に南太平洋で一連の地下核実験を行うとのフランスの発表を受けて、ニュージーランドは1974年判決の63項に基づいて申し立てを行い、(i)予定されている核実験はニュージーランドその他の国の国際法上の権利を侵害する；または、(ii)国際基準に基づいて環境影響評価を行い、実験は海洋環境の放射性汚染を生じないことが証明されない限りフランスが実験を行うことは違法である、との判決を求めた[47]。ニュージーランドはとりわけ、法の変化も1974年判決の基礎に影響を与えうるのであって、予防原則によって挙証責任が転換され、フランスが環境影響評価を行って実験に伴う危険が存在しないことを示す義務を履行しなかったことは、1974年判決の基礎に影響を与えたと主張した[48]。

裁判所は1995年9月22日の命令で、1974年判決はもっぱら大気圏内実験を扱うものだったのに対して今回の要請は地下実験に関わるものだから、同判決の「基礎」が影響されるということはできず、また1974年判決の解釈に当たってニュージーランドが主張するその後の国際法の発展を考慮に入れることはできない、との理由により請求を棄却した[49]。反対意見を付した3人の裁判官は、場所のいかんを問わず核実験による放射性汚染が1974年判決の基礎だと主張したが、このうちウィーラマントリー裁判官とニュージーランド選任のパーマー特任裁判官は予防原則に言及した。すなわちウィーラマントリー裁判官は、予防原則と環境影響評価の原則は「本裁判所が認知するべき水準の一般的承認を獲得している」と述べるとともに、挙証責任の転換を求めるアプローチは国際法上十分に確立しているが、本件ではニュージーランド側に挙証責任を課したとしても同国はそれを十分に果たしたという[50]。またパーマー特任裁判官は、予防原則は現在では環境に関する慣習国際法の一

46　Ibid., 476, para.63.
47　*ICJ Reports*, 1995, 290-291, para.6.
48　Ibid., 298-299, paras.34-35.
49　Ibid., 305-307, paras.62-63, 68.
50　Dissenting Opinion of Judge Weeramantry, ibid., 342-345, 347-348.

原則だといえると述べた[51]。

(2) ガブチコボ・ナジマロシュ計画事件判決

　ガブチコボ・ナジマロシュ計画事件判決(ハンガリー／スロバキア：1997年9月25日)では、ダニューブ河の共同開発計画の環境に対する影響が争点となった。ハンガリーは、共同開発を規定する1977年条約を終了させ同条約のもとで自国に割り当てられていた工事を中止したことを正当化するために、とりわけ「環境上の緊急状態(ecological necessity)」に依拠し、これとの関連で予防原則とそのもとにおける挙証責任の転換を援用した[52]。

　ICJはハンガリーの環境上の緊急状態の主張については、慣習法の反映としてILCの国家責任条文第1読草案33条(採択された条文の25条)を適用する。ICJはハンガリーの環境上の懸念がその「不可欠の利益(essential interest)」に当たることを認めたが、「重大でかつ急迫した危険(a grave and imminent peril)」をハンガリーが証明しなかったとして緊急状態の援用を退けた。すなわち、ハンガリーは計画の環境への影響の「不確実性」を強調するが、不確実性はいかに重大であってもそれだけでは緊急状態の構成要素である「危険」の存在を証明しない。「危険」は「リスク」を想起させるもので物質的損害とは区別されるが、「危険」は当該時点で正当に証明されねばならず、可能な「危険」の懸念だけでは十分ではない。「危険」は「重大」かつ「急迫した」ものでなければならないだけに、一層そうである。「急迫性」は「直近性」と同義であり、「可能性」の概念をはるかに超える。両当事者は大量の科学的証拠を提出したが、裁判所はどちらの観点が科学的によりよい根拠をもつかを決定する必要はない。ハンガリーは、1989年の時点で「危険」の存在もその「急迫性」も立証しなかったのである[53]。

(3) ウルグアイ河岸パルプ工場事件

51　Dissenting Opinion of Judge Palmer, ibid., 412.
52　Text of Hungarian Declaration Terminating Treaty, 32 *ILM* 1259 (1993), esp., 1282-1289; Case Concerning the Gabcikovo-Nagymaros Project (Hungary/Slovakia), *Memorial of the Republic of Hungary*, Vol.1, 2 May 1994, 200-203, paras.6.63-6.68.
53　*ICJ Reports*, 1997, 39-46, paras.49-59.

ウルグアイ河岸パルプ工場事件（アルゼンチン対ウルグアイ）は、ウルグアイ河の河岸にウルグアイが建設中および計画中のパルプ工場が、同河の利用のための共同制度を樹立する1975年のウルグアイ河規程に違反するとしてアルゼンチンがウルグアイを訴えた事件で、アルゼンチンはパルプ工場の建設許可および工事の差し止めなどを求める仮保全措置の指示を要請して、「本案判決の以前に主張される損害が生じるかも知れない合理的なリスクが存在する場合には、緊急性の要件は争われている権利に対する回復し得ない損害の重大なリスクの存在という要件と広い意味で融合する」と主張し、これとの関連で予防原則を援用した[54]。

ICJは、ウルグアイが1975年規程を遵守しパルプ工場の操業がウルグアイ河の環境に与える影響についてアルゼンチンと共同の監視を継続すると約束したことに留意しながら[55]、アルゼンチンは水環境への回復し得ない損害の差し迫った脅威を証明しなかったとして、仮保全措置を指示する必要を認めなかった[56]。ICJは命令中で予防原則には言及しなかったが、アルゼンチン選任のビヌエサ特任裁判官は反対意見において、予防原則は「現存の一般国際法における法規則」であり、この原則の適用によってアルゼンチンは工事の許可と実施が環境に悪影響を与える蓋然性について不確実性の合理的な根拠があることを証明することを求められ、かつ証明したと述べている[57]。

B 国際海洋法裁判所

以下の三事件はいずれも暫定措置に関する命令であるが、UNCLOSの暫定措置はICJの仮保全措置とはいくつかの点で異なる。同条約のもとで紛争を適正に付託された裁判所は終局判決を行うまでの間、当事者の権利を保全するためだけでなく「海洋環境に対して生ずる重大な害を防止するため」にも暫定措置を定めることができる（290条1）。同条約の締約国は、その解釈・適用に関する紛争の解決手段としていくつかの裁判所のうち一または二以上を選

---

54 ICJ, Order of 13 July 2006, para.37. なお、ウルグアイの予防原則援用については、玉田、2007、259-263、参照。
55 Ibid., paras.56, 83.
56 Ibid., paras.72-78, 87.
57 Dissenting Opinion of Judge *ad hoc* Vinuesa, 5.

択し、紛争は当事者が共通して選択した手段があればその手段に、なければ附属書Ⅶの仲裁裁判所に付託する(287条)が、附属書Ⅶの仲裁裁判所に紛争が付託される場合、仲裁裁判所が構成されるまでの間、当事者が合意する裁判所またはITLOSが暫定措置を定めることができる(290条5)。暫定措置は紛争当事者のいずれかが要請する場合にのみ定めることができ(同条3)、法的拘束力を有することが明記される(同条6)が、仲裁裁判所が構成された後は同裁判所が当該命令を修正し、取り消しまたは維持することができる(同条5)[58]。

(4) みなみまぐろ事件暫定措置命令

1993年のみなみまぐろ保存条約のもとで設置されたみなみまぐろ保存委員会では、資源評価をめぐって一方では日本、他方ではオーストラリア・ニュージーランド両国が対立し、日本は新たな科学的データが必要だとして保存委員会の合意を得ずに1998年、1999年に調査漁獲を実施した。オーストラリアとニュージーランドはこれがUNCLOSの若干の規定と慣習国際法上の予防原則に違反するとして、附属書Ⅶの仲裁裁判を申し立てるとともにITLOSに暫定措置命令を要請した[59]。日本は附属書Ⅶの仲裁裁判所の管轄権を争ったが、ITLOSは1999年8月27日の措置命令においてこの裁判所の管轄権を推定し[60]、以下のように述べて一定の暫定措置を命じた。

すなわち、海洋生物資源の保存は海洋環境の保護および保全の一要素であり、みなみまぐろの資源量は著しく枯渇し歴史上最低の水準にあること、それが重大な生物学的懸念の理由であることについては当事者の一致がある[61]。科学的証拠の評価については当事者間に対立があるが、裁判所の見解によれば、みなみまぐろ資源への重大な害を防ぐ目的で効果的な保全措置がとられるよう確保するために、当事者は慎慮(prudence and caution)をもって行動すべきであり、みなみまぐろ漁業の他の参加者との協力を強化すべきで

---

58 栗林、1994、277-280；Rosenne & Sohn, eds., 1989, 52-59、参照。
59 ITLOS, Order of 27 August 1999, paras.28-32.
60 Ibid., paras.40-62.
61 Ibid., paras.70-71.

ある[62]。資源保存のためにとられるべき措置に関しては科学的な不確実性が存在し、従来の措置が資源量の改善に導いたかどうかについては当事者間に合意がない。裁判所は科学的証拠を最終的に評価することはできないが、当事者の権利を保存し資源量のいっそうの悪化を防ぐために緊急の措置がとられるべきだと考える[63]、という。ただし、附属書Ⅶの仲裁裁判所は2000年8月4日の判決で、管轄権なしと判断ししたがって暫定措置命令を終了させた[64]。

(5) MOXプラント事件暫定措置命令

アイルランドは英国セラフィールド所在のMOXプラント(核燃料再処理施設)の操業はアイリッシュ海の海洋環境に回復不可能な害を与えるおそれがあり、UNCLOSの若干の規定に違反するとして附属書Ⅶの仲裁裁判所の設置を求め、同裁判所に対してMOXプラントの操業および関連の放射性物質の国際移動について環境影響評価を行い、アイリッシュ海への放射性物質の意図的な排出がないことが示されない限り、英国はMOXプラントの操業および／または放射性物質の国際移動を許可してはならないという判決を求めた[65]。アイルランドは同時にITLOSに対していくつかの暫定措置を定めるように求めて、予防原則により「英国は、MOXプラントの操業が行われる場合、それから生じる排出その他の結果により害が生じないことを示す挙証責任があり」、この原則は裁判所が要請された措置の緊急性を判断するために役立つと主張した[66]。

ITLOSは2001年12月3日の暫定措置命令において附属書Ⅶの仲裁裁判所は管轄権を有すると推定したが、英国が行った保障にかんがみて同裁判所が設置されるまでの短期間にアイルランドが要請した措置を命じる緊急性はないと判断する[67]。他方でITLOSは、協力の義務はUNCLOS第Ⅻ部および一般国

---

62 Ibid., paras.73-78.
63 Ibid., paras.79-80.
64 39 *ILM* 1359 (2000).
65 ITLOS, Order of 3 December 2001, para.26.
66 Ibid., paras.27, 71.
67 Ibid., paras.62, 77-81.

際法における海洋環境の汚染防止に関して基本原則であり、慎慮はMOXプラント操業のリスクに関してアイルランドと英国が情報交換などのために協力を行うことを要求しているとして、以下の暫定措置を命じた。すなわちアイルランドと英国は、MOXプラントの操業によって生じるアイリッシュ海への可能な影響についてさらに情報を交換し、MOXプラント操業のアイリッシュ海へのリスクまたは結果についてモニターし、およびMOXプラントの操業から生じるかも知れない海洋環境の汚染を防止するために適切な措置を案出すること目的に協力し、このためにすみやかに協議に入るとともに、両国が裁判所規則95条にしたがい暫定措置の履行に関する通報を裁判所に対して行う、とする[68]。

　本件命令もアイルランドが援用した予防原則には言及しなかったが、裁判官の個別意見はこの原則の適用可能性について対立する見解を示した。すなわち、ウォルフラム裁判官は予防原則ないし取組方法が慣習国際法の一部かどうかについてはなお議論の余地があるが、たとえそうだとしても、本件においてアイルランドがこれに依拠することはできないという。そのためには附属書VIIの仲裁裁判所が判断するべき本案事項に踏み込む必要があり、また、原告国がリスクの若干の蓋然性さえ示せばよいとすれば暫定措置は自動的に定められることとなり、これは暫定措置の機能ではあり得ないからである[69]。これに対してアイルランド選任のセクリー特任裁判官は、裁判所は両国の主張について科学的な不確実性を認めたのだから予防原則を適用するべきだったのであり、そうすればアイルランドが要請した暫定措置を定めることになったであろうという[70]。

　附属書VIIの仲裁裁判所は2003年6月24日の命令によって、関連の事件が係属しているEC司法裁判所の判決が出るまで審理を停止することを決定するとともに、アイルランドが要請した追加的な暫定措置を認めず、ITLOSが定めた暫定措置を確認するのに留めた[71]。これとの関連で同裁判所が、「アイル

68　Ibid., paras.82-89.
69　Separate Opinion of Judge Rudiger Wolfrum.
70　Separate Opinion of Judge *ad hoc* Alberto Szekely, para.22.
71　PCA, Annex VII Arbitral Tribunal for the Dispute Concerning the MOX Plant, Order No.3, Suspension of Proceedings on Jurisdiction and Merits, and Request for Further Provisional

第5章　予防原則　127

ランドは暫定措置を要請した当事者として、状況が求められている措置を正当化するようなものであることを証明する責任を負う」と述べた[72]ことが注目される。

(6)　ジョホール海峡埋め立て事件暫定措置命令

本件は、シンガポールがジョホール海峡とその周辺における領海内で行っている埋め立てが、自国への通報と協議なしに行われたことがUNCLOSと一般国際法上の義務に違反するとして、マレーシアが附属書Ⅶの仲裁裁判所の設置を求めるとともに、ITLOSに対してシンガポールは埋め立て作業を停止すること、自国に十分な情報を提供し見解を述べる機会を与えることなどを内容とする暫定措置を定めるように請求した事件である[73]。

ITLOSは2003年10月8日の暫定措置命令において、埋め立て工事の一部については、マレーシアは事態の緊急性を証明しなかったので暫定措置を定めるのは適切でないと判断した[74]が、他の部分については、本件の状況においては埋め立て工事が海洋環境に悪影響を与える可能性は排除されないことを考慮して、シンガポールによる埋め立ての効果を研究し可能な悪影響への対処措置を提案するために独立専門家グループを設置すること、定期的に情報を交換しリスクを評価することなどを目的に、協力を行い直ちに協議にはいること、シンガポールはマレーシアの権利を回復不可能に損ないまたは海洋環境に重大な害を与えるような方法で埋め立てを行わないこと、などを内容とする暫定措置を定めた[75]。予防原則に関してマレーシアは、シンガポールはUNCLOSのいくつかの規定と予防原則に違反し、後者は国際法のもとでこれらの義務の適用と履行についてすべての当事者を指導するものでなければならないと主張し、これに対してシンガポールは、本件の状況においては暫定措置を定めるために予防原則を適用する余地はないと主張した[76]。ITLOS

Measures, 24 June 2003.
72　Ibid., para.55.
73　ITLOS, Order of 8 October 2003, paras.22-23.
74　Ibid., paras.72-73.
75　Ibid., paras.91, 96-99, 106.
76　Ibid., paras.74-75.

は、このような両国の主張に言及したものの、これに関する自らの判断を直接には示していない。

C その他の裁判所および準司法機関
(7) WTO紛争解決機関

WTO紛争解決機関は、とりわけ衛生植物検疫措置が科学的証拠に基づくことを要求する衛生植物検疫措置協定(SPS協定)との関連で予防原則の主張を取り上げてきたが、そのうちでもっとも著名な事例は米国とカナダがECを訴えたEC－ホルモン事件である。本件では両国が成長ホルモンを投与した牛肉と牛肉製品の輸入を禁止するECの措置はSPS協定に違反すると主張し、ECは抗弁の一つとして予防原則を援用したが、この原則の法的性質について両者が対立したことは先に紹介した〔⇒本章1.(2)〕。上級委員会は、予防原則の国際法上に地位については対立があることを認めて、「この重要ではあるが抽象的な問題」について上級委員会が何らかの立場をとることは、「不必要であり、おそらくは軽率であろう」という。しかし上級委員会は、第1に予防原則はSPS協定と両立しない加盟国の措置を正当化する根拠として協定中に明記されていないこと、第2に予防原則はSPS協定5条7のほか前文および3条3にも反映されていること、第3に、人間の健康に回復不可能な害の危険が存在する場合には、政府は通常慎重にかつ予防の観点から行動することに小委員会は留意するべきこと、しかし第4に、予防原則はそれ自体としてはSPS協定の解釈に当たって通常の条約解釈原則を適用する小委員会の義務を解除するものではないことを指摘し、予防原則はSPS協定5条1および5条2に優越するものではないという小委員会の認定を支持した[77]。ちなみにSPS協定5条7は、科学的証拠が不十分な場合に加盟国が入手可能な情報に基づいて暫定的な衛生植物検疫措置を採用することを認めるが、そのような場合には加盟国が一層客観的な危険性評価のために追加情報を求め、また適当な期間内に当該の措置を再検討することを義務づける。

SPS協定5条7の解釈は、米国が日本を訴えた日本―農産物II事件でも問題となった。小委員会は、日本が一定の農産物の検疫に要求した要件はSPS協

---

77 WT/DS26/AB/R-WT/DS48/AB/R, paras.123-125.

定2条2、5条6および5条7と両立しないと判断したのに対して、日本は上訴して、とりわけ小委員会がEC-ホルモン事件で認められた予防原則に妥当な考慮を払わなかったと主張した。日本は、自国の措置は予防原則の文脈で理解されなければならず、たとえSPS協定2条2に違反するとしても同5条7の第1文によって正当化されるという[78]。しかし上級委員会はこうした日本の解釈を退け、5条7は暫定措置を維持するために四点の累積的な要件を課しているという。すなわち第1文により、当該措置が「関連する科学的証拠が不十分な」場合にとられること、「入手可能な適切な情報に基づき」採用されること、第2文により措置を採用した加盟国が「一層客観的な危険性の評価のために必要な追加の情報を得るように努める」こと、および適当な期間内に当該措置を再検討すること、である。上級委員会はここで、小委員会が日本の措置は第2文の要件を満たしていないから第1文の要件の検討は不必要と判断したのは誤りではないと認定した[79]が、日本による予防原則の援用についてはとくに言及していない[80]。

なお、EC-ホルモン事件から8年以上を経過した2006年9月のEC-バイオテク事件における小委員会の報告も、EC-ホルモン事件における上級委員会の報告をほとんどそのまま繰り返している[81]。

(8) ヨーロッパ共同体司法裁判所

前述のように、1993年のマーストリヒト条約によって導入されたEC条約130r条(現EU運営条約191条)の2項は、共同体の環境政策が依拠するべき原則の一つとして予防原則を規定した〔⇒本章1.(3)〕が、EC司法裁判所は何度かこの規定を取り上げている。たとえば英国高等法院女王座部からの諮問を受けたEC条約177条(現EU運営条約267条)に基づく先行判決で、EC司法裁判所はBSEに関する緊急措置として英国から他の加盟国および第三国に対する生きた牛や牛肉等の禁輸を定めるEC委員会決定96/239/ECの有効性を審査した。当該決定の有効性を争う根拠の一つは共同体法の一般原則である均衡性原

78　WT/DS76/AB/R, paras.10-14.
79　Ibid., paras.86-91.
80　以上の事件については、Matsushita, et al., 2003, 494-510；間宮、2003、参照。
81　WT/DS291, 292, 293/R, paras.7.76-7.89.

則〔⇒本章4.(2)〕だったが、共通農業政策に関しては共同体の立法機関はEC条約が与える政治的責任に対応する裁量権限を有しており、この分野で採用された措置の合法性は措置がその目的に照らして「明確に不適切である」場合にのみ影響され得る、と裁判所はいう[82]。措置が採択された当時は、生きた牛や牛肉等がもたらす危険について大きな不確実性が存したが、人間の健康への危険の存否または程度について不確実性が存する場合には、機関はこれらの危険の現実性と重大さが十分に明らかになるのを待つことなく保護措置をとることができるのであって、このようなアプローチはEC条約130r条1項および2項によって支持されると裁判所はいう[83]。こうして裁判所は、争われている措置の採用によって委員会は権限を濫用しあるいは均衡性原則に違反したということはできないと判決した[84]。

(9) 若干の検討

以上に、審理の過程で当事者が予防原則を援用した裁判等のいくつかの事例を検討してきたが、これらにはいくつかの特徴を見いだすことができる。第1に、裁判所等が予防原則を明文で援用してこれを適用した事例はないが、事実上これを適用したと評価されているものは存在する。最初の事例はICJにおける核実験事件の仮保全措置命令〔⇒本節(1)〕であって、ここでICJは、提出された情報は放射性降下物のニュージーランド（とオーストラリアの）領域への堆積によって回復不可能な被害が生じることが証明される「可能性を排除しない」、としてフランスに一定の仮保全措置を命じた。本命令は「予防原則」の概念さえ存在しない時期のもので、この原則を直接適用したものとはもちろんいえないが、このような裁判所の判示は「危険責任主義や予防原則といった国際環境法のその後の展開を示唆する」と評価されている[85]。

事実上予防原則を適用したものとしてもっとも著名なのは、みなみまぐろ事件におけるITLOSの暫定措置命令〔⇒本節(4)〕であろう。本件命令でも予

---

82 European Court of Justice: Judgment of 5 May 1998, paras.60-61.
83 Ibid., paras.62-64.
84 EC条約174条（現EU運営条約191条）については、岡村、2004、87-95; 114-116、参照。
85 柴田、2006c、23。

防原則ないしは類似の言葉は使われていないが、ITLOSが科学的な不確実性を認めながら一定の暫定措置を定めたことは、予防原則ないし予防的取組方法に依拠したことを示すという評価が根強い[86]。もっとも、たとえそうだとしても、それは必ずしもITLOSが予防原則を慣習法上の原則と認めたことを意味しない。各々の個別意見で、レイン裁判官は利用可能な材料と本件における弁論からは、原告がいうように慣習国際法が予防原則を認めているかどうかは確定できないと述べ、トレベス裁判官は措置の緊急性を評価するに当たって予防的取組方法に依拠するためには、この方法が慣習国際法規則によって命じられるものだという見解をとる必要はないという[87]。

ITLOSはまた、ジョホール海峡埋め立て事件暫定措置命令〔⇒本節(6)〕でも、本件の状況のもとで埋め立て工事が海洋環境に悪影響を及ぼすことは「排除され得ない」ことを理由の一つとして、暫定措置を定めた。さらに、EC司法裁判所はBSE事件先行判決〔⇒本節(8)〕において、事実上予防原則の発想に立ってEC委員会決定の合法性を認めた。もっとも、ここで裁判所がEC条約130r条2項を援用ながら、「防止的行動がとられるべきである」という原則のみを明文で引用して、予防原則には言及しなかったことに注意しておきたい[88]。なお、以上の事例のうちで本件だけは仮保全措置ないし暫定措置の事例ではないが、ここで裁判所が、争われている措置は「緊急措置」として「一時的に」とられたものであり、委員会は状況の全面的な検討に応じて当該の措置を再検討する必要性を認めていることにも留意した[89]ことが注目される。

このように見てくると、予防原則の発想は暫定措置の制度に親和的なのではないかという理解が浮かび上がってくる。みなみまぐろ事件の暫定措置命令への個別意見でトレベス裁判官は、「予防的取組方法は暫定措置の概念そのものに内在するもののように思われる」と述べた[90]。これを敷衍すれば、次

---

86 個別意見では、Separate Opinion by Judge Laing, para.19；Separate Opinion by Judge Tullio Treves, paras.8-9；Separate Opinion by Judge *ad hoc* Shearer. 学説では、髙村、2005、17；兼原信、2001、18；田中、2003、141-142；Marr, 2000, 815; Kwiatkowska, 2000, 150；Stephens, 2009, 224-227；Schrijver, 2008, 191-192.
87 Separate Opinion by Judge Laing, para.16; Separate Opinion by Judge Tullio Treves, para.9.
88 See, e.g., Douma, 2000, 136-137；小山、2002、229-230。
89 European Court of Justice: Judgment of 5 May 1998, para.65.
90 Separate Opinion by Judge Tullio Treves, para.9. See also, Stephens, 2004, 192-193.

のようにいうことができよう。すなわち、ICJが規程41条によって付与される仮保全措置指示の権限は「司法手続において紛争主題である権利に回復不可能な害が生じるべきではないことを前提とする」[91]が、仮保全措置の手続の段階ではこのような権利は「紛争主題」なのであって、その存在が確認されているわけではない。ICJはグレート・ベルト通航事件の仮保全措置命令において、仮保全措置の目的は「司法手続において紛争主題である権利」を保全することであるが、「争われている〔フィンランドの通航権の性格および範囲〕は、仮保全措置の指示によって保護されることができる」という[92]。つまり手続のこの段階において裁判所は、ある出来事が生じる蓋然性とそれが生じた場合の結果の双方を検討しなければならないが、「将来の出来事に関しては、それが生じる蓋然性で十分なことは明らかである」[93]。

　他方で第2に、本節で取り上げた事例のうち上記の四件を除くその他の事例では、予防原則に基づく主張は明記されるかどうかは別にして退けられる結果となった。ガブチコボ・ナジマロシュ計画事件判決〔⇒本節(2)〕ではICJは、ハンガリーが「危険」の存在を証明しなかったことを理由に、同国による緊急事態の援用を退けた。MOXプラント事件〔⇒本節(5)〕の仲裁裁判所は、アイルランドがこれを正当化する状況を証明しなかったとして、同国が求めた追加的な暫定措置を定めなかった。さらにEC－ホルモン事件〔⇒本節(7)〕でWTO上級委員会は、予防原則はそれ自体としてはSPS協定の解釈に当たって通常の条約解釈原則を適用する小委員会の義務を解除するものではないことを明言した。もっとも、このような判断が予防原則をそれ自体として否定したものと見る必要はないであろう。たとえばガブチコボ・ナジマロシュ計画事件判決の前引の箇所は予防原則に関するハンガリーの主張の全面的な否定のように読むことができるが、当該の判示は予防原則それ自体についてではなく、違法性阻却事由としての緊急事態——ICJによればそれは例外的なものであり、「厳格に定義された若干の諸条件のもとでのみ援用しうる」ものである[94]——の要件の存否をめぐって行われたものであることに注意する必

91　アイスランド漁業管轄権事件仮保全措置命令：*ICJ Reports*, 1972, 16, para.21.
92　*ICJ Reports*, 1991, 17, para.22.
93　Oellers-Frahm, 2006, 939. 河野、2001、を参照。
94　*ICJ Reports*, 1997, 40, para.51.

要がある。また、WTO上級委員会は、予防原則の慣習国際法上の地位に関する判断を意識的に避けて、これを組み込んだものと解釈するSPS協定5条7の解釈論の範囲内で議論を展開した。

さて、ここで取り上げた事例を通じて明らかとなる第3の論点は、国際社会の一般的利益を保護法益とする予防原則を、二国間紛争の処理を目的とする司法的な手続において主張することに内在する矛盾である。繰り返して指摘したように〔たとえば、⇒本章1. (3)〕、ある行為が行われる国の領域主権とその越境悪影響を受けるかも知れない国の領土保全とは、法的には等価である。したがって、もしも後者の国が予防原則に前者の国の領域主権に優越する効果を付与しようと望むなら、これを自国の個別的利益(だけ)ではなく国際社会の一般的利益の実現を目指すものとして提起しなければならない。ところが、ICJの南西アフリカ事件第2段階判決に示される伝統的な立場によれば、国は国際裁判において当事者資格を認められるためには、紛争主題である請求について自国に帰属する法的な権利または利益を証明しなければならない[95]。その後の関連の発展にもかかわらず、いわゆる「民衆訴訟(*actio popularis*)」は国際裁判ではいまだに成功を見ていないのである。

したがって紛争当事国は、たとえ地球環境の保護に関わる請求であっても、裁判における当事者資格を確立するためには、これを自国の個別的な権利または利益に関わる請求として構成することを迫られる。しかし他方では自国の個別的な利益を強調すれば、予防原則はこれを基礎づける根拠を失ってその説得力を減じることになろう。このようなジレンマを典型的に示すのは、核実験事件と同判決再検討要請事件におけるニュージーランドの請求である。核実験事件ではニュージーランドは、地球環境の保全に関わる「ニュージーランドを含む国際社会の全構成国の権利」とならんで、自国の領域とその国民および公海の自由を核実験の影響から守る自国の権利を主張した[96]。他方、核実験事件判決再検討要請事件ではニュージーランドは、予定されている核実験によって「ニュージーランドの国際法上の権利と並んでその他の

95　*ICJ Reports*, 1966, esp, 51, para.99.
96　Memorial on Jurisdiction and Admissibility submitted by the Government of New Zealand, International Court of Justice, *Pleadings, Oral Arguments, Documents: Nuclear Test Cases*, Vol.II (New Zealand v. France), 203-204.

国の権利もまた侵害されるであろう」という判決を求めた〔⇒本節(1)〕。ガブチコボ・ナジマロシュ計画事件においてハンガリーが、予防原則は自国の領土保全に関わる防止の義務のもっとも発展した形態であると主張した[97]ことも、同様な考慮に基づくものと思われる。

　もっとも、本事件におけるハンガリーの主張は、むしろ国際河川の下流国としての自国の個別的利益を中心に組み立てられていたように見受けられる。また、広い意味での共有天然資源の利用に関わるウルグアイ河岸パルプ工場事件〔⇒本節(3)〕およびジョホール海峡埋め立て事件〔⇒本節(6)〕における原告国の主張も同様である。さらに、WTO紛争解決機関における諸事件〔⇒本節(7)〕では、逆にWTOにおいては加盟国の共通利益とみなされている自由貿易〔⇒第9章〕に対して、ある意味では個々の加盟国の個別利益であるその国民や動植物の健康を守るという文脈で予防原則が援用された。したがってこれらの事件では、予防原則の主張が優越する可能性は元々大きくはなかったと思われる[98]。これに対してEU司法裁判所におけるBSE事件〔⇒本節(8)〕では、EC条約130r条の存在が大きかったとはいえ、個別国家としての英国とその特定の業界の利益に対して、BSEの蔓延の防止という加盟国に共通の利益を擁護する文脈で予防原則が援用されたもので、同原則の適用が認められるためには本来的に有利な条件があったと見ることができる。

　何人かの裁判官は、地球環境の保全を国際裁判で争うことが内包する、このような矛盾に気がついていた。たとえば小田滋裁判官は、ガブチコボ・ナジマロシュ計画事件判決への反対意見において、1977年条約が基礎をおく諸原則が国際法、とくに環境法の一般規則に違反するとすれば、「両国はその状況に関して<u>連帯責任</u>を負い国際社会に対して<u>連帯責任</u>を負う」のであって、「この事実は<u>一当事者</u>(チェコスロバキア、後のスロバキア)が<u>他の当事者</u>(ハンガリー)に対して責任を負うことを意味しない」と述べた[99]。同じ判決へのウィーラマントリー裁判官の個別意見も、裁判所が手慣れてきた当事者間紛争に公

97　Memorial of the Republic of Hungary, supra note 52, 201, para.6.64.

98　もっとも、ITLOSの暫定措置にあっては、紛争当事者の権利の保全だけでなく海洋環境に対する重大な害の防止も目的とされるから、事情が多少異なることに留意する必要がある。

99　Dissenting Opinion of Judge Oda, *ICJ Reports*, 1997, 160, para.13; see also, 168, para.33. なお、強調は原文。

正と正義を確保する対審手続は、対世的な性格を有する権利義務、とりわけ広範かつ回復不可能な環境損害に関わる権利義務については正義と公正を保障するものではなく、「国際環境法は、人類全体の全地球的な関心事項とは無縁な個別国家の自己利益の密室内において当事者間の権利義務を比較考量することを超えて進むことを必要としよう」という[100]。環境紛争を司法的な手続で処理することに伴うこのような困難については、(不)遵守手続と比較しながら後に改めて検討する〔⇒第12章〕。

4. 予防原則の法と政策

(1) 予防原則の法的地位

　予防原則をめぐる国際法学者の議論は、おもにそれが慣習法化しているかどうかという点をめぐって行われてきた。現在では、これをめぐる議論の論点はほぼ出尽くした感があり、現実に予防原則が果たしてきた大きな役割にかんがみれば、それが慣習法化したかどうかは重要な問題ではないという指摘がある[101]。まことにもっともな指摘と思われるが、筆者も国際法研究者の末席を汚すものとして、気にかかる議論であることは否定できないので、ここでそのような議論の経緯を概観しておこう。リオ宣言の15原則をおもな契機とする初期の議論では、もちろん否定説も少なくなかったが[102]、肯定説が有力に唱えられていたことが印象的である。しかし残念ながら、予防原則は慣習法の法原則だとするこのような説は、十分な説得力と影響力を発揮することはできなかったように思われる。

　これにはもちろんさまざまな理由があろうが、煎じ詰めれば肯定論の主張は予防原則が慣習法成立の要件を満たしていることの説明に失敗したという他はない。そしてこのような失敗には、いくつかのパターンがある。第1のパターンは、慣習法成立の要件自体を拡大するものである。たとえばホーマンは、伝統的な法源は現代の国際環境法にとっては必ずしも適切ではないと

100　Separate Opinion of Vice-President Weeramantry, ibid., 117-118.
101　Ellis, 2006, 447-450.
102　E.g., Gündling, 1990, 27-30 ; Bodansky, 1991 ; Handl, 1991, 75-78.

して、慣行の要件を緩和することを提案する。すなわち、対外的に表明された慣行でなくても、国際会議や国際機構の内部において決議や宣言の形で表現された慣行であっても、若干の要件を満たせば慣習法の要素となり得るというのである。このような方法によって彼は予防原則の慣習法化を肯定するだけでなく、現代国際環境法は全体として予防的性格を有すると結論する[103]。

予防原則の慣習法化を主張する第2のパターンは、慣習法成立の要件自体は維持しながら、その個々の要件の検討に十分には踏み込まないというものである。たとえばフリーストーンは、条約と慣習に加えて「第3の法源」を認めることには否定的で、ICJ規程38条1(b)における慣習法の要件を前提として議論するが、引用する個々の宣言や条約——確かにそれらは、この段階ですでに印象的な数に上るが——をこの観点から分析することはせずに、予防原則を含む国際環境法の若干の原則は「特定分野の原則から慣習法への移行を示す」という結論に直行する[104]。

さて、予防原則の慣習法化に関する主張の第3のパターンは、ある意味では第2のパターンの亜種であるが、リオ宣言の原則15を重視するものである。たとえばキャメロンとアバウチャーもICJ規程38条1(b)における慣習法の要件に沿った検討を行うが、彼らが重視するのはリオ原則15であって、リオ宣言自体は法的拘束力を有しないが、諸国の広範な支持により慣習法を反映する諸原則(おそらくは予防原則も含む)を規定しており、「UNCEDは国際法における予防原則の完全な出現を記録した」という[105]。

つまり、1990年代半ば頃までに予防原則の慣習法化を説いていた論者たちは、慣習法成立の要件の定義か適用のいずれかにおいて「寛大」であり、とくにリオ宣言を初めとするソフト・ロー文書を重視したことが分かる。前述のように、筆者も伝統的な国際法の成立形式はとくに国際環境法の分野では限界を有すること、また、ソフト・ロー文書も一定の規範的な意義をもちうることを認めることにやぶさかではない〔⇒第2章2.(1)(3)〕。しかし、慣習法の

103　Hohmann, 1994, esp., 166-184.
104　Freestone, 1991, 36-39；Freestone, 1994, 205, 210-216.
105　Cameron & Aboucher, 1996, 30 et seq.

認定においてけっして厳格だとはいえないICJでさえ、国連総会決議に規範的意義を認めるためには「その内容および採択の条件を見定めることが必要であり、その規範的性格について法的信念が存在するかどうかを検討することも必要である」という[106]。ところが残念ながら上に引用した論者たちは、このような労を執っていたようには見えないのである。

　それでは、予防原則を規定する条約が顕著な増加を示し〔⇒本章2.〕、国際裁判等において予防原則の援用が目立つようになる〔⇒本章3.〕1990年代の後半以降には、状況は変わったのだろうか。このような変化が予防原則の慣習法化に決定的な影響を与えたようには見えない。たとえばヨハネスブルグ・サミットでは、厳しい意見の対立のために予防原則／予防的な取組方法についてはリオ宣言の原則15を再確認する以上に出ることはできなかった[107]。しかし、前記のような法状況は学説には影響を及ぼしてきたように見える。つまり、かつての楽天的だが説得力に欠ける肯定論よりも、慎重ではあるが慣習法化に向けての着実な前進を指摘する議論が目立つようになったのである。

　予防原則の慣習法化に関するこのような慎重な肯定論の代表は、サンズのそれのように思われる。彼は、「予防原則の法的地位は発展しつつある。リオ宣言の原則15および多様な国際条約に具現されたこの原則は、幅広い支持を受けているので今や慣習法原則を反映するという強い主張を可能とするのに十分な、国の慣行上の証拠が確かに存在する」といい、それはEU内では慣習的地位を獲得したと主張する[108]。やや回りくどいサンズのこのような主張には、ガブチコボ・ナジマロシュ計画事件その他いくつかの国際裁判で、原告側の弁護人として予防原則のために論陣を張りながら、今のところ裁判所の肯定的な判断を引き出すのに成功していない彼の苦衷がにじみ出ているのかも知れない。

　この点では、バーニーとボイルの教科書が、1992年の初版における否定説から2002年の第2版では慎重な肯定説に転換したことが注目されよう。すな

106　核兵器使用の合法性勧告的意見：*ICJ Reports*, 1996, 254-255, para.70.
107　See, Perrez, 2003, 15-18.
108　Sands, 2003, 279; see also, McIntyre & Mosedale, 1997, 235.

わち、初版では「予防原則はその魅力にもかかわらず、それに与えられるきわめて多様な解釈とその若干の適用の新奇で広範な効果に照らせば、いまだに国際法原則だとはいえないように思われる」[109]とされていたのが、第2版では「予防原則は慣習国際法か否かという問いは、単純に過ぎるように思われる。国内裁判所および国際裁判所、国際機構ならびに条約における使用は、予防原則が国際的なコンセンサスがある重要な法的核心を有することを示している」と述べ、国は予防的措置の適用に当たっては大きな裁量の余地を有し、また価値判断を行うことを認めながらも、「このことは〔リオ宣言の〕原則15が国際法原則ではないことを意味するのではなく、それを特定の規範的内容を持つ予防行動の義務に転化させるような形で、その含意を強調しすぎてはならないことを意味するに過ぎない」という[110]。

バーニーとボイルのこのような「変説」が示すように、予防原則が慣習法の原則としての方向に発展しつつあることは明らかであるように思われる。日本でも、明確な否定論[111]よりも、このような発展方向を指摘する立場が増大しているようである[112]。しかし、このような論者はもちろんのこと、予防原則は慣習法上の原則だと主張する論者も認めるように[113]、義務づけ規範としての予防原則が国に課するとされる義務の内容がきわめて一般的であり不確定であることは否定できない。つまり現状では、予防原則をたとえ慣習国際法上の原則であると認めるとしても、これから国が特定の措置をとる義務を導き出すことは困難なのである。

規範内容のこのような一般性は、当該の規範が慣習法の原則として確立することを必ずしも妨げるものではないと主張され、そのような規範の例としてたとえば自決権が挙げられることがある[114]。また、そうだからこそ予防原

109　Birnie & Boyle, 1992, 98.
110　Birnie & Boyle, 2002, 120；邦訳、148-149。なお、本書における予防原則の位置づけの変化については、児矢野、2006、239、(注80)を参照。
111　たとえば、水上、2001b、229；村瀬、1999b/2002、362(注23)。
112　たとえば、児矢野、2006、237-239；堀口、2002、78-80；髙村、2004、69-71；髙村、2005、9-17。
113　Freestone, 1991, 30；Freestone, 1994, 212-213；McIntyre & Mosedale, 1997, 222-223；Cameron & Abouchar, 1996, 46.
114　髙村、2005、15；Freestone, 1991, 30 (note 39)；Freestone, 1999, 136-137.

則は法規則ではなく、これとは区別される意味での法原則なのだと指摘される[115]。しかし、自決権は確かに一般的な内容の法原則として確立したものであるが、前世紀の後半においてその具体的な適用が確保されてきたのは、それを担う確固とした行為体(民族解放団体と非同盟運動)が形成され、および／またはその実現を担保する制度的枠組み(おもに国連、とくに植民地独立付与宣言履行特別委員会)が存在したという条件によることを忘れてはなるまい。

　他方で法原則は、具体的な法規則の形成を促し方向付ける役割、法規則の解釈と適用の指針としての役割、および特定の行為や主張を正統化するイデオロギー的な役割を果たすものであった〔⇒第3章1.〕。このような法原則の役割を念頭におきながら、予防原則を運用可能とする(operationalize)途を――いずれもすでに行われてきたことであるが――考えるなら、以下のようなことがいえると思われる。第1に、条約による予防原則の具体化を進めなければならない。既存の条約では、たとえばロンドン海洋投棄規制条約1996年議定書、国連公海漁業実施協定、オゾン層破壊物質に関するモントリオール議定書などを予防原則の具体化の例として挙げることができる〔⇒本章2.(1)(2)〕。このように条約上の義務として具体化された場合には、予防原則が締約国の行為の合法性／違法性を判断する基準として働くことはいうまでもない。第2に、予防原則を実施に移す制度的な仕組みを作ることである。この点に関しては、UNEP、UNECEといった国連機関や、EUなどの地域的機構が実質的に重要な役割を果たしてきたが、より具体的には各条約が設置するCOPが、枠組条約が一般的に定める予防原則を議定書において具体化するために不可欠の役割を果たす[116]。本章2.で検討した条約の多くでは、COPの手によってこのような形で予防原則の具体化が実現してきたのである。

　このように、義務づけ規範としての予防原則は条約による内容の具体化を通じて、あるいはそのための制度的な仕組みの構築を通じて、具体的な適用が可能となるものだった。これに対して予防原則にはもう一つ、許容規範としての側面がある。すなわち予防原則によって、国際機構にある措置をとる

115　児矢野、2006、237-239；児矢野、2007、104-106；堀口、2002、78-79；Freestone, 1999, 136；Ellis, 2006, 458-459；Atapattu, 2006, 281-287.
116　柴田、2006b、参照。

権限を与え、あるいは締約国に条約が定める原則に対して例外的な措置をとることを許容するのである。たとえばEU運営条約191条2にいう共同体の環境政策の基礎としての予防原則は、共同体に予防的な措置をとることを義務づける側面と同時にそのような権限を与える側面も有する。また、カルタヘナ議定書やSPS協定が規定する予防原則は、締約国が輸入に関して例外的な規制措置をとることを許容する〔⇒本章2.(4);3.(7)〕。このような許容規範としての予防原則の場合には、その内容が不確定である事実は義務づけ規範としての場合とは別種の問題を生じるが、これについては次項において検討したい。

(2) 予防原則の政策的含意

　環境の保護および保全においては、予防原則が政策上望ましいものであることに明確な合意があるように見える。前述のように、ICJもILCもそのようなアプローチを採った〔⇒本章1.(3)〕。「用心に越したことはない(better safe than sorry)」という標語が示すように、それは日常の知恵でもある[117]。しかし、前項の末尾で触れたように、環境保護の分野においてさえ予防原則が無条件に優先的な課題であるかどうかについては、問題が残る。そこでここでは、EU委員会の「予防原則に関する通報(Communication from the Commission on the precautionary principle)」[118]をおもな素材として、予防原則の政策的な含意について考えよう。

　先に見たように、予防原則の発動要件は「科学的確実性の欠如」だとされている〔⇒本章1.(2)〕が、これは何を意味するのだろうか。「通報」によれば、予防原則は「危険の評価(risk assessment)」、「危険の管理(risk management)」および「危険の伝達(risk communication)」の三要素からなる「危険の分析(risk analysis)」において、「危険の管理」に関わるものである。「危険の管理」に先立って科学的な「危険の評価」が行われなければならないが、「危険の評価」において当該の現象、産品などの悪影響の可能性が同定され、かつ、データの不十分さ、不確定性または不正確性のために、問題となる危険を科学的評価

117　Sunstein, 2002-2003, 1003-1004.
118　COM/2000/0001 final. 以下「通報」と略称。なお、本「通報」については、小山、2002、を参照。

が十分確実に決定できないことが、予防原則発動の前提となる[119]。このような状況において政策決定者は、世論のさまざまな圧力のもとに対応策を決定しなければならないが、それは社会にとって受忍可能な(acceptable)危険のレベルを決定するという、優れて政治的な作業である。何も行わないという決定も可能かも知れないし、予防原則の適用は必ずしも法的効果を伴う文書の採択を意味するわけではない[120]。

　予防原則を適用してとられる措置は一定の要件に従うことが必要であり、予防原則の援用は「危険の管理」の一般原則から逸脱する口実とされてはならない。「通報」によれば、このような一般原則には以下のようなものが含まれる：第1にとられる措置は「危険の不存在(zero risk)」を目指すものではなく、望ましい保護のレベルと均衡がとれたものでなければならないのであって、均衡性を判断するに当たっては長期的な効果の可能性をも考慮に入れる(均衡性の原則)；第2に類似した状況は異なる扱いを受けてはならず、異なる状況は客観的な理由がない限り同じように扱われてはならない(無差別の原則)；第3にとられる措置は類似の状況ですでにとられた措置との関係で一貫したものでなければならない(一貫性の原則)；第4に予定される措置の社会にとっての全体的なコストを勘案しなければならない。このような考慮は、経済的な費用対効果だけではなく非経済的考慮も含むものであり、人間の健康に関わる要件は経済的な考慮よりも重視されなければならない(費用対効果の原則)[121]。

　つまり、予防原則を適用してある措置をとるよう決定するためには、多面的で多様な諸要素の比較考量が必要である。ところが環境保護運動は「単一争点(single issue)」主義に傾きがちで、危険が想定される行為または物質を禁止することに急であっても、その禁止の全体的な社会的コストには目を向けないことが多い。その典型は、DDTの禁止に見ることができる。先進国における環境保護運動は多くの国でDDTの禁止を実現したが、その結果、DDTの使用によって絶滅に近づいていたマラリアが発展途上国で再び激増

119　Ibid., paras.5.-5.1.3.
120　Ibid., paras.5.2.-5.2.2. See, e.g., Hey, 1991-1992, 307-309；髙村、2005、12-14。
121　COM/2000/0001 final, paras.6.3.-6.3.4.

した。そこでWHOは、2006年にDDTの室内残留性噴霧を奨励するという劇的な方針転換を行うこととなる[122]。ちなみに2001年のPOPs条約では、DDTは疾病を媒介する動物の防除のために製造と使用が限定的に認められる物質に含まれる(附属書B)。

　ある分野において環境保護のためにとった措置が、他の分野における環境に危険を生じてはならないという考えは、すでにいくつかの条約に反映されている。たとえばUNCLOS 195条は、国が海洋環境保護の措置をとるに当たって、損害もしくは危険をある区域から他の区域に移転させないように、また、一の類型の汚染を他の類型の汚染に変えないように行動することを義務づける。また、1992年のUNECE越境水路条約は、水の汚染の防止、管理および減少のための措置は「直接にまたは間接に環境の他の分野への汚染の移転をもたらしてはならない」と規定する(2条4)。

　DDTの経験はまた、危険を賦課されるのが誰かという「危険の配分(risk distribution)」の問題をも提起する。「予防原則に照らして支持されたDDTの禁止は豊かな国では顕著に正当化されるが、少なくともDDTが重大な疾病、とりわけマラリアと闘うためのもっとも安価でもっとも効果的な方法であるような若干の貧しい国では、有害な影響を及ぼすかも知れない」のである[123]。なお、ここで注意しておきたいのは、予防原則の適用のために行うべき比較考量は、この環境分野とあの環境分野あるいは生態系の保全と経済功利主義[124]といった、単純な二項対立に基づくものであってはならないということである。それは、分野横断的であるだけでなく地域横断的であり、さらには世代縦断的な利益考量でなければならない。予防原則に批判的な論者として著名なサンスティンも、ウィングスプレッド声明〔⇒本章1.(4)〕のような「強い」予防原則を厳しく批判しながらも、このように広範な利益考量を可能とするリオ宣言原則15やEC委員会「通報」に見られる「弱い」予防原則は、「異議のないものであり重要なものでもある」ことを認める[125]。言い換えれば、「リ

122　中西準、2007、参照。
123　Sunstein, 2002-2003, 1032. 中西準、2007、166、参照。なお、発展途上国における予防原則の受け止め方については、張、2007、参照。
124　堀口、2002、75-80。
125　Sunstein, 2002-2003, esp., 1016.

スクは複合的で相互に連関しているという現実に照らせば、われわれは最大限の予防というより最適の予防原則を必要とする」のである[126]。

さて、先のような要件を満たすものとして、一定の措置が予防原則に基づいてとられたとして、それがことの終わりではない。このような措置は、科学的なデータが不十分、不正確または不確定である限りにおいて、また、当該の危険が社会の受忍限度を超える限りにおいて維持されるべきである。言い換えれば、より進んだ完璧な科学的評価を求めて科学研究を続けなければならず、措置は新しい科学的所見に照らして修正されまたは廃棄されなければならない[127]。つまり予防原則に基づく措置は、SPS協定5条7のような明文の規定が存在しなくても、本来的に暫定的な性格のものと理解される[128]。国際裁判における暫定措置ないし仮保全措置〔⇒本章3.(9)〕は、後に本案手続における再検討の対象となるという意味でこのような暫定性の要件を満たしており、したがって予防原則に有利な土壌となり得たのだと考えられる。

とられた措置のこのような事後のフォローアップに関わってもう一点注意したいことは、このような措置の司法審査が果たして可能かということである。「通報」によれば、共同体機関がとる措置の合法性の判断は共同体司法裁判所が行うべきことであるが、委員会その他の共同体機関が広範な裁量権を認められている分野では、裁判所による司法審査は当該の機関が重大な誤りを犯したか、権限を誤用したかそれとも明白に評価の権限を逸脱したかどうかの判断に限られなければならない、という[129]。そしてこのような立場は、共同体司法裁判所自体がとるところでもあった〔⇒本章3.(8)〕。しかもこのことは、裁判所に共同体機関の措置の合法性を審査する強制管轄権が付与されているECの枠内（EU運営条約263条；265条）でのことである。このような制度の外に出れば、裁判所への管轄権の付与は紛争当事国の合意によるものであり、たとえ管轄権が存在しても、裁判所が予防原則の主張について判断することに一貫して消極的だったことはすでに見てきた〔⇒本章3.(9)〕。そうであ

126　Wiener, 2007, 610.
127　COM/2000/0001 final, para.6.3.4.
128　岩間、2004、59；中西準、2007、176；Wiener, 2007、610、参照。
129　COM/2000/0001 final, para.5.2.2.

れば、予防原則に基づいてとられた措置に関する司法審査は、原則として望めないものと見なければならない[130]。

こうして、国の行政府があるいは国際機構の機関が、予防原則に基づくとしてとる措置の正統性をどのように確保するのかという課題が、重要なものとして浮かび上がる。EC委員会の「通報」自体、このような課題を十分に自覚しており、「予防原則はいかなる状況においても恣意的な決定の採用を正当化するために用いることはできず」、すべての利害関係者が決定過程にできる限り十分に参加し、かつ手続はできる限り透明でなければならないという[131]。よく知られているようにEUは「民主主義の赤字(democratic deficiency)」の原産地であるが、国のレベルでもグローバリゼーションの圧力のもとで、迅速な意思決定を理由に決定過程の民主的な統制が弱められつつある。このような状況のもとでは、国際法原則として確立したとされる予防原則を国内的に実施するという口実によって、議会による民主的な統制がバイパスされるかも知れない[132]。しかも、とりわけ先進国では産業政策の根幹に関わるような意思決定においては、大企業や業界団体などが並はずれた影響力を有するだけでなく、関連の科学的データをもっともよく掌握している[133]。したがって、予防原則の適用に関わる意思決定を民主的に統制することは、国際社会においてだけではなくて各国の国内のレベルにおいても、重要な課題となるのである[134]。予防原則の適用におけるこのような正統性の確保の必要性を強調したのは、ILAが2002年に採択した「持続可能な発展に関する国際法の諸原則のニューデリー宣言」〔⇒第6章〕である。同宣言は「予防的な取組み方法の原則」において、「予防的措置は最新かつ独立した科学的判断に基づかなければならず、透明なものでなければならない。これらの措置は、経済的な保

---

130 予防原則が関わる行政機関の決定についての国内司法審査の困難さについては、Fisher, 2001、参照。
131 COM/2000/0001 final, paras.5.1; 6.2.
132 中村民、2001、116-117、参照。
133 たとえば、Sunstein, 2002-2003, 1008, 1055；髙村、2005、14-15, 27-28、参照。もっとも、このような私的な利益集団が規制のために完全な科学的証明を要求する場合には、予防原則はそれに対する抵抗の手段ともなりうる。
134 予防原則の適用には限定しないが、SPS協定の解釈・適用における民主的正統性を論じた論文として、Howse, 1999-2000、参照。

護主義をもたらしてはならない。非国家行為体を含むすべての利害関係者を協議過程に参加させる、透明な構造が樹立されるべきである。司法機関または行政機関による適切な再検討が、利用可能とされるべきである」と規定した[135]。

---

135 Resolution 3/2002, New Delhi Declaration of Principles of International Law Relating to Sustainable Development, para.4.4, ILA, 2002, 28.

第6章　持続可能な発展

1.「持続可能な発展」概念の形成[1]

　「持続可能な発展(sustainable development)」の概念は環境と発展に関する世界委員会(WCED)が1987年に公表した報告書『われら共通の未来』[2]によって注目を集め、1992年のUNCEDにおいて国際環境法の中心概念として承認を受けたものであるが、その意義を正しく理解するためには、国際社会における「発展(development)」概念の変遷を押さえておくことが必要である。そこで以下ではまず、国連における「発展」をめぐる議論の進展を概観することにしよう。

(1)　国連における「発展」概念の変遷

　国連の目的の一つは「経済的、社会的、文化的又は人道的性質を有する国際問題を解決することについて〔……〕国際協力を達成すること」(憲章1条3)であり、その経済的・社会的国際協力の目的は「一層高い生活水準、完全雇用並びに経済的及び社会的の進歩及び発展の条件」を促進することを含む(同55条(a))。これらの憲章規定には、次のような特徴を見て取ることができよう。第1に、経済的・社会的国際協力は、機構の主要な目的である国際の平和と

1　本節はおもにYoshiro Matsui, "The road to sustainable development: evolution of the concept of development in the UN", in, Ginter, et al., eds., 1995, によっている。
2　WCED, 1987：邦訳、1987。

安全の維持にいわば従属していた。憲章55条によれば、この分野における活動は「諸国間の平和的且つ友好的関係に必要な安定及び福祉の条件を創造するために」行われるべきものとされる。第2に、憲章は「発展」概念を定義していなかったし、機構またはその活動の目的として発展途上国の発展にとくに言及していたわけでもない。

しかし、国連創設以後の国際社会の構造変化は、経済的・社会的な国際協力を国連活動の主要な動機の一つとし、その自立した目的とした。今日の国連の慣行では、平和と発展は弁証法的で相互に条件付けあう関係にあるとみなされている。そして今日では、発展途上国の発展が経済的・社会的国際協力の分野における国連活動の焦点であることを否定する者はいないであろう[3]。持続可能な発展に導く「発展」のこのような位置づけとその内容の変化は、以下のような四段階を経て実現してきた。

第1段階は、いわば経済成長至上主義の時期と性格付けることができ、国連成立時からおおむね1960年頃までをカバーする。国連が発展途上国――当時は「低開発諸国（under-developed countries）」と呼ばれた――の経済発展の問題に取り組むようになるのは、ヨーロッパにおける戦後復興が一段落する1950年前後のことであるが、当時のこのような取り組みについては以下のような特徴を指摘することができる。第1に、先にも指摘したように発展途上国の発展はそれ自体が目的というよりも、平和維持の手段の一つと見なされていた。第2に、途上国の発展はもっぱら成長率で計られる経済開発を意味するものと理解されていた。そして第3に、低開発の主要な原因は「貧困の悪循環（a vicious circle of poverty）」だと見なされていた。すなわち、低位の資本形成→低位の生産性→低位の収入→低位の貯蓄率→低位の資本形成、という悪循環である。このような悪循環を打破するためには外部からの刺激、つまり外国の援助と投資が不可欠であると見なされ、このような「国際協力」の促進のためには途上国の主権の制限が必要だと主張されたのである。

第2段階は1960年から1975年頃までで、自立的発展の時期と呼ぶことができる。1960年に始まるアジア・アフリカの新独立国の大量の国連加盟は国連内における力関係を大きく変え、国連総会を中心に自決権を承認する国際文

---

[3] See, Wolfrum, 2002.

書が次々に採択された。途上国は「政治的自決権から経済的自決権へ」をスローガンに、1962年には総会決議「天然の富と資源に対する永久的主権」（決議1803(XVII)）〔→第3章3.(1)〕の採択を、また1964年にはガットへの批判を背景に国連貿易開発会議（UNCTAD）の設立を実現する。途上国によるこのような主張のクライマックスが、1974年の総会における新国際経済秩序の樹立に関する諸決議の採択だった。そこでは社会経済体制を自由に選択する権利と、国際経済政策決定過程に参加する権利とを基軸に国際経済関係の民主的な再編成が追求され、途上国は自らの発展の途を自由に選択することができるとされたのである[4]。なおこの段階ですでに、国連総会が決議「経済発展と自然保全」（決議1831(XVII)）において、発展途上国の経済発展は天然資源と動植物の保全に妥当な考慮を払って行われるべきことを求めていたことが注目される。

　第3段階はその前半において第2段階と重なるが、1968年のテヘラン宣言と1969年の総会決議「社会進歩および発展に関する宣言」（決議2542(XXIV)）に始まり、1986年の総会決議「発展の権利に関する宣言」（決議41/128）に至る時期であって、発展の権利ないしは人権としての発展の時期と定義づけられる。1968年の国際人権会議が採択したテヘラン宣言を皮切りに、発展途上国は自らの人権観念を積極的に主張しだした。市民的・政治的権利と社会的・経済的権利とは不可分の相互依存関係にあり、前者を保障するためには後者の実現が不可欠であって、そのためには途上国の発展ないし新国際経済秩序の実現が条件となる、というのである。西側先進国はこのような途上国の人権観を、市民的・政治的権利の無視を開発の必要性をもって正当化するものだと批判した。このようなせめぎ合いの中から、「発展の権利(right to development)」と呼ばれる新しい人権が生み出される。発展の権利は個人と人民の人権であり、すべての人権の「総合体」であると主張された。本章との関係ではここで「発展」に与えられた新しい定義が重要である〔⇒本章2.(1)〕[5]。

　さて、第4段階は持続可能な発展の時期であるが、この時期については次項で検討する。

4　松井・佐分、1981、参照。
5　松井、1982；松井、1988、参照。

(2) 「持続可能な発展」概念の成立

　環境保全と社会的・経済的発展とをどのように調和させるかという課題が明確な形をとって登場したのは、ストックホルム会議の準備過程だったと見ることができる〔⇒第1章4.〕。この会議が採択したストックホルム宣言では、「持続可能な発展」という用語自体は用いられていないが、その考え方は以下のような形で取り入れられていた。すなわち前文の4項は、「発展途上国においては、環境問題の大部分は低開発から生じている」ことを認めて、「発展途上国は、発展の優先順位及び環境を保護し改善する必要性を考慮に入れて、その努力を発展に向けなければならない」と述べる。また、原則1は「現在及び将来の世代のために環境を保全し改善する」人の「厳粛な責任」を規定し、原則2は「地球の天然資源は、現在および将来の世代のために〔……〕適切に保護されなければならない」とうたう。さらに原則13は、発展が「人間環境を保護し改善する必要性と両立するよう確保する目的で、発展計画の立案に際して総合的で調和のとれたアプローチを行う」よう国に勧告し、原則14は、「発展の必要性と環境を保護し改善する必要との間の矛盾を解決するためにも、合理的な計画立案が不可欠である」と説いた[6]。

　「持続可能な発展」という用語を初めて意識的に用いたのは、NGOsである国際自然保護連合(IUCN)と世界野生生物基金(WWF)がUNEPと協力して1980年に公表した『世界保全戦略(*World Conservation Strategy*)』だったとされる。また、この用語を用いた最初の多数国間条約は1985年のASEAN自然保全協定であって、同協定は前文において「保存は発展の持続可能性を確保するために必要であること、および社会経済的発展は永続的な保存の達成のために必要であること」を認めるとともに、1条1では「持続可能な発展の目的を達成するために」、生態系と生命支持システムを維持し、遺伝子の多様性を保存し、および天然資源の持続可能な利用を確保するために、国内法の枠内で適当な措置をとることを締約国に義務づけた。

　「持続可能な発展」の概念を一気に著名にしたのが、WCEDの報告書『われら共通の未来』だったのは周知のことである。WCEDは独立専門家委員会(いわゆる「賢人会議」)で、委員長(ノルウェー首相のブルントラント：Gro Harlem

---

[6] See, Schrijver, 2008, 43-46.

Brundtland)と副委員長は国連事務総長により、残りの委員は正副委員長によって指名され、「持続可能な発展を達成するための長期的な環境戦略を提案する」ことをおもな任務とした(総会決議38/161)。UNEP管理理事会を通じてWCEDの報告書を受け取った国連総会は、持続可能な発展が「中心的な指導原則」となるべきことを信じて、諸政府および国連システム内の関係機関等に対して政策決定において報告書に考慮を払うように要請する(決議42/187)。

そして「持続可能な発展」は、1992年のUNCEDではその基調とされた。この概念は「リオにおいてほとんど普遍的な承認を勝ち取った」[7]、あるいはUNCEDは国際環境法を重要な一部として含む「持続可能な発展の国際法(international law of sustainable development)」という新分野を是認するものだった[8]という〔⇒第1章5.〕。リオ宣言の原則4は、「持続可能な発展を達成するために、環境保護は発展過程の不可分の一部を構成するものであり、発展と切り離して考えることはできない」と規定した[9]。

2.「持続可能な発展」の定義

(1) WCEDによる「持続可能な発展」の定義

WCEDは、貧困と環境悪化の悪循環に警鐘を鳴らして、環境と発展に関する新しいアプローチを提唱する。「持続可能な発展」は、「将来の世代がそのニーズを満たす能力を損なうことなく、現在の世代のニーズを満たす発展」と定義され、それは二つのキイ概念からなるとされる。すなわち第1にニーズ、とくに貧しい人々の不可欠のニーズであって、これに対しては最重要の優先権が与えられねばならない。第2は現在と将来の世代のニーズに応じる環境の能力が、技術と社会組織の現状によって制約されているという認識である。WCEDによれば、持続可能な発展は経済成長を否定するのではなく、不可欠のニーズが充足されていないところでは明確に経済成長を要求する。

7　Birnie & Boyle, 2002, 84；邦訳、95。
8　Sands, 2003, 53。
9　以下を参照：Sands, 1994, 305-318；Schrijver, 2008, Chapter II；西村、1995、57-63；西海、2003、244-246。

しかし持続可能な発展は成長の内容を変えること、それをより省資源で省エネルギーとすることを要求し、そのインパクトをより公正にすることを要求する。こうして持続可能な発展の概念は、「環境と発展は別個の挑戦ではなく、分かちがたく結びついている。発展は悪化する環境資源を基礎としては維持することができず、環境は成長が環境破壊のコストを勘定に入れないなら保護することはできない」という認識に基づいて、環境政策と発展戦略とを統合する枠組みを与えるのである[10]。

　WCEDによるこのような持続可能な発展の定義は、その後の発展にもかかわらず現在でも「持続可能な発展の最善の、そしてもっとも簡潔な基本的描写」であると評価される[11]。生物多様性条約(CBD)は「持続可能な利用(sustainable use)」を「生物の多様性の長期的な減少をもたらさない方法及び速度で生物の多様性の構成要素を利用し、もって、現在及び将来の世代の必要及び願望を満たすように生物の多様性の可能性を維持することをいう」と定義した(2条)が、ここには先のWCEDによる定義が色濃く反映されていることを見て取ることができる。

　ところでここで遅ればせながら、"development"を本書ではなぜ「発展」と訳すのかを説明しておこう。この英語は通常は「開発」と訳され、経済学ではこれがほぼ定訳となっている。たとえば"development economies"は「開発経済学」と訳し、Asian Development Bankの日本名は「アジア開発銀行」である。条約の公定訳でも"development"を「発展」と訳した例がないわけではない(たとえば国連憲章55条(a))が、"sustainable development"の公定訳は「持続可能な開発」であり(たとえばWTO協定前文)、上記の『われら共通の未来』の邦訳に見られるように環境省(当時は環境庁)もこの訳語を用いる。

　辞書的な意味では、「開発」も「発展」も誤訳ではない。前者は"develop"の他動詞(「発展させる」「開発する」)に由来し、後者は自動詞(「発育する」「発展する」)に由来する。ここで「発展」という訳語を選択するのは、先に見た〔⇒本章1.(1)〕国連における"development"概念の変遷をふまえてのことである。第1

10　WCED, 1987, Chapters 1 and 2; 邦訳、1987、第一章・第二章。ただし、本文の訳はこれによっていない。
11　Schrijver, 2008, 217.

段階においては(おそらくは第2段階でも)、"development"はほとんどもっぱら経済成長を意味し、したがって「開発」の訳語をあてることができた。しかし、第3段階では1969年の総会決議「社会進歩および発展に関する宣言」を皮切りにして、"development"概念は大きな変遷を遂げる。たとえば総会決議「発展の権利に関する宣言」の前文は、「発展とは、人民全体及びすべての個人が、発展とそれがもたらす諸利益の公正な分配に、積極的かつ自由に、また有意義に参加することを基礎として、彼らの福祉の絶えざる増進をめざす包括的な経済的、社会的、文化的及び政治的過程であること」、また、「人間個人が発展過程の中心的な主体であり、したがって発展政策は、人間を発展の主要な参加者及び受益者としなければならないこと」を承認した。すなわち、"development"はもはや経済成長の狭い枠内に押し込められるのではなく、そこにおける人間個人またはその集団の主体的・自律的な役割が強調されるから、他動詞に由来する「開発」よりも自動詞に由来する「発展」のほうがふさわしい訳語だと思われるのである。人間をもっぱら経済成長の手段と見なす「人材開発(development of human resources)」という用語との、ニュアンスの違いに注目したい[12]。

(2) 「持続可能な発展」の構成要素

　前項で紹介したWCEDによる「持続可能な発展」の定義は広い支持を受けているが、それ自体としては持続可能な発展の内容を具体的に明らかにするようなものではない。そこで、この目的のために学説においてしばしば行われるのが、持続可能な発展の構成要素を列挙するという作業である。なかでも、2002年に国際法協会(ILA)が採択した決議「持続可能な発展に関する国際法の諸原則のニューデリー宣言」はおそらくはこの点でもっとも詳細なものであって、若干の一般原則――国際関係における法の支配、協力の義務、人権の遵守など――とともに以下の7点の特定の原則を「持続可能な発展の分野における国際法の枠組み」を示すものとして挙げる[13]。

12　訳語問題については、林など、1991、73-78(西村忠行稿)、参照。
13　Resolution 3/2002, New Delhi Declaration of Principles of International Law Relating to Sustainable Development, ILA, 2002, 22-37; Final Report of the Committee on Legal Aspects of Sustainable Development, *ibid.*, 380-398; see also, Schrijver, 2008, 171-207, Appendix.

①**天然資源の持続可能な利用を確保する国の義務**〔⇒第3章〕　この原則の出発点はいうまでもなくストックホルム宣言の原則21およびリオ宣言の原則2であるが、近年の発展はそこにおける国の義務に自国管轄外の環境だけでなく自国自身の環境をも保護する義務を加えた、とILAはいう。そこから天然資源の持続可能な利用を確保する国の義務が生じるとされ、自然環境の保護、保全および改善は人類の共通の関心事だとされる。

②**衡平の原則および貧困の除去**　衡平の原則は持続可能な発展の実現にとって中心的なものであり、世代間衡平と世代内衡平の双方を含む。リオ宣言の原則4が規定する発展の権利は、貧困の除去のために協力する義務を含むとされる。もっともILAは、世代間衡平と世代内衡平はともに現状では形成途上の原則だという見解である。

③**共通に有しているが差異のある責任の原則**〔⇒第7章〕　国だけでなく国際機構、企業、NGOsなどすべての関連行為体がこの責任を有し、発展途上国(とくに後発発展途上国)および移行経済諸国のニーズに特別の考慮を払うべきものとされる。他方、先進国は生産および消費の非持続的なパターンを減少させ除去する特別の負担を負う。ILAは、この原則は②と違って国際法のさまざまな分野で確立しているという。

④**人間の健康、天然資源および生態系に対する予防的な取組方法**〔⇒第5章〕　持続可能な発展はこの分野における予防的な取組方法が、生じた損害への責任、明確な基準と目的に基づく計画立案、環境影響評価の考慮および重大な長期的または回復不可能な損害を生じるかも知れない活動に関する適切な挙証責任の樹立を含むべきことを要求する。予防的な取組方法は透明で、その決定過程へのすべての利害関係者の参加が必要だとされる。

⑤**公衆の参加の原則ならびに情報および司法へのアクセス**〔⇒第8章〕　公衆の参加は責任ある透明な政府の条件であり、同様に責任ある透明な市民社会の組織の積極的な参加の条件でもあるという意味で、持続可能な発展にとって不可欠だとされ、そのためには意見を表明し情報を求める人権の保護が必要である。また、実効的な司法・行政手続へのアクセスは、持続可能な発展における人民への能力付与にとって必要だという。

⑥**グッド・ガバナンスの原則**　この原則は国および国際機構に共通するもの

で、持続可能な発展に関する国際法の漸進的発展および法典化にとって不可欠だとされる。市民社会とNGOsはグッド・ガバナンスへの権利を有するとともに、内部においては民主的な運営と実効的な説明責任を実現しなければならない。

⑦とりわけ人権ならびに社会上、経済上および環境上の目的に関する統合および相互依存の原則〔⇒本節(3)〕　この原則は、持続可能な発展に関する国際法の社会上、経済上、金融上、環境上および人権上の諸側面の相互依存関係、および現在と将来の世代のニーズの相互依存関係を反映する。すべてのレベルのガバナンスは統合の原則を実施するべきであって、それは持続可能な発展の実現にとって不可欠だという。

　これらの諸原則は、「持続可能な発展」について論じた学者によって——表現、組み合わせ、範囲などにおいて同じではないが——多かれ少なかれ共通して挙げられるものだといってよい。たとえばサンズは、①②③④⑦を挙げ、善隣および国際協力の原則と汚染者負担の原則〔⇒第11章6.〕を加える[14]。バーニーとボイルは「実体的原則」として①②⑦を、「手続的原則」として⑤を挙げ、サンズと同じく汚染者負担の原則を追加する[15]。またD. フレンチがあげる諸原則は①②⑤⑦に相当し、彼が加える統合の原則と協力の義務はILAの宣言では一般原則に含まれる[16]。日本では、髙島忠義が①③④⑥を、西海真樹は②③④⑦を挙げている[17]。

　このように見てくると持続可能な発展は、法原則であるのか政治的な原則であるのかを別にしても〔⇒本章4.〕、一つの原則ではなくて複数の諸原則の組み合わせからなるものと理解したほうがよさそうである。しかも、その核心についてはおぼろげながら合意があるとしても、外縁に関する意見はさまざまある。たとえば持続可能な発展委員会（CSD）の専門家グループは、持続可能な発展との関係を意識してではあるが国際法の一般原則を含む19の原則を挙げ[18]、WCEDの環境法専門家グループは「発展」の側面をほとんど考慮

14　Sands, 1994, 338-347.
15　Birnie & Boyle, 2002, 86-95；邦訳97-111。
16　French, D., 2005, 51-70.
17　髙島、2001、13-22；西海、2003、248-252。
18　DPCSD, 1996；see also, Atapattu, 2006, 97-123.

することなく国際環境法の諸原則を22か条に整理した[19]。また高島忠義は、「持続可能な開発に関する国際法」の定立と適用を論じるに当たって、これを国際環境法一般と区別していないように見える[20]。こうして持続可能な発展は、「多面的な概念(multi-faceted concept)」あるいは「変幻自在の概念(protean concept)」といわれ[21]、このあたりに、「持続可能な発展の国際法」という表現よりも「持続可能な発展の分野における国際法(international law in the field of sustainable development)」という、リオ宣言の原則27が用いる表現が好まれる理由があるのかも知れない。

しかも、「持続可能な発展」を構成するとされるこれらの諸原則の多くは、別個の独立した検討を必要とするものであり、本書でもそれらの一部について独立した章をあてている。そこでここでは、持続可能な発展の「中枢」をなすといわれる[22]が、本書では独立した章をあてることができない「統合の原則(principle of integration)」についてだけ、簡単に検討しておこう。

(3) 統合の原則

持続可能な発展の文脈において、「統合の原則」は何と何とを「統合」しようとするのだろうか。この問いに対しては、それは経済発展と環境保全であるというのが一般的な答えである[23]。確かに、繰り返して述べたように「持続可能な発展」の言葉を用いるかどうかは別にして、ストックホルム会議の準備過程以来、経済発展と環境保護の統合は一貫して国際環境法の主要な課題であった〔⇒第1章4.；本章1.(2)〕。WCEDの「持続可能な発展」に関する理解も、「ニーズ」の概念を媒介として経済成長と環境保護を架橋しようとするものだったと理解される〔⇒本章2.(1)〕。また、先に引用したようにリオ宣言の原則4は、環境保護は発展過程の不可分の一部を構成するとうたった〔⇒本章1.(2)〕。

しかし、これも先に指摘したように、このころまでに"development"の概念はたんに経済成長だけを意味するのではなく、社会発展や人権尊重、そし

---

19 Munro & Lammers, 1987.
20 高島、2002。
21 Schrijver, 2008, 208. なお後者の表現は、Brownlie, 2003, 276-277、からの引用である。
22 DPCSD, 1996, para.15；ILA, 2002, 390.
23 たとえば以下を参照：高島、2001；西海、2003；堀口、2003。

て人民の参加を含意するものに変遷していた〔⇒本節(1)〕。リオ宣言は人を持続可能な発展の中心におき(原則1)、環境問題解決への市民参加(原則10)と社会の各層の役割(原則20〜22)を規定しただけでなく、「平和、発展および環境保護は、相互依存的であり不可分である」(原則25)とうたった。また、1995年の社会発展のための世界サミットが採択した「社会発展に関するコペンハーゲン宣言」は、「経済発展、社会発展および環境の保護は持続可能な発展にとって相互依存的で相互補完的な構成部分である」(6項)という確信を表明した。2002年の持続可能な発展に関する世界サミット(WSSD)が採択したヨハネスブルグ政治宣言も、同じ認識を繰り返す(5項)。

したがって、「統合の原則」が「統合」を目指すのは経済成長と環境保全という狭い二項対立にとどまらず、社会発展や人権尊重を含む広い意味での「発展」と環境保全だと見なければならない。マクゴールドリックは、持続可能な発展は国際環境法、国際人権法および国際経済法を三本の柱とする、寺院のような統合的構造を有するという[24]。またD. フレンチは前述のような「発展」の意味変化を踏まえ、リオ宣言の原則3と気候変動枠組条約(UNFCCC)3条4に言及しながら「持続可能な発展の権利(a right to sustainable development)」という概念を提起し、このようにして発展の権利を持続可能な発展というより広い文脈の中に位置づけるなら、新国際経済秩序をめぐる議論以来の発展の権利に関する南北対立が幾分かは解決されるだろうと論じる[25]。この意味で、ILAの持続可能な発展の法的側面に関する委員会が到達した、次のような持続可能な発展の定義が注目に値する:「〔持続可能な発展とは〕包括的な経済的、社会的および政治的過程であって、わが地球の天然資源の持続可能な利用および環境の保護——自然および人間生活ならびに社会的および経済的発展がこれに依存する——を目指すものであり、発展へのすべての人間の積極的で自由で意味のある参加および発展から生じる利益の公正な配分に基礎をおき、将来の世代のニーズおよび利益に妥当な考慮を払ってすべての人間の相当な生活水準への権利の実現を求めるものである」[26]。

---

24 McGoldrick, 1996, 796-797.
25 French, D., 2005, 59-62. 人権としての「持続可能な発展の権利」については、〔⇒第8章2. (3)〕。
26 ILA, 2002, 388.

それでは、このような「統合」を実現するために、どのような方法が考えられているのか。ストックホルム宣言は、発展と環境保護の必要性を両立させるための計画立案の重要性を強調した（原則13；14）。他方リオ宣言は、環境保護を発展過程の不可分の一部とすることを求めた（原則4）が、その方法については触れなかった。この点を多少とも具体化しようとしたのは、アジェンダ21の第8章「政策決定における環境と発展の統合」である。ここでは、しばしば分野ごとに分離して行われる政策、計画および管理のすべてのレベルにおいて環境および発展の考慮を組み入れる必要性が強調され、そのための法的および規制的な枠組みと経済的手法が論じられたが、優先順位は各国がその条件、ニーズ、国家計画などにしたがって決定するべきものとされた。したがってリオ宣言が規定したのは「統合」の具体的なありかたではなく、それを決定するための手続である。つまり、個人は公の機関が有する環境情報を適正に入手し、また、政策決定過程に参加する機会をもたなければならず、国は情報の普及によって国民の参加を促進しなければならない（原則10）。なお、持続可能な発展を実現するための手続、とりわけその民主的な正統性の実現は引き続き重要な課題として認識されてきた。たとえばヨハネスブルグ政治宣言は、「持続可能な発展の目的を達成するためには、われわれはより実効的で民主的かつ責任のある国際的で多数国間の制度を必要とする」という（31項）[27]。

　アジェンダ21はまた、リオ会議の成果をフォローアップするための一連の機構整備を勧告したが、その中には経済社会理事会の補助機関として「持続可能な発展委員会（CSD）」を設置することが含まれていた（38.11-38.14項）。アジェンダ21のこのイニシアチブは、1992年の総会決議47/191および1993年の経済社会理事会決定1993/207によって実施に移されるが、「統合」はCSDの重要な任務をなすべきものとされた。すなわち決議47/191によれば、CSDの任務は「アジェンダ21の実施ならびに国連システム内における環境目標および発展目標の統合に関する諸活動における進展をモニターする」ことを含み（3(a)項）、また、それが第1回実質会期で採択するべき作業計画は、「アジェ

27　See, Hey, 2003, 8-13.

ンダ21の実施において達成された進展を評価し、アジェンダ21の環境関連部分および発展関連部分のすべてへの統合されたアプローチを確保し、ならびに分野別および分野横断的諸問題の関連づけを確保する枠組みを規定する」ものとされた(12項)。

「統合の原則」はこのように全体的なものであることを認めなければならないが、他方でCSDの任務が示すように、その中心をなすのが発展と環境保護の統合だったことは否定できない。とくにリオ宣言の第4原則が前者を主張する発展途上国と後者の立場の先進国との、妥協の結果だったことは広く指摘される。しかし、先進国相互間やその国内においても発展の格差と、したがって発展と環境保護の関係をめぐる対立は存在する〔⇒第2章1.(1)〕。ここに、先進国の間で作成された国際文書においてさえ、「持続可能な発展」が重要な位置を占める理由の一端があると思われる。

辛口に評価するなら、「統合の原則」は統合の手続とそのための制度のみを定めてその具体的なあり方を棚上げにすることによって重層的な対立を覆い隠し、そうすることによって同床異夢としての持続可能な発展への広範な合意を可能としたイデオロギーであるといえるかも知れない。「〔持続可能な発展〕は両義的であって、ある者にとっては経済の至上命令への環境政策の従属を表象し、他の者にとってはその逆を表象する」のである[28]。実際、ガブチコボ・ナジマロシュ計画事件の審理の過程では、両当事者は自らの立場を正当化するためにともに持続可能な発展を援用した。すなわち、ハンガリーはその「環境上の側面」に、スロバキアはその「発展上の側面」の焦点をあて、こうしてこの用語の「本質的な柔軟性と不確実性」を明らかにしたのである[29]。

その後の経過がこのような同床異夢を解決したとはいえないが、持続可能な発展が追求するべき統合が発展と環境保護の二者間だけのものではなく、より全体的なものであるという認識だけは共有されるようになった。たとえば2002年のWSSDが採択した実施計画は、経済発展、社会発展および環境保護を「持続可能な発展の三つの構成要素」であり相互依存的で相互に強めあう支柱であると強調して、それらの統合を促進することをうたい(2項)、2005

---

28 Pallemaerts, 1993, 17. なお、堀口、2003、を参照。
29 Sands, 1999b, 393-394.

年の国連総会サミットの「成果文書」（決議60/1）も同様の認識を繰り返す（48項）。なお、UNCEDの時期以降に採択された多数国間条約には、持続可能な発展の統合的な性格に言及するものが少なくない。UNFCCC（前文；3条3・4）；CBD（前文；6条）；同カルタヘナ議定書（前文）；砂漠化対処条約（前文；2条）；食糧農業植物遺伝子資源条約（前文；6条）、などがその例である[30]。

3. 国際法における「持続可能な発展」

(1) 多数国間条約の規定

「持続可能な発展」の概念はリオ宣言などのソフト・ロー文書以外にも、その言葉を使うかどうかを別にして普遍的、地域的な多数国間条約、二国間条約から各国の憲法や法律[31]まで、多様な法文書に規定されるようになっている。このような事実が、「持続可能な発展」が慣習国際法の原則となっていることを示すものとして引用されることがある。たとえばICJのガブチコボ・ナジマロシュ計画事件判決へのウィーラマントリー裁判官の著名な個別意見は、リオ宣言などのソフト・ロー文書の他いくつかの多数国間条約の規定、国際機構の設立文書や諸決議などを慣習法における「持続可能な発展」の一般的な受諾の証拠として挙げた〔⇒本節(2)〕。しかし、多数国間条約の規定からこのような結論を導くためには、各規定の具体的な文脈を検討する必要がある。

「持続可能な発展」という言葉自体は使わないが、一定の規定対象を保護し保存して将来に伝える義務を規定する条約は、新しいものではない。たとえば1972年のユネスコ世界遺産保護条約は、自国領域内にある一定の文化遺産および自然遺産を「認定し、保護し、保存し、整備し及び将来の世代に伝える」締約国の義務を規定し（4条）、1973年のワシントン野生動植物取引規制条約は、野生動植物を「現在及び将来の世代のために保護」する目的（前文）で、その国際取引を規制する。この種の条約にあっては、持続可能性の維持がいわば条約目的そのものであって、この目的のために条約が定める措置をとらな

30　統合の原則については、以下を参照：French, D., 2005, 54-57；Atapattu, 2006, 129-135；Schrijver, 2008, 203-207.
31　日本では、「持続可能な発展」という言葉自体は使わないが、環境基本法3条および4条がその理念を盛り込んでいる。

ければ締約国は条約義務に違反したことになる。

　天然資源の開発、とくに漁業資源の利用については「獲り尽くして」しまえば元も子もないから、資源の保存は古くから管理措置の一環とされてきた。たとえば1946年の国際捕鯨取締条約前文は、「鯨族という大きな天然資源を将来の世代のために保存する」必要性を認め、国際捕鯨委員会を設けて捕鯨の規制に当たらせる。保存と利用を両立させる概念としては、「適正な持続的生産 (optimum sustainable yield)」(1958年の漁業及び公海の生物資源の保存に関する条約2条)や「最大持続生産量 (maximum sustainable yield)」(1982年の国連海洋法条約61条3)が用いられてきた。近年の条約では、1995年の国連公海漁業実施協定5条(a)が、対象魚種の「長期的な持続可能性 (long-term sustainability)」の維持とその資源の「最適な利用 (optimum utilization)」をうたう。このような条約では、領海および排他的経済水域においては沿岸国が、公海においては関係漁業国が合意によりあるいは地域的な漁業管理機関を通じて保存管理措置を定め、このような措置を遵守しなければ条約違反となるが、「持続可能性」などが直接条約上の義務となるわけではない。

　UNCED以後は、関連条約は「持続可能な発展」の用語をより多く用いるようになる。たとえばUNFCCC3条4および5、京都議定書の10条および12条2、CBDでは8条(c)(i)などと10条、同カルタヘナ議定書の1条、そして砂漠化対処条約の4条2(b)、5条(b)などが関連規定の例である。これらは条約前文ではなく本文におかれた規定であるが、それらの多くは条約上の措置をとる目的ないしはその枠組みとして「持続可能な発展」に言及するもので、締約国の義務を直接基礎付けるようなものではない。UNFCCC 3条4だけは「締約国は、持続可能な開発を促進する権利及び責務を有する」と規定するが、「促進する権利及び責務」は英文では "have a right to, and should, promote" であって、「責務」は法的義務ではないことが明示される。

　漁業以外の資源開発については、たとえば1994年の国際熱帯木材協定1条(d)は「熱帯木材及び熱帯木材製品の輸出をもっぱら持続可能であるように経営されている供給源からのものについて行う」ことをうたうが、具体的に求められるのはそのための加盟国の能力の向上である。また、1997年の国際水路の非航行的利用の法に関する条約5条は、国際水路の「衡平かつ合理的な

利用」を義務付け、これとの関連で「最適かつ持続可能な国際水路の利用及び便益を達成する」ことを規定する。最後に経済一般の分野では、たとえば、WTO協定前文は「持続可能な開発の目的」を掲げ〔⇒本節(2)〕、2007年のリスボン条約によって改正されたEU条約3条およびEU運営条約11条が、それぞれ連合の目的および連合活動の通則として「持続可能な発展」を挙げる[32]。

このように、「持続可能な発展」ないしはこれに類似の概念を規定する国際文書は、多数国間条約に限っても印象的な多数にのぼる。しかし具体的な規定の仕方に目を移せば、持続可能な発展は条約ないしはそれに基づいてとられる措置の目的として、後の補足的な合意によって具体化されるべき原則として、あるいは努力目標として規定されたのであって、条約規定それ自体から締約国の権利義務を直接に導けるようなものは——後に見るアフリカ女性の権利議定書19条〔⇒第8章2.(3)〕を孤高の例外として——皆無であった[33]。したがって、それらを慣習法の証拠として援用することも、きわめて困難だと思われる。ロウはこれらの条約規定について、国の慣行や法的信念を云々する以前にICJの北海大陸棚事件判決がいう「規範創設的性格」を欠いていると指摘する[34]。もっとも、このようにいったからといって、持続可能な発展を規定するこのような条約規定の規範的意義を一切否定する趣旨ではないことをお断りしておきたい〔⇒本章4.(1)〕。

(2) 国際裁判などの事例

国際裁判などの事例にも、持続可能な発展に言及するものが登場している。中でももっとも多く引用されるものは、ICJのガブチコボ・ナジマロシュ計画事件判決における次のような言明である[35]。

「環境危険を評価するためには、現在の基準を考慮に入れなければならない。このことは〔1977年条約の〕15条および19条が、当事者に対してダニューブ河の水質を維持し自然を保護する継続的な、したがって必然的に

---

32 See, Schrijver, 2008, 102-141.
33 See, Magraw & Hawke, 2007, 622-623.
34 Lowe, 1999, 24-25.
35 *ICJ Reports*, 1997, 77-78, para.140. See, Schrijver, 2008, 141-153.

発展的な義務を課している限りにおいて、これら両条の文言が許可するところであるだけではなく、命ずるところでもある。

　環境保護の分野においては、環境への損害がしばしば回復不可能な性格を有するために、また、この種の損害における賠償のメカニズムに内在する限界のために、警戒と防止が必要とされることを、裁判所は認識している。

　長年にわたって、人類は経済的その他の理由で恒常的に自然に干渉してきた。過去にはこのことは、しばしば環境への影響を考慮することなく行われた。新しい科学的知見のために、また、無思慮かつ不変のペースでこのような干渉を遂行することが人類——現在と将来の世代——に与える危険の自覚が高まったために、この20年間に新しい規範と基準が多くの文書において発展させられ規定されてきた。国が新しい活動を計画するときだけでなく、過去に開始された計画を継続するときにも、このような新しい規範が考慮に入れられなければならず、新しい基準がしかるべく重視されねばならない。経済発展を環境保護と調和させるこの必要性は、持続可能な発展という概念において適切に表現されている」。

　他方、同判決へのウィーラマントリー裁判官の個別意見は、大略以下のように述べた。すなわち、発展法と環境法の相矛盾する原則は、互いに他方を無視して自由に働くことはできず、法は必然的に調整の原則を内包し、これが持続可能な発展の原則である。判決は持続可能な発展を「概念(a concept)」といったが、それは単なる概念ではなく「規範的価値を有する原則(a principle with normative value)」である。本件の解決のためには、経済発展と環境保護という二つの要件に適切な考慮を払う原則に従わねばならないが、この原則が持続可能な発展の原則であり、それは現代国際法の不可分の一部をなす。この原則は多くの多数国間条約、国際的宣言、国際機構の設立文書、国際金融機関の慣行、地域的な宣言と計画文書、または国家の慣行において一般的に承認されてきた。つまりこの原則は、不可避的な論理的必然性のためだけでなく、地球社会による広範かつ一般的な承認によっても、現代国際法の一部なのだ、という。同裁判官は、持続可能な発展の原則の本件への適用を次の二点に見る。すなわち第1に、環境影響評価を計画時点だけでなく実施過程

でも継続的に行うこと。この義務は関係条約（本件の場合には1977年条約）に明文の規定がなくても、解釈によってこれに読み込まれねばならない。そして第2に、環境規範適用における「同時代性の原則（principle of contemporaneity）」、つまり本件の場合、継続的な環境影響評価の基準は条約締結時の科学的知見にではなく、評価実施時のそれに基づかねばならない[36]。

ICJはまた、2006年のウルグアイ河岸パルプ工場事件仮保全措置命令では、本件は「持続可能な経済発展を可能としながら共有天然資源の環境保護を確保する必要の重要性を強調する」ものであり、この観点から「河川環境の継続的な保全を擁護する必要性と、沿岸国の経済発展の権利とに考慮を払わなければならない」ことを認めた[37]。

さて、ガット／WTOの事例に目を移せば、ガットの時期における小委員会の米国－マグロ／イルカⅡ事件の報告〔⇒第9章4.(4)〕が、持続可能な発展という目的が締約国によって広く認められていることを指摘した[38]が、WTOになってからの事例としては上級委員会による米国－エビ／カメⅠ事件の報告がよく知られている。米国は国内法により、ウミガメの混獲を防ぐ装置を用いないで捕獲されたエビとエビ製品の輸入を禁止した。この措置が数量制限の禁止を定めるGATT XI条に違反すると主張され、米国は同措置は「有限天然資源の保存に関する措置」を例外として認めるXX条(g)により正当化されると主張した。上級委員会は、米国の措置はXX条(g)がカバーする措置に含まれることを認めた――この点で従来の判断と異なる――が、同条「柱書き（chapeau）」にいう「同様の条件の下にある諸国の間において恣意的な若しくは正当と認められない差別待遇の手段となるような方法」で適用されたと認定した。

本報告で上級委員会は、次の二箇所で「持続可能な開発」に言及した。第1に、XX条(g)にいう「有限天然資源」の解釈について上級委員会は、この言葉は50年以上も前に起草されたものだが、環境保護に関する国際社会の現在の関心に照らして解釈されねばならないとして、WTO協定前文が「持続可能な

36　Separate Opinion of Vice-President Weeramantry, ibid., 88-90, 92-95, 111-115.
37　*ICJ Reports*, 2006, para.80.
38　DS29/R, para.5.42.

開発の目的」を認めていることを指摘し、条約解釈における実効性の原則に沿って生物資源であるか非生物資源であるかを問わず有限天然資源保存のための措置はXX条(g)の範囲内に含まれると認定した[39]。第2に上級委員会は、XX条「柱書き」の解釈に当たっても前記のWTO協定前文を引用して、「前文のこの言葉はWTO協定の交渉者の意図を反映したものであるから、同協定に付属する諸協定、本件の場合は1994年のGATTのわれわれの解釈に色取り、きめおよび濃淡を加えるものでなければならない」と述べた[40]〔なお、⇒第9章4.(6)；第12章〕。

さらに、ベルギー・オランダ間の「鉄のライン」鉄道事件仲裁判決においては、仲裁裁判所は19世紀前半に締結された関連諸条約の解釈に当たって条約法条約31条3(c)を援用して、国際環境法の関連性を認めた。仲裁裁判所はリオ宣言の原則4を引用して、ここにいう形成途上の原則は環境保護を発展過程に統合するものであり、環境法と発展の法とは代替物ではなく相互に強化しあう統合的な概念であって、発展が環境に対して重大な害を及ぼす可能性があるときに、このような害を防止し軽減する義務はいまでは一般国際法上の原則となったという。仲裁裁判所によれば、上に引用したガブチコボ・ナジマロシュ計画事件判決におけるICJの言明は、本件にも適用される[41]。

4. 法原則としての「持続可能な発展」

(1) 「持続可能な発展」の法的性格

WCEDが「持続可能な発展」の概念を提起した頃は、それが政策目標ないしは政治的な指導理念だと位置づけられていたことは疑いない〔⇒本章1.(2)〕。UNCEDは持続可能な発展を、「法規範としてではなくパラダイムとして」採択したのである[42]。しかしそれ以後、国際法のレベルにおいても持続可能な発展をめぐってさまざまな展開があった〔⇒本章3.〕。したがって、持続可能

---

39 WT/DS58/AB/R, paras.126-131.
40 Ibid., paras.152-155.
41 Award of the Arbitral Tribunal, 24 May 2005, paras.58-59. 本件については、松井、2009、124-125、参照。
42 Magraw & Hawke, 2007, 623.

な発展を国際法においてより積極的に位置づけようという見解が登場するのは自然なことだった。このような積極説の代表者は、サンズである。彼はUNCEDの直後には、持続可能な発展の構成要素としていくつかの諸原則をあげ〔⇒本章2.(2)〕、これらの原則の多くは新しいものというよりも既存の原則の再言ないしは発展だと述べたが、「各原則の国際法における性格と地位は相異なり、これらをめぐる見解は異なっている」ことを認めていた[43]。ところが彼は2003年に刊行された体系書では、「〔持続可能な発展という用語は〕今や国際法上の概念として確立している」、「国際法は、「持続可能な発展」の原則（または概念）を承認している」と、はるかに積極的な見解を述べるに至る[44]。

しかし当然のことながら、この点に関する消極説も根強く残っている。たとえばバーニーとボイルは、「持続可能な発展」の性格については「基本的な不確かさ」が残り、リオ宣言もこの問題を解決していないという[45]。ILAにおける持続可能な発展の法的側面に関する委員会の討論〔⇒本章2.(2)〕でも、この問題については一致がなかった。同委員会の報告書は、決議が規定する諸原則には十分に確立したものも、形成途上のものもあることを認める[46]。

しかし他方では、ICJのガブチコボ・ナジマロシュ計画事件判決では、「持続可能な発展」を「概念」と呼ぶか（多数意見）「原則」と見るか（ウィーラマントリー裁判官）の違いはあるが、これに何らかの法的な意味を認める点では一致があった。WTO上級委員会の米国－エビ／カメⅠ事件の報告も同じである〔⇒本章3.(2)〕。つまり、持続可能な発展は今ではたんなる政治原則あるいは政策目標に留まるとはいえない。これらの事例を検討したサンズは、「両者は、ある法的な結論を正当化するための法的分析の一部として援用されるという意味で、〔持続可能な発展〕は国際法上の地位を有するものとして扱う」ものだと結論する[47]。

WTO上級委員会は同報告において、WTO協定前文にいう「持続可能な開発の目的」に照らしてGATT XX条の柱書きと(g)号の解釈を行った。これは、

43　Sands, 1994, 336.
44　Sands, 2003, 252, 266.
45　Birnie & Boyle, 2002, 85：邦訳、96-97。
46　ILA, 2002, 398.
47　Sands, 1999b, 403.

条約前文に規定する当該条約の「趣旨及び目的に照らして」条文を解釈するという、条約法条約31条1が規定する解釈に関する一般規則の適用だと見ることができる。先に見た関連多数国間条約の多くにおいても、持続可能な発展は条約ないしはそれに基づいてとられる措置の目的として、後の補足的な合意によって具体化されるべき原則として、あるいは努力目標として規定されたのであって、それ自体として具体的な権利義務を生じるような性格のものではなかった〔⇒本章3.(1)〕が、このような場合であってもWTO協定の場合と同様に、持続可能な発展を条約解釈の一つの指針として用いることは可能であろう。「鉄のライン」鉄道事件仲裁判決の場合は、根拠を条約法条約31条3(c)に求めたが、やはり持続可能な発展を条約解釈の基準の一つとして用いたと理解できる〔⇒本章3.(2)〕。

　他方、ICJのガブチコボ・ナジマロシュ計画事件判決については、状況はもう少し複雑である。ウィーラマントリー裁判官の個別意見を先に取り上げるなら、彼は本件における持続可能な発展の原則の適用の結果を、1977年条約の解釈として環境影響評価を計画時点だけでなく実施過程でも継続的に行うこと、および継続的な環境影響評価の基準は条約締結時の科学的知見にではなく評価実施時のそれに基づかねばならないことの二点に求めた。彼は持続可能な発展の原則を国際法原則と認めたのであるから、このような立論は条約法条約31条3(c)に依拠したものとして、条約解釈の一般規則の枠内にあるものと見ることができる[48]。これに対して多数意見は、ウィーラマントリー裁判官のそれほど明晰ではないが、結果的には大きく異なることを言っているわけではないと思われる。多数意見は、本件における持続可能な発展の適用は「両当事者は共同で、ガブチコボ発電所の操業の環境に対する影響について、見直すべきであるということを意味する」と述べたが、より具体的には1977年条約の15条および19条の発展的な解釈として「環境危険を評価するためには、現在の基準を考慮に入れなければならない」という。これは、上記のウィーラマントリー裁判官の議論と同じ論理的な筋立てであるが、多数意見の場合はウィーラマントリー裁判官と違って持続可能な発展を法原則と認めたわけではない——多数意見が「このような新しい規範が考慮に入れら

48　See, Sands, 1999.

れなければならず(to be taken into consideration)、新しい基準がしかるべく重視されねばならない(given proper weight)」と述べたことは、これらの「規範」や「基準」に法的拘束力を認めたわけではないことを意味するであろう——から、これを条約法条約31条3(c)によって説明することはできない。

　もっとも、多数意見のこのような立論が法的に正当化できないと結論する必要はない。ロウは、持続可能な発展は司法的な理由付け(judicial reasoning)の過程における一要素として、規範的地位を主張することができるという。それは、一次規範が相互に重複しあるいは矛盾するおそれがある場合に、それらの境界線を押したり引いたりする役割を果たす「メタ原則」である。裁判官は裁判官であるという資格自体によって、たとえ伝統的な国際法形成過程の産物でなくても、このような概念を適用する権限を認められる。競合する規範に直面する場合に、裁判所はいずれかを選ばなければならないが、いずれかの選択が論理必然的に要求されることはまれで、むしろ正義の概念、先例その他と合致し、裁判官が関連ありと見なす社会的目的との適合性の程度に照らして、選好される結果が選ばれるのである。裁判官は、事実から選ばれた結果への道筋を説明するが、この説明は三段論法の営みではなく本質的にはレトリックである。このような選択については、決定の予測可能性を高め法システムの実効性を強め、そしてその正統性を強化するためには、国内法における解釈規準に類する規範の適用が望ましい。持続可能な発展のような概念は、司法的な決定の過程においてある種の規範性を獲得するのであり、事件の結果に端的に影響を与える。裁判所の決定が法の言明として説得力を有すると見なされれば、当該概念の適用は法の一層の発展に影響を与えるであろう。以上のように、ロウは説くのである[49]。

　このようなロウの議論は、社会科学としての法学のレベルでは解釈という行為の本質に肉薄するものであるが[50]、実用法学としての解釈論のレベルでは、先に述べた法規則とは区別される法原則の役割〔⇒第3章1.〕を思い起こさせる。すなわち法原則は第1に、これを具体化するための規則の起草を促進

49　Lowe, 1999, 31-35; see also, Birnie & Boyle, 2002, 95-97：邦訳、112-114；Atapattu, 2006, 182-194；Boyle, 2007, 131-132.
50　松井、1977、参照。

しその内容を方向付ける。法原則は第2に、裁判所が法の規則を解釈し適用するにさいして指針を提供する。原則はさらに進んで、適用可能な既存の規則が存在しない場合に、裁判所が新しい規則を採用し適用することを正当化する役割をも果たすとも指摘される。第3に法原則は、より広い局面で行為者が自己の主張を正統化するための武器としてのイデオロギー的役割をも果たす。本章における検討からは、持続可能な発展はこのような意味での法原則であると結論することが許されると思われる。D. フレンチは、持続可能な発展を「法原則」と性格付けることを避けながらも、それが多数の条約に規定されていることの結果として、当該の条約の解釈の指針となることが可能となり、締約国の行動を正当化する役割を果たし、また、以後の条約の発展に影響を与えると述べる[51]。

ただし注意しておきたいのは、持続可能な発展の原則はその「統合の原則」としての性格〔⇒本章2. (3)〕からして、名宛人に対して特定の行為を義務づける法規則となることは考えにくいということである。たとえば裁判所がある資源開発行為を「持続可能である／ない」と判断するための、「持続可能性」を測る法的基準を与えることは現状ではきわめて困難だと思われる。さらに、持続可能な発展を指標化するための努力はそれなりに行われている[52]が、たとえそれが成功したとしても、そのような指標がそれ自体「持続可能性」を測る法的基準となるわけではない。したがって、持続可能な発展の原則が法規則となるかどうかについては、先に見たようなその個々の構成要素〔⇒本章2. (2)〕について個別的に検討することが必要となると思われるのである。

(2) 「持続可能な発展」の意義

「持続可能な発展」の原則の法的性格に関する議論の結論がどうであれ、それは少なくとも以下のような意義を有すると思われる。すなわち第1に、それは社会的、経済的発展と環境保護の不可分性を強調し、これらの統合を追求する。先にも見たように、この「統合」は不安定な妥協の結果ではある〔⇒本章2. (3)〕が、グローバリゼーションとそのもとにおける市場経済の席巻に

---

51 French, D., 2005, 44-45.
52 太田、2006、参照。

よって発展途上国の発展への関心が目立って低減する中では、このような統合の意義を再確認することが重要である。ILAの持続可能な発展の法的側面に関する委員会は、環境法の分野では印象的な前進が見られるのに対して、発展に関する国際法の分野ではほとんど前進が見られず、政治においても学界においても発展にははるかに少ない重みしか与えられていないというのが「委員会の確固とした印象だった」と述べ、したがって「持続可能な発展の分野における国際法の均衡がとれた包括的な状態の達成に貢献すること」を自らの任務と考えるという[53]。

第2に持続可能な発展の原則は、世代内衡平とともに世代間衡平を実現する必要性を提起した。よく知られているように、この概念はWCEDの報告書『われら共通の未来』において持続可能な発展の定義に組み込まれ、イーディス・ワイスの著作『将来の世代への公正のために』[54]によって広く学界の関心を集めた。それは現段階では立法論的な提言にとどまり、その実現までには多くの曲折が予想されるが、環境倫理の観点からは重要な問題提起であることは否定できない。

世代内衡平とも関連して、持続可能な発展の原則については、第3に「共通に有しているが差異のある責任」の考えを提起したこと、そして第4に先進国のこれまでの発展／開発の質を初めて問題にしたことも、その意義として挙げることができる。これら2点については次章で検討するが、ここでは第4点の意味について簡単に触れておこう。この点は、先に見た国連における「発展」概念の変遷〔⇒本章1. (1)〕に関わる。すなわちその第1段階である経済成長至上主義の時期には、先進国がその資本主義的発展においてたどってきた道筋に、発展途上国をどのように組み込むかが課題とされた。次いで第2段階である自立的発展の時期では、途上国が経済的自決権に基づいて自らの発展の途を自由に選択する権利を有することが強調された。第3段階である発展の権利の時期には、発展が人権として構成されるようになったが、ここでも関心の中心は途上国の発展にあったことはいうまでもない。これらの段階では、先進国がたどってきた発展は所与のものと見なされていた。そして第4段階

53　ILA, 2002, 382-383.
54　Weiss, 1989：邦訳、1992。

の持続可能な発展の時期になって初めて、先進国がとってきた資源を浪費し汚染を垂れ流す経済成長至上主義の開発政策が、たんに途上国の批判を浴びるだけでなく、先進国自体においても深刻な自己省察の対象となるのである〔⇒第7章5.〕。

第7章　共通に有しているが差異のある責任[1]

1. はじめに

　「共通に有しているが差異のある責任(common but differentiated responsibilities)」を、国がおかれている具体的な状況に応じてその法的な権利・義務に差をもうけるという一般的な意味に用いるとすれば、それは近年に始まるものではなく国際環境法に特有のものでもない。たとえば国際経済法の分野では1970年代から1980年代にかけて、発展途上国による新国際経済秩序樹立の要求を背景に、「開発の国際法(droit international du développement)」という概念が提唱され、そこでは途上国は「新しい国際法主体」だと見なされていた[2]。

　1990年代になると、先進国における新自由主義の台頭と「失われた80年代」と呼ばれた発展途上国の停滞は、新国際経済秩序の要求を挫折させ、東欧社会主義陣営の崩壊とも相まって、市場経済が世界を席巻する。しかし他方では、先進国と発展途上国の格差はこの間かえって大きく拡大し、また、先進国においては環境保護の世論が高まった。こうした状況の中で、「持続可能な発展」とその構成要素の一つとしての「共通に有しているが差異のある責任」の概念が主張されるようになる〔⇒第6章〕[3]。

1　本章はおもに、Yoshiro Matsui, "The Principle of "Common but Differentiated Responsibilities"", in, Schrijver & Weiss, 2004, に加筆と訂正を加えたものである。
2　たとえば以下を参照：位田、1985a；西海、1987；高島、1995。
3　新国際経済秩序の要求と持続可能な発展のこのような連続性については、たとえば以下を参照：Magraw, 1990, 77-79；Boyle, 1995, 137-138；Cullet, 1999, 564-567；French, D., 2000, 52.

その名をあげてこの原則に言及する国際文書は、1992年のUNCEDにおいて始めて登場する。なかでも、リオ宣言の原則7は次のように規定した：「国は、地球の生態系の健全性及び一体性を保存し、保護し及び回復するために、全地球的なパートナーシップの精神で協力する。地球環境の悪化に対する異なった寄与にかんがみて、国は共通ではあるが差異のある責任を有する。先進国は、その社会が地球環境に対して与えた圧力並びにそれが有する技術及び財政的資源に照らして、持続可能な発展の国際的追求において自らが有する責任を承認する」。リオ宣言だけでなく、リオで採択されたすべての文書が何らかの形で共通に有しているが差異のある責任の原則を規定していたといわれる[4]。

2.「共通に有しているが差異のある責任」の根拠

(1) 共通に有している責任

「共通に有しているが差異のある責任」は「共通に有している責任」と「差異のある責任」との二要素からなる。リオ宣言の前文の言葉を使えば、前者は「われわれの家である地球の不可分性と相互依存性」、およびその結果生じる「地球的規模のパートナーシップ」に由来する。生態学的な相互依存関係という現実とそれに由来する環境問題の全地球的な性格の承認とによって、地球環境の保護はもっぱら個々の国の国内管轄事項であることをやめて、人類の共通の関心事項と見なされるようになった[5]。共通の責任とそれから生じる協力の義務は、UNCED以前から環境と発展の分野で採択された多くの国際文書に規定されてきた[6]。

したがって、すべての国とくに発展途上国は、持続可能な発展のための国際法の形成と実施に積極的に参加しなければならない。アジェンダ21は、環

4　Shelton, 2007, 657.
5　See, e.g.: DPCSD, 1995, paras.82-83 ; See also, Sands, 1994, 343-344 ; Sands, 1995, 63-64 ; Timoshenko, 1995, 154 ; Werksman, 1995, 40-41.
6　以下を参照：ストックホルム宣言前文7項、原則9、12、20、22および24；リオ宣言前文、原則5～7、9、12～14、18、19および27；気候変動枠組条約(UNFCCC)前文、3～6条、11条および12条；生物多様性条約(CBD)前文、5条、8条、9条、12条、14～21条。

境分野における現存の国際法文書の多くは発展途上国の十分な参加なしに作成されたものであり、これら諸国の利害と関心を反映しバランスがとれた運営を確保するためには再検討を必要とするかも知れないことを認めて(39.1(c)項)、国際文書の交渉、実施、再検討および運営の過程へのすべての関係国、とりわけ発展途上国の実効的な参加を促進し支持する必要を承認し、このための技術的および財政的な援助を呼びかけるとともに、適切な場合には差異のある義務(differential obligations)を用いるように勧告した(39.3(c)項)。

このような目的は、少なくとも部分的には実施に移された。国連総会は1989年に、UNCEDとその準備に発展途上国が十分かつ効果的に参加できるように援助する目的で、自発的基金を設置した(決議44/228, II, para.15.)。このほか、UNFCCC、CBD、砂漠化対処条約、国連公海漁業実施協定などの立法過程に効果的に参加できるよう、発展途上国へ援助が供与されてきた。事務総長は、「とりわけ広範な分野におけるより深い専門知識を要する統合的な文書の複雑さに照らせば、支援は任務にとっては不十分だ」と批判した[7]が、「天然資源と環境問題に関する今後の交渉にとって、今や確かに先例が形成された」ことの意義は評価できるであろう[8]。つまり、「共通に有している責任」と「差異のある責任」とは別個に論じることはできない。持続可能な発展のための国際法原則に関する専門家グループが指摘したように、「「共通の」とは地球環境の保護における連帯を含意し、したがって目的達成において衡平を反映するような方法で負担を分担することを意味する。このことは翻って、特定の状況においてはさまざまな行為体の間で差異のある義務を引き受けることを意味しよう」[9]。

(2) 差異のある責任：二重の根拠

リオ宣言の原則7によれば、「差異のある責任」は二つの根拠を有する。すなわち、第1に「地球環境の悪化へのそれぞれの加担」と「〔先進諸国の〕社会が地

7　E/CN.17/1997/2/Add.29, para.20.
8　Sands, 1994, 356. See also, Halvorssen, 1999, 86-87. Cf, Werksman, 1995, 29-30.
9　DPCSD, 1996, para.84. See also, Sands, 1994, 344；Sands, 1995, 63-64；French, D., 2000, 45-46；Cullet, 1999, 577-578.

球環境にかけている圧力」であり、第2に先進国が有する「技術及び財源」である。同様にUNFCCCは、第1点について「過去及び現在における世界全体の温室効果ガスの排出量の最大の部分を占めるのは先進国において排出されたものであること、開発途上国における一人当たりの排出量は依然として比較的少ないこと」(前文)にかんがみて、「先進締約国は、率先して気候変動及びその悪影響に対処するべきである」(3条1)と述べ、第2点に関しては「各国の能力並びに各国の社会的及び経済的状況に応じ、できる限り広範な協力を行う」ことが必要であるという(前文)。共通に有しているが差異のある責任について論じた大部分の論者は、強調点は異なるがこれら2点の根拠に言及する[10]。時には、諸国における生態学的な相違が「差異のある責任」の根拠として挙げられることがある[11]が、ここではこの根拠は無視してもよかろう。いずれにしてもそれは補足的な根拠であるし、先進国と発展途上国の間の生態学的な相違はおもに前者の過去における非持続的な開発政策の所産だからである。イングランドでさえ、かつては森林に覆われていた！[12]

「差異のある責任」の第1の根拠、つまり地球環境の悪化への先進国の加担は、いうまでもなくおもに発展途上国によって主張されるものである。たとえば1991年に41の発展途上国が採択した「環境および発展に関する北京閣僚宣言」は、「環境の保護は国際社会の共通の利益にかなうものではあるが、先進国は地球環境の悪化に対する主要な責任を有する。産業革命このかた、先進国は生産および消費の持続不可能なパターンによって世界の天然資源を過剰消費し、地球環境に損害を与えて発展途上国の利益を損なってきた」と宣言した[13]。この観点はたんに途上国の主張には留まらず、UNCEDの招集の段階で国際社会のコンセンサスを得ていたといってよい。たとえば同会議の招集を決めた1989年の総会決議44/228は、「地球環境の継続的な悪化の主要な

---

10 以下を参照：Cullet, 1999, 577；French, D., 2000, 46-52；Timoshenko, 1995, 154；Halvorssen, 1999, 28；Porras, 1993, 29；Chowdhury, 1995, 333-334；Shue, 1999, 533-540；Rajamani, 2000, 121-124.

11 E.g., Stewart, 1993, 2052-2053；Hunter, et al., eds., 1998, 358.

12 川崎、1997、参照。

13 Beijin Miniserial Declaration on Environment and Development (Adopted on 19 June 1991), para.7, UN Doc., A/CONF.151/PC/85, Annex, 13 August 1991.

原因は、とりわけ工業国における生産および消費の持続不可能なパターンであること」、「地球環境への損傷を封じ込め、減少させかつ除去する責任は、そのような損傷をもたらした諸国が負わねばならず、もたらされた損傷に関連したものでなければならず、また、各々の国の能力と責任とに応じたものでなければならない」ことを認めた（前文12項；15項。本文Ⅰ・9項；15項(f)も参照）[14]。

　この第1の根拠からは、地球環境の悪化に対処するための措置をとる先進国の法的責任を導くことができる。先進国のこの責任は、「汚染者負担の原則（polluter-pays principle）」〔⇒第11章6．〕の適用の一種として説明できるかも知れない。文脈はもちろん異なるが、汚染者負担の原則の基礎にある根拠は「気候変動や生物多様性の喪失の問題への先進国の歴史的責任に言及する諸規定に反映されている」とサンズはいう[15]。あるいは別の論者が指摘するように、発展途上国への差異のある待遇はある種の「国際的なアファーマティブ・アクション」として性格付けることができるかも知れない[16]。

　国際法の観点から発展途上国に有利な差異のある責任を説明する、もっとも説得力が強い議論は「衡平原則」の適用という考えだと思われる。たとえばシューは、次のように論じる：「ある当事者が過去において、他者にその同意を得ることなくコストを押しつけることによって不公正な利益を得た場合には、一方的に不利な立場に立たされたものは、加害当事者が平等を回復するために、少なくとも過去に取り上げられた不公正な利益の範囲内で、将来において不平等な負担を引き受けるべきだと要求する資格を有する」[17]。確かに衡平原則は、この点に関して先進国に課される法的義務を支持するために、もっともしばしば援用される根拠だということができる[18]。実定法のレベルでも、たとえばUNFCCCが「衡平の原則」と「共通に有しているが差異のある責任」をセットにして規定している（3条1）ことが注目される。

14　See, Chengyuan, 1995.
15　Sands, 1994, 347. See also, Rajamani, 2000 , 122.
16　E.g., Cullet, 1999, 571-572；Halvorssen,1999, 28.
17　Shue, 1999, 534.
18　E.g., Cullet, 1999, 557-558；DPCSD, 1996, para.38；Sands, 1995, 63-64；Halvorssen, 1999, 28, 75；Chawdhury, 1995, 330, 335；Rajamani, 2000, 122-123；Porras, 1993, 29；Shelton, 2007, 656-658.

これに対して、差異のある責任の第2の根拠、すなわち先進国が有する「技術及び財源」から導かれる責任は、道義的・政治的なものにとどまるであろう。したがってこの立場を一貫して主張してきたのは、先進国であった。たとえばリオ宣言の原則7に対して、米国は以下のような「解釈宣言」を付した：「合衆国は、原則7は先進国の特別の指導的役割を強調するものであると理解してこれを受諾する。この特別の指導的役割は、われわれの産業発展、環境保護の政策と行動におけるわれわれの経験、ならびにわれわれの富、技術上の経験および能力に基礎をおくものである。合衆国は、合衆国が国際的な義務または賠償責任を承認しまたは受諾したことを意味するような、あるいは発展途上国の責任の縮減を意味するような、原則7のいかなる解釈をも受け入れるものではない」[19]。

しかし先進国による執拗な否定にもかかわらず、その「社会が地球環境にかけている圧力」は疑いもなく歴史的・現代的な事実である。さらに、環境保護の分野においてはかつての新国際経済秩序の場合と違って、発展途上国は自らに有利な差異のある待遇を部分的にでも受け入れるように先進国を説き伏せる、強力なテコを有している。前述のように〔⇒本章2.(1)〕、地球環境の保護は人類共通の関心事として認められるようになったが、この枠内での優先順位は先進国と途上国とでは異なる。すなわち、先進国にとってはオゾン層の破壊や地球温暖化といった環境悪化の問題が優先課題であるのに対して、途上国にとっては持続可能な発展の実現と貧困の除去が最優先の課題である。したがっておもに途上国の一方的な要求に終始した新国際経済秩序の場合と違って、ここでは通常の国際立法の過程で働く権利と義務の相互主義が機能する可能性がある。先進国は自らの優先課題である多数国間環境保護協定(**MEAs**)への発展途上国の参加を確保するために、何らかの代償を差し出す必要がある。こうして、共有の環境問題をめぐる現在の議論は政治的な力のバランスを南の諸国に有利に変化させ、「共通に有しているが差異のある責任」の概念ないしは原則は一定の限度内においてではあるが実定法化されてきた[20]。

19　A/CONF.151/26/Rev.1, Vol.II, Chap.III, para.16.
20　See, Jordan, 1994.

「共通に有しているが差異のある責任」の原則からは、二つの法的帰結が導かれるように思われる。すなわち第1に発展途上国に有利な「二重基準」の採用であり、第2に先進国による発展途上国の持続可能な発展への援助である。以下では、このような二つの形の帰結を順次検討することにしよう。

3. 発展途上国に有利な「二重基準」

ここにいう「二重基準」とは、先進国と発展途上国に対して相異なる環境基準を適用することを意味する。基準には国内的なものと国際的なものとがあるが、いずれについても「二重基準」の必要性が認められてきた。前者に関してリオ宣言の原則11は、環境基準はそれが適用される環境と発展の状況を反映するべきことを認めて、「一部の国が適用する基準が他の国とくに発展途上国にとっては不適切であり正当化されない経済的および社会的負担となることがあり得る」という。また、国際的な基準に関してはアジェンダ21の39.3(d)項は、「諸国の異なった状況と能力とを考慮に入れた環境保護のための国際基準」の促進を目標に掲げる。このような「二重基準」は一定程度までは、環境と発展に関する諸条約に反映されてきた。発展途上国に有利な「二重基準」は、実体的な権利・義務に差を設けるものと、実体規定の適用について時間差を設けるものの二種類に分類できよう。

(1) 実体的な権利・義務に差を設けるもの

前者のタイプの「二重基準」の例として、UNFCCC〔⇒本章2.(2)〕を取り上げよう。同条約は締約国を、①すべての締約国、②附属書Ⅰの締約国(先進締約国——1992年におけるOECD加盟国——と市場経済への移行過程にある締約国)、および、③附属書Ⅱの締約国(市場経済への移行過程にある締約国を除いた附属書Ⅰの締約国)の3種類に区別して、それぞれ以下のように異なった「約束(commitments)」を規定する(4条)。

①については、温室効果ガスの排出・吸収源に関するリストの作成と更新、気候変動緩和に関する計画の作成と実施、科学技術上・社会経済上その他の分野での協力などの一般的約束(4条1)。実施に関する情報をCOPに送付する

約束はすべての締約国に共通である(4条1(j))が、送付されるべき情報の内容と送付の時期については差異が設けられる(12条。〔⇒本節(2)〕)。②については、すべての締約国の約束に加えて、温室効果ガスの人為的な排出の量を1990年代の終わりまでに1990年の水準に戻すことを目的に温室効果ガスの排出を抑制する措置を執る約束。その実施状況は、COPにより検討される(4条2(a)(b))。③については附属書Iの締約国の約束に加えて、発展途上締約国が条約上の義務を履行するのに要する費用に充てるために「新規のかつ追加的な資金を供与する」約束、気候変動の悪影響を受けやすい発展途上締約国への支援の約束、他の締約国とくに発展途上締約国への技術移転の約束が規定される(4条3～5)。

しかし、UNFCCC4条1(a)および(b)において附属書Iの締約国が引き受けた約束は、あまりにもあいまいで真に拘束力ある法的義務であるのかたんなる勧告的な約束にすぎないのかが疑われ、きわめて不十分であると見なされた。こうして、1995年にベルリンで行われた第1回締約国会議(COP-1)は、「特定の時間的な枠組みにおいて数量化された限界と削減目標」を定めることによって附属書Iの締約国の約束を強化すること、および附属書Iに含まれない締約国に新たな約束を導入しないこと決定した[21]。「ベルリン・マンデート」と呼ぶこの決定にしたがって、1997年に京都で開催されたCOP-3はUNFCCCへの京都議定書を採択する。京都議定書は、附属書Iの締約国に対して数量化された温室効果ガスの削減抑制目標を約束させる一方、発展途上締約国に対しては新しい約束を導入しなかった。

すなわち、京都議定書によれば附属書Iの締約国の約束は以下のように具体化される。削減抑制数値目標(3条)では、基準年は一部の例外を除き1990年で目標年は2008～12年の平均とされ、附属書Iの締約国全体で少なくとも5％の削減が求められる(1項;7項)。国別数値は附属書Bに記載され、EUほか26か国は8％、米国は7％、日本ほか3か国が6％、クロアチアは5％であるのに対して、ニュージーランド、ロシアおよびウクライナは0％つまり現

---

21 Decision 1/CP.1, The Berlin Mandate: Review of the adequacy of Article 4, para.2 (a) and (b), of the Convention, including proposals related to a protocol and decisions on follow-up, Section II, paragraph 2 (a), 34 *ILM* 1671 (1995).

状維持であり、逆にノルウェーは＋1％、オーストラリアは＋8％、アイスランド＋10％と増加が認められる。当該の約束期間において排出量が割当量を下回った締約国は、その差を次期約束期間に繰り越すことができる(13項：「バンキング」)。

対象ガスは二酸化炭素を中心に六種類のガスとされ、モントリオール議定書の規制対象であるオゾン層破壊物質を含む(1項；附属書A)。吸収源に関しては、1990年以降の林業活動等に起因するものに限って限定的に削減目標にカウントすることを認める(3項；7項)。3条が定める削減抑制義務を共同で達成することに合意した附属書Iの締約国は、合意によって割り当てられる排出量の合計が附属書Bによる割当量の総計を超えない場合には約束を達成したものと見なされる(4条：「共同達成」または「ECバブル」)。

京都議定書は、附属書Iの締約国による議定書受諾を容易にするために、「柔軟性メカニズム」あるいは「京都メカニズム」と呼ぶ制度を設けた。すなわち、附属書Iの締約国が「排出削減単位」を相互に移転ないし取得することを認める「共同実施」(6条)；附属書Iの締約国が非附属書Iの締約国の持続可能な発展を支援することによって得られた「認証された排出削減量」を自国の削減義務遵守のために利用することを認める「クリーン開発メカニズム」(12条)〔⇒本章4.(2)〕；および附属書Bの締約国にのみ、国内の行動に補足的に認められる「排出量取引」(17条)である[22]。

UNFCCCとその京都議定書以外にも、先進国と発展途上国の間に実体的な権利・義務において差を設ける条約は少なくない。たとえばCBD(6条)、砂漠化対処条約(4～6条)とアフリカのための地域実施附属書(附属書I・4条；5条)、国連公海漁業実施協定(24条)などをその例として挙げることができる。

(2) 実体規定の適用に時間差を設けるもの

実体規定の適用につき発展途上国に「猶予期間」を認める条約は、国際経済法の分野、とくにWTO諸協定に典型的に見られるが、持続可能な発展の分野においてもいくつかの例を挙げることができる。たとえばモントリオール

---

[22] 京都議定書についてはおもに以下の文献を参考にした：西村、1998/1999；オーバーテュアー・オット：岩間・磯崎監訳、2001；高村・亀山編、2002。

議定書——ただし同議定書は、「共通に有しているが差異のある責任」という用語は用いない——の5条1は、一定の規制物質の国内消費量が0.3キログラム未満の発展途上国について、基礎的な国内需要を満たすため議定書が定める規制措置の適用を10年間遅らせることを認める〔⇒本章4.(1)〕。もっとも、このような「猶予期間」は発展途上国の議定書参加を促す効果を期待するものであるが、他方では予防原則〔⇒第5章2.(2)〕を掘り崩すおそれがあるという指摘にも注意しなければならない[23]。

UNFCCC 12条5は、情報送付の義務の時間枠組に差を設ける。すなわち、附属書Ⅰの締約国は自国について条約が発効した後6か月以内に最初の情報送付を行うのに対して、附属書Ⅰの締約国以外の締約国は自国について条約が発効した後または4条3に基づく資金が利用可能となった後3年以内に最初の情報送付を行うほか、後発発展途上国である締約国は最初の情報送付を裁量により行う。その後の送付の頻度も、このような差異を考慮してCOPが決定するものとされた。また、送付するべき情報の内容についてもすべての締約国、附属書Ⅰの締約国および附属書Ⅱの締約国によって差が設けられる(同条1～3)。

(3) 「二重基準」への批判

環境基準において発展途上国に有利な「二重基準」を認めること、とくに実体的な義務に差を設けることについては、強い批判がある。たとえばハンドゥルは、このような非対称的な規範上の基準は次のような理由によって望ましくないという：すなわち第1に実施のための行政費用を増す；第2に国際貿易の歪曲を導く；そして第3に発展途上国における適切な環境基準の達成への努力に水を差すかも知れない[24]。ボイルもまた、「二重基準」を規定する前記のような諸条項は、きわめて脆弱な種類の「ソフトな」約束を含むだけではないかという疑念を表明する[25]。

地球環境の継続的な悪化と「われわれの故郷である地球の不可分性と相互

---

23 See, Yoshida, 2001, 101-105.
24 Handl, 1990, 9-10.
25 Boyle, 1995, 139-140.

依存性」(リオ宣言前文)に照らせば、このような「二重基準」が理想的なものではないことは言うまでもない。発展途上国における低い環境基準は、これらの諸国を多国籍企業のための「環境避難所(environmental havens)」とするかも知れない。若干の論者は、厳しい環境基準が当該国の国際競争力に悪影響を及ぼし、こうして産業の再配置を促すことに疑念を表明する[26]。しかし、低い環境基準を有する国の国際競争力は、より高い環境基準の国において対処費用が産品の価格に内部化される限りにおいて増大するものであり[27]、したがって利潤最大化を求める柔軟性と流動性とを特徴とする多国籍企業が、より低い環境基準を有する国に移転する傾向を有することは常識にかなった理解だといわねばならない[28]。そしてこのことの結果は、1984年にインドで生じたボパール・ガス爆発事故のような環境上の惨事〔⇒第11章5. (1)〕かも知れないのである[29]。

もちろん、先に引用した批判者たちでさえ認めるように、国際社会における現状、とくに先進国と発展途上国との間のますます拡大する格差にかんがみれば、「二重基準」は当面はやむを得ないものと認めなければならない。しかしながら、上に見たような問題点に照らせば「二重基準」は一時的な措置でなければならず、そして「二重基準」の除去は次節で説明する発展途上国の持続可能な発展のための援助に依存しているのである。

4. 発展途上国の持続可能な発展への援助

ここに、「共通に有しているが差異のある責任」の原則から生じる第2の法的帰結、すなわち先進国による発展途上国の持続可能な発展への援助の重要性が浮かび上がってくる。アジェンダ21は各所において、発展途上国への援助の重要性を強調した。そしてこのような途上国への援助は、部分的にではあるがいくつかのMEAsにおいて規定されてきた。こうした援助のなかで

---

26 See, e.g., Stewart, 1993 ; Pearson, 1987.
27 Kosmenniemi, 1995, 93.
28 Gladwin, 1987a, 10-11.
29 See, Gladwin, 1987b

も、技術援助を含む能力の開発はきわめて重要だと思われる[30]が、以下ではMEAs実施のための「増加費用」と、発展途上国の持続可能な発展一般のために必要とされる費用に関する財政的な援助のみを検討する。

(1) 多数国間環境保護協定実施のための援助

　MEAsの実施のために締約国に対して国際的な援助を供与する仕組みの設置は、新しいものではない。たとえば1972年のユネスコ世界遺産保護条約は、世界遺産の保護に関して締約国を援助するための「世界遺産基金（World Heritage Fund）」を設けた（13条；15条）。また、当初はそのような仕組みをもたなかった1971年のラムサール条約では、1990年のCOP決議によって「湿地保存基金（Wetland Conservation Fund）」が設置された[31]。

　これらの基金は目的においても規模においても比較的控えめなものであったが、1990年代にはいると地球環境の保護を目的とする条約において、本格的な資金供与の制度が整えられるようになる。モントリオール議定書では、1990年のロンドンにおける第2回締約国会合（MOP-2）が採択した議定書5条および10条の改正によって、資金供与の制度が設けられた[32]。UNCED以後は、UNFCCC（4条3）、CBD（20条；21条）、砂漠化対処条約（20条；21条）などが同様の資金供与制度を設ける。これらの資金供与制度は、条約実施のための「すべての合意された増加費用（all agreed incremental costs）」を賄うことを目的とするほか、供与される資金が新規のかつ追加的なものであること、つまり既存のODA等の資金の振り替えではないことを共通の特徴とする。

　ここでは、発展途上締約国に認められた「二重基準」の解消を、条約実施のための増加費用の供与とリンクさせる、モントリオール議定書における興味ある試みを取り上げてみよう。前述のように、議定書は5条1において一定

30　たとえば、国連海洋法条約202条、オゾン層保護ウィーン条約4条2、UNFCCC4条5、CBD16～18条などに関連規定がある。See, e.g., Sands, 2003, 1037-1043；Ponce-Nava, 1995；Sand, 1996.

31　4th Meeting of the Conference of the Contracting Parties, Montreaux, Switzerland, 27 June-4 July 1990, Resolution 4.3: A Wetland Conservation Fund. 1996年には「ラムサール少額贈与基金（Ramsar Small Grants Fund）」と改称された。

32　資金供与の制度はMOP-2の決定Ⅱ／8によって暫定的に設けられ、1992年の議定書改正発効に伴ってMOP-4の決定Ⅳ／18により常設化された。後述を参照。

の発展途上締約国が規制措置の実施時期を10年間遅らせることを認める(「5条締約国」と呼ぶ。〔⇒本章3.(2)〕)一方、このような締約国が規制措置を実施することを可能とするよう、贈与または緩和された条件により資金を供与する多数国間基金を設け(10条)、また、公正でもっとも有利な条件の下に代替品および関連技術をこれらの国に移転することを規定する(10条のA)。そして、5条締約国による規制措置の実施は、このような資金協力および技術移転の「効果的な実施に依存する」ことが認められ(5条5)、すべての実行可能な措置をとったにもかかわらず資金協力や技術移転の不十分さのために義務の履行ができない5条締約国はその旨を事務局に通報し、MOPが適当な措置を決定する(5条6)。この通報から適当な措置が決定されるMOPまでの期間は、当該締約国に対しては不遵守手続(8条：〔⇒第12章3.〕)を適用しない(5条7)。たとえば2007年のMOP-19は附属書CのグループIの規制物質に関する調整において、これらの規制物質の段階的除去の期限を10年間早めて5条締約国については2030年としたが、これらの締約国が早められたスケジュールを遵守できるよう多数国間基金からの資金供与が安定した十分なものであるように合意した[33]。なお、これと類似した規定は上記の諸条約に共通して見られるものである[34]。

　モントリオール議定書の多数国間基金はその構造と運営においても、「共通に有しているが差異のある責任」の原則を色濃く反映している[35]。基金への拠出は、非附属書5条締約国により国連の分担率を基礎として行われる(5条6)。基金には、運営方針、運営指針および事務上の取り決めを策定し、それらの実施状況を監視するために執行委員会が置かれる(10条5)が、執行委員会は附属書5条締約国および非附属書5条締約国が選出する各7名の委員によって構成し、MOPがこれを確認する。執行委員会の決定は可能な限りコンセンサスによるものとし、コンセンサスのための努力を尽くしたが合意がない場合には、出席し投票する委員の3分の2でかつ両グループの各々の過半

33　Decision XIX/6: Adjustment to the Montreal Protocol with regard to Annex C, Group I, substances (hydrochlorofluorocarbons), paras.4 and 5, in, UNEP/OzL.Pro.19/7.
34　UNFCCC4条7；CBD 20条4；砂漠化対処条約20条7。
35　See, Boisson de Chazournes, 2007, 970-971.

数を構成する多数によって行う[36]。

　このような多数国間基金の存在は、発展途上国のモントリオール議定書への参加を大きく促進したとされる。2007年10月現在における同議定書の締約国はオゾン層保護ウィーン条約と同じ191か国で、うち146か国が附属書5条締約国である。これまでに多数国間基金に拠出された資金は合計20億ドル余り、執行委員会は144か国における約5,500のプロジェクトへの供与を決定し、これまでにオゾン層破壊物質の段階的除去はオゾン破壊係数にして消費では215,462トン、生産では158,737トンが実現したという[37]。

　このように見るなら、資金供与の制度は少なくともモントリオール議定書に関する限り、大きな成功を収めたといえるかも知れない。しかし、このような制度が有する限界にも注意しておく必要がある。すなわちこれらの資金供与制度は、条約実施のための「すべての合意された増加費用」を賄うことを目的とするものであって、けっしてそれ以上ではない。「増加費用」の概念はむしろ、持続可能な発展の促進に必要な包括的援助を排除する基準として機能するものだといわれる[38]。「二重基準」を厳しく批判する論者は、低開発問題への対処は環境基準の設定とは別のレベルで行われるべきだという[39]が、それでは発展途上国の持続可能な発展一般のための援助はどのような状況にあるのだろうか。

(2) 持続可能な発展を目指す援助

　結論を先に言えば、持続可能な発展一般のために先進国が発展途上国に供与する援助の実績は、きわめて不十分である。アジェンダ21は、持続可能な発展とアジェンダ21の実施のためには相当量の新規で追加的な資金供与が必要となることを認めて、ODAをGNPの0.7%とする合意された国連の目標を再確認するとともに、この目標が未達成の先進国はできるだけ速やかにこの目標を達成するために援助計画を拡大することに合意したと述べる(33.13項)。

36　UNEP/OzL.Pro.4/15, Annex X: Terms of Reference of the Executive Committee, paras.2-4.
37　以上の数字は多数国間基金のウェブ・サイトによった。なお、基金については、以下を参照：Yoshida, 2001, Chapter VI；遠井、2005b.
38　遠井、2005b、131。
39　Handl, 1990, 10；Stone, 2004, 293-295.

しかし、1997年に行われた第19回特別総会の決議「アジェンダ21の実施の進展のためのプログラム」は、UNCED以後ODAの対GNP比が1992年の0.34％から95年の0.27％へと「劇的に低下した」ことを批判した（決議S/19-2：18項）。発展途上国への援助供与に関する先進国のこのような消極性が、少なくとも部分的に、先に見たような「二重基準」〔⇒本章3．〕の採用に導いたのかも知れない。

　先進国が発展途上国の持続可能な発展のために供与する援助の例として、以下のような制度が挙げられる。その1つは、京都議定書12条が規定する「クリーン開発メカニズム（clean development mechanism：CDM）」（公定訳では「低排出型の開発の制度」）である。すなわち同条2によればCDMは、非附属書Ⅰ締約国が持続可能な発展を達成し気候変動枠組条約の究極的な目的に貢献することを支援すること、および附属書Ⅰ締約国による3条に基づく数量化された削減抑制義務の遵守を支援することを目的とする。具体的には、附属書Ⅰ締約国は非附属書Ⅰ締約国における事業活動を支援し、これによって得られる「認証された排出削減量（certified emission reductions）」を3条に基づく数量化された削減抑制義務の遵守のために用いることができる（12条3）。これらの規定を額面通りに読めば、CDMは「共通に有しているが差異のある責任」を体現するもののように見えるが、以下のような問題点にも留意しなければならない。

　CDMの事業活動から生じる排出量削減は、「気候変動の緩和に関連する現実の、測定可能なかつ長期的な利益」を有するもので、「認証された事業活動がない場合に生ずる排出量の削減に追加的に生ずるもの」でなければならない（12条5（b）（c））。非附属書Ⅰ締約国は数量化された削減義務自体を負っていないのであるから、これらの条件を満たすためには、事業活動の排出量を測定してこれを事業活動がない場合の排出基準と比較する必要があり、これらはきわめて困難であるだけでなく、排出基準を高く設定すれば排出量全体が増加することもあり得る[40]。

　また、附属書Ⅰ締約国が利用できるCDMの削減量はその削減抑制義務の「一部」に限られる（12条3（b））が、この「一部」に定量的な上限（ceiling or cap）を

40　See, Hamwey & Szekely, 1998, 121.

設けなければ、CDMは附属書Ⅰ締約国が削減のための国内努力を回避する口実となりうる。しかし、2005年に開催された議定書の締約国会合の役割を果たす気候変動枠組条約の締約国会議の第1回会合(COP/MOP-1)は、CDMを含む京都メカニズム〔⇒本章3.(1)〕の利用は「国内の行動に対して補足的なものとし、したがって国内的行動は〔附属書Ⅰ締約国による3条に基づく数量化された削減義務の遵守のための努力において〕相当の要素(a significant element)をなす」ことに合意したが、定量的な上限は設けなかった[41]。

こうしてある論者が指摘したように「〔CDMの〕先進締約国にとっての利益は明確かつ特定的であって、認証された排出削減量によって測定することができる。しかしながら、発展途上国にとって生じる利益は、それほど明確ではない」。後者は、CDMの事業計画がどのように、またどれほど持続可能な発展に貢献するかに依存するものであり、それを測るためには持続可能な発展のための明確な基準または指標が定義されなければならないからである[42]。ちなみに、CDMの事業計画が持続可能な発展の達成を支援するものかどうかを確認することは「受け入れ締約国の特権である」とされる[43]。CDMはある意味では、市場メカニズムと民営部門の役割増大を象徴するものであるが、まさにそのような性格のために対象プロジェクトは一部の途上国に集中して大部分の後発発展途上国は置いてけぼりにされており、そのような結果はCDMの存在理由を堀崩し京都議定書のへの支持を弱めることになるのではないかと危惧されている[44]。

もう一つの注目される資金制度は、「地球環境ファシリティ(Global Environment Facility: GEF)」(公定訳では「地球環境基金」)である。GEFは1991年に世界銀行、UNEPおよびUNDPのパイロット計画として発足したもので、UNCEDの諸文書がその民主的な再編成を求め、これを受けて1994年に「再編地球環境ファシリティ設立文書」が採択された。同文書によればGEFは、「透明かつ民主的な運営を確保し、参加の普遍性を促進する」環境資金供与の主

---

41 Decision 2/CMP.1: Principles, nature and scope of the mechanisms pursuant to Articles 6, 12 and 17 of the Kyoto Protocol, para.1, in, FCCC/KP/CMP/2005/8/Add.1.
42 Mwandosya, 1998, 33.
43 Decision 2/CMP.1, in, FCCC/KP/CMP/2005/8/Add.1.
44 Boisson de Chazournes, 2007, 968-969.

要機関の一つであり(前文(c)項)、「合意された地球環境上の利益を達成するための措置の合意された増加費用」を賄う資金を「新しくかつ追加的な贈与および緩和された条件の貸与」の形で供与する。適用される主要分野は気候変動、生物多様性、国際水域およびオゾン層の破壊であるが、土地劣化も上記の四分野と関連する限りで適用を受け、アジェンダ21のもとで行われるその他の関連活動にも評議会の合意を得て適用可能である(I・2項；I・3項)。後に、残留性有機汚染物質が対象に加えられた。

GEFは現在、UNFCCC、CBD、砂漠化対処条約およびPOPs条約の資金制度の役割を果たしているが、その活動はこれらの条約の範囲に限られるわけではなく、国レベルにおける持続可能な発展を達成するための活動について、国の発展目標の達成を超えるが地球環境の保護のために必要とされる費用が、「増加費用」として支援の対象となる[45]。つまり、GEFにおける「増加費用」は、先に見たようなMEAsにいう「増加費用」が当該の条約の実施に要する費用を意味した〔⇒本節(1)〕のに対して、それには必ずしも限られない。ただし裏返せば、GEFが負担するのはあるプロジェクトを環境に優しくするのに必要な「増加費用」だけであって、プロジェクト自体に要する資金は受け入れ国が自らあるいは通常の融資ルートを通じて賄わなければならないことに注意する必要がある[46]。

GEFには、総会、評議会および事務局がおかれる。評議会はGEFが資金を供与する活動の運営政策の策定、決定および評価に責任を有するなど中心的な役割を果たす機関である(設立文書III・15項；III・20項)が、発展途上国より16名、先進国より14名、中東欧諸国より2名のメンバーから構成され、定められた地域別選出母体ごとに選出される(III・16項)。総会および評議会の決定はコンセンサスによるが、評議会においてはあらゆる努力にも関わらずコンセンサスがえられない場合には投票によることとし、票決は参加国の60％でかつ出資額の60％の多数という、「二重の加重多数決(a double weighted majority)」により行われる(IV・25項)。事務局は総会および評議会の決定を履行するもので、世界銀行が行政上の支援を行うが独立して任務を遂行する(III・21項)。実施

45　See, GEF/C.7/Inf.5.
46　See, Jordan, 1994.

機関はUNDP、UNEPおよび世銀である(Ⅲ・22項)。GEFにはその目的のために「GEF信託基金」を設置し世銀が受諾者とされるが、この場合には世銀は設立文書その他のGEFの規則にしたがって行動する(Ⅰ・8項)。

　GEFの政策決定方式は、国連モデルの「一国一票」と世銀モデルの「一ドル一票」の巧妙な混合物であり、資金受け入れ国と供与国の各利益を少なくとも部分的に満足させることを意図するが、世銀モデルに比べれば民主性と透明性において勝ることは確かである[47]。また、GEFの活動は関連条約の資金制度を通じて行われる場合には、各条約のCOPの指導を受けこれらに責任を負うことになる(Ⅴ・26項)。こういった意味では、GEFは既存の国際金融機関に比べて発展途上国の利益により敏感であることが期待できる。発展のための援助を慈善ではなく責任と見なす「共通に有しているが差異のある責任」の原則の立場からすれば、「世銀の枠内で貸し手が政策決定を支配することを認める伝統的な正当化は消滅する」といわれる[48]。

　しかし、GEFの再編成を促したパイロット計画段階における世銀の負の影響は、その後も払拭されていないという[49]。また、その再編以来GEFにおける途上国の立場は格段に改善されたとはいえ、先進国は世銀における決定手続を通じて途上国を上回る発言権を維持していると指摘される[50]。そして何よりも、UNCED事務局は発展途上国がアジェンダ21の行動を実施するために要する費用を、年平均で贈与または緩和された条件で供与される資金1,250億ドルを含めて6,000億ドルと推計した(33.18項)が、GEFの広報誌によればパイロット計画以来行った融資は86億ドル、その他の資金源との共同融資が361億ドルとされ、先の推計とは比べるべくもない[51]。GEFの再編が所期の成果を上げたとしても、GEFにとって利用可能な控えめな資金は、「持続不可能な開発を永続化させる貿易と国際金融のより大きな流れと比べれば、たちまち色あせてしまう」といわれるのである[52]。

47　See, e.g., Halvorssen, 1999, 150-152 ; Werksman, 1993, 79-84 ; Werksman, 1995.
48　Werksman, 1993, 78.
49　See, Hunter, et al., 1998, 1483, 1485-1489.
50　Hey, 2003, 45.
51　About the Global Environment Facility: GEF Fact Sheets, June 2009 Issue.
52　Jordan, 1994.

5. 生産消費様式の変更

　ここでもう一点、生産消費様式の変更の問題を検討しておきたい。リオ宣言の原則8は、「国は持続可能な発展およびすべての人民のより質の高い生活を実現するために、持続可能でない生産消費様式を削減しおよび除去し、また適切な人口政策を推進すべきである」と述べた。持続可能な発展委員会(CSD)はその報告書において、「UNCEDにおいて初めて、消費様式変更の問題は公式に多数国間交渉の議題に上った」という[53]。事務総長はCSDに提出された報告書において、「原則8は、共通に有しているが差異のある責任の概念が明確に適用可能な分野の一つである。なぜなら、非持続的な生産消費様式は一般に先進国において見られるのに対して、発展途上国は人口レベルのより大きな増加率を示す傾向があるからである」と述べた[54]。ポラスもまた、「この原則は、リオ宣言全体の中でもっともデリケートな均衡を達成しているものの一つである」という。工業諸国はその活動を「発展／開発」と称することはまれであり、したがってこの言葉の範囲外にあるように見えるが、工業諸国が発展途上国を犠牲にして現行の非持続的な慣行から受益することをやめて初めて、持続可能な発展という目標が達成されうるということを、リオ宣言は思い起こさせるものであると彼女は論じる〔⇒第6章4.(2)〕[55]。

　つまりここにおける主要な課題は、先進国における生産消費様式の変更だということになる。CSDの報告書は、共通に有しているが差異のある責任の文脈において、先進国が特別の責任を負うことを確認する。なぜなら、地球環境の悪化の主要な原因は、工業諸国における非持続的な消費生産様式だからである[56]。UNDPもまた、世界の消費の大部分は富裕な人々に集中しているが、世界の消費がもたらす環境損害は貧しい人々にもっとも深刻な影響を及ぼすのであって、貧しい人々と貧しい諸国が不平等な消費の代償の大部分を負担していると指摘する[57]。UNCEDから10年後、WSSDの実施計画も、共

53　E/1994/33/Rev.1-E/CN.17/1994/20/Rev.1, para.43.
54　E/CN.17/1997/8, para.51.
55　Porras, 1993, 27.
56　E/1995/32-E/CN.17/1995/36, para.31.
57　UNDP, Human Development Report 1998, 4：日本語版、6。

通に有しているが差異のある責任を考慮して「社会が生産し消費する方法を根本的に変更することは、全地球的な持続可能な発展を達成するために不可欠」であり、このために先進国が率先して行動するべきである、とうたった。同実施計画は、アジェンダ21が提起したこの点に関する政策目標を「10年の枠組み」を示してより具体化する（14〜23項）。

しかしながら、生産消費様式の変更の問題はその重要性にも関わらず、国際法上の用語に翻訳することは困難だと認めなければならない。第1に、先に引用したリオ宣言の原則8はshallではなくshouldを使用する。ソフト・ロー文書においてshouldを用いるということは、関係諸国が当該の原則に何らかの意味における法的性格付けを行うことに、まったく消極的だった事実を示すであろう。第2に、アジェンダ21の第4章「消費様式の変更」がこの目的のために勧告する行動は、エネルギーと資源利用の効率化、廃棄物の発生の最少化、環境上適正な商品購入の支援、政府購入を通じた指導性の発揮、環境上適正な価格設定および持続可能な消費を支持する価値観の強化であって（4.18-4.26項）、これらは国内政策の主題ではありえても国際法による規制は困難である。

立法論としてであるが、IUCNの「環境および発展に関する国際規約」草案〔⇒第5章1.(3)〕はリオ宣言の原則8を条文化する（10条）とともに、「締約国は、非持続的な消費様式を削減または除去するための戦略を発展させるように努力する」と規定した（28条）。しかし、ここで示されているのは消費様式に関する情報の収集と普及、原材料とエネルギーの効率的使用の確保、使用済み資材のリサイクリング、再使用とリサイクリングを増大させるプロダクト・デザインの促進、および消費者組織の役割と参加の促進であって、規定されているのが努力義務にとどまることを別にしても、国に具体的な行動を求めるものとは言い難いであろう[58]。

もっとも、アジェンダ21が挙げた行動分野の中で、初歩的ながら国際法の規制対象となっている分野がないわけではない。たとえば廃棄物の発生が、その例である。有害廃棄物規制バーゼル条約は、有害廃棄物の越境移動を輸出国・輸入国双方の許可に服させることとし（4条1(c)）、輸出国は当該

---

58 IUCN, et al., 1995, 44-45, 89-90.

廃棄物の詳細な情報を含む移動計画を輸入国に通告するか関係者に通告させ、輸入国が許可を与えかつ廃棄物が環境上適切に処理されることを確認しなければ許可を与えない(いわゆる「事前のかつ情報に基づく同意(prior informed consent)」)ものとした(6条1～3)。同条約はまた、有害廃棄物から人の健康と環境を保護するもっとも効果的な方法は「これらの廃棄物の発生を量及び有害性の面から最小限度とすること」だと認めて(前文)、締約国にとりわけ「国内における有害廃棄物及び他の廃棄物の発生を最小限度とすることを確保する」ために適当な措置をとるよう義務づけた(4条2(a))。この規定は生産様式の変更を求めるものであるが、ここで求められているのは「適当な措置をとる」ことまでで、何が「適当な措置」かについては締約国の判断に委ねている。

バーゼル条約自体は、先進国にも発展途上国にも等しく適用される。しかし現実には、有害廃棄物の主要な輸出国は先進国だから、4条2(a)の義務は大部分において先進国に適用されるものであり、したがってこの規定も共通に有しているが差異のある責任の原則を反映したものと見ることができる。なお、バーゼル条約の起草時には実現しなかった先進国から発展途上国に向けた有害廃棄物の輸出の完全な禁止は、1995年にCOPが採択した改正によって実現することとなった[59]。なお、地域条約であるがOAUが1991年に採択した「有害廃棄物のアフリカへの輸入並びにアフリカ内における移動及び管理に関するバマコ条約」は、バーゼル条約を一歩進めてプロダクト・サイクル全体に適用される「クリーンな生産方式」の採用を義務付けた(4条(3)(f)、(g))。この条約はOAU(現在のAU)の加盟国に対してのみ開かれている(21～23条)から、その意味では共通に有しているが差異のある責任の原則とは無関係であるが、条約による生産様式変更の義務づけの可能性を示すものとしては、注目に値するであろう〔⇒第5章2.(3)〕。

共通に有しているが差異のある責任の原則を離れて、条約によって生産消費様式の変更を義務づける例をさらに挙げれば、小地域的な枠組条約であるが、1991年にアルプス山域の諸国とEECが作成したアルプス条約はアルプスの保全と保護のための包括的な政策の樹立を目指して、山地農業、林業、観

---

59 Decision Adopted by the Third Conference of the Parties in Geneva, Switzerland, on 22 September 1995 (the 'Basel Ban'). ただし、2009年11月現在未発効である。

光業、エネルギー、運輸などについて一般的な形においてではあるが、生産消費様式の変更を求める議定書を有する。また、より普遍的なレベルでは、2009年1月にその規程が採択された国際再生可能エネルギー機関(IRENA)は、再生可能エネルギーの利用拡大によって天然資源に対する圧力を抑制し、環境保全およびエネルギー供給の安全保障に貢献することを目指す国際機構である。

　付言すれば、1994年にOECD諸国と東欧旧社会主義諸国によって締結されたエネルギー憲章条約とエネルギー効率および関連の環境上の側面に関する議定書も、ある意味ではエネルギー分野における生産消費様式に関する規定を含む。すなわち条約19条は締約国に、自国地域におけるエネルギー・サイクル――エネルギーに関する探査、生産、分配、消費等に係わる一連の活動の全体をいうものとされる――におけるすべての活動から生じる環境上の悪影響を最小とするように努力することを義務づけ、議定書はこのためにエネルギー効率を向上させる政策上の基本原則を定める。しかしこれらの文書は「エネルギー分野における投資及び貿易を自由化する措置によって経済成長を促進するという〔……〕基本構想を実施する」(条約前文)こと、すなわち東欧旧社会主義国のエネルギー資源を資本主義のエネルギー市場に効果的に統合する、より具体的にはこれら諸国に投資された西側資本の安全を確保することを主要な目的とするもの[60]であって、環境に関する条項は努力目標として規定されているに過ぎない。むしろこれらの文書は、社会主義から資本主義への体制変更を促す点で、別の意味における「生産消費様式の変更」を目指すものというべきかも知れない。しかし、既存の社会主義国が環境保全に無惨に失敗したのは周知のことであるが、他方では、本節の冒頭にも指摘したように地球環境の悪化の主要な原因は先進資本主義諸国における非持続的な消費生産様式だったから、このような体制変更が長期的に見て地球環境の保全に資するものかどうか、疑問なしとしない。

　このように、現段階では国際法による生産消費様式の具体的な規制はまだ初歩的な段階に留まるが、多くのMEAsの効果的な実施は究極的には生産消

60　See, Walde, 1995.

費様式の変更に依存することに注意しなければならない。たとえば先にも引用したUNDP人間開発報告書1998は、消費様式の変更を目指す国際協力のメカニズムの例として、ワシントン野生動植物取引規制条約、モントリオール議定書、有害廃棄物規制バーゼル条約、CBD、砂漠化対処条約および京都議定書を挙げた[61]。これらの諸条約は基本的には、生産消費様式の変更をそれ自体として義務づけるものではないが、そこで引き受けた義務を効果的に実施するためには、締約国、とくに先進締約国は各々の国内において生産消費様式を大きく変更することを必要とするであろう。

6. まとめ：「共通に有しているが差異のある責任」の法的性格

　これまでの諸章と同じように、ここで「共通に有しているが差異のある責任」の原則の法的性格について簡単に触れて、本章を閉じることにしよう。本章の2. (2)においては、地球環境の悪化に対する先進国の歴史的・現代的な責任に照らして理解すれば、本原則は強い法的な意味合いを有することになると論じた。しかしこの議論は、この原則それ自体が法的拘束力を有するということを意味したというより、むしろ、それが法的に関連性のある強い推進力を有するということを意味した。

　「共通に有しているが差異のある責任」の原則は、持続可能な発展の分野における多くの国際文書に反映されるようになった。そしてこの原則は、リオ宣言やアジェンダ21などのソフト・ロー文書だけでなく、UNFCCCやモントリオール議定書といった多数国間条約の、しかも本文中に規定されている。したがって今や、「共通に有しているが差異のある責任」の原則を、国際法の原則ないしは国際環境法の基本原則だと性格付けることができるであろう〔⇒第3章1.〕。それでは、法原則としての「共通に有しているが差異のある責任」はどのような役割を果たすのだろうか。

　第1にそれは、持続可能な発展の分野における立法の指導原則としての役割を果たす。本原則は実際に、モントリオール議定書、UNFCCC、京都議

61　UNDP, 1998, 97-98：日本語版、126-127。

定書など、締約国に差異化された約束を課す諸条約の締結を導いてきた。このような立法の指導原則としての「共通に有しているが差異のある責任」の原則の役割は、WTO小委員会による米国－エビ／カメ(21条5)事件の報告(2001年6月15日)においてクローズアップされた。すなわち、ここで小委員会はリオ宣言の原則8を注記して次のように述べる：「マレーシアと合衆国は、関連するすべての利益を満足させるようなウミガメの保護および保存を可能とし、かつ、諸国は環境を保存し保護するために共通に有しているが差異のある責任を負うという原則を考慮に入れて、すみやかに合意を達成するために十分に協力するように〔勧奨する〕」〔⇒第6章3.(2)；第9章4.(8)〕[62]。

第2に「共通に有しているが差異のある責任」の原則は、関連条約の解釈・適用の指針としての役割を果たす。たとえばUNFCCCの締約国は、条約の目的を達成しその諸条項を実施するために、とりわけ「共通に有しているが差異のある責任及び各国の能力」を指針とする(3条1)。また、京都議定書の遵守手続における促進部は、議定書の実施に当たって締約国に助言と便宜を提供し、締約国の議定書上の約束の遵守を促進するに当たって、「共通に有しているが差異のある責任及び各国の能力」を考慮に入れる(京都議定書遵守手続のⅣ・4；XIV)〔⇒第12章3.〕。

現時点では、「共通に有しているが差異のある責任」の原則が国際法の慣習規則を構成すると解するのは困難ではあろう[63]が、上記のようなその法的意義をまったく否定することもまた、困難だといわねばなるまい。持続可能な発展の分野においては、「共通に有しているが差異のある責任」の原則を無視した国際立法や、それを考慮に入れない条約の解釈・適用は、もはや正統性を主張し得ないであろう。

62　WT/DS58/RW, para.7.2.
63　See, e.g., Stone, 2004, 299-301；Atapattu, 2006, 424-436.

第8章　人権としての環境：国際法における環境権

1. 環境問題への人権からのアプローチ

　環境保全が基本的人権享受の前提条件として重要であることについては、広範な合意が確立してきたといってよい。たとえばストックホルム原則の前文1項が「人間環境の二つの側面、すなわち自然的側面及び人工的側面は、人の福祉にとって、また基本的人権 —— 生存権そのものでさえ —— の享受にとって不可欠のものである」と宣言したのは、1972年のことだった。それから25年後、ICJのガブチコボ・ナジマロシュ計画事件判決への個別意見で、ウィーラマントリー裁判官は次のように述べた[1]。

　「環境の保護はまた、現代の人権理論の不可欠の部分でもある。なぜならそれは、たとえば健康への権利や生命への権利それ自体といった多数の人権にとって、必須の条件だからである。環境への損害は世界人権宣言その他の人権文書がいうすべての人権を損ない、またその基礎を掘り崩すものであるから、このことはほとんど説明を要しないことである」。

　たとえば自由権規約では生命への権利(6条)、非人道的な取扱い等の禁止(7条)、私生活への権利(17条)、家族の保護(23条)、児童の権利(24条)、そして少数者の権利(27条)など、社会権規約にあっては労働の権利(6条)、良好な労働条件への権利(7条)、家族の保護(10条)、相当な生活水準への権利(11条)、健康への権利(12条)、文化的な生活への権利(15条)などの享受にとって、環

---

[1] *ICJ Reports*, 1997, Separate Opinion of Vice-President Weeramantry, 91-92.

境保全が基本的な条件の一つであることは「ほとんど説明を要しない」であろう。したがって、環境破壊をこれらの人権を侵害するものとして構成し、そうすることによって人権条約上の手続を通じてその救済を求めようとする動きが登場する〔⇒本章3.〕のは、当然の成り行きだったということができる。

　他方、リオ宣言の原則10がいうように、「環境問題は、それぞれのレベルで関心のあるすべての市民が参加することにより、もっとも適切に扱われる」ものであるとすれば、このような市民参加を確保し実効的なものとするためには、多くの人権、とくに市民的および政治的権利の確保が不可欠である〔⇒本章4.〕。自由権規約から関連規定を拾うとすれば、裁判を受ける権利(14条)、思想および良心の自由(18条)、表現の自由(19条)、集会の権利(21条)、結社の自由(22条)、そして何よりも政治に参加する権利(25条)などを挙げることができる。したがって、このような権利と自由を守るための運動は、環境保全を目指す運動の不可分の一部を構成するのである[2]。

　ところで、国際環境法と国際人権法とはいうまでもなく国際法における別個の分野として発展してきたものであるが、それらが多くの点で類似性ないしは親近性を有することは明らかである。何よりもこれらは、一人ひとりの人間の尊厳ある生活の実現を目指すという意味では、究極的な目的を共有するとされる[3]。また、両者が規定する国の義務は国家間の相互主義的な義務というよりは、国際社会全体に対する義務(「対世的義務(obligations *erga omnes*)」)の性格を持つものだといえる〔⇒第2章4. (1)〕。これとも関連して両者はともに、締約国が条約を通じて共通の目的とそれを実現するための規範および手続を定立するという、いわゆる「レジーム」の形成が目につく分野である。さらに両者においては、個人やNGOsといった非国家的な行為体が重要な役割を果たす〔⇒第2章3.〕。国際環境法も国際人権法も比較的近年になって発展してきた分野であるが、国際環境法の形成が1970年代に緒についた〔⇒第1章2.〕のに対して、1960年代にその姿を明確にする国際人権法は発展においてやや先行しているということができ、したがって国際環境法は国際人権

2　以上のような環境保全と人権保護の相互関係については、たとえば以下を参照：初川、1993；Shelton, 1991-1992；Shelton, 2001；Anderson, 1996；Kiss, 2003。

3　Shelton, 1991-1992, 106-111.

法の経験から学ぶことができる点が少なくないであろう。こうして、環境問題への国際人権法からのアプローチの可能性が注目されているのである[4]。

さて、本章では「環境権」という用語を用いるが、これに対応する英語には"right to environment"と"environmental rights"の二種類があり、訳し分けるとすれば前者は「環境への権利」、後者は「環境に関する権利」または「環境の権利」とすることができる。たとえばシェルトンはこれらを使い分けて、前者は健全な環境を享受する人権を意味し、後者は人間の権利と対比された意味での「環境の権利」を意味することもあるが、より一般的には既存の人権を環境保護の文脈において再定式化し拡大することを意味するという[5]。本章ではこれを参考にして、狭い意味での環境への権利を環境権とよび、既存の人権の環境問題への適用を含めた広い意味では「環境権」とカッコを付することとする。

2. 実体的権利としての環境権①：国際法における環境権の主張

(1) 国内法における環境権

人権の概念それ自体もその内容もけっして万古不易のものではなく、社会発展の段階に応じて人々の要求が権利として構成され、それが諸運動を通じて結実してきたものである。市民革命と産業資本主義の段階は自由権の確立をもたらし、資本主義の独占段階への移行は労働運動や社会主義運動による社会権の主張を生み出した。そして前世紀の後半、とくに1970年代頃からは、先進国における高度経済成長がもたらした社会の変容と危機とは、さまざまな「新しい人権」の主張を生み出したが、環境保護運動が提唱した環境権もこのような「新しい人権」主張の一つであった。

このような動きは先進国から発展途上国へ、さらには移行経済諸国にも広がり、現在では多数の国の国内法、とくに憲法が環境保全に関する規定をおくに至っている。たとえば国連人権委員会の差別防止・少数者保護小委員会がクセンチニを特別報告者として行った「人権と環境」と題する研究では、合

---

4 See, e.g., Wolfrum, 1998, 55.
5 Shelton, 1991-1992, 117-122.

計63か国の憲法が挙げられた[6]。またサンズによれば、現在では約100か国の憲法が明文で清浄な環境への権利を認めているという[7]。手元にある簡易な邦訳の世界憲法集[8]によっても、掲載されている18か国の憲法のうち12の憲法が何らかの形で環境保護に言及する規定を有する。ただし、これらの大部分は国の義務あるいは政策目標として環境保全をうたうもので、個人の良好な環境への権利を規定したものは多くはない。

　日本では、憲法はもちろん環境基本法にも環境権を明文で認める規定はないが、1970年代には環境保護運動の中で、おもに憲法25条(生存権)と13条(幸福追求権ないしは人格権)を根拠に環境権の主張が行われるようになり[9]、相当の社会的な反響を呼んだ。裁判実務では、「実定法上何らの根拠もなく、権利の主体、客体及び内容の不明確な環境権なるもの」を認めることは「法的安定性を害し許されない」としてにべもなくこれを退けた例[10]もあるが、環境権自体を認めなくても人格権を根拠に差止請求を認めた事例は存在する。たとえば大阪国際空港事件の大阪高裁昭和50年11月27日判決は、人格権に基づく差止請求を認容したので「環境権理論の当否については判断しない」ものとした[11]。ただし、最高裁大法廷の昭和56年12月16日判決[12]は、民事上の請求として差止めを求めることは不適法であるとして環境権にも人格権にも触れなかった。また、仙台地裁の女川原発訴訟における平成6年1月31日の判決は、「〔環境権は〕権利者の範囲、権利の対象となる環境の範囲、権利の内容は、具体的・個別的な事案に即して考えるならば、必ずしも不明確であるとは即断し得ず」、環境権に基づく本件請求は適法であると判断したが、環境権に基づく請求も「人格権に基づく請求と基本的には同一である」として独自の検討は行わなかった[13]。

6　E/CN.4/Sub.2/1992/7, paras.8-57; E/CN.4/Sub.2/1993/7, para.10.
7　Sands, 2003, 296.
8　阿部・畑編、2005。
9　たとえば、大阪弁護士会、1973、参照。
10　名古屋新幹線公害訴訟、名古屋高裁昭和60年4月12日判決、下民集34巻1～4号461頁；判時1150号30頁(引用部分は53頁)。
11　判時797号36頁、引用部分は73頁。
12　民集35巻10号1369頁；判時1025号39頁。
13　判時1482号3頁(引用部分は10頁)。なお、国内法上の環境権については、たとえば、淡路等、

(2) 「第三世代の人権」としての環境権の主張

　先進国社会における環境権を含む「新しい人権」主張の登場と軌を一にして、国際社会でも1970年代頃より「新しい人権」の主張が登場するようになる。このような主張を理論化したのが、当時UNESCOの人権平和部長を務めていたヴァサクによる、「第三世代の人権」論だった。すなわち、第一世代の人権は国家による個人の自由への干渉を排除する「消極的」権利であってほぼ自由権に該当するものであり、第二世代の人権は実施のために国家の積極的行動を要するもので、大部分の社会権がこれに当るのに対して、「第三世代の人権」は実施のために国際社会のすべての行為体の共同の努力を必要とする「連帯の権利」であるという。「第三世代の人権」の例として彼は、平和への権利、発展の権利、環境権、および人類の共同財産の所有権をあげた[14]。

　「第三世代の人権」をめぐる議論の一つのクライマックスは、1986年の国連総会における「発展の権利に関する宣言」（決議41/128）の採択である〔⇒第6章1.(1)〕が、この頃から国際法における環境権を主張する議論が登場する。たとえば、WCED環境法専門家グループが作成した「環境保護及び持続可能な発展に関する条約草案のための諸要素」(1986年)の1条は、「すべての人は、健康及び福祉にとって適切な環境への基本的権利を有する」という[15]。また、差別防止・少数者保護小委員会の研究「人権と環境」(1994年)〔⇒本節(1)〕に含まれる「人権及び環境に関する諸原則草案」の第1部2項は、「すべての人は、安全で健康かつ生態学的に健全な環境への権利を有する。〔……〕」とうたった[16]。さらに、IUCNの「環境および発展に関する国際規約」草案(1995年)〔⇒第5章1.(3)〕は、12条1において「締約国は、健康、福祉及び尊厳にとって適切な環境及び発展水準へのすべての者の権利の完全な実現を漸進的に達成することを約束する」と規定する[17]。

　それではこのような諸文書は、環境権を国際法上すでに確立したものと考えたのだろうか。WCED環境法専門家グループは、適切な環境への権利は

　2006、所収の諸論文を参照。
14　Vasak, 1977, 29. なお、松井、1982、参照。
15　Munro & Lammers, 1987, 25.
16　E/CN.4/Sub.2/1994/9, Annex I.
17　IUCN, et al., 1995, 4, 50-52.

現行国際法のもとで確立したものということはできず、1条が規定する人権は「いまだに実現されるべき理想に留まる」と述べた[18]。差別防止・少数者保護小委員会の特別報告者は、環境権の国際法上の地位に関しては必ずしも一貫しておらず、予備報告では「環境への権利」は「いまだに形成期にある」と述べたが、最終報告においては「環境に関する権利は国、地域および国際的なレベルにおいて普遍的に承認された」という[19]。また、「原則草案」の2項が個人の人権としての環境権を規定したのかどうかも、明確ではない[20]。さらにICUNの草案は「ハード化」しつつあるソフト・ロー原則を含む現存の国際法原則、控えめな漸進的発達の要素を含むもの、および発達の要素がさらに強いが絶対に必要と思われるもの、という三種類の規定を含むと説明され、12条1がどれに当たるかは明らかではないが、社会権規約にならって起草されたその文面からも、コメンタリーで「権利」ではなくて「資格(entitlement)」という言葉が使われているところからも、これが個人に具体的な権利としての環境権を付与することを意図したものとは解されないであろう[21]。

つまり以上のような議論は現存の国際法の表明としてよりも、むしろ新たな環境権の定立を求める立法論として行われたものと見た方がよい。しかもこれらは、おもに環境NGOsのイニシアチブによって行われたもので、国家間レベルや国際機構における正規の立法作業につながったわけではない。差別防止・少数者保護小委員会の研究は国連機関によって行われたものであるが、実質的なイニシアチブをとったのはシエラ・クラブ法律擁護基金などのNGOsであった[22]。そして、特別報告者の最終報告を受け取った人権委員会と、これに対するコメントを求められた諸国の反応は芳しいものではなく[23]、最終報告に含まれた原則草案をめぐる作業がそれ以上に進展することはなかった。

---

18 Munro & Lammers, 1987, 38-42.
19 E/CN.4/Sub.2/1991/8, para.96; E/CN.4/Sub.2/1994/9, paras.240-242.
20 Popović, 1995-1996, 504.
21 ICUN, et al., 1995, xv-xvi, 51-52.
22 See, E/CN.4/Sub.2/1994/9, Annex II, Meetings with, and Contributions of, Experts and Non-Governmental Organizations; Popović, 1995-1996, 490-491.
23 See, E/CN.4/1996/23, and Add.1; E/CN.4/1997/18.

これ以外にも、国際機構などが環境権を規定する国際文書の起草を試みたことがないわけではない。たとえばUNECEの専門家会合は1990年に、「環境上の権利及び義務に関する憲章」草案を起草した[24]。またヨーロッパ評議会では1970年代以降、環境権を規定するヨーロッパ人権条約への追加議定書を起草する試みや、ヨーロッパ社会憲章の改正によって環境権を規定する試みが行われてきた。たとえば2003年に採択された議員総会の勧告「環境と人権」は、環境保護のための個人の手続的権利を承認するヨーロッパ人権条約への追加議定書を起草するよう、閣僚委員会に勧告した[25]。これらの努力は成功していないが、その理由についてシェルトンはかつて以下のように説明していた。すなわち、新しい人権を認めることがヨーロッパ人権条約を「水増し」する危惧、環境権は裁判可能ではないという信念、そして、多くの国は重大な環境問題を抱えており、環境権を認めたならそれらが通報の対象になりうること、である[26]。国際法上の環境権へのこのような批判が、環境先進地域であるはずのヨーロッパにおける国レベルのものであることには、十分に留意する必要があろう。

(3)　環境権を規定する国際文書

　もちろん、環境権を規定したとされる国際文書は存在する。たとえばストックホルム宣言の原則1は、「人は、尊厳及び福祉の生活を可能とする質の環境において、自由、平等及び適切な生活水準への基本的権利を有するとともに、現在及び将来の世代のために環境を保全し改善する厳粛な責任を負う。〔……〕」と規定し、クセンチニはこれを「健全かつ相当の環境への権利」を承認したものと解する[27]。しかし、この原則の起草過程を分析したソーンはより慎重な評価を行っており[28]、この規定は環境権を直接認めるものではないというのが一般的な理解である[29]。また、「権利（right）」ではなくて「資格（are

---

24　UNECE, 1991.
25　COE, 2003.
26　Shelton, 1991-1992, 132-133.
27　E/CN.4/Sub.2/1994/9, paras.30-31.
28　Sohn, 1973, 451-455.
29　See, e.g., Shelton, 1991-1992, 112 ; Desgagne, 1995, 263 ; Pallemaerts, 2002, 11.

entitled to)」の語を用いたリオ宣言の原則1は、この点では一層の後退を示すものだと評価されている。

　しかし地域的な人権条約には、明文で環境権を認めたものがある。1981年の人及び人民の権利に関するアフリカ憲章（バンジュール憲章）24条は、「すべての人民は、その発展にとって好ましい一般的に満足すべき環境に対する権利を有する」と規定する。2003年に改訂されたアフリカ自然保全条約の3条2も同じ規定である。バンジュール憲章24条は、個人の権利ではなく集団としての人民の権利として環境権を規定したこと、そして、条約実施機関である人及び人民の権利に関するアフリカ委員会に、憲章違反に関する国以外からの通報を裁量によって検討する権限を付与した(55条)ことを、著しい特徴とする。そして実際、ナイジェリアと米国のNGOsの通報を受けて委員会がナイジェリアによる24条等の違反を検討した事例がある[30]。

　通報は、オゴニランドで石油開発に携わってきたナイジェリア国営石油会社と多国籍企業シェル石油開発会社の共同企業体が、有害廃棄物の投棄、原油の漏洩、排ガスの焼却などにより水、土壌、大気の汚染をもたらして、住民の健康に重大な影響を与えたと主張した。当時のナイジェリアの軍事政権は石油会社による環境破壊を防止、規制しなかっただけでなく、これに抗議する住民運動を武力で弾圧したという[31]。軍事政権にかわった文民政府は通報の重大性を認めてとられた改善措置を通知したが通報の事実を争わなかったため、委員会は通報の主張に基づいて審査を行った[32]。委員会は24条を、汚染と生態系の悪化を防止し、保全を促進し、生態学的に持続可能な発展と天然資源の利用を確保するために合理的な措置をとることを国に求めるものだと解釈し、この規定は、環境衛生および産業衛生の改善を求める社会権規約12条、ならびに達成可能な最高水準の肉体的・精神的健康を享受する権利を規定するバンジュール憲章16条1と併せて、政府が市民の健康および環境を直接脅かすことを行わず、個人の身体の保全を侵害する慣行、政策または

30　*The Social and Economic Rights Action Center and the Center for Economic and Social Rights* v. *Nigeria*, African Commission on Human and Peoples' Rights, Comm. No.155/96 (2001), Decision Done at the 30th Ordinary Session from 13th to 27th October 2001.
31　Ibid., paras.1-9.
32　Ibid., paras.30, 49.

法的措置を許容しないことを義務づけると理解した[33]。結論として委員会は、ナイジェリアによる憲章2条(無差別の原則)、4条(人間の不可侵)、14条(財産権)、16条(健康の権利)、18条1(家族の保護)、21条(天然資源に対する人民の権利)および24条の違反を認定する。委員会が通報を行った二つの人権NGOsに対して、「委員会と個人にとっての民衆訴訟(*actio popularis*)の有用性を示すもの」として謝意を表明したこと[34]も、注目に値しよう。

　アフリカではさらに、2003年に採択されたアフリカ女性の権利議定書が、女性の「健全かつ持続可能な環境への権利(Right to a Healthy and Sustainable Environment)」(18条)と「持続可能な発展の権利(Right to Sustainable Development)」(19条)を規定した。両条は、これらの権利を達成するために「すべての適当な措置をとる」締約国の義務を規定する。とりわけ「持続可能な発展の権利」は、国連における「発展」概念の変遷とこれを背景とする総会決議「発展の権利に関する宣言」の採択〔⇒第6章1.〕にかんがみれば、その延長線上に容易に想定できる権利概念であるが、管見の限りではこれを明文で規定した国際文書は本議定書だけである[35]。

　さて、環境権を明文で規定するもう一つの地域人権条約は、米州人権条約への1988年のサン・サルバドル議定書であって、その11条は次のように規定する。

　「1. すべての者は、健康的な環境に住む権利及び基礎的な公のサービスを享受する権利を有する。

　2. 締約国は、環境の保護、保全及び改善を促進する」。

　バンジュール憲章24条と違って本条は個人の環境権を規定するが、その侵害は米州人権委員会に対する個人の通報の対象とはならない。その違反が通報の対象となるサン・サルバドル議定書の規定は、8条(a)(労働組合結成の権利)および13条(教育についての権利)のみである(19条6)。したがって本条の履行確保は、締約国による定期報告と米州経済社会理事会および米州教育科学文化理事会によるその検討によって行われる(19条1〜5)。

　なお、ヨーロッパ人権条約には環境権に関する規定はないが、UNECEが

33　Ibid., para.52.
34　Ibid., para.49.
35　国の権利としての「持続可能な発展の権利」については、〔⇒第6章1. (3)〕。

1998年に作成したオーフース条約の前文は、「すべての者は彼または彼女の健康及び福祉にとって適切な環境のなかで生活する権利を有し、ならびに現在及び将来の世代の利益のために単独で及び他の者と共同して環境を保護し改善する義務を有することを承認」しており、条約の目的を掲げる1条にも同様の言及がある。そしてこれらの規定は、ヨーロッパ地域において健全な環境への権利を初めて明文で承認したものと説明されている[36]が、本条約については別途検討することにしたい〔⇒本章4.〕。

(4) 先住人民の権利としての環境権

以下にいくつかの例を示すが、先住人民の環境に対する密接不可分の関係について言及する国際文書が、近年とくに目につくようになった。それには、二つの理由があるように思われる。第1に、先住人民の伝統的な文化と生活様式は、彼らがそこで生活する土地および環境と特別の関係にあるとされる。多くの先住人民にとって、土地は敬われるべきものであって文化の核心をなし、また先祖の故郷であるだけでなく、あらゆる物質的なニーズの提供者であり、そのようなものとして来たるべき世代に引き継がれるべきものである。第2に、先住人民が居住しているのはとくに脆弱な生態系をもつ北極地域とツンドラ、熱帯雨林、沿岸地域や山地といった地域であり、こういった地域に及びつつある開発行為による生態系の破壊を防ぐためには、先住人民が培ってきた持続可能な生活様式が大きな示唆を与えてくれるという[37]。

自由権規約27条は先住人民の権利ではなく少数者の、しかも集団としての少数者ではなくその構成員の個人としての権利を規定するが、自由権規約委員会の27条に関する一般的意見によれば、ここにいう「自己の文化を享有」する権利の「文化」には、先住人民の場合には土地とその資源の使用と密接に結びついた生活様式が含まれる[38]。実際、後に見るように27条の適用に関わる

---

36 UNECE, 2000, 16, 29.
37 See, E/CN.4/Sub.2/1991/8, paras.23-30 ; E/CN.4/Sub.2/1994/9, paras.74-94 ; Shelton, 2001, 236-244. 地域共同体と環境とのこのような関係は、植民地化に伴う資本主義的生産関係の導入以前においては広範に見られたものである。たとえばアフリカについて、see, Kameri-Mbote & Cullet, 1997.
38 CCPR/C/21/Rev.1/Add.5, paras.3.2, 7.

個人通報では、先住人民の構成員の権利がしばしば取り上げられてきた〔⇒本章3.(3)〕。

先住人民の権利に関する現時点でのもっとも包括的な条約は、ILOが1989年に採択した「独立国における先住人民及び種族人民に関する条約」(169号条約)である。この条約は、先行する1957年の先住民および種族民条約(107号条約)がその強い同化主義的色彩を批判されたことをふまえて作成された改正条約であって、逆に当該人民のアイデンティティーの尊重を強調することを特徴とする。とくに土地に関して詳細な規定がおかれる(第2部13〜19条)が、「土地(lands)」とは当該人民が占有しまたは利用する「区域の全環境をおおう領域の概念を含む」ものとされ、このような土地に対する当該人民の関係、とりわけその集団的側面が当該人民の文化および精神的価値にとって有する特別の重要性を尊重するべきものとされる(13条)。4条1は、当該人民の身体、制度、財産、労働、文化および環境を保護するために特別の措置をとるべきものと規定するが、これは先住民のための「環境権(environmental rights)」を意味すると解されている[39]。また政府は、当該人民が居住する領域の環境を保護し保全するための措置を、彼らと協力して取らなければならない(7条4)。

当時の差別防止・少数者保護小委員会のイニシアチブにより、国連人権委員会および人権理事会における合計25年に及ぶ討論を経て2007年9月に総会が採択した「先住人民の権利に関する国際連合宣言」(総会決議61/295附属書)は、多くの点でILO169号条約をふまえたもので、法的拘束力を有する文書ではないが、先住人民の権利に関する国際社会の議論の現時点での集大成だといえる。本宣言は、先住人民の伝統的な経済活動の自由(20条1)、健康への権利(24条)、そして、土地に関わる広範な権利を認めた(25条以下)。とりわけ29条1は、「先住人民は、自らの土地又は領域及び資源の環境並びに生産力の保全及び保護に対する権利を有する。〔……〕」と規定する。また、本宣言は、自らに影響を及ぼす事項に関する決定過程に参加する、先住人民の広範な権利——時には「自由で、事前の十分な説明を受けた同意」を目指す——をも承認する(18条；19条；23条；27条；32条など)。こうして本宣言は、ILO169号条約よりも一層強い意味で先住人民の環境権を承認するものだともいえ

---

39 Schelton, 2001, 237.

る。さらに本宣言は、先住人民の自決権を認める(3条)とともに、そこに規定するのが先住人民に属する個人の人権であるだけでなく、集団としての先住人民の権利であることを明記した(1条；7条；9条など)ことでも注目される。

しかし、国連先住人民の権利宣言のこのような特徴点は、同時に討論の過程でもっとも論争的な点でもあった。先住人民の自決権に対しては、領域国の政治的統一と領土保全が異口同音に強調された。先住人民の土地への権利は、それ以外の住民が合法的に取得した土地に対する権利に優越するものではないと主張された。また、自らに関わる事項の決定過程において協議を受ける先住人民の権利がもしも拒否権を意味するなら、それは民主的な過程と両立しないと指摘された。さらに、集団の権利の承認にもなお抵抗が残されていた。こうして同宣言は、この種の文書にしては異例のことながら、コンセンサスではなく記名投票により143対4、棄権11で採択されたものである[40]。しかも、反対したオーストラリア、カナダ、ニュージーランドおよび米国は、いずれも多くの先住人民を抱える国であることに留意が必要である。ちなみに、先のILO169号条約は1991年に発効したが、2009年8月における締約国は20に留まり、しかも北欧とラテン・アメリカの一部を除いて先住人民が多く居住する国を含んでいない。したがって、環境権を含む先住人民の広範な権利の承認は、国際社会の趨勢ではあるがなおコンセンサスを獲得するには至っていないといわねばならないであろう。

なお、以上と関連して興味を引かれるのは、2001年にFAOが作成した食糧農業植物遺伝資源条約の9条が、地域社会および先住民社会にも言及しながら「農民の権利(Farmers' Rights)」を規定したことである。同条によれば「農民の権利」は、食糧および農業のための植物遺伝資源に関連する伝統的知識の保護、このような資源の利用から生じる利益配分への衡平な参加の権利、このような資源の保存と持続可能な利用に関する国レベルの政策決定に参加する権利を含む。締約国が負う義務は「適当な場合には、かつ国内立法にしたがって」行われるべき努力目標に過ぎない("should"を用いる)が、今後の条約の実施過程で「農民の権利」がどのように具体化されるか、成り行きが注目さ

---

40 総会本会議における投票説明を参照した。See, A/61/PV.107 and A/61/PV.108. 票決は、A/61/PV.107, 18-19。

れる。

3. 実体的権利としての「環境権」②：環境問題への人権条約の適用

　国際法上の環境権を直接規定する条約はまだ例外的である〔⇒本章2.(3)〕が、一般的な人権条約の規定であって環境問題を解決するために適用が可能なものは少なくない。そして実際、ヨーロッパ人権裁判所を初めとする人権条約実施機関は、これに関する相当の経験を積んできている。そこでここでは、これらの先例のいくつかを検討しよう[41]。

(1)　ヨーロッパ人権条約[42]

　ヨーロッパ人権条約のもとで環境に関わる個人の権利が主張された初期の事件においては、このような主張は適用可能な条約規定の不存在を理由として退けられていた。たとえば1976年の*X and Y* v. *Federal Republic of Germany*の受理許容性に関する決定でヨーロッパ人権委員会は、自己が所有する自然観察地が周辺の土地の軍事利用によって損なわれるとの申立人の主張に対して、「自然保護の権利はそれ自体としては条約が保障する権利および自由、とりわけ申立人が援用した2条、3条または5条には含まれない」と述べて申立てを受理不許容とした[43]。

　他方、1990年の*Powell and Rayner* v. *United Kingdom*事件判決ではヨーロッパ人権裁判所は、ヒースロー空港を利用する航空機による騒音が原告の私生活の質に悪影響を与えているとして8条(私生活の尊重)の適用を認めたが、裁判所の任務は個人と社会全体の競合する利益の間で公正なバランスをとることであるが、ヒースロー空港の公益性と政府が講じた騒音被害への対処措置にかんがみればこのバランスが損なわれたとはいえず、「この困難な社会的

41　なお、人権条約機関による「環境基準設定」という視角からの分析として、繁田、2005、71-81を参照。
42　ヨーロッパ人権条約のもとでの環境関係の事件については、以下を参照：立松、2001；E/CN.4/Sub.2/1992/7, paras.75-93；E/CN.4/Sub.2/1993/7, paras.58-68；Desgagne, 1995；Dejeant-Pons & Pallemaerts, 2002；San Jose, 2005；Stephens, 2009, 310-321.
43　*Decisions and Reports*, 5, December 1976, 161.

および技術的分野において、〔裁判所は〕最善と思われる政策につき国の当局の評価に別の評価を代替することは〔できず〕、これは締約国が広範な評価の余地 (a wide margin of appreciation) を認められるべき分野である」と判断した[44]。「評価の余地」とはヨーロッパ人権裁判所が、人権の保障は第一次的には締約国の任務であるという観点から、とりわけ社会的評価に対立がある問題について締約国の当局の評価の優先を認めるために用いてきた概念であるが、条約目的が損なわないためにはこの評価は裁判所の監督の下におかれるものとされる[45]。そして近年では、「評価の余地」をめぐって変化の兆しが見られる。1994年の*López-Ostra* v. *Spain* 事件判決では裁判所は、隣接の市有地に国の補助を得て設置された廃棄物処理場からの悪臭につき8条の違反を訴えた原告の主張を認めて、締約国は与えられた評価の余地にもかかわらず、町の経済的福祉の利益と私生活を享受する原告の権利との間に公正なバランスをとらなかったと判断した[46]。

2001年に小法廷判決が、これに対する英国の付託を受けて2003年には大法廷判決が下された*Hatton and others* v. *United Kingdom*事件では、環境に関わる個人の権利のヨーロッパ人権条約における位置づけについて、二つの点が明らかにされたように思われる。第1に、このような事件においては条約8条の適用が可能であることが確立した。大法廷判決は上記の二つの判決を援用して、「条約には、清浄で静謐な環境への明文の権利は存在しないが、個人が騒音またはその他の汚染によって直接かつ重大な影響を受ける場合には、8条のもとで問題が生じる可能性がある」という[47]。

しかし第2に、環境に関わる事件において締約国の「評価の余地」をどの程度認めるのかについては、裁判所の態度はなお動揺しているように見える。小法廷は、条約遵守の確保のためにとられるべき措置について国が「若干の評価の余地」を有することを認めたが、環境保護の領域においては国の経済的福祉に言及するだけでは不十分で、夜間離着陸の増大に伴って増したヒースロー

44　ECHR, judgment of 21 February 1990, paras.40-41, 44.
45　See, Merrills, 1993 , 151-176.
46　ECHR, judgment of 9 December 1994, para.58.
47　ECHR, Grand Chamber, judgment of 8 July 2003, para.96. 大法廷はまた、「環境に関する人権 (environmental human rights)」という言葉も用いた (ibid., para. 122.)。

空港の騒音に関して、国が適切かつ完全な調査・研究を行わなかったことを理由に8条の違反を認定した[48]。他方大法廷は、民主社会において意見が分かれるのが当然であるような一般政策の問題については、民主的正統性を有する当局に与えられる評価の余地は広いものであるべきだと述べて、環境問題を評価の余地において特別扱いをすることを否定し、本件においては当局は私生活を尊重される個人の権利と、これと衝突する他の者の利益および社会全体の利益とに間に公正なバランスをとらないことによって評価の余地を踏み越えたとは認めないとして、8条の違反を認めなかった[49]。この大法廷判決は12対5で採択されたものであり、コスタ裁判官ら5名の裁判官は、これを従来の判例からの一歩後退であると批判する共同反対意見を付している[50]。

このように、ヨーロッパ人権裁判所では環境汚染に対しては8条の適用が可能であるとする判例が確立したといってよい[51]が、その他の条文については成功の見通しはなお明確ではないように見受けられる。たとえば6条1(公正な裁判を受ける権利)に関しては、スウェーデン政府による廃棄物処理場の操業許可が争われた*Case of Zander* v. *Sweden*で裁判所は、当該の政府決定を裁判所で争う道が開かれていないことを認めてその違反を認定した[52]が、スイス連邦参事会(政府)による原子力発電所の操業延長許可について司法審査が不可能なことが争われた*Case of Balmer-Schafroth and others* v. *Switzerland*では、裁判所は原告らは当該原発の操業が原告らに及ぼす危険を証明しなかったとして、6条1は不適用と判断した[53]。他方、金鉱山への操業許可が環境と周辺住民の健康に悪影響を及ぼすものとして争われた*Case of Taşkin and others* v. *Turkey*判決で裁判所は、環境権をめぐる争いは条約6条1にいう「民事上の権利(civil rights)」をめぐる争いであることを認めるとともに、最高行政

48　ECHR, Third Section, *Hatton and others* v. *United Kingdom*, judgment of 2 October 2001, paras.95, 97, 102, 107. なお、小法廷は13条の違反も認定した(ibid., paras.113-116.)。
49　ECHR, Grand Chamber, judgment of 8 July 2003, paras.97, 123, 129-130. ただし大法廷も、13条の違反は認定した(ibid., paras.137-142.)。
50　Ibid., Joint Dissenting Opinion of Judges Costa, Ress, Turmen, Zupancic and Steiner.
51　たとえば裁判所は、2005年6月9日の*Case of Fedeyeva* v. *Russia*の判決でも同じ判断枠組みでロシアの8条違反を認定した。
52　ECHR, Camber, judgment of 25 November 1993.
53　ECHR, Grand Camber, judgment of 26 August 1997.

裁判所による許可取消し判決に行政府が従わなかったことは6条1に違反するものとした[54]。

また、2条(生命に対する権利)の援用もかつては成功しなかった[55]が、メタンガス爆発によって近隣のスラムの住民が死傷したことに関する*Case of Öneryildiz* v. *Turkey*では、注目するべき発展が見られる[56]。小法廷が条約2条および第1議定書1条(財産を平和的に享受する権利)の違反を認めたのに対して締約国トルコが付託した事件において、大法廷は、条約2条は国家機関の直接の力の行使による死に関わるだけでなく、管轄下にある者の生命を保護するために適切な措置をとる国の積極的義務をも規定するものと解し[57]、本件では生命を保護するための立法上・行政上の枠組みが不十分であったこと、および事故発生後の司法的対応に欠陥があったことにおいて2条の違反がったと認定した[58]。

さらに10条(情報を受ける権利)については、裁判所は*Guerra and others* v. *Italy*事件判決では、そこにいう情報を受ける自由を狭く解してその適用を認めなかったが、環境情報を提供しなかったことが8条の違反となることを認めた[59]。また、*Öneryildiz* v. *Turkey*事件の両判決は2条の積極的義務の一環として情報を受ける公衆の権利を認めている〔⇒本章4. (1)〕[60]。

ところで、ヨーロッパ人権条約についてもう一つ注目しておきたいことは、環境保護の目的が条約上の人権の制約事由として認められることがあるということである。たとえば自己の所有地における砂利採取場の操業許可の政府による取り消しが、なかんずく第1議定書1条の違反であると主張された*Case of Fredin* v. *Sweden* 判決で裁判所は、当該の許可取り消しは議定書1条第2文

---

54 ECHR, Third Section, judgment of 10 November 2004, paras.128-138. 裁判所は8条の違反も認定した (ibid., paras.111-126.)。
55 *Noel Narvii Tauira and 18 others* v. *France*, European Commission of Human Rights, Decision of 4 December 1995, *Decisions and Reports*, 83-B, 1995, 112.
56 ECHR, Former First Section, judgment of 18 June 2002; Grand Camber, judgment of 30 November 2004.
57 Judgment of the Grand Chamber, 30 November 2004, para,71.
58 Ibid., esp., paras.110, 118.
59 ECHR, Grand Camber, judgment of 19 February 1998.
60 Judgment of the Chamber, paras.84-86; judgment of the Grand Chamber, paras.90, 100-101, 108. 本判決は第1議定書1条の違反も認定した (Judgment of the Grand Chamber, paras.133-138.)。

にいう「財産の使用の規制」に当たるが、取り消しの根拠となった1964年自然保全法の環境保護という目的は正統であり、この目的ととられた措置との間には合理的な均衡の関係がなければならないが、本件ではこの要件は満たされているとして違反を認めなかった[61]。またジプシーに属する申立人が、自己が所有する土地に計画許可を受けることなくキャラバンを設置して罰金刑を受けたこと等が条約8条、14条(差別の禁止)、第1議定書1条などに違反すると主張した *Case of Coster* v. *the United Kingdom* において、裁判所は当該の法令が環境保全を通じて「他の者の権利」を保護するという正統な目的を持つものだと認定して、条約違反を認めなかった[62]。

(2) ヨーロッパ社会憲章

ヨーロッパ人権条約が規定する自由権よりもヨーロッパ社会憲章が定める社会権のほうに、環境保護の目的で適用可能な条項が多いであろうことは容易に推測できるが、集団的申立制度を定める同憲章への追加議定書が1998年に発効したことによって、これに基づく申立てのヨーロッパ社会権委員会による検討の事例が目につくようになった[63]。

環境に関わる事例でとくに注目されるのは、2006年12月に社会権委員会の決定が行われた *Marangopoulos Foundation for Human Rights* (MFHR) v. *Greece* であろう。本件では国際NGOであるMFHRが、ギリシャが亜炭を燃料とする火力発電により環境に悪影響を及ぼし、社会権憲章11条(健康保護についての権利)、3条(安全で健康な労働条件への権利)および2条(公正な労働条件への権利)を遵守しなかったと主張した。委員会は、憲章は生きた文書であって現在の諸条件に照らして解釈されねばならないと述べ、健康の保護と健全な環境との間の関係に関する憲章締約国とその他の国際機構の認識にかんがみ、11条は「健全な環境への権利を含むものと解釈」する[64]。委員会は、亜炭の使

61　ECHR, Camber, judgment of 18 February 1991, paras.47-56. ただし本判決は、当該の取り消しが政府の専権に属した点で条約6条1の違反を認定した (ibid., paras.62-63.)。
62　ECHR, Grand Camber, judgment of 18 January 2001, para.94-96.
63　ヨーロッパ社会憲章の集団的申立制度については、以下を参照：COE, 1995；窪、2001；Churchill & Khaliq, 2004.
64　European Committee of Social Rights, Decision of 6 December 2006, paras.194-195.

用がエネルギーの独立、全住民への安価な電力の供給、経済発展といった正統な目的を有すること、また汚染の克服は漸進的にのみ達成しうることを認めるが、このために政府が講じた措置は明らかに不十分なものであり、国の当局に与えられる裁量の余地(the margin of discretion)を考慮してもギリシャは炭鉱地帯の住民の利益と一般的利益とに間に合理的なバランスをとらなかったと認めて11条の違反を認定した[65]。委員会はまた、憲章3条2と2条4の違反も認定する[66]。委員会のこの報告を受け取った閣僚委員会は、ギリシャ政府からの情報を受けて同政府が憲章上の諸権利の効果的な実施のためにすでに取り、また取ることを予定している措置を歓迎する旨の決議を採択する[67]。

　もう一点だけ例を挙げるなら、2005年に決定が行われた*European Roma Rights Centre v. Italy*で委員会は、イタリーが、ロマがその特有のニーズに適合する量と質の住居を提供されるよう確保する適切な措置をとらなかったこと、時に力を用いて立ち退きを強制したこと、また永住可能な住居を提供しなかったことによって、改正社会憲章E条(差別の禁止)と併せて解釈された同31条(住居についての権利)に違反したと認定した[68]。この決定を受けた閣僚委員会は、イタリー当局がすでに取った措置および状況を改正議定書に適合させるために予定している措置に留意して、イタリーが次回の報告書において事態の改善について報告し、また達成された進歩について委員会に定期的に通報することに期待を表明する決議を採択した[69]。

(3) 自由権規約[70]

　自由権規約第1選択議定書のもとで自由権規約委員会が行った個人通報の審査の中で、環境保護に関わるものとして注目されてきたのは少数者の権利

65　Ibid., paras.198, 204-221.
66　Ibid., paras.231, 238-239.
67　COE, Committee of Ministers, Resolution CM/ResChS(2008)1, adopted on 16 January 2008.
68　European Committee of Social Rights, Decision of 7 December 2005, paras.37, 41-42, 45-46.
69　COE, Committee of Ministers, Resolution ResChS(2006)4, adopted on 3 May 2006.
70　自由権規約委員会における環境関係の事件については、たとえば以下を参照：E/CN.4/Sub.2/1992/7, paras.98-102；E/CN.4/Sub.2/1993/7, paras.77-82；Dommen, 1998-1999.

(27条)の侵害が主張された事例であり、とりわけ多く言及されるのは1990年の *Bernard Ominayak, Chief of the Lubicon Lake Band* v. *Canada* 事件の委員会「見解」であろう。本件において通報者はクレー種族インディアンに属するルビコン湖部族の代表として、カナダ政府は同部族の領域において開発行為を許可することにより規約1条(自決権)に違反したと主張した[71]。これに対して委員会は、通報者は個人として、人民の権利である自決権の侵害の被害者であると主張することはできないが、主張された事実は27条を含む規約のその他の条のもとで問題を生じるかも知れない[72]として本案の検討に進み、選択議定書は個人が、規約第3部6条から27条に包括的に規定されている個人の権利の侵害を主張する手続を定めるものであるが、同様の被害を受けたと主張する個人の集団が集団的に通報を行うことには異議はなく、主張の多くは疑いなく27条の争点を生じるもので、同条が保護する権利は「自らが属する共同体の文化の一部である経済的および社会的な諸活動に他の者と共同して従事する個人の権利を含む」という[73]。委員会は、「〔締約国も認めた〕歴史的な不公正と、より最近の若干の発展とは、ルビコン湖部族の生活様式と文化とに脅威を与えるものであり、継続する限りにおいて27条の違反を構成する」が、締約国が提案している救済措置は規約2条の意味において適切なものであると結論した[74]。本「見解」が、ルビコン湖部族の先住人民としての特徴、とくに環境と不可分に結びついたその生活様式および文化のあり方に注目したのは確かであるが、この点は「見解」では具体的には展開されなかった。なお、安藤仁介委員の個別意見が「見解」の断定的な表現には留保を表明しながらも、それが「環境への取り返しがつかない損害を生じかねない天然資源の開発への警告」となりうる限りにおいて、その採択に反対しないと述べた[75]ことは注目できよう。

　少数者の権利に関わる事例ではまた、*Ivan Kitok* v. *Sweden* の「見解」において委員会は、経済活動の規制は通常は国が行うべきことであるが、当該の活

71　Views of the Human Rights Committee adopted on 26 March 1990, A/45/40, 1, paras.1-2.3.
72　Ibid., paras.13.3-13.4.
73　Ibid., paras.32.1-32.2.
74　Ibid., para.33.
75　Ibid., p.28.

動が種族共同体の文化の不可欠の要素である場合には個人へのその適用が27条の範囲に入りうることを認めた。しかし委員会は、通報者が争ったスウェーデンのトナカイ飼育法は、経済的および生態系的な理由と少数者であるサーミの福祉の保護とを理由としてトナカイ飼育者の数を制限しようとするもので、これらは合理的であって27条と両立すると判断する[76]。同じくサーミに属する通報者が、彼らのトナカイ飼育地の近隣における石材開発を認めた当局の行為が27条に違反すると主張した *Landsman et al. v. Finland* では、委員会は27条にいう自らの文化を享受する権利は抽象的にではなく状況にてらして決定されねばならないとする一方、「〔開発を促進する国の〕自由の範囲は「評価の余地」に照らして評価されるべきではなく、国が27条において引き受けた義務に照らして評価されなければならない」という[77]。委員会は、争われた開発行為は自らの文化を享受する通報者の権利を否定する程度には達しておらず、また通報者らはその決定手続への参加を認められていたという理由で27条違反を認定しなかったが、将来において開発活動が拡大された場合には通報者の27条のもとでの権利が侵害されるおそれがあり、締約国はこのことに留意する義務を負うと釘を刺した[78]。

このほか、環境破壊のおそれが規約6条1(生命への権利)を侵害するという通報も、成功していない。町の近傍における核廃棄物貯蔵所の存在が争われた *E.H.P. v. Canada* では委員会は、通報者が自らの名において、またとくにその権限を与えた町の住民にかわって通報を提出する当事者資格を認めたが、国内的救済不完了を理由に通報は受理不許容とした[79]。6,588名のオランダ市民が、当時の巡航ミサイル配備計画が彼らの生命への権利を脅かすと主張した *E.W. et al. v. The Netherlands* では委員会は、各々の通報者が選択議定書1条の意味における被害者である限り、通報者が多数である事実は当該の通報を民衆訴訟とするわけではないと述べたが、当時の状況では通報者の6条のもとにおける権利が侵害されまたはその差し迫った危険があるはいえ

---

76 Views adopted on 27 July 1988, CCPR/C/33/D/197/1985 (1988), paras.9.2-9.5.
77 Views adopted on 26 October 1994, CCPR/C/52/D/511/1992 (1994), paras.9.2-9.4.
78 Ibid., paras.9.5-9.8.
79 Decision on Admissibility, 27 October 1982, CCPR/C/OP/1 at 20 (1984), para.8.

ず、したがって彼らは「被害者」の要件を満たさないものと判断して、通報を受理不許容とした[80]。

(4) 米州人権宣言および人権条約[81]

米州人権システムにおいても、環境破壊が先住人民の権利との関係で争われた事件が知られており、初期の事例としてはいくつかの人権NGOsがヤノマミ・インディオのためにブラジル政府を米州人権委員会に訴えた事例がある。本件では、ヤノマミ・インディオの居住地域における高速道路の建設とそれに伴う開発業者の流入等が地域の環境とインディオの健康を破壊したと主張され、人権委員会はブラジル政府が米州人権宣言の1条(生命、自由および身体の安全についての権利)、8条(住居および移動についての権利)および11条(健康への権利)に違反したと認定して、改善策を勧告した[82]。

近年の事例で注目されているのは、米州人権委員会がニカラグアに居住する先住人民のために同国を米州人権裁判所に訴えた、*Mayagna (Sumo) Awas Tingni Community* v. *Nicaragua*事件における判決である[83]。事件では、ニカラグア政府はアワス・ティングニ共同体に属する土地の画定を行わずその伝統的土地と天然資源に対する財産権を確保するための措置をとらなかったこと、共同体の同意を得ることなくその土地における開発を許可したこと、そして共同体に対して実効的な救済を確保しなかったことなどが争われ、裁判所はニカラグアが米州人権条約の各々1条1(条約が規定する権利を差別なしに尊重する義務)および2条(条約が規定する権利に国内法上の効果を与える義務)との関連における25条(司法的保護を受ける権利)および21条(財産権)の違反を認定した[84]。ここで裁判所が、国際人権条約の文言は自律的な意味を有するものであり、また、現在の生活条件に適合した発展的な意味を与えられるべき

---

80 Decision on Admissibility, 8 April 1993, CCPR/C/47/D/429/1990 (1993), paras.6.3-6.4.
81 環境問題に関する米州人権システムの利用可能性については、Taillant, 2003、を参照。
82 Inter-American Commission on Human Rights, Resolution No.12/85, Case No. 7615, Brazil, March 5, 1985.
83 Judgment of August 31, 2001, Inter-Am. Ct. H.R., (Ser.C) No.79 (2001).本件については、Anaya, 2003；小坂田、2008、を参照。
84 Ibid., esp., paras.134-139, 153-155.

であると述べるとともに、条約規定を国内法上の権利を制限するように解釈することを禁止する条約29条(b)を援用して、条約21条にいう財産権は共同体財産の枠内における先住人民共同体構成員の権利をも含むものだと解釈した[85]ことには、とくに興味をそそられる。もっとも、本判決においても裁判所が先住人民の環境権自体に触れたわけではないことには、留意が必要であろう。

4. 環境権の手続的保障

　以上に見てきた広い意味での国際法上の環境権は、おもに実体的な権利としての清浄な環境への権利に関わるものだった。これに対して、国際人権法の手続的な諸規定を環境問題に適用しようという発想も、比較的古くから見られる。たとえば1982年の総会決議・世界自然憲章24項は、すべての者は環境に関わる政策決定に参加の機会を有し、また環境損害に関して救済手段へのアクセスを有すると規定した。そしてリオ宣言の原則10〔⇒本章1.〕は、環境問題における市民参加として、環境情報へのアクセス、政策決定への参加および司法上・行政上の手続へのアクセスの三点をあげる。

　これらの文書は、ソフト・ロー文書でありながら義務的なフォーミュレーション(shall)を用いたが、参加等を「権利」としてではなく「機会」として規定したことに限界を有していた。しかしリオ宣言の前後から、環境問題に関わる手続的権利を規定する条約は、顕著な増大を示す。これらの手続的権利はしばしば「参加の権利(participatory rights)」と総称され、これらを「環境権」を認めたものというかどうかは、「おもに用語上の問題」だという指摘もある[86]。そこで本節では、リオ原則10があげた三点に即して「参加の権利」の現状を概観しよう[87]。

85　Ibid., paras.146-148.
86　Birnie & Boyle, 2002, 262：邦訳、294；Boyle, 1996, 61.
87　環境問題における「参加の権利」については、たとえば以下を参照：Boyle,1996, 59-63；Shelton, 2001, 194-213；Shelton, 2003, 3-11；Kiss, 2003；Desgagne, 1995, 285-293.

(1) 環境情報へのアクセスの権利

　防止の義務との関係ですでに述べた通報と協議の義務〔⇒第4章〕は国家間関係におけるそれだったのに対して、ここで取り上げる環境情報へのアクセスの権利は個人の権利としてのそれである。この権利は、表現の自由の一環としての「あらゆる種類の情報及び考えを求め、受け及び伝える自由」（自由権規約19条1）の環境問題への適用と考えられ、同様の規定はヨーロッパ人権条約10条1、米州人権条約13条1およびバンジュール憲章9条にも見られる。しかし従来は、このような情報を受ける自由を環境情報を受け取る個人の権利として構成する試みは、必ずしも成功しなかった。たとえばヨーロッパ人権裁判所は先にも見た1998年の*Case of Guerra and others* v. *Italy* 判決〔⇒本章3. (1)〕では、ヨーロッパ人権条約10条は環境情報を収集し分析し配布する国の積極的義務をも含むとする人権委員会の判断を退けて、同条は情報を受けることに対する政府による制約を禁止するもので、情報を収集し配布する積極的義務を課するものとは解されないと判断した[88]。ただし同判決は、8条は私生活の実効的な尊重に内在する積極的な義務を含みうるものと解して、被告国は申立人が工場の事故の際のリスクを評価することを可能とする不可欠の情報を提供しなかったことにより、8条の義務に違反したと判断する[89]。さらに同裁判所は、2004年の*Öneryildiz* v. *Turkey* 事件判決では、条約2条の生命への権利に含まれる防止措置をとる義務の一環として、「情報への公衆の権利」を認めた[90]〔⇒本章3. (1)〕。

　ところで、ヨーロッパの地域レベルではとくに環境情報へのアクセスを規定する条約が目につく。UNECEが1991年に作成したエスポー条約〔⇒本節(2)〕は、附属書Iに掲げる計画活動が影響を受けるおそれがある地域内の被影響当事者の公衆に通報されるよう確保する、関係当事者の義務を規定する（3条8）。また、1992年のOSPAR条約は、当該海域の状況やそれに悪影響を与えまたはそのおそれがある活動等に関するあらゆる形態の情報を、権限ある当局が自然人または法人に対して、合理的な要請に応じて利用可能とするよう

88　Judgment of 19 February 1998, paras.52-53.
89　Ibid., paras.58-60.
90　Judgment of Grand Camber, 30 November 2004, para.90.

確保する締約当事者の義務を規定する(9条)。環境情報へのアクセスに関してもっとも徹底した規定をおくのはUNECEオーフース条約〔⇒本節(3)〕である。当事者は国内法の枠内で請求に応じて環境情報を公衆の利用に供するように確保することを義務づけられるだけでなく、環境情報を収集し普及する積極的な義務を負う。また当事者は、公の当局が職務に関する環境情報を保持するよう確保するだけでなく、環境に対して重大な影響を及ぼすかも知れない活動について情報が適切に提供されるように義務的な制度を設ける。さらに、環境情報へのアクセスを容易にするように、その電子化などの多様な方策が奨励される(5条)。

エスポー条約では、通報の対象となるのは計画活動によって影響を受けるおそれがある地域内の公衆であるから、このような通報は環境影響評価への実効的な参加の確保を目的とするものだと見ることができる。これに対して、OSPAR条約9条1およびオーフース条約4条1では、公衆は環境情報を求めるためには利害関係を有することを要さないとされるから、ここにおけるアクセスはより一般的な目的のものだと見ることができよう。他方でこれらの条約は、産業上・商業上の秘密や安全保障上の考慮などを理由として情報の提供を拒むことを認める(エスポー条約2条8；OSPAR条約9条3；オーフース条約4条4)が、オーフース条約は拒否事由は制限的に解するべきことを明記する。

他方普遍的なレベルでは、環境情報へのアクセスはなお初歩的なものに留まるように見受けられる。たとえば「事前のかつ情報に基づく同意(prior and informed consent)」をうたう有害廃棄物規制バーゼル条約、生物多様性条約(CBD)へのカルタヘナ議定書、ロッテルダム(PIC)条約などは、国家間関係における情報の提供と同意についてだけ規定する。CBDは生物多様性の保全の重要性とそのための措置についての普及と教育を求めるに留まり(13条)、気候変動枠組条約は気候変動とその影響に関する情報の公開や対応措置への公衆の参加を規定するが、それは自国の法令に従いかつその能力に応じてのこととされる(6条)。ストックホルム(POPs)条約も、その能力の範囲内において対象物質に関する情報を公衆に提供し、また対応措置の策定への公衆の参加を促進する締約国の義務を定める(10条1)。さらに、条約としてはまだ未採択であるが、ILCが作成した有害活動から生じる越境侵害の防止

条文草案の13条は、条約が対象とする活動によって影響を受けるかも知れない公衆に対して、当該の活動、そのリスクおよび可能な侵害についての情報を提供し、公衆の見解を確かめる義務を規定する。もっとも、本条文草案は重大な越境侵害を生じるリスクを有する活動の許可については環境影響評価を含む越境侵害のリスク評価に基づくべきことを求める(7条)が、このような過程への公衆の参加は規定していない。

(2) 環境に関する政策決定への参加：環境影響評価を中心に

環境影響評価(EIA)とは、社会経済的発展と政策決定のプロセスに環境上の考慮を組み入れることを目的とする国際法上および国内法上の技術であって、以下のような役割を果たすと説明される：すなわち第1に、提案されている活動等の環境上の結果について政策決定者に情報を提供すること；第2にこの情報が政策決定に影響を与えるよう求めること；そして第3に影響を受ける可能性がある人が政策決定に参加するよう確保する仕組みを提供すること、である[91]。以下に見るようにEIAを規定する国際文書がすべて公衆の参加を認めているわけではないし、他方では国際環境法における公衆参加がEIAへの参加に限られるわけでもないが、ここではEIAを例にとって環境に関する政策決定への公衆の参加について簡単に検討しよう。環境問題における参加の権利はEIAプロセスに起源を有する[92]、あるいは実効的なEIAの価値は政策決定における公衆の監視と参加の機会を提供するところにある[93]といわれるからである。

環境に悪影響を与えるかも知れない活動について事前のEIAを要求する最初の国内法は1969年の米国の国家環境政策法(National Environmental Policy Act：NEPA)であるとされ、日本では環境基本法20条を受けて1997年に環境影響評価法が制定される。国際社会のレベルでは、リオ宣言の原則17は「国の手段として、環境影響評価は、環境に重大な悪影響を及ぼすおそれがあり、かつ権限のある国の機関の決定に服する計画された活動に対して、実施され

---

91 Sands, 2003, 799-800. なお、日本におけるEIAの国際法的研究としては、たとえば以下を参照：一之瀬、1993；南、1996；南、1997；石橋、2001。
92 Atapattu, 2006, 294.
93 Birnie & Boyle, 2002, 131：邦訳、164

なければならない(shall be undertaken)」と規定した。他方で同宣言の原則10は環境問題における市民参加の重要性を強調した〔⇒本章1.〕が、宣言は両者の関係については述べていない。アジェンダ21は各所で環境影響評価の必要性を強調しており、第3部「主要グループの役割強化」の「序」に当たる第23章において、「持続可能な発展の達成のための基本的な前提の一つは政策決定における広範な公衆の参加」であり、この分野における新しい形の参加には「個人、集団および組織が環境影響評価手続に参加し、政策決定、とりわけ彼らが生活し労働する社会に潜在的に影響を及ぼす決定について知り、これに参加すること」が含まれるという(23.2項)。このようなアジェンダ21の表現からは、EIAを含む政策決定への市民の参加は、持続可能な発展の実現への参加という一般的な目的と、彼らの生活に影響を及ぼすかも知れない決定への参加というより具体的な目的の、二重の目的を有するものと理解される。

　EIAについて規定する初期の国際文書としてはたとえばUNCLOSは、自国の管轄または管理下において計画されている活動が海洋環境に重大な汚染をもたらすおそれがある場合に、実行可能な限りその影響を評価し、その結果を公表または国際機関に提供する国の義務を規定した(206条)。また、1991年の南極環境議定書は、南極条約1条1が規定する南極条約地域における活動であって、科学的調査、観光など同条約7条5が事前の通告を求める活動について三段階のEIAを要求し(8条)、その手続を定めた(附属書I)。さらに、1995年の国連公海漁業実施協定は沿岸国および公海漁業国が、漁獲対象資源およびそれと同一の生態系に属する種またはこれに関連する種に対して漁獲その他の人間活動および環境要因が及ぼす影響を評価するよう求める(5条(d))。もう一例を挙げれば、ロンドン海洋投棄条約1996年議定書は廃棄物等の海洋投棄を原則的に禁止し、附属書1に規定する例外については許可制として(4条)、許可については詳細なEIAを要求する(附属書2)。

　これらの諸条約は、越境環境損害というよりもむしろ広い意味での国際公域の環境保全を規定するものであるが、いずれも公衆の参加については規定しておらず、一般的な規定に留まるUNCLOSを別にして、何らかの形における国際機構の関与を規定するのが特徴である。南極環境議定書は附属書Iにおいて、軽微なまたは一時的な影響以上の影響を与えるおそれがある計画活

動については包括的なEIAを要求する(3条)。包括的な環境影響評価書の案は締約国に送付されるとともに一般にも公開されるが、意見を提出しうるのは締約国だけである。この案は同時に環境保護委員会(議定書11条)にも送付され、その助言に基づいて南極条約協議国会議がこれを検討するものとされ、この検討が行われるまでは計画活動を実施することは原則としてできない。国連公海漁業実施協定では、小地域的または地域的な漁業管理機関または枠組みが当該魚種の状況を検討し非対象種および関連の種に漁獲が与える影響を評価する役割を果たす(10条(d))。さらにロンドン海洋投棄条約1996年議定書は、投棄を許可した締約国がその詳細についてIMOおよび適当な場合には他の締約国に対して報告することを義務づける(9条1および4)。

地球環境の保全を主な目的とする条約にもEIAへの公衆の参加を求めるものがないわけではないが、規定はさらに一般的である。CBD14条1(a)は、締約国が「可能な限り、かつ、適当な場合には」生物の多様性への著しい悪影響を回避しまたは最小とするために事業計画案へEIAを導入するように求め、「適当な場合には」この手続への公衆の参加を認めるべきことを規定する。また、1971年のラムサール条約にはEIAに関する規定はないが、1999年の第7回締約国会議は決議VII.16において締約国に対して、条約リストにある湿地の生態系を変化させる可能性があるプロジェクト等についてはEIAが行われるように確保し、そのような手続が「透明かつ参加的な方法で行われるよう」勧告した[94]。

しかし、EIAへの公衆の参加を本格的に規定するのは、むしろ越境環境損害に関する条約に多いように見受けられる。この種の最初の条約としては1974年の北欧環境保護条約を挙げることができるが、この条約については越境環境損害の救済との関連で別途取り上げる〔⇒第11章2.(2)〕。越境的な文脈におけるEIAとこれに対する公衆の参加自体を規定したのは、UNECEが1991年に採択したエスポー条約である[95]。本条約は、おおよそ以下のような内容

94　7th Meeting of the Conference of the Contracting Parties to the Convention on Wetlands, San Jose, Costa Rica, 10-18 May 1999, Resolution VII.16, The Ramsar Convention and impact assessment: strategic, environmental and social.
95　本条約については、以下を参照：石橋、2001、204-208；磯崎、2006、32-33；Sands, 2003, 814-817；UNECE, 2006；Atapattu, 2006, 309-318.

をもつ。締約当事者は、以下のような一般的義務を引き受ける(2条)：計画活動の重大な越境環境悪影響を防止、軽減、規制するためにすべての適切かつ効果的な措置をとる(1項)；EIA手続の創設を含めて条約実施のために必要な法律上、行政上その他の措置をとる(2項)；附属書Ⅰが規定する重大な越境悪影響を生じるかも知れない計画活動の認可または実施の決定の前にEIAを行うように確保する(3項)；影響を受けるおそれがある地域の公衆にEIA手続に参加する機会を与える(6項)。なお、関係当事者――その管轄下において計画活動が予定される原因当事者と、計画活動の越境影響を受けるかも知れない被影響当事者の双方を含む(1条(ii)〜(iv))――は合意により附属書Ⅰが規定する以外の活動をこれと同様に扱うことができ(2条5)、そのための基準の指針は附属書Ⅲが定める。

原因当事者は被影響当事者に対して計画活動に関する通報と情報提供を行い、EIAに参加する機会を与える(3条)。被影響当事者がEIAに参加する選択を行う場合には、影響を受けるおそれがある地域の公衆のEIAへの参加を確保することは関係当事者の共同責任となる(3条8)[96]。被影響当事者の公衆に提供されるEIA参加の機会は、原因当事者の公衆に提供されるそれと「同等(equivalent)」のものでなければならない(2条6)が、「同一(identical)」のものである必要はない[97]。原因当事者は環境影響評価書を作成して被影響当事者に提供するとともに、公衆への配布と意見の聴取を確保する(4条)。原因当事者は環境影響評価書に基づき、計画不実施の選択を含めて被影響当事者と協議を行い(5条)、計画活動に関する最終決定ではこのような協議の結果と公衆の意見に妥当な考慮が払われるように確保する(6条)。

この条約は、以上のようにきわめて先進的な内容をもつが、その評価に当たっては少なくとも次の二点には留意しておく必要があると思われる。第1に、本条約は文面上は全地球的な環境影響を含むように読めるが(1条(viii))、実際には原因当事者と被影響当事者を想定して両者の間に生じるかも知れない越境環境影響についてのみ規定しており、全地球的な環境影響に対処する仕組みは備えていない。すなわち本条約における公衆の参加は、もっぱら彼

96　See, UNECE, 2006, paras.68-73.
97　Ibid., paras.17-18.

らの生活に影響を及ぼすかも知れない決定への参加という狭い意味なのである。第2に本条約は、EIAの国際的な制度を設けるものではない。条約が締約当事者に義務づけるのは、公衆の参加を認めるEIA手続を国内法において樹立すること(2条2)に留まり、環境影響評価書の最低限の記載事項が附属書IIに規定されてはいるが、手続の詳細は国の当局の決定に委ねられているのである[98]。この二点の特徴は越境EIAに関する諸条約に多少とも共通のもののように思われが、第1点については以下に見る「戦略的環境評価」においては変化の兆しが伺われる。

さてオーフース条約6条では、特定の活動に関する決定における参加は「利害関係を有する公衆」に対して認められる。「利害関係を有する公衆」とは、環境上の政策決定によって影響を受けまたはこれに利害関係を有する公衆をいうものと定義され、国内法上の要件を満たす環境NGOsは利害関係を有するものと見なされる(2条5)。このような公衆に対して当事者は、附属書Iに掲げる計画活動についての許可の決定への参加を認め、附属書Iに掲げる以外の活動であっても環境に対して重大な影響を与えるかも知れないものについては国内法に従って同様に参加を認める。利害関係を有する公衆は決定手続の初期の段階で情報を通知され、選択肢が未決定で効果的な参加が可能な段階で参加を提供される。参加手続は、公衆が計画活動に関するすべての意見、情報、分析または見解を提出できるようなものでなければならず、当事者は決定に当たっては公衆参加の結果に適切な考慮を払うべきものとされる。なお、今のところ未発効であるが2005年に採択された改正によって、遺伝子組み換え生物の環境への放出と市場化の決定についての公衆の参加に関する規定が導入されることになっている(6条の1および附属書Iの1)[99]。

6条の規定は従来から知られていた種類のものであって、個々のプロジェクトの決定段階におけるEIAへの公衆参加に関するものであるが、これに対して7条はより一般的な「計画、プログラムおよび政策(plans, programmes and

---

98 Ibid., para.13.
99 UNECE, Meeting of the Parties to the Convention on Access to Information, Public Participation in Decision-Making, and Access to Justice in Environmental Matters, Decision II/1, Genetic Modified Organisms, adopted at the second meeting of the Parties held in Almaty, Kazakhstan, on 25-27 May 2005, ECE/MP.PP/2005/2/Add.2.

policies)」の策定段階における、また、8条は行政規則および／または一般的に適用される法的拘束力ある規範文書の準備過程における、公衆の環境配慮に関する参加をそれぞれ規定する。このような局面における公衆参加のほうが、究極的には個々のプロジェクト段階における参加よりもよりも潜在的な可能性が大きいとされる[100]が、本条約では7条は「実際的及び／又はその他の規定」を設ける義務に、8条は「促進するために努力する」義務に留まることに留意しなければならない。また、7条では参加できる公衆は関連の公の当局が決めるものとされている。ただし、このようないわゆる「戦略的環境影響評価(SEA)」は、一つの趨勢となっていることに注意するべきであろう。2003年には、計画、プログラム、政策および立法の準備過程に健康を含む環境上の考慮を織り込むことを目的に、オーフース条約7条および8条をより具体化したエスポー条約へのSEA議定書が採択された[101]。

　ところでEIAの国際法的地位は、どのようなものであろうか。国際裁判では、ICJにおける核実験事件判決再検討要請事件においてニュージーランドが、ITLOSにおけるMOXプラント事件ではアイルランドが、それぞれ事前のEIAを経ないで当該活動を実施することは国際法に違反するという趣旨の主張を行ったが、裁判所はこれには応えなかった〔⇒第5章3. (1)；(5)〕。学説上はEIAの義務の慣習法化を肯定する説[102]、他国の環境または海洋環境に対する越境リスクについてだけ一般国際法上の義務となったという説[103]、さらには緊急事態における通報の義務を除いてEIAの実施を含む手続的義務のいずれも慣習法とはなっていないという説[104]などが入り乱れている。EIAだけでなく、オーフース条約が参加の権利の三本の柱と位置づけたすべての権利〔⇒本節(3)〕が今では慣習国際法の一部をなすという考え方さえ主張される[105]。ここでこれらの説のいずれかに軍配をあげる用意はないが、少なくと

100　Sands, 2003, 263.
101　See, UNECE, Public Participation in Strategic Decision-Making: Prepared by the secretariat in consultation with the Bureau to the Convention, MP.PP/WG.1/2003/5, 26 August 2003；磯崎、2006、34-35；Atapattu, 2006, 344-353.
102　Sands, 2003, 800, 824.
103　Birnie & Boyle, 2002, 132：邦訳、167。
104　Okowa, 1996, 281.
105　Atapattu, 2006, 363, 377-378.

も次のことはいえるであろう。すなわち、必要とされる状況でEIAを行わなかった結果越境環境損害が生じた場合には、当該国は「領域使用の管理責任」に違反したと推定され、反証がない限り国家責任を負うことになると思われる。つまり、EIAはそれ自体としては抽象的である「相当の注意」義務の、具体的な内容の一つをなしうると考えられるのである〔⇒第4章4.(2)；補遺〕。

　以上のように、EIAは環境に悪影響を与えるかも知れない活動の決定過程において政策決定者が環境影響を考慮に入れ、また公衆の意見をくみ入れることを可能にする法的な技法として発展してきたものであるが、このことと関連して、ICJがガブチコボ・ナジマロシュ計画事件判決において、条約解釈の問題としてではあるがEIAの継続的な性格を強調したことが注目される。すなわち、ICJはここで次のように述べた：「計画が環境に対して与える影響と環境に対して有する意味とが必然的に鍵となる争点であることは、明らかである。〔……〕環境上のリスクを評価するためには、現在の基準を考慮に入れなければならない。このことは、〔1977年条約の〕15条および19条がダニューブ河の水質を維持し自然を保護するために当事者に対して継続的な、したがって必然的に発展的な義務を課している限りにおいて、これらの条文が認めるところであるだけではなく命じるところでもある」。ICJはさらに、持続可能な発展の概念に言及した上で〔⇒第6章3.(2)〕、次のように続けた：「本件の目的のためにこのことは、当事者がガブチコボ発電プラントの操業が環境に与える影響について、改めて見直すべきことを意味する」[106]。なお、ウィーラマントリー裁判官の個別意見はより直截に、「〔1977年条約の当該規定は〕明らかにプロジェクト開始以前のEIAに限定されるのではなく、プロジェクト継続中における監視の概念をも含むものであった」という[107]。

　EIAを「相当の注意」義務の具体化であると理解するなら、このような継続的監視の義務は当然にその延長線上に位置づけられるであろう。ITLOSはMOXプラント事件とジョホール海峡埋め立て事件において、当該活動を継続的に監視して情報を交換し、環境へのリスクを評価するために協力するよう求める暫定措置を定めた〔⇒第5章3.(5)；(6)〕。UNECEエスポー条約は関係

106　*ICJ Reports*, 1997, 77-78, para.140.
107　Separate Opinion of Vice-President Weeramantry, ibid., 111-112.

当事者の決定によって、許可条件の遵守および緩和措置の有効性の監視などを目的に、当該活動の監視と越境悪影響の確認を含めて活動開始後の分析を行うべきことを定める（7条；附属書V）。ILCの有害活動から生じる越境侵害の防止条文草案もまた、活動の許可段階におけるEIA（6条；7条）とならんで活動実施中における情報の交換を規定し（12条）、公衆に提供されるべき情報にこのような活動開始後の情報も含めた（13条）。ILCによれば、「相当の注意概念に基礎をおく防止の義務は、一回限りの努力ではなく継続的な努力を要求する」のである[108]。

(3) 司法その他の手続へのアクセス

本節で「参加の権利」を構成するものとして取り上げる三種類の権利は、密接な相互依存の関係にありいわば三位一体をなす。すなわち、環境情報へのアクセスはそれ自体重要であるだけでなく効果的な参加の前提をなす。他方、環境上の政策決定への公衆の参加は、公衆が十分な情報を手にしていることを前提とするとともに、それが侵害された場合には司法等へのアクセスを必要とする。また、司法等へのアクセスは情報へのアクセスと政策決定への参加の実効性を担保するために不可欠である。UNECEオーフス条約は、その正式名称〔⇒本章2.(3)〕が示すようにこの三種の権利を「三本の柱」とするものである[109]。なお、環境損害の被害者救済との関係における司法へのアクセスについては、別途取り上げる〔⇒第11章〕。

オーフス条約が掲げる公衆の司法等へのアクセスは、先に見たように公衆の環境への権利〔⇒本章2.(3)〕の手続的保障としてである。本条約については、対象がUNECEエスポー条約のように環境影響の越境的な文脈に限定されることなく、それが一国内に留まる場合も含めてある活動や計画などの環境影響を扱うものであることが注目される。本条約はまた、締約当事者の義務を具体的に履行する「公の当局」についても、対象とされる「環境情報」についても、きわめて広い意味を与える。「公の当局」には中央・地方の政府機関

---

108 Commentary to Article 12, para.(2), A/56/10, 420.
109 UNECE, 2000, 5-6. 本条約については、UNECE, 2000；McAllister, 1999；高村、2003；磯崎、2006、26-27；Atapattu, 2006, 356-377、を参照。

だけでなく、国内法のもとで公行政の職務(環境関連の職務には限らない)を行う自然人および法人、ならびにこれらの管理のもとで環境に関連する職務を行いまたは公的な役務を提供する自然人または法人が含まれ、地域経済統合機関の機関も含まれるが、司法上または立法上の能力において行動する機関は除かれる(2条2)。また「環境情報」については、一般に環境条約が用いる広い意味での「環境」〔⇒第1章1.(1)〕に関する情報だけでなく、環境上の政策決定に用いられる経済分析および経済上の仮説も含まれる(2条3)。なお、条約中に頻出する「国内法に従って」、「国内法の枠内において」といった表現は、条約上の義務の範囲を国内法の枠内に切りつめるように解釈されるかも知れない。この点に関してUNECEの解説は、起草過程においては必ずしも意見の一致がなかったことを認めながらも、これらの規定はそうではなくて義務履行の方法のみを国内法に委ねるものであるとする解釈を推奨する[110]。

さて、本条約が規定する情報へのアクセスと政策決定への参加についてはすでに見た〔⇒本節(1);(2)〕が、9条は以下のような形で司法等へのアクセスを規定する。当事者は国内法の枠内で、4条にいう情報へのアクセスが損なわれたと考えるすべての者が、裁判所またはその他の独立かつ公正な機関による再審査手続へのアクセスを有するように確保する(1項)。6条の対象となる決定の実体的・手続的な合法性を争うために同様のアクセスを確保されるのは、公衆の構成員であって十分な利害関係を有するか、または国内法がこれを前提とする場合には権利の侵害を主張する者である。これらについては国内法の要件に従うが、2条5に規定するNGOsはこれらに含まれるものと見なされる(2項)。また、公衆の構成員は国内法に従って、環境に関する国内法に違反する私人および公の当局の行為を争うために、行政上・司法上の手続へのアクセスを確保される(3項)。以上のような手続は、差止めを含めて適切かつ効果的な救済を規定するべきものとされる(4項)。

9条では、1項と2項が条約上認められている情報へのアクセスおよび政策決定への参加に関する権利の侵害についての司法等へのアクセスを規定するのに対して、3項においては「市民が、たんに個人的な損害の救済のためとい

110　UNECE, 2000, 30-31.

うよりも法の執行を目的として、裁判所その他の再検討機関における当事者資格を与えられる」ことが注目される[111]。つまりここでは、条約自体の規定に限られることなく国内環境法の規定一般に違反する私人および当局の作為および不作為を争うことが認められ、当事者はこれを実施するために必要な立法上、規制上その他の措置をとることを求められるのである(3条1)。なお、2002年に開催されたオーフース条約第1回締約国会合は、決定Ⅰ／7「遵守委員会および遵守検討手続」によって遵守委員会を設置した。この遵守委員会は委員候補の推薦資格を一定のNGOsにも認めること、公衆による不遵守の通報を認めることなどの点でユニークな特徴を有する〔⇒第12章3.〕。

　この点との関連では、1993年のカナダ、米国およびメキシコの間の北米環境協力協定(NAAEC)が、国による国内環境法の不履行に関する市民による申立てを取り上げる国際機構の権限を規定したことが注目される。本協定は北米自由貿易協定(NAFTA)の環境条項を補足するという位置づけを与えられ、地域における環境上の懸念に対処し、自由貿易と環境の間の可能な衝突を防止し〔⇒第9章〕、環境法の効果的な実施を促進することを目的とする[112]ものであって、実体的な環境基準を規定するのではなく、環境関連の法令等の公表(4条)、環境法規の効果的な実施(5条)、私人の救済手続へのアクセスと手続的保障(6条；7条)などの手続的な約束を規定する。実施機構としては環境協力委員会(CEC)をおき、その機関としては加盟国代表からなる理事会、事務局、および合同公衆諮問委員会(Joint Public Advisory Committee)を設ける。

　NGOsおよび私人は締約国が環境法を効果的に実施していないと主張する申立てを事務局に対して行うことができ、事務局は申立てが受理許容と判断する場合には締約国からの応答を求めてこれらを理事会に提出、理事会の3分の2の多数による決定があれば、事務局は「事実の記録(a Factual Record)」を作成して理事会の決定に基づきこれを公表する(14条；15条)。この手続は一種の事実審査(inquiry/ fact finding)であって、その任務が独立した個人から構成される委員会にではなく、国際機構であるCECの事務局に委ねられる

111　UNECE, 2000, 130-131.
112　See, CEC, 2000, ix. 日本語の文献としては以下を参照：中川、1997a；中川、1997b；金、1999；磯崎、2006、6-7.

点でユニークであるが、「事実の記録」は文字通り事実の記録に留まるものであって法的判断に立ち入るわけではない。しかし事務局は、受理許容性の判断においては手続上法的な評価に踏み込むことになる。

たとえば、三つの環境NGOsがメキシコ当局はコスメル島における観光用港湾施設の建設計画においていくつかの環境法の規定を遵守していないと主張した事例では、メキシコ政府は主張されている行為はNAAECの発効以前のものであるからCECには時間的管轄権がないこと、当該NGOsは主張されている行為の結果として直接の損害を被ったことを示さず、またメキシコ法において利用可能な救済を尽くしていないことを指摘して、申立ての受理許容性を争った。これに対して事務局は時間的管轄権については、NAAEC 14条に遡及効を与える意図(条約法条約28条)を認めることはできないが、NAAEC発効以前に完了した出来事または行為の若干の側面は現在の継続的な環境法不履行の主張を検討する際に関連性を有するかも知れないと判断した。また損害については、申立人は北米における若干の民事手続では当事者資格のために必要とされる特定化された個別的損害を主張しなかったかも知れないが、海洋資源のとりわけ公的な性格にかんがみれば申立ては14条の精神と内容の範囲内にあり、また同じ理由によって本件の状況において申立人はメキシコ法が認める国内的救済を追及したとされた[113]。理事会はこのような事務局の判断を是認して「事実の記録」の作成を指示し[114]、これに応じて事務局は詳細な「事実の記録」を編纂した[115]。

この事例が明確に示すように、NAAECにおける市民による申立ての制度は、締約国による環境法の効果的な実施を確保するために市民を動員することを目的とするものであって、個別的な損害の救済を意図したものではない[116]。「損害」の要件は当事者資格を決定するものではなく事務局にとっての考慮事項の一つであり(14条2(a))、しかも先の事例も示すように広く理解されている。国内的救済の完了も人権条約の場合のように受理許容性の必須

113　A14/SEM/96-001/07/ADV.
114　Council Resolution: #96-08, C/96-00/RES/12/Rev.2, August 2, 1996.
115　A14/SEM/96-001/13/FFR.
116　Shelton, 2001, 206.

の条件ではなく事務局にとっての考慮事項の一つであり(14条2(c))、事例が司法または行政手続に係属中の場合には手続は終了する(14条3(a))が、それは手続の重複を避けまたは私的な救済手続に干渉することを避けるためである[117]。市民はこのように手続発動のきっかけを与えるだけでなく、事務局による「事実の記録」の作成過程においても、いくつかの経路を通じて技術上、科学上その他の関連情報を提供することを認められている(15条4)。なお、締約国によるその環境法の一貫した不履行に起因する国家間紛争については、協議から仲裁に至る別個の処理手続が規定されており、ここでは当該締約国が不履行によって通商上の利益侵害を受けたことが申し立ての要件であるだけでなく、不履行について一種の罰金から通商上の制裁に至る措置が可能である(22条以下)ことに留意しておこう。

5. まとめ：環境権の意義と限界

　国際法において実体的な権利としての環境権、つまり清浄な環境を享受する権利を確立することには、少なくない利点があると主張される。環境を人権として構成することは、何よりも権利所持者の主張を正統化してその立場を強化する。人権は至高かつ絶対的であって、取引や駆け引きの対象とはならないであろう。そのことはまた、手続的な文脈において司法へのアクセスを可能とする。人権としての環境はさらに、憂慮する市民やNGOsを環境運動に結集してこの運動を強化することに資するだけでなく、地域的に、国別にまた国際的に異なる環境状況を普遍的な人権基準によって統一的に評価し比較することを可能とする。そして環境を人権として一般的に表現することは、争点や文脈の違いに応じてそれを創造的に解釈することを可能とするであろう[118]。
　しかし他方では、実体的な権利としての環境権の主張に対しては、たとえば以下のような批判がある：すなわち、環境権は権利の内容、権利主体、義務主体のどれをとっても不確定である；「人」権としての環境権は人間中心主

117　CEC, 2000, para.7.5.
118　See, Anderson, 1996, 21-22 ; Merrills, 1996, 26-27.

義的で環境それ自体の価値を認めないものであり、環境保全は人間にとっては「権利」としてではなく「義務」として構成されるべきである；主張される環境権の内容は既存の人権によってすでにカバーされており、国際法的に何も新しいものを付け加えないだけでなく確立した人権基準を弱める結果となる；単純な権利をもって複雑かつ技術的な環境問題には対処できず、それはむしろ環境問題の構造的な背景をあいまいにする；手続的権利の側面についていえば、環境訴訟はしばしば社会の特権層に有利に機能し、また司法の重視はそれ以外の救済手段の軽視につながる、という[119]。

　以上のような環境権への批判は先進国の国際法学者によるものであるが、このような批判は「第三世代の人権」一般に対する彼らの批判と共通する。ところが環境権の主張は、それ以外の「第三世代の人権」主張がおもに発展途上国によって行われたのに対して、先進国の環境NGOsによって行われたものである。発展途上国の学者は、上に見た先進国の学者の批判とは理由は異なるが、やはり環境権の主張には批判的だった。たとえばチリのフェンテスは、環境権を認めることはバランスを環境保護に有利に傾け発展の側面を背景に押しやることによって、持続可能な発展の核心である発展と環境の統合を損なうという[120]。国家間関係のレベルでは、発展途上国はバンジュール憲章24条が示すように集団の権利としての環境への権利を認めることにやぶさかではなかった〔⇒本章2. (3)〕。しかし個人の実体的な人権としての環境権については、環境保護の最先進地域であるはずのヨーロッパ諸国でさえ、これまではこれを認めることにけっして積極的ではなかった〔⇒本章2. (2)〕。つまり、環境権の主張はほとんど四面楚歌の立場にあるといわざるを得ない。そこで注目されるのが二つの方向、すなわち環境保護のために既存の人権条約を活用する方向〔⇒本章3.〕と、手続的な権利として「参加の権利」の確立を追及する方向〔⇒本章4.〕である。

　確かに自由権を規定する人権条約の多くは個人通報の制度をおいているから、これを通じて個人が環境破壊に伴う人権侵害を条約機関に訴える道が開

---

[119] See, Birnie & Boyle, 2002, 255-259：邦訳、285-290；Boyle, 1996, 48-59; Anderson, 1996, 22-23; Merrills, 1996, 27-38.

[120] Fuentes, 2004.

かれている。個人通報の制度は従来の環境条約には見られなかったものであり、その意味で環境保護運動や人権運動の注目を集めたのは当然のことであった。事実、このような運動の努力によって、期待通りであったかどうかはともかく、この点において一定の成果が上げられてきたことは明らかである。しかしこの方向には、一定の限界がある。何よりもこのような諸条約は実体的な環境権を規定しているわけではないから、条約が規定するいずれかの人権——生命への権利、私生活の尊重、少数者(先住人民)の権利など——が環境破壊によって侵害されたことが、通報の受理許容性の条件となる。この制度のもとでは、同様の被害を被った個人が共同して通報を行うこと自体は認められるとしても、「民衆訴訟」の可能性は一貫して否定されてきた。したがってこのような制度は、通報者個人の権利侵害への救済は提供するが、当該の国ないしは地域の環境一般の保護に直接つながるわけではなく、まして地球環境の保全に関しては無力である[121]。また、こうした制度のもとで人権条約機関が環境破壊によって条約上の人権が侵害されたことを認めたとしても、それがそれ自体として一般国際法上の環境権の確立につながるわけではない[122]。これらの機関が「環境権」を認める言明を行ったとしても、それは当該条約規定の解釈としてなのである。

　他方、集団による通報をも認める人権条約がないわけではない。バンジュール憲章(55条)と米州人権条約(44条)はNGOs等による通報を認めており、これらの制度のもとでは環境保護を目的とする一種の「民衆訴訟」が成功を収めてきた〔⇒本章2.(3);3.(4)〕。これらの「民衆訴訟」が、人民の権利ないしは先住人民の権利という、集団の権利に関わるものだったことも注目される。さらに、ヨーロッパ社会憲章で新たに設けられた集団的申立制度は、ヨーロッパ評議会の説明覚書によれば「その「集団的」性格のために、申立ては国の法または慣行の憲章のある条項との不一致に関する問題だけを提起することができ、個別的な状況は提出することができない」とされ[123]、適用の事例〔⇒本章3.(2)〕から見ても国の全体的な環境状況の改善に直接資する点では、大き

121　See, Shelton, 2001, 230 ; Shelton, 2003, 16.
122　Merrills, 1996, 39-40.
123　COE, 1995, para.31.

な可能性を有するといえる。

ところで、繰り返して指摘したように環境保全に関する政策決定は多様な諸要素の比較考量を要するものであって〔たとえば、⇒第5章4.(2)；第6章2.(3)〕、たんなる個人または集団の人権の確保の問題だけに解消できるものではない。確かに、裁判所を含む人権条約機関に、このような比較考量の能力が欠けているわけではない。たとえばヨーロッパ人権裁判所は、申立てられた状況への条約規定の適用を認める場合でも、争われている法や政策が「民主的社会において必要なもの」であるかどうかについて、さまざまな比較考量を行うのを常とした〔⇒本章3.(1)〕。そして同裁判所は、このような判断に際して「評価の余地」理論を念頭においてきた。たとえば、*Hatton and others v. United Kingdom* 事件の大法廷判決は次のように述べた：「国の当局は直接の民主的正統性を有し、〔……〕現地の必要性と諸条件を評価するについては、原則として国際裁判所よりも適した立場にある。民主社会において意見が大きく異なることが無理からぬ一般政策の問題については、国内の政策決定者の役割に特別の重みが与えられるべきである」[124]。

しかし、国の当局の民主的正統性、とくに行政機関のそれはイデオロギーではあっても必ずしも現実のものではない。そこで民主的正統性の確保のために、国の当局の側からいえば政策決定過程の透明性とそれに関する説明責任が、政策の受け手である公衆の側からいえばこれに対する「参加の権利」が、重要なものとして浮かび上がるのである[125]。もっとも、これまでの環境諸条約が認めてきた「参加の権利」は、「利害関係を申し立てることなく」環境情報へアクセスする権利を認める一部の条約〔⇒本章4.(1)〕を除けば、おもに計画活動によって環境損害を受けるかも知れない公衆にのみ認められるものだった〔⇒本章4.(2)〕。オーフース条約が司法等へのアクセスを認めるのも、主要には公衆の構成員であって十分な利害関係を有するか、または権利の侵害を主張する者である〔⇒本章4.(3)〕。つまりここでも、目的とされるのは個別的な環境損害の防止および救済なのであって、地球環境の保全が意図されていたわけではない。

---

124 ECHR, Grand Chamber, judgment of 8 July 2003, para.97. 先例の引用は省略した。
125 See, Boyle,1996, 59-63.

これに対して、オーフース条約の9条3は国内環境法の違反について行政上または司法上の手続にアクセスする公衆の構成員の権利を認め、また北米環境協力協定は、私人の申立を受けて国内環境法の違反について事実審査を行う国際機構の権限を認める。さらに、オーフース条約7条および8条、また、エスポー条約への2003年の戦略的環境影響評価議定書は、広く環境政策一般の策定や環境法規の準備の過程における公衆の参加を認める〔⇒本章4.(3)〕。ここでは、個別的な環境損害の救済や防止に留まらず、地球環境一般の保護を目的とする市民参加への道が開かれ始めているように見受けられる。

ところで「参加の権利」には、留意しておくべき若干の問題点がある。まず、この権利を行使して公衆が表明した意見は、政策決定に当たって「考慮」されるべきものではあるが、これが尊重されることは保障されていない。他方では、参加は行われた政策決定の正統性を増大させ、翻って正統性は決定の遵守を強化する[126]。つまり参加は、行われた政策決定の遵守を確保するためのイデオロギーとしても機能するのである。たとえば自由権規約委員会は、通報者が決定手続に参加していた事実を、当該の決定の規約違反を否定する根拠の一つとして援用した〔⇒本章3.(3)〕。

また、環境問題における民主的統治への権利としての「参加の権利」が確立したとしても、それによってこの分野において国際人権法がご用済みになるわけではない。公衆の参加は、環境に優しい政策決定を必ずしも保障するものではない[127]。多くの環境保護措置は少なくとも短期的には高いコストを要するから、経済的に影響を受ける社会集団にとっては不人気であり、翻ってこうした集団は公衆の見解に大きな影響力を発揮できることが多い。このような状況においては、形の上では「参加の権利」をふまえて民主的に決定された政策によって、環境が破壊され個人の権利が損なわれることに対して、人権——実体的権利としての環境権であれ、既存の人権諸条約が保障する人権であれ——は最後の砦となりうる[128]。

このように、環境問題への人権からのアプローチには大きな可能性が認め

---

126 Shelton, 2001, 208-209.
127 Popović, 1995-1996, 554.
128 See, Shelton, 1991-1992, 106-107 ; Shelton, 2001, 191.

られるが、他方ではこのようなアプローチが陥りがちな陥穽に気をつけなければならない。たとえばメリルスは、このような陥穽として次の二点をあげる。すなわち第1に、「人権法」や「環境法」が国際法全体の一部をなすことを忘れて当該の個別分野に安住することにより、国際法の「断片化」に与するという危険であり、第2に、ある権利を見いだしたならその周辺に概念的な壁を張り巡らすだけではなく、他の分野が無視できない場合にはわが権利は至高のものであって他の分野に優越するものであり、強行規範をなすと主張する誘惑である[129]。たとえば自由権規約委員会は、それが挙げてきた輝かしい成果にもかかわらず、時としてこのような誘惑に誘われたように見受けられる。*Landsman et al. v. Finland* では、委員会は「評価の余地」理論の適用を拒否して、当該の政策はもっぱら国が規約において引き受けた義務に照らして評価されなければならないと述べた〔⇒本章3.(3)〕。また*Erlingur Sveinn Haraldsson and Orm Snaevar Sveinsson v. Iceland* における2007年10月の見解では、委員会はアイスランドが講じた漁業資源の保存管理措置が正統な目的を持つことを認めながらも、同国はその実施の態様が合理性の要件を満たすことを示さなかったとして、規約26条の違反を認定した。ここでは委員会は、そのような能力を本来持たないはずの、漁業資源の保存管理措置の技術的・経済的な合理性の判断にまで踏み込んだように見受けられるのである[130]。

　国際法学の対象の拡大と深化にかんがみれば、それが個別分野に区分されることは必然的な趨勢ではある。しかし、「人権法」も「環境法」もメリルスがいう陥穽にとくに陥りやすい分野であることを肝に銘じなければならない。「よき環境法学者またはよき人権法学者であるためには、あなたはよき一般国際法学者でなければならない」という警句をはいたのは、自由権規約委員会の研究に先鞭を付けたマクゴールドリックだったのである[131]。

129　Merrills, 1996, 40-41；Merrills, 2007, 678-679.
130　CCPR/C/91/D/1306/2004, see, esp., Dissenting Opinions by Sir Nigel Rodley, Mr.Yuji Iwasawa and Ms. Ruth Wedgwood.
131　McGoldrick, 1996, 804；村瀬、1999/2002b、参照。

第9章　環境保護と自由貿易

1. はじめに

　前章で見た国際環境法と国際人権法との関係とはいささか趣を異にするが、国際環境法と国際経済法も密接な関係にある。環境経済学では、「環境問題は人間の経済活動とりわけ企業活動にともなって、直接間接に生ずる環境汚染あるいは環境の形状・質の変化などによる社会的損失である」[1]とされる。そうだとすれば、国際環境法の主要な課題は人間の経済活動が地球環境に与える圧力をどのように緩和し除去し、環境保全と社会的・経済的発展をどのように調和させるかということのはずであり〔⇒第6章〕、こうして国際環境法と国際経済法とは規律の対象において大きく重なり合うことになる。

　ところで、国際経済法の発展は国際人権法の場合〔⇒第8章〕と比べてさえ国際環境法にはるかに先んじていたから、国際環境法は実証的な基礎を得るためには国際経済法に依拠する必要があるという指摘がある[2]のは、ある意味では当然である。しかし他方では、とくにリオ宣言が持続可能な発展を掲げたことは、国際環境法を国際経済法に従属ないし吸収させ、ある種の経済活動の環境破壊的な影響を抑制し防止することを目的とするという、国際環境法の自律性を損なうおそれがあるという批判がある[3]。つまり、国際環境

1　宮本、1989、98。
2　村瀬、1992/2002、参照。
3　Pallemaerts, 1993, 16-19.

法と国際経済法とは規律対象において重複するとしても、規律の方向性は大きく異なるのであって、両者は微妙な緊張と相克の関係にあることにも注意したい。

　本章ではガット・WTOにおける自由貿易と、環境保護を掲げてとられる貿易措置との関係の問題を取り上げる。国際環境法の経済的側面はこれに尽きるものではないが、そのなかでこの問題に焦点を当てるのは、ありていに言えばそれが国際環境法の経済的側面に関してもっともよく論じられている問題だからであるが、この問題がよく論じられること自体に理由がありそうである。ガット（関税及び貿易に関する一般協定）は、未成立に終わった国際貿易機関（ITO）の憲章の一部を1948年以来暫定適用の形で運用してきたもので正規の国際機構ではなかったが、ガットが国際機構であるWTOとして再出発した1995年は、リオ宣言を契機に国際環境法が新たな展開を遂げつつある時期に当たる。これは必ずしも偶然の一致ではないであろう。ガットのもとで進められてきた貿易自由化はグローバリゼーションの決定的な要因だったが、WTOは貿易周辺の分野における多くの諸協定を対象協定として取り込んだだけでなく、冷戦の終結に伴う資本主義世界経済の拡延と深化に伴って加盟国の普遍性を高め、こうしてグローバリゼーションを一層推し進めた。そして、まさにそのグローバリゼーションが気候変動や生態系の変化に象徴される地球環境問題を先鋭化させ、国際環境法はこれに対処しなければならなくなったのである。

2. ガット・WTOの自由貿易体制と環境保護

(1) ガット・WTOの仕組み

　GATTは関税その他の貿易障害を実質的に軽減し、貿易における差別待遇を廃止するための相互的・互恵的な取り決めを通じて自由貿易を実現することを目的とする（1947年のGATT、前文）。GATTの二本の柱は、最恵国待遇原則と内国民待遇原則である。前者により、締約国は「他のすべての締約国の領域の原産の同種の産品又はそれらの領域に仕向けられる同種の産品」に対して、関税および課徴金、輸出入に関連するすべての規則および手続、なら

びに内国の税、課徴金および各種の規制について、無条件に等しい待遇を与えなければならない（I条）。また後者により締約国は、輸入される産品について内国の税、課徴金、その他すべての規制について、「同種の国内産品」と同じ待遇を与えることを義務付けられる（Ⅲ条）。関税については、「ラウンド」と呼ばれる多角的貿易交渉（XXVIII条の2）によって合意されたものが国別の譲許表に記載され、締約国は他の締約国の通商に関してこの譲許表の待遇よりも不利でない待遇を許与する（II条）。数量制限は原則として禁止され（XI条）、例外的に認められる場合でも無差別に適用しなければならない（XIII条）。なお、1947年のGATTには、成立の時期からして当然のことながら環境保護に関連する規定は存在しないが、一般的な例外を規定するXX条のうち(b)号と(g)号が、後に環境保護の目的のために解釈・適用されるようになる〔⇒本章4.〕のは周知のことである。

世界貿易機関（WTO）は、第8回のラウンド交渉であるウルグアイ・ラウンドの結果合意された1994年の世界貿易機関を設立するマラケシュ協定（以下、WTO協定という）によって設置されたもので、正規の国際機構となったほか附属書の形で1947年のGATTを組み入れる1994年のGATTなど、多くの諸協定を傘下におさめる（以下、これらを総称するときはWTO諸協定という）。国際法の観点からはとりわけ、紛争解決に係る規則及び手続に関する了解（DSUまたは紛争解決了解という）が注目されている〔⇒本節(3)〕。なお、環境保護に関しては貿易の技術的障害に関する協定（TBT協定）や衛生植物検疫措置協定（SPS協定）〔⇒第5章3.(7)〕が若干の関連規定をおくのを別にして、WTO協定もGATTと同じく規定を設けていないが、WTO協定前文が「持続可能な発展」に言及したことは、それらの解釈に大きな影響を与えることになった〔⇒第6章3.；本章4.〕[4]。

(2) 自由貿易と環境保護の相互関係

それでは、ガット・WTOが推進する自由貿易と環境保護とは、どのような関係にあるのか。この点ついて、OECD編集の『貿易と環境』は大略以下の

---

4 WTOについてはさし当たり以下を参照：小寺、2000；田村、2001；中川等、2003、第2章〜第10章。

ように説明した[5]。環境問題は、「市場の失敗」と「政府の失敗」から生じる。市場の失敗は、市場が環境資源の価値の適切な評価・配分に失敗し(たとえば生態系の経済価値を考慮に入れない)、財とサービスの価格が環境費用を反映せず(たとえば企業が汚染物質を排出するが汚染除去の費用を負担しない)、環境資源の所有権が確立していない(たとえば空気は誰のものでもない)ことから生じる。政府の失敗は、政府の政策がこのような市場の失敗を作り出したり是正できなかったり、悪化させる場合に生じる。

貿易は生産物のレベルでは、「環境に優しい」産品や環境を損なう産品の代替品の国際取引を通じて環境にプラスの影響を、有害廃棄物や絶滅のおそれがある種の国際取引を通じてマイナスの影響を及ぼす。規模の影響として、貿易は経済と市場の規模を拡大し資源の最適配分を促して当該国の経済発展を促進し、これがもたらす財源は環境問題への対処を可能とし、また、所得増は国民の環境指向を強めるといった点でプラスの影響を与えるが、他方では、適切な環境管理を欠く状態での経済規模の拡大は環境破壊を進めるリスクがある。構造的影響としては、貿易は環境対応能力や国の異なる条件に応じて経済活動を配分することにより資源の有効利用を促すプラスの影響を、他方で市場の失敗や政府の失敗を伴うなら生産と消費の不適切な配分によりマイナスの影響を及ぼす。

貿易の自由化は上記の生産物、規模および構造の各レベルで、政府の失敗を除去することにより環境にプラスの影響を及ぼしうるが、他方では市場の失敗と政府の失敗の是正を伴わなければマイナスの影響を及ぼすかも知れない。さらに貿易自由化は、国際的・国内的な環境政策と環境法に影響を及ぼす(「規制的影響」)。貿易自由化は、環境基準が緩やかな国の基準を向上させ環境保護に配分される資源と関心を増大させることを通じてプラスの規制的影響を及ぼすかも知れないが、自国にとって適切なリスクの水準を決定する政府の能力を制約すればマイナスの影響を及ぼす。

先進国のみによって構成される国際機構であって一貫して貿易と資本の自由化を促進してきたOECDによる以上のような説明に対して、環境主義者はたとえば以下のように自由貿易を批判する：貿易自由化は、持続可能でない

5　OECD：邦訳、1995、序章。

経済成長を促進することによって環境への害を生じうる；市場アクセスを規定する貿易協定は、国内の環境規制を押しのけるために用いることができる；緩やかな環境規制を有する国は世界市場において比較優位を享受すると考えられており、高い環境基準を有する国においてそれを引き下げる政治的圧力を生じさせる；逆に、貿易制限措置を地球環境保護の努力の手段として用いることが望ましい、と[6]。

　ここではこのような論争に関連して、次のことだけは確認しておこう。すなわち、現代世界における環境破壊の主要な原因が「市場の失敗」にあることは明らかである。したがって、抗いがたく見える民営化と規制緩和の激流にもかかわらず、環境破壊への対処を市場に依拠した経済的手法だけに委ねることはできない。公共財(commons)である環境を無規制に利用することがもたらす破滅的な悲劇に早い段階で警鐘を鳴らした生物学者のハーディンは、この問題には技術的な解決はあり得ず、相互に合意された強制を伴う社会的取り決めが必要だと論じた[7]。近年では、地球温暖化への対処の緊要性を説いて注目された英国大蔵省の報告書『気候変動の経済学：スターン・レビュー』は、人為的な気候変動は「政策が介入しない限り何らかの制度または市場によっては「正され」ない種類の外部性である」と指摘し、「何よりもそれは、世界がこれまでに見た最大規模の市場の失敗と見なさねばならない」と断言した[8]。OECDの研究も、「適切かつ効果的な環境政策を追究する政府の能力を損なわないように注意が払われた場合に、貿易自由化によるプラスの規制的影響が確保される」という[9]。つまりWTOが推し進める貿易の自由化は、環境の保護――より一般的には労働、知的財産権、文化などいわゆる非貿易的関心事項への対処[10]――のための規制を伴わなければならないのである[11]。

(3)　WTOの紛争解決と「貿易と環境」紛争

6　Schoenbaum, 1997, 280-281；Dunoff, 1999, 739-740；平、2004。
7　Hardin, 1968.
8　Stern, 2007, 27.
9　OECD：邦訳、1995、17。
10　小寺編、2003、参照。
11　See, Bosselmann & Richardson, 1999.

WTOにおける紛争解決は、おもに1947年のGATT XXII条およびXXIII条とWTOの紛争解決了解(DSU)に従って行われる。紛争解決機関は一般理事会である(WTO協定4条3)が、実際の作業は小委員会(Panel：DSU8条)と上級委員会(Appellate Body：DSU17条)が行う。請求原因は、協定上の義務違反の結果；違反の有無を問わず何らかの措置の結果；その他何らかの状態の存在の結果、自国の協定上の利益が無効とされもしくは侵害され、または協定の目的が損なわれたことである(GATT XXIII条)。WTOにおいてはそれ以外の手続も利用可能ではある(DSU5条)が、その中心をなすのは小委員会―上級委員会の手続である。

　紛争当事国はまず協議を行い、協議によって一定期間内に解決に達さない場合には小委員会の設置を求めることができる。小委員会の設置は逆コンセンサス方式によって決定される(DSU4条；6条)。小委員会の報告に不満な当事者は、その法的な問題および法的解釈に限り上級委員会に上訴を行うことができる。各手続に要する時間は限定されている。小委員会(および上級委員会)の報告の紛争解決機関による採択も、逆コンセンサス方式による(DSU16条4；17条14)。紛争解決機関が採択した勧告または裁定は、妥当な期間内に実施されねばならない。関係加盟国が勧告または裁定を実施できない場合には代償に関する交渉が行われ、一定期間内に合意がなければ申立国は紛争解決機関の承認を得て譲許その他の義務を停止できる(DSU21条；22条)。協定上の義務違反等について是正を求める場合には、DSUの規則と手続を遵守しなければならないとされており(DSU23条1)、一方的措置は排除される。以上のようなWTOの紛争解決手続はガット時代に比べて、逆コンセンサス方式の採用によって小委員会に事実上の強制管轄権を付与したこと、上訴の制度を設けたことなどの点において「司法化」を強め、実効性を大きく増したと評価されており、事実、その利用は著増している[12]。

　環境分野を含む非WTO法が、小委員会と上級委員会において適用法規となるかどうかについては、意見の対立がある[13]。小委員会の管轄権が及ぶの

12　WTOにおける紛争解決については、とりわけ以下を参照：岩沢、1995、とくに第4章；岩沢、2001；小寺、2000；小寺、2004、第16章。
13　岩沢、2003、参照。

は、DSU附属書1が掲げるWTO諸協定(「対象協定」)の下で生じる紛争に限られる(DSU1条1；3条2；7条1；11条)から、「貿易と環境」紛争は対象協定のもとで生じた紛争として構成できる限りにおいてWTOの手続の対象となりうるのであり、環境紛争自体は管轄権の対象ではない。しかし、ある紛争処理機関の管轄権の範囲と適用法規とは、区別されなければならない[14]。

WTO諸協定には、ICJ規程38条に相当する適用法規に関する一般的な定めは存在しない。しかし、対象協定がWTO外の諸条約を編入している場合(たとえばTRIPS協定1条3；2条2を参照)には、このようにして編入された諸条約はその限りで紛争解決における適用法規となる。また、WTOの小委員会と上級委員会は、それらのそれ以前の報告とGATT小委員会の報告を、事実上の先例として扱ってきたことはよく知られている。さらにDSU3条2は、対象協定の解釈が「解釈に関する国際法上の慣習的規則」に従って行われるよう求めており、小委員会と上級委員会はこのような「慣習的規則」として条約法条約31条および32条が規定する諸規則を適用してきた。この点については近年、同条約31条3(c)が規定する「当事国の間の関係において適用される国際法の関連規則」の役割が注目されている[15]。

小委員会と上級委員会も、おもにDSU3条2をふまえて視野を非WTO法に拡げつつあるように見受けられる。たとえばよく引用されるが、米国―精製ガソリン事件の上級委員会報告〔⇒本章4.(5)〕は、DSU3条2は、「〔1994年のGATT〕は国際法から隔絶したものとして読まれるべきではない」ことを承認するものだと述べた[16]。また、韓国―政府調達事件の小委員会報告は次のようにいう：「WTO諸協定の慣習国際法との関係は、〔DSU3条2にいう〕よりも広いものである。慣習国際法は、WTO加盟国間の経済関係に一般的に適用される。慣習国際法は、WTO諸協定が別途の定めをする(contract out)ことがない限りにおいて適用されるのである。いいかえれば、抵触または矛盾が存在せず、あるいはWTOの対象協定の表現が別様に解釈されない限り、国際法

14　Bartels, 2001；Pauwelyn, 2003, Chapters 2 and 8；平、2004、167-174頁。
15　See, Sands, 1998；Pouwelyn, 2003, 251-274；McLachlan, 2005；Boyle, 2007；岩沢、2003、26-27。なお、条約法条約31条3(c)については、松井、2009、参照。
16　WT/DS2/AB/R, 17.

の慣習規則はWTOの諸条約とWTOにおける条約作成過程に適用される」[17]。こうして、ICJ規程38条1のすべての号はWTOの紛争解決における潜在的な法源なのであり、WTOは主として自己充足的(self-contained)ではあるがもっぱら自己充足的であるわけではないと指摘される[18]。

3. 多数国間環境保護協定と自由貿易

(1) 多数国間環境保護協定が規定する貿易制限措置

多数国間環境保護協定(MEAs)には、協定目的の実現のために一定の貿易制限措置を規定するものが少なくない[19]。その代表的な例を挙げるとすれば、たとえば以下のようなものがある。ワシントン野生動植物取引規制条約(CITES)は、絶滅のおそれがある種(附属書Ⅰ)の取引については輸出許可証と輸入許可証を、取引を規制しなければ絶滅のおそれのある種となるおそれがある種(附属書Ⅱ)については輸出許可書を要求するとともに、これらの文書の発給につき厳重な要件を付する。非締約国との取引は認められないが、当該非締約国の当局が発給する文書が本条約に定める文書と実質的に一致する要件に従うなら、これを条約にいう文書に代わるものとして容認できる。モントリオール議定書は、附属書に定める規制物質の非締約国との輸出入、規制物質の生産・利用のための技術の非締約国への輸出などを制限、禁止する。締約国間であっても一定の状況では規制物質の輸出が禁止され、また、規制物質の輸出入のためにはライセンス制度を設けなければならない。

有害廃棄物規制バーゼル条約は、有害廃棄物等の非締約国との輸出入を禁止し、締約国間の有害廃棄物その他の廃棄物の移動は事前の情報に基づく合意(prior informed consent)などの管理制度の対象とする。なお、1995年に採択された改正が発効すれば、先進締約国はそれ以外の締約国に対する有害廃棄物等の移動を全面的に禁止されることとなる。また、ロッテルダム(PIC)条約は、禁止されまたは厳しく制限された化学物質および重大な有害性を有す

---

17 WT/DS163/R, paras.7.93-7.96. 平、2004、178-179、参照。
18 See, Matsushita, et al., 2003, 53-76.
19 See, WT/CTE/W/160/Rev.4－TN/TE/S/5/Rev.2. なお、川瀬、1997；髙島、2003、参照。

る駆除剤の越境移動について、禁止または情報提供に基づく事前の同意手続を規定する。さらに、ストックホルム(POPs)条約は、附属書に規定する規制物質の製造および使用ならびに輸出入を禁止しまたは厳しく規制する。生物多様性条約(CBD)のバイオセーフティーに関するカルタヘナ議定書は、生物の多様性保全と持続可能な利用に悪影響を及ぼす可能性があるすべての遺伝子改変生物の越境移動等に適用される。輸入締約国の環境への意図的な導入を目的とする改変生物の最初の意図的な越境移動には、事前の情報に基づく合意の手続を適用し、食料または飼料として直接利用・加工する目的での改変生物の越境移動は、輸入締約国の国内規制に従う。締約国と非締約国との間の改変生物の越境移動は、議定書の目的に適合するものでなければならない。

(2) 多数国間環境保護協定の貿易制限措置とGATTとの調整

　MEAsが規定する以上のような貿易制限措置は、GATT I条の最恵国待遇原則、III条の内国民待遇原則、XI条の数量制限の原則的禁止、XIII条の数量制限の無差別適用など〔⇒本章2.(1)〕に違反するおそれがある。それでは条約規定のこのような抵触は、どのように解決されるのだろうか。もっとも端的な解決は、ある条約にそれと矛盾する(可能性がある)条約との効力関係について、明文の抵触規定をおくことである。たとえばNAFTAは、名を挙げて指定されたMEAsと二国間環境保護協定が定める特定の貿易義務と本協定の間に不一致がある場合には、不一致の限りにおいて前者の義務が優先すると明記する(104条；附属書104.1)。しかし、WTO諸協定にはこうした抵触規定は存在しない。関連のMEAsに目を移せば、たとえばカルタヘナ議定書の前文は、一方では同議定書は「既存の国際協定に基づく締約国の権利及び義務の変更を意味するものと解釈されてはならない」と述べながら、他方ではこのことが「この議定書を他の国際協定の下位に位置づけることを意図したものではない」とうたうことによって、いわば相互に相殺しあっている[20]。また、気候変動枠組条約の原則を定める3条5は、協力的かつ開放的な国際経済体制

20　Matsushita, et al., 2003, 517.

確立のための協力をうたうとともに、気候変動に対処するための措置は「国際貿易における恣意的若しくは不当な差別の手段又は偽装した制限となるべきではない」と規定する。この文言はGATTのXX条から取られたものではあるが、「恣意的若しくは不当な差別の手段又は偽装した制限」の定義を行わない限りにおいて中立的であり、したがって条約実施のための貿易措置を許容するものでも禁止するものでもないとされる[21]。

そこで関連条約に抵触規程が存在しない場合には、条約法条約に具現される条約の適用と解釈に関する慣習法規則を適用することになる。この場合の出発点はいうまでもなく、条約関係を規律する基本原則である信義誠実の原則、より具体的には「合意は拘束する」の原則（条約法条約前文；26条）である。二つの条約の規定の間に抵触があるように見える場合であっても、それらが締約国の自由な意思に基づいて合意されたものである以上は、締約国は両者を誠実に履行しなければならず、したがって両者の規定の間に矛盾を生じないような解釈が、まず最大限に追及されなければならない[22]。

このような調和的解釈の努力にもかかわらずなお抵触が残る場合には、同一の事項に関する相前後する条約の適用に関する条約法条約30条が規定する「後法優先の原則」、同条約34条以下が規定する条約の第三国に対する効力に関する規則、また、条約法条約には明文の規定をもたないが「特別法は一般法を破る」の原則の適用可能性を検討する。さらに条約法条約については、多数国間条約を一部の当事国間においてのみ修正する合意に関する41条、および一部の当事国間のみの合意による多数国間条約の運用停止を規定する58条の適用可能性も考えなければならないかも知れない。このような解釈作業は、いうまでもなくMEAsとGATT双方の当該規定について事例毎の個別的な検討を必要とする。

ただし41条と58条が、当該の当事国間のみの合意が多数国間条約の他の当事国の権利または義務に影響を及ぼす場合と、そのような個別的合意が多数国間条約の趣旨および目的を損なうものである場合には、そのような個別的合意を締結することはできないという趣旨を規定していること（41条1(b)；58

21　Bodansky, 1993, 505.
22　Marceau, 2001, 1086-1090；Pouwelyn, 2003, Chapter 5.

条1(b))に注意したい。MEAsが規定する義務は一般にこの種の義務——多数国間条約の「すべての当事国に対する義務(obligations erga omnes partes)」、「統合的義務(integral obligations)」、「客観的義務(objective obligations)」などと呼ばれる——に該当するが、もしもGATT上の義務が個々の当事国間の相互主義な義務(reciprocal obligations)の集積と理解されるなら、GATT上の義務をもってMEAs上の義務を修正しあるいは運用停止することはできないという結論となろう[23]。

(3) ガット・WTOにおける問題の検討

ガット・WTOは国際機構として、いわば外圧に押されて「貿易と環境」の問題に対処しようとしてきた。ストックホルム会議の準備過程で、協力を求められた事務局のイニシアチブにより1971年に「環境措置および貿易に関する部会」が設置された。同部会は1991年まで長年にわたり開店休業だったが、同年にその開催をもたらしたのは1992年に予定されていたUNCEDがウルグアイ・ラウンドに与えた影響と、より直接的には1991年の米国-マグロ/イルカI事件の小委員会報告〔⇒本章4. (3)〕が巻き起こしたガットへの批判だったとされる。

WTO協定を採択した1994年のマラケシュ会議の閣僚会議は、「貿易と環境に関する委員会(CTE)」を設置する。1996年の第1回閣僚会議に提出されたCTEの報告書は、WTO諸協定とMEAsに基づく環境目的の貿易措置の関係について以下のような諸提案があったという[24]。おもに発展途上国が主張したのは事後の(ex post)対応で足りるとする考えで、現行規定とくにGATT XX条の解釈で対処が可能であり必要な明確化は紛争処理制度で行う、WTO協定IX条3の義務免除で処理でき必要ならその要件を若干緩和するといったものがあった。他方先進国は予測可能性を確保するためには何らかの事前の(ex

---

23 See, e.g., Tarasofsky, 1996, 62-65；Marceau, 2001, 90-95；Pauwelyn, 2003, 366-399；Sands, 1998, 93-104；Boyle, 2007, 132-138. ただし日本では、GATT上の義務の性格についてはこれとは異なる理解が有力である。たとえば以下を参照：小寺、2000、87-93；小寺、2004、196-198、213-217；岩沢、2001、228-230。

24 WT/CTE/1, paras.5-43. 以下も参照：村瀬、1999a/2002、460-463；村瀬、1997/2002、558-562；高島、2003、32-33；中川、2003、191-196。

ante)対応が必要だと考え、一定の要件を備えたMEAsに基づいて取られる措置がWTO諸協定に優越することを認めるが、具体的には、GATTとくにそのXX条を改正する、法的拘束力を持つ「了解」または拘束力を持たない「指針」を採択する、などの方法が提案された。CTEでは意見の一致はなく、その報告書はGATT XX条を含むWTO諸規定は環境関連貿易措置に順応することができ、MEAの締約国間にこれについてコンセンサスがある場合にはWTOにおいてこれら諸国間の紛争は生じないであろうと、楽観的なまとめを行った[25]。

CTEではその後も結論は得られず、2001年のドーハ閣僚宣言はWTOの現存の規則とMEAsが規定する特定の貿易義務との関係をCTEにおける交渉対象に含めた。ただし、交渉の範囲は当該MEAの締約国間におけるWTO規則の適用可能性に限定し、当該MEAの締約国でないWTO加盟国のWTO上の権利を損なわないものとされる[26]。しかし、2007年7月に行われたCTEの第19回特別会期に至るまで、この問題についての議論の進展はないようである[27]。

2002年のWSSDでも、WTOにおけるCTEの作業の進展やドーハ閣僚宣言の実施に期待が表明された。しかしここでも、自由貿易と環境保護をめぐる対立が解消したわけではない。WSSDの交渉過程では、貿易レジームと環境レジームは「上下関係になく、相互支持的であり、〔相互に〕尊重しあう」とする提案も、「貿易、環境および発展の相互の支持性を、WTOとの両立性を確保しつつ引き続き向上させる」という提案も、ともにコンセンサスを得ることはできなかったという。WSSDの行動計画は結局、「すべてのレベルにおける行動を通じて、持続可能な発展を達成するために、貿易、環境および発展の相互の支持性を引き続き向上させる」とうたうことになる(97項)が、これは第1に、MEAsとWTOとの間に上下関係を設けず双方は相互支持的であるべきこと、第2に、自由貿易はそれ自体が目的ではなく、持続可能な発展の達成のための一手段に過ぎないこと、を示すものと解されている[28]。

---

25 WT/CTE/1, para.174.
26 WT/MIN(01)/DEC/1, para.31.
27 See, TN/TE/R/19, paras.3-5.
28 See, Perrez, 2003, 18-21.

(4) 「貿易と環境」紛争のフォーラムとしての小委員会
——上級委員会手続の適格性

　WTOには、高度に「司法化」された効率的な紛争処理手続が存在し、加盟国はWTO諸協定に関わる紛争の処理についてはDSUが定める規則と手続を遵守することを義務づけられる〔⇒本章2.(3)〕。他方、多くのMEAsには特有の(不)遵守手続とならんで一般的な紛争解決条項も存在する〔⇒第12章4.(2)〕が、こうした手続は「手段選択の自由」を基礎とする柔軟なもので、強制管轄権を持つ手続は規定されていない。したがって、その当事者がWTO協定とMEAsの双方の締約国である「貿易と環境」紛争は、確実に前者の紛争処理に委ねられるであろう[29]。

　ところがWTOの小委員会と上級委員会は、「貿易と環境」紛争のフォーラムとしてはいくつかの限界を有する。第1に、小委員会の委員としてはおもに、ガット・WTOの機関かそれらの締約国ないしは加盟国の上級職員の経験を持つ貿易問題の専門家が想定されており、必ずしも法的な経験・知識は要件とされない(DSU8条1)。事実、委員の多くはジュネーヴ駐在の外交官であり貿易の専門家であるという[30]。上級委員会の場合は法律、国際貿易および対象協定が対象とする問題について専門知識を有する者で構成される(DSU17条3)が、ここでも環境問題を含む非貿易的関心事項に関する知識は要件とはされない。このような委員にはMEAsに関わる紛争解決について適格性が疑われるだけでなく、自由貿易への偏向も否定できないであろう。ILCも「国際法の断片化」に関する報告書において、「各々の〔レジーム〕は、その専門家とそのエートス、その優先順位とその選好、その構造的バイアスを有する。このようなレジームは、特定の関心事項をその他のものに優先させるように、制度的に「プログラムされて」いるのである」という[31]。もっとも、小委員会は適当と認める個人または団体から情報または技術的助言を求めることができ、また、附属書4によって構成する専門家検討部会から助言的な報告

29　もっともCTEは、このような場合にはMEAのもとで利用可能な紛争解決制度の利用を試みるべきだと勧告する(WT/CTE/1, para.178.)。
30　岩沢、2003、23。
31　A/CN.4/L.682, para.488.

を受けることができる（DSU13条）。そして実際、これらの規定に従って小委員会が専門家の助言を求めた事例は少なくない。こうして、小委員会の構成上の問題は専門家の助言を求めることによってある程度克服が可能かも知れない。

　むしろより重大なのは、「貿易と環境」紛争の性格に照らした、小委員会―上級委員会の「司法的」手続の正統性の問題であるように思われる。環境保護に関する政策決定は多様な諸要素の比較考量を要するものであって〔たとえば、⇒第5章4.(2)；第6章2.(3)；第8章5.〕、そこには必然的に価値判断の要素がつきまとう。そしてこのような価値判断は、上記のような構成の「司法的」機関よりも、国民を代表するという民主的正統性を有する代表機関によって行われるのがふさわしいように思われる。ヨーロッパ人権裁判所が依拠してきた、「評価の余地」理論の英知が思い起こされるのである〔⇒第8章3.(1)〕。とりわけDSUでは、WTOの紛争解決制度は多角的貿易体制に「安定性及び予測可能性を与える中心的な要素」とされ、対象協定に基づく加盟国の権利・義務を維持するものであって、これらに加減を行うものではないとされており（3条2）、対象協定の「権威のある解釈（authoritative interpretation）」は別途、閣僚会議および一般理事会の排他的権限とされ、これらは加盟国の4分の3の多数で行うものとされている（同3条9；WTO協定9条2）ことにも留意するべきである。

　もちろん、小委員会―上級委員会もこうした場合の自らの報告の脆弱な正統性、とりわけ手続における透明性の欠如に由来するそれに気づいていないわけではない。この問題に対処するために、たとえばDSU13条に基づいてNGOsなどによる「法廷助言文書（amicus briefs）」を受領し検討する小委員会の権限が、次第に広く認められるようになっている[32]。より巨視的に見れば、4.で指摘する小委員会―上級委員会の判断の変化は、次第に高まる環境保護の国際世論を前にして自らの正統性を主張するための、これらの機関の司法政策的な決断を反映するものかも知れない。しかし、このような努力にはおのずから限界があるのであって、「貿易と環境」紛争という分野横断的な紛争を処理するに当たっての、分野特定的な機関である小委員会―上級委員会の手

32　See, e.g., Bernasconi-Osterwalder, et al., 2006, Chapter 8.

続の正統性への疑問は、なお払拭されていないというべきであろう[33]。

4. 環境保護を掲げる一方的措置と自由貿易：小委員会—上級委員会の対応

　環境保護を掲げる貿易制限措置がGATTに違反するかどうかが小委員会—上級委員会で争われる場合、通常以下の二点が争点となる：①当該の措置はGATT Ⅲ条(内国民待遇)、XI条(数量制限の禁止)などに違反するかどうか；違反するとすれば、②XX条の一般的例外の(b)号(「人、動物又は植物の生命又は健康の保護のために必要な措置」)または(g)号(「有限天然資源の保存に関する措置。ただし、この措置が国内の生産又は消費に対する制限と関連して実施される場合に限る」)に該当するかどうか。

　①については、通常は被申立国がこれを認めて②を争うために余り争点にはならないが、Ⅲ条については比較の対象となる「同種の産品」であるかどうか、XI条については適用除外される2項のいずれかの号に該当するかどうかが争われることがある。②に関しては、(i)(b)号または(g)号の例外に当たるかどうか；当たる場合、(ii)XX条の柱書きにいう「恣意的な若しくは正当と認められない差別待遇」または「国際貿易の偽装された制限」となるような方法で適用しないという条件に合致するかどうか、が検討される[34]。小委員会—上級委員会の判断は微妙な変化を示してきたが、上記の点に留意しながら主要な事例を以下に簡単に検討する。

A　ガットの時代
(1)　カナダー未加工のニシンおよびサケ[35]

　西海岸で漁獲されるサケとニシンを未加工のまま輸出することを禁止するカナダの措置を米国が争った。小委員会は、カナダの措置がXI条に違反し、

33　たとえば以下を参照：宮野、1999；小寺、2000、第4章；荒木、2003；平、2004；Trachtman, 1999；Dunoff, 1999；Tarasofsky, 1996, 68-71.
34　このような事例における小委員会—上級委員会の判断枠組みについては、たとえば以下を参照：Matsushita, et al., 2003, 451-456；Bernasconi-Osterwalder, et.al., 2006, Chapters 1 and 2；川瀬、1997；小寺、2000、第5章；中川、2003；村瀬、1994/2002。
35　L/6284, *BSID*, Supp. No.35, 98.

「国際貿易における産品の……販売に関する基準又は規制の適用」のための措置を例外とする同条2項(b)には該当しないと判断し、XX条(g)の適用可能性については、同号がいう「関する」、「関連して」はXX条の他の号が規定する「必要な」、「不可欠の」よりも広範な措置を含みうることを認めたが、同号が認める措置は有限天然資源の保存を「主な目的とする」ものでなければならず、カナダの当該措置はそのような例外には該当しないと認定した。

(2) タイータバコ[36]

外国タバコの輸入を事実上禁止するタイのタバコ法を米国が争った。小委員会はタイの措置がXI条に違反し農業製品を例外とする同条2項(c)(i)には該当しないと判断した上でXX条(b)の適用可能性を検討し、人の健康に対するタバコの危険性からその消費を減少させる措置が同号の適用対象となりうることを認めたが、タバコの広告規制や政府独占体の運用など、タイが合理的に利用することができかつその政策目的を達成することができる措置であって、GATTに適合するか不適合の度合いがより少ない他の措置があることを理由に、タイの措置はXX条(b)にいう「必要な」という要件を満たさないと判断した。

(3) 米国－マグロ／イルカⅠ[37]

米国は1972年海洋哺乳類保護法のもとで、東部熱帯太平洋におけるイルカの混獲率が高い漁法で行われるキハダマグロの漁獲に関して、自国国民・船舶による、および自国管轄権下の水域における漁業の混獲数に上限を設けて漁業を許可制とし、自国の水準を超えて哺乳類を混獲する方法で採取された魚類の直接・間接の輸入を禁止するべきものとした。同法を受けた国家海洋漁業局の規則は、米国へのキハダマグロとその加工品の輸入に関して、相手国が自国と同等の規制を実施していることおよび平均混獲率が米国漁船のそれの1.25倍を越えないことを条件とし、その結果メキシコ等からの輸入と中継国を経る間接輸入が禁止された。メキシコの提訴を受けて設置された小委

---

36 DS10/R, *BSID*, Supp. No.37, 200.
37 DS21/R.

員会は、以下のように判断した。米国は内国民待遇に関しGATT III条4の国内法令を援用するが、同項は「産品それ自体（product as such）」のみに関連して生産方法にはかかわらず、米国の措置はXI条1の数量制限の禁止と両立しない。米国はXX条(b)を援用するが、同号は輸入国の管轄権内においてのみ適用され、また「必要」であるとはGATTに適合的なまたは不適合の程度がより少ない代替措置が利用できないことを意味するが、その証明はない。米国は、国際協力などの代替措置を追求しなかった。同じくXX条(g)も管轄権内においてのみ適用され、かつ米国法の基準は自国漁船の混獲率と比較するもので予測可能性がなく、イルカの保護を主要な目的とするとは見なされない。米国の措置は輸出国の政策変更がなければ目的を達さないから、この点でも「関する措置」とはみなされない。間接輸入の禁止につき米国はXX条(d)を援用するが、直接輸入の禁止がGATTに違反する以上同項は援用できない。締約国は、原産地国が自国と異なる環境政策を有することだけを理由に輸入制限を行うことはできない。そのためには、環境保護措置を例外とするGATTの改正が必要である。

(4) 米国－マグロ／イルカ II [38]

EECとオランダがおもに中継国に対する禁輸を争ったもので、基本的には(3)の判断を踏襲するが、本件小委員会は、XX条(g)を自国管轄下の有限天然資源の保護のみに適用されるものと解することはできないと判断し、また、持続可能な発展という目的が締約国に広く認められていることに留意して、GATTにおける締約国の義務免除には他の手続が定められていること、環境と貿易措置との関係はWTOの準備過程でも討論されることを指摘した。なお、(3)(4)の小委員会報告は、いずれも米国の反対によって締約国団では採択されなかった。

B　WTOになってから
(5) 米国－精製ガソリン [39]

38　DS29/R.
39　WT/DS2/AB/R.

1990年米国大気浄化法に基づき同国環境保護庁は1993年にガソリン規則を制定したが、同規則は国産ガソリンと輸入ガソリンにつき異なった品質基準を適用するものとしたので、ブラジルとベネズエラがGATT III条等の違反を理由に訴えた。小委員会報告は、米国の措置のIII条4違反を認定、XX条(b)についてはガソリン規則によって汚染が改善される保証はなく、III条4に適合的なまたはより抵触度が低い措置の不存在を米国は立証しなかったと判断した。他方、XX条(g)については大気汚染防止のための政策が「有限天然資源の保存」のための政策であることを認めたが、輸入品を国産品から区別する措置は「有限天然資源の保存」を目的とするものではなく「有限天然資源の保存に関する」措置とはいえないと判断した。上級委員会はガソリン規則がXX条(g)にいう「有限天然資源の保存に関する」措置であることを認めたが、米国が両国との協力的取り決めのために努力を行わなかったことを主な理由に、同国の措置は同条柱書きにいう「正当と認められない差別待遇」であり「国際貿易の偽装された制限」に当たると判断して、米国の主張を退けた。

(6)　米国－エビ／カメ I [40]
　米国は絶滅種法によりエビ漁においてウミガメの混獲を防ぐ装置を用いることを自国漁船に義務づけ、1989年の法律によってウミガメ混獲のおそれがある漁具を用いて漁獲されたエビの輸入を禁止した。これに対してインド、マレーシア等がGATT I条、XI条およびXIII条の違反を主張した。小委員会報告はXX条柱書きとの両立性を先に検討して、米国の措置は「正当と認められない差別待遇」となり、同条のもとでは許容されないと判断した。上級委員会報告はXX条の解釈について小委員会を批判して(5)を踏襲し、ウミガメが「有限天然資源」であること、米国の措置は有限天然資源の「保存に関する」ものであることを認めて、当該措置はXX条(g)によって暫定的に正当化されるとしたが、この措置のXX条柱書きとの両立性を否定して、とくに米国がウミガメ保護のための条約締結を目指して真摯な努力を行わなかったことに注目した〔⇒第6章3.(2)〕。

40　WT/DS58/AB/R.

(7) EC—アスベスト[41]

カナダが、アスベスト等の輸入を禁止するフランスの1996年のデクレはGATT III条、XI条、XIII条などに違反すると主張した。小委員会報告は、輸入が禁止されるアスベスト等と使用が許可される産品はGATT III条4にいう「同種の産品」に当たり、この点でデクレはGATT III条4に違反するとしたが、フランスの措置自体とその実施はXX条(b)と同条柱書きにより正当化されると判断した。上級委員会報告は、小委員会がIII条4にいう「同種性」の判断において健康リスクを排除したことは誤りであり、カナダは「同種の産品」の存在を立証しなかったと判断して、III条4違反という小委員会の判断を覆し、また、当該措置がXX条(b)と同条柱書きにより正当化されるという小委員会の判断を支持した。

(8) 米国—エビ／カメ(21条5)[42]

(6)に関する紛争解決機関の裁定を実施するための米国の措置を不満としてマレーシアがDSU21条5に基づいて訴えたもので、小委員会はついに米国の措置のXX条(g)による正当化を認め、上級委員会も小委員会の判断を支持した。すなわち、米国の措置は(6)の上級委員会報告にいうようにXX条(g)によって暫定的に正当化される。上級委員会が米国の措置はXX条柱書きに反すると判断した理由は、米国が条約締結のために真摯な努力を行わなかっただけでなく、当該措置が輸出国において存在するかもしれない異なった状況を考慮に入れず、したがって「正当と認められない差別待遇」に当たるというものだった。XX条柱書きの解釈に当たってはWTO協定の前文にいう「持続可能な発展」を考慮に入れる必要があり、高度回遊性種族であるウミガメの保護のためには関係国間の交渉による措置が一方的措置にはるかに勝る。しかし、上級委員会報告は真摯かつ誠実な交渉が必要だとしたが合意までは要求していない。米国は合意に達さなかったとはいえ、合意に達するための真摯かつ誠実な交渉努力を行った。また、米国の実施措置はかつて存在した柔軟性の欠如を改善して、輸出国において存在するかもしれない異なった状

---

41 WT/DS135/AB/R.
42 WT/DS58/RW; WT/DS58/AB/RW.

況を考慮に入れるようになっている。したがって米国の実施措置は、多数国間合意に達するための真摯かつ誠実な交渉が継続する限りにおいて、XX条のもとで正当化される〔⇒第7章6.〕。

(9) まとめ：小委員会―上級委員会の判断はどのように変化したか

環境保護を掲げる一方的な貿易措置がGATTに違反するかどうかをめぐる小委員会―上級委員会の判断は、次の二点において変化してきたとされる。第1に、当該措置がGATTの実体的な義務に反するかどうかの判断が変化した。たとえばIII条は、輸入産品と「同種の国内産品」との間の差別を禁止するが、この同種性の判断基準に変化が見られるという。(3)や(5)では、「同種性」の認定に際して産品の内在的な特性(物理的特性；最終用途；消費者の嗜好と習慣；関税分類)のみが用いられ、これでは産品にとって外在的な事情、とくにその「生産工程および生産方法(Processes and Production Methods: PPMs)」における環境負荷は考慮できなかった。これに対して、(7)では健康リスクを「同種性」の判断に読み込むことによって初めて問題の措置がIII条に違反しないとの認定が行われた[43]。

第2に、おそらくより重要なことはXX条の解釈の変化である。(3)の小委員会は、同条の(b)号および(g)号はいずれも輸入国の管轄権内にある人、動植物ないしは有限天然資源の保護・保存を意図したものだと解した。これに対して(4)の小委員会は、保護の対象のこのような領域的限定を否定した。また、(b)号の「必要な(necessary to)」の解釈が変化した。(2)や(3)では、GATTに適合的なまたは不適合の程度がより少ない代替措置が利用できないことの証明が厳格に求められたのに対して、(7)では「合理的に利用可能な」代替措置は、措置の目的が不可欠かつ重要である程度に応じてより容易に受諾可能となることが認められた。さらに、(g)号の「関する〔措置〕(〔measures〕relating to)」の解釈も変化した。(1)や(3)では有限天然資源の保存を「主な目的とする」措置と解されていたのが、(6)では保存の目的に「合理的に関連する」措置と解されることとなる。こうして、(5)と(6)の上級委員会報告は争われてい

---

43 たとえば以下を参照：中川、2001、249-251；中川、2003、188-189；村瀬、1994/2002、443-447；平、2004、66-70；平、1999；Bernasconi-Osterwalder, et.al., 2006, Chapters 1 and 4.

る措置の(g)号による暫定的な正当化を認めたが、なお当該の措置はXX条柱書きによって同条のもとでは正当化されないと結論したのに対して、(8)の小委員会─上級委員会はついに柱書きを含めてXX条による当該措置の正当化を認めたのである。なお、(7)では(b)号による正当化が認められている。

　このような変化については、ガットからWTOへの目的の変化が大きな要因だったと思われる。すなわち、1947年のGATTの前文が掲げる目的は、もっぱら貿易自由化を中心とする経済的なものだったのに対して、1994年のWTO協定前文はこれに加えて、環境の保護および保全と持続可能な発展、さらには発展途上国のニーズへの対応をも掲げたのである。上に見た小委員会─上級委員会の判断の発展は、それを明示するかどうかは別にしてこのような目的の変化を反映していたことは疑いない。たとえば「すべての締約国の間の貿易の多数国間の枠組み」としてのGATTの性格を強調した(3)の判断と、GATT XX条(g)号および柱書きの解釈において「持続可能な発展」の目的に大きく依拠した(8)の上級委員会報告を比較してみれば、このことは明らかだと思われる[44]。

5. 環境保護を掲げる一方的な貿易措置の適切性：まとめに代えて

　これまでガット・WTOの紛争処理で扱われてきた環境保護を掲げる貿易措置はすべて、国内法に従って取られる一方的な措置であった〔⇒本章4.〕。このような事例を通じて、当該の措置をとろうとする国が同じ目的のための条約を締結する真摯な努力を行ったこと、当該の措置が輸出国において存在するかもしれない異なった状況を十分に考慮に入れたものであることといった要件を満たすなら、一方的な措置であってもGATT XX条の一般的例外によって正当化されうることが明らかとなった。そしてこの過程で小委員会と上級委員会は、環境保護を目的とする貿易措置としては、国際的なコンセンサスに基づく多数国間の措置が一方的措置にまさることを強調してきた。したがって、もしもMEAsに基づく貿易措置をめぐる紛争がWTOに付託された

44　このようなWTOの多面的な目的の重要性については、たとえば以下を参照：米谷、1999；佐分、2003；小寺編、2003、所収の諸論文。

場合には、小委員会―上級委員会はXX条を適用してそのGATT適合性を認めることは間違いないであろう[45]。

　問題はむしろ、一方的措置がどこまで認められるべきかにあるように思われる。この問題について論じた論者の間には、多数国間の措置のほうが望ましいという「総論」に異論を唱える者は管見の限りでは存在しない。ところが一方的措置をどこまで認めるべきかという「各論」に入ると、比較的安易にこれを肯定する論者が少なくない。たとえばテイラーはこの点について、大略以下のように主張する。

　すなわち、大規模な環境問題に対処するためには、国際的な合意に基づく措置が最善であることは明らかだが、このアプローチには問題が少なくない。それは手間がかかって細切れでありしばしば最小公分母に行き着くだけでなく、実施と責任の制度は弱体か不存在である。これに対して一方的措置は、次のように正当化される。第1に生態系には国境はなく、もはや厳密に領域的な行為というものは存在しない。一国の領域内における環境の保護は、今ではすべての者の共通の関心事項である。したがって第2に、もしも法が生態系に従わないなら環境問題は一層悪化するであろう。第3に、環境保護の緊急の必要性、MEAsの不存在および一方的な貿易措置の実効性を考えるなら、「環境を憂慮する国」が適切なセーフガードのもとにある種の暫定措置として一方的措置に訴えることを認めるべきである。一方的措置はまた、新しいMEAsの交渉を促進するものともなりうる、と[46]。ボダンスキーもこれと同様の議論を展開して、選択肢は一方的措置と多数国間の措置の間ではなく、一方的措置と不行動の間にあるのだという[47]。

　環境保護のための国際的な合意に基づく措置が上記のような限界を有することは否定できず、したがって環境主義者が一方的措置に好意的である理由は理解できる。しかし、以下のような理由によって、強調されねばならないのはその許容性よりもむしろ問題性のほうだといえる。一方的措置の第1の問題点は、環境保護という措置の目的の設定が、措置の実施国によって「一

45　See, e.g., Wolfrum, 1998, 73-75.
46　Taylor, 1999, 191, 197-201. たとえば以下も参照：Schoenbaum, 1997；Murase, 1995, 349-372；村瀬、1994/2002、447-449；村瀬、1997/2002、563-565。
47　Bodansky, 2000b.

方的」行われることに伴う濫用の危険である。国際的なコンセンサスが高い環境保護は、それ以外の目的を覆い隠すイデオロギーとして機能しやすく、政治、経済、社会など多様な考慮に基づいて政策決定を行う政治体としての国家が、「環境保護！」と叫ぶだけで純粋無垢の環境天使になる事態は容易には想定しがたい。ところが一方的措置を推奨する環境主義者は、それがWTO法の枠内で保護主義の偽装となる（GATT XX条柱書き）可能性を別とすれば、このような濫用の危険性には驚くほど無頓着なのである。いうまでもなく一方的な貿易措置は、多様な政策目的のために実施されてきた。たとえば、一方的な貿易措置が非友好的な政権への圧力の手段として[48]、領域紛争の手段として[49]、あるいは漁業資源をめぐる紛争の手段として[50]取られたと疑われる事例がある。こうした経験に照らせば、一方的措置を推奨する論者は、少なくともその濫用を防ぐ説得的な手段を提示する責務があるというべきであろう。

　第2に、たとえ当該の措置が真に環境保護を目的とするものだったとしても、それによって実施される環境基準が措置の実施国によって「一方的」に決められることから問題が生じる。国内法に基づく一方的な貿易措置は相手国に経済的圧力を加えるものであり、不干渉原則に反することになるかも知れない。地球環境の保護は国際関心事項であってもはや国内問題ではないが、そのためにどのような政策を採用しどのような法令を制定するかは、MEAsが義務づける場合を除いて原則として領域国の決定に委ねられる〔⇒第4章4.(2)〕。しかも、効果的な一方的貿易措置をとりうるのは「米国とヨーロッパ連合のみである」[51]ことにも留意しなければならない。つまり、環境保護のための一方的措置を容認することは、これらの限られた諸国に国際立法の権限を付与することなり、おもに主権国家によって構成される国際社会の現在の構造に背馳すると思われる。チェイェス夫妻がいうように、一方的な制裁は主要な工業国によってのみ課することができるという事実は、その正統性

48　米国－ニカラグアに対する措置（L.6053）；米国－キューバ自由民主主義連帯法（DS38）
49　ニカラグア－ホンジュラスおよびコロンビアからの輸入制限措置（DS188）
50　チリ－メカジキの通過および輸入の制限措置（DS193）
51　Wynter, 1999, 172.

に深い疑惑を生じさせる[52]。国際社会にとって必要なのは心優しき環境独裁者ではなく、迂遠ではあるが民主的な討論から導かれる国際的なコンセンサスに基づく環境措置であるといわねばならない。

ボダンスキーは、「一方的行動は手続の観点からは疑いの余地があるが、それにもかかわらずその実体的な目的と結果において正当化されうる」というが、問題の核心はまさに「その実体的な目的と結果」が措置の実施国によって一方的に決められるという「手続」にあるというべきである。彼もいうように、多数者の見解が常に正しいとは限らないし、多数国間交渉では交渉力においてまさる大国・強国の見解が優越することは少なくないであろう[53]。それにもかかわらず、このような交渉では個々の参加国の見解や利害がしのぎを削る結果、一国のみの見解が貫徹することは困難なのである。

そして最後に付言しておきたいのは、一方的措置を強調する環境主義者には、多数国間の措置を支持する国際的なコンセンサスに背を向けているという自覚が薄いという事実である。リオ宣言の原則12は、環境問題に対処するための協力的で開かれた国際システムの必要性を指摘して、「輸入国の管轄権外の環境問題に対処する一方的な行動は避けるべきである。国境を越える、あるいは地球規模の環境問題に対処する環境政策は、可能な限り国際的なコンセンサスに基づくべきである」と述べる。この規定は貿易関連の環境措置の適切な手段として、一方的な措置ではなくてコンセンサスに基づく多数国間のプロセスを推奨するものだと解され[54]、WTOもまたこうしたコンセンサスに与している[55]。ところが、予防原則についてはリオ宣言原則15にあのように強く依拠した環境主義者〔⇒第5章4.(1)〕が、ここでは原則12にはほとんど言及しないのである。

---

52 Chayes & Chayes, 1995, 108.
53 Bodansky, 2000b, esp., 345.
54 Cameron, 1993, 106-107. ただし、文面から明らかなように、同原則は一方的な措置の絶対的な禁止を含意するわけではない。WSSDの行動計画101項も参照。
55 See, WT/CTE/1, para.171.

第10章　武力紛争における環境の保護

1. はじめに

　国が日常的に保持し展開する軍事力は、たとえ武力紛争が発生しなくても様々な形で国内外の環境に悪影響を及ぼす。たとえば基地や演習場の設置と運営、軍需生産、兵器実験などがしばしば環境被害を生じる[1]。「安全保障上の利益」はしばしば、国民の人権や福祉、環境の保護などその他の利益に優越する至上の利益とみなされるから、軍事活動に起因するこのような環境破壊と戦う市民の前には、多くの障害が立ちふさがる。平時においてさえ軍事活動には環境法令が全部または一部適用されない国が存在する[2]。さらに、環境情報へのアクセスをもっとも広く認めるヨーロッパの諸条約においてさえ、安全保障上の考慮はその例外として規定されている〔⇒第8章4.(1)〕。

　自国の領域内や国の管轄権の範囲外の区域で外国軍隊が行う環境破壊に対処することは、いっそう困難である。外国の軍隊、軍艦および軍用機は主権免除を享受するだけでなく、海洋環境の保護を目的とする諸条約は、軍艦には適用されない[3]。日常的な軍事活動に伴うこのような環境破壊に対処するためには、国の軍事的安全保障を至高のものとみなす伝統的な安全保障観自体を問い直すことが必要だと思われるが、ここではその問題にこれ以上立ち

1　See, Sidel, 2000.
2　See, UNEP/GC.18/6/Add.1, paras.1-14.
3　たとえば、MARPOL 73/78の3条3；ロンドン海洋投棄条約7条4；国連海洋法条約236条。

入ることはできない。以下では、武力紛争において軍事力の直接の行使がもたらす、より劇的な環境破壊を取り上げることとしよう。

　それでは武力紛争は、どのような形で環境破壊をもたらすのか。第1に、武力行使は合法的な攻撃対象である軍事目標に向けられたものであっても、巻き添えとして環境に損害を与えることがある。大量破壊兵器はもちろん焼夷兵器や対人地雷、劣化ウラン弾などの通常兵器でも、それらの使用によって直接に環境破壊をもたらすだけでなく、武力紛争後にまで効果が残存することによって国の復興と再建にとっての大きな障害となる。第2に、武力行使が環境破壊それ自体を目的として行われることがある。たとえばベトナム戦争において米軍は、ゲリラ部隊の隠れ場所を奪う目的で「枯葉作戦」を遂行し、重大な環境破壊と住民の健康被害を招いた。第3に、環境破壊を害敵手段として用いることも少なくない。たとえばダムや堤防の破壊によって洪水を発生させる作戦は古くから行われてきたが、米軍はベトナム戦争ではこれに加えて降雨作戦を実施した。また近年では、湾岸戦争におけるイラク軍によるクウェートの油田の破壊がよく知られている[4]。UNEPは、とりわけ国内紛争を念頭においてより視野を広げ、紛争が天然資源と環境に与える影響を以下の三点に整理した：すなわち、生態系の物理的破壊、有害物質の自然環境への放出などによる直接の影響；紛争による社会経済的混乱と基本的なサービスの断絶に対処するために、地域住民や避難民が天然資源と環境に与える過剰な負荷による間接的な影響；そして、紛争による統治構造の崩壊が招く腐敗と資源の収奪、財源が軍事目的に振り向けられるために生じる環境保護や資源管理への投資の欠如といった制度的な影響、である[5]。

　こうしてリオ宣言の原則24は、「戦争行為は、元来、持続可能な発展を破壊する性格を有する。そのため、国は武力紛争時における環境保護を規定する国際法を尊重し、必要に応じてその一層の発展のために協力しなければならない」という。それでは、国際法は武力紛争時における環境の保護についてどのように定めているのだろうか。

4　以上については、大島、2000、105-109；Leggett, 1992、を参照。
5　UNEP, 2009, 15-18.

2. 武力紛争時において多数国間環境保護協定はどこまで適用されるか？

(1) 武力紛争が条約に及ぼす効果

条約法条約73条は、「この条約は、国家承継、国の国際責任又は国の間の敵対行為の発生により条約に関連して生ずるいかなる問題についても予断を下しているものではない」と規定する[6]。他方、同条約の前文によれば、同条約によって規律されない問題は「引き続き国際慣習法の諸規則により規律される」から、武力紛争が条約に及ぼす効果については慣習法に従うことになる。

伝統的国際法の形成期には戦争の勃発はそれ自体として交戦国間のすべての条約の終了をもたらすと考えられていたが、この立場は19世紀中には放棄されたという[7]。1910年の英米間の北大西洋沿岸漁業事件仲裁裁定は、「国際法はその現代的発展においては、条約上の義務の大多数は戦争によって失効することはなく、せいぜいのところ運用停止されるに過ぎないことを認めている」と述べた[8]。しかし坂元茂樹によれば、理論状況は「国家実行の不統一」と「判例の混迷」によって「錯綜」していたという[9]。

ILCは、「武力紛争が条約に及ぼす効果」をテーマに2000年から法典化作業に取りかかるが、この作業のために事務局が用意した資料によれば、武力紛争時に適用される条約の決定基準については、それを条約当事国の意思に求める学派と当該条約の性格ないしはそれと武力紛争における国家目的との両立性に求める学派があったという[10]。他方、ここで特別報告者を務めたブラウンリは、当事国意思主義に立つことを明らかにする。すなわち、彼の条文草案3条は武力紛争の発生はそれ自体としては条約を終了させまたは運用停止させることはないと規定し、ついで4条において条約の終了または運用停止の可能性の指標として「当該条約が締結された時点における当事者の意思」

---

6 同条の起草過程については、坂元、(一)、24-28頁、参照。
7 See, McNair, 1961, 698-702.
8 11 *UNRIAA* 173, 181.
9 坂元、(二)(三)。なお、ここでは武力紛争当事者間の条約のみを取り上げ、紛争当事国と中立国との間の条約には原則として触れない。
10 See, A/CN.4/550, paras.9-13.

を挙げるとともに、当事者の意思は条約法条約31条および32条ならびに当該武力紛争の性格および程度に従って決定されるべきものと規定した。さらに彼の条文草案7条は、その趣旨および目的の必然的な解釈から武力紛争時にも継続的に適用される条約の種別を例示する[11]。

ブラウンリは4条を説明して、「〔当事国〕意思の原則は、条約をめぐるすべての法的出来事を決定する」という[12]。確かに、条約の拘束力の淵源は当事者の合意にあるという条約法の原点(条約法条約前文；26条)に立ち返るなら、このブラウンリのテーゼは争いがたいように思われる。しかし実際には、武力紛争時における適用自体を目的とする諸条約を別にすれば、条約の当事国が交渉時において相互間における武力紛争の発生を想定することはまれであり、したがってこの点についての当事者意思を解釈によって導くことは、不可能といわないまでも至難のことである。こうして多くの論者は、明示されない当事者意思を推定する根拠として条約の種別を用いるのであり[13]、ブラウンリも草案7条においてこの手法を用いた[14]。

(2) 武力紛争時における多数国間環境保護協定の適用

それでは、武力紛争時における多数国間環境保護協定(MEAs)の適用についてはどのようなことがいえるのか。ICJにおける核兵器使用の合法性勧告的意見の審理の過程では、MEAsは戦時を含めてあらゆる時に適用されるとする国と、それは平時における環境保護のみを目的としたものだと主張する諸国が鋭く対立した[15]。しかしICJはこの問題には答えず、自衛権行使における必要性と均衡性の原則に論点をずらせてしまう〔⇒本章3.(2)〕。他方、ブラウンリの草案では、環境保護条約はその趣旨および目的の必然的な解釈から武力紛争時にも適用が継続する条約に含まれる(7条2(e))が、彼がこの提案

---

11 A/CN.4/552, paras.25-54, 62-118.
12 Ibid., para.48.
13 See, McNair, 1961, 702-728；Hurst, 1921-1922, 39 et seq.
14 もっとも、ILCと総会第6委員会ではブラウンリの当事国意思主義は必ずしも支持を受けず、2007年にILCが設けた作業部会は4条から当事国意思への言及を削除した規定を起草委員会に送付するように勧告した。See, A/CN.4/L.718, para.4(2).
15 *ICJ Reports*, 1996, 241, paras.27-28; See also, A/CN.4/550, paras.60-61.

を行ったのはILCの検討課題としてであって、彼自身はここでも「唯一の一般原則は当事国の意思である」と考えていた[16]。

さて、MEAsが武力紛争時における適用について規定しておれば、もちろんそれに従うことになる。たとえば1952年の北太平洋公海漁業条約4条2は、条約機関である北太平洋漁業国際委員会が決定または勧告を作成するに当たって戦争等の例外的な事情を斟酌するべきものとする。また1954年の海洋油汚染防止条約19条は、敵対行使開始によって影響を受けると考える締約国が条約の全部または一部の適用停止を行うことを認める。さらに、民事賠償責任条約の多くは武力紛争などを免責事由としてあげる〔⇒第11章3.〕。なお、国連海洋法条約が軍艦その他非商業的役務にのみ使用される政府船舶への環境保護規定の不適用を規定している(236条)ことを理由に、これを戦時には適用がない文書に含める見解がある[17]が、これは誤りだと思われる。ある条約の軍艦への不適用は、必ずしも当該条約自体の武力紛争時における不適用を意味するものではないからである[18]。

他方、南極条約1条は南極地域の平和的目的のみの利用と軍事的措置の禁止を規定しており、つまり武力紛争の発生を予期していないから、同条約はあらゆる事態における適用を想定していると解される[19]。また、南極海洋生物資源保存条約と南極環境保護議定書も、南極条約との不可分の関係(前者の3条；後者の4条1を参照)から見て南極条約と同様にあらゆる事態における適用を意図したものだといえよう。さらにユネスコ世界遺産保護条約において締約国は、他の締約国の領域に存在する文化遺産と自然遺産を「直接又は間接に損傷することを意図した措置」をとらないことを約束する(6条3)から、同条約も戦時における適用を想定したものだと指摘されている[20]。

ところで最近では、武力紛争時における条約適用の問題を国際人道法に「反致(renvoi)」する傾向があるといわれる[21]。たとえば1997年の国際水路の非航

16　A/CN.4/552, para.88.
17　Simonds, 1992-1993, 194.
18　Schmitt, 1997, 48.
19　Sands, 2003, 310；Simonds, 1992-1993, 193；Tarasofsky, 1993, 63. Cf., Voneky, 2000, 22-23. なお、南極条約1条については、池島、2000、89-126、参照。
20　Tarasofsky, 1993, 65.
21　Sands, 2003, 310.

行的利用の法に関する条約29条は、国際水路および関連施設等は武力紛争法の保護を受け、これに違反して使用してはならないと規定する。ICRCが作成した「武力紛争時における環境の保護に関する軍事教範および訓令のための指針」〔⇒本章3. (1)〕は、このような傾向を一般化する。すなわち同「指針」の5項は、国際環境協定および慣習法の関連規則は武力紛争法と両立する限りにおいて武力紛争時にも適用することができ、環境保護義務であって武力紛争非当事者に対するものおよび国の管轄権を超える区域に関するものは、武力紛争法と両立する限りにおいて武力紛争の存在により影響を受けないと規定する。

このような傾向は、国際環境法ないしMEAsを「一般法」と捉え、武力紛争法ないし国際人道法を「特別法」と捉える学説とも符合するように思われる。すなわち、武力紛争時に両者が矛盾すれば後者が優先するが、そうでない限りは前者も継続的に適用されるというのである[22]。このような考え方は環境主義者からは批判される[23]が、国際人権法からのアナロジーはこのアプローチを支持するもののように思われる。

すなわちICJは核兵器使用の合法性勧告的意見で、自由権規約の保護は4条が規定する緊急事態における免脱の場合を除いて戦時においても停止せず、同規約6条1にいう「恣意的にその生命を奪われない」権利は敵対行為においても適用されるが、この場合「恣意的に」の基準は適用される「特別法」すなわち武力紛争法によって決定されることになると述べた[24]。さらに同裁判所は占領下パレスチナにおける壁構築の法的効果意見では、同じ判断を繰り返すとともに、本件において提起された問題に答えるためには裁判所は両分野の国際法、すなわち人権法と「特別法」としての国際人道法の双方を考慮に入れなければならないという[25]。国際環境法を安易に人権法からのアナロジーにおいて語ることは避けなければならないが、この両分野の法の類似性ないしは親近性〔⇒第8章1.〕にかんがみれば、国際人道法と国際人権法との関係に関す

22　たとえば村瀬、2004、646-650。
23　E.g., Simonds, 1992-1993, 188；Voneky, 2000, 25.
24　*ICJ Reports*, 1996, 240, para.25.
25　*ICJ Reports*, 2004, 178, para.106.

る以上のようなICJの判断を、国際人道法と国際環境法の関係に置き換えることは基本的には正当化できると思われるのである。

3. 環境保護に適用される武力紛争法

(1) 「武力紛争時における環境の保護に関する軍事教範および訓令のための指針」

　1990～1991年の湾岸戦争における環境破壊、とりわけイラク軍によるクウェートの油田破壊がもたらしたそれは国際社会に大きな衝撃を与え、武力紛争における環境の保護が国際法にとって重要な課題だと認識されるようになった。この問題を検討するために研究者、軍と政府の当局者、NGOs関係者などが参加する国際シンポジウムが繰り返して開催され、武力紛争時における環境の保護を目的とする「ジュネーヴ第V条約」の起草を提唱する専門家も登場する[26]。

　他方国連総会は、1992年の決議47/37において「軍事的必要によって正当化されずかつみだりに行われた環境の破壊は、現行国際法に明らかに違反する」と述べ、武力紛争時における環境の保護に適用される現行国際法の遵守を確保するためにすべての措置をとること；まだそうしていない国は関連国際条約の締約国となることを検討すること；環境保護に適用される国際法を軍事教範に組み入れ、その効果的な普及を確保すること、を呼びかけるとともに、事務総長に対してICRCその他の機関に関連活動に関する報告を求めるように指示した。同年に事務総長を通じて総会に提出した報告においてICRCは、もしもいくつかの点で解釈が明確化されかつ十分に実施されるなら、現行法は武力紛争において環境を保護するのに十分であり、新しい法典化作業は価値が疑わしいだけでなくかえって逆効果かも知れないと主張するとともに、ICRCはこの目的のために軍事教範のモデル指針を準備する用意があると言明した[27]。

　ICRCは数度の専門家会議を通じて起草した指針案を総会に提出し、総会

26　See, Plant, 1992a ; Plant, 1992b.
27　A/47/328, esp., paras.61-70.

の求めに応じて各国が提出したコメントをふまえて改定された指針は1994年の国連総会に提出された。総会が決議49/50によって各国に対してこれを広く普及させかつ軍事教範等に組み入れる可能性に妥当な考慮を払うように呼びかけたのが、「武力紛争時における環境の保護に関する軍事教範および訓令のための指針」(以下、本章では「指針」という)である。「指針」はいうまでもなく法的拘束力を意図した文書ではないが、内容上国の政策を反映した部分と現行の国際法上の義務に由来するものとを区別しており(1項；3項)、後者の規定はその限りにおいて法的意義を有するといえる。「指針」はいわば、現行の人道法諸条約の規定を環境保護の観点から編集したものであって、この意味できわめて有益であり、以下の検討でもこれを活用した。

(2) 環境保護のために適用可能な武力紛争法の基本原則

伝統的国際法における戦時国際法ないしは戦争法に由来する武力紛争法は、国連憲章に具現される武力行使禁止原則の下では国家間におけるすべての武力紛争に適用されるものとなった。それはまた、害敵の手段と方法を規制するハーグ法と、戦争犠牲者の保護を目的とするジュネーヴ法とに区分されることが多い。他方、1949年のジュネーヴ諸条約に追加される1977年の二つの追加議定書の採択を契機として、「国際人道法(international humanitarian law)」という用語が急速に一般化した。国際人道法は「武力紛争における人権の尊重」という発想をその基礎とするもので、さまざまに定義されるが、もっとも多く用いられるのはジュネーヴ法に加えてハーグ法の人道的部分も含める定義であろう。もっとも、ICJの核兵器使用の合法性勧告的意見[28]のように、これを武力紛争法全体と同義に用いることも少なくない。

ICJの同意見は、人道法の基本原則として以下の二点を挙げた：第1に、文民たる住民および民用物の保護を目的とし戦闘員と非戦闘員の区別を確立する原則であって、国は文民を攻撃目標としてはならず、したがって民用物と軍事目標を区別することができない兵器を使用してはならない(区別原則；軍事目標主義)；第2に、戦闘員に対して無用の苦痛を与えることは禁止され、したがって戦闘員に対して無用の苦痛を与えまたは彼らの苦痛を不必要に増

---

28 *ICJ Reports*, 1996, 256, para.75.

大させる兵器は禁止される。この原則の適用として、害敵手段の選択について国は無制限の自由を有するものではない(不必要な苦痛を与える兵器の禁止)。ICJによれば、これらの基本原則は「国際慣習法の犯すことのできない原則(intransgressible principles of international customary law)」を構成するから、すべての国はそれらを規定する諸条約を批准したかどうかを問わずこれらを遵守しなければならない」[29]。実際ICJは、人道法の基本原則を規定する諸条約の慣習法化を、繰り返して認めてきた[30]。

それでは、このような国際人道法の基本原則はどのように環境保護に適用されるのだろうか。第1の区別原則ないしは軍事目標主義については、環境は民用物として保護されるのであって環境それ自体として保護されるわけではない[31]。民用物の保護はいうまでもなく文民の保護の一環であるから、その意味ではこの原則の適用が人間中心主義に立つことは明らかである[32]。このような意味で環境保護のために適用可能な条約規定としては、以下のような例を挙げることができる。なお、以下の紹介では環境保護に関連しない箇所は省略している。

1907年ハーグ陸戦規則は無防守都市に対する攻撃を禁止し(25条)、攻囲および砲撃に当たっては歴史上の記念建造物等への損害を避けるために必要な一切の手段をとることを求める(27条)。戦争の必要上やむを得ない場合を除いて敵の財産を破壊・押収してはならず(23条ト)、都市その他の地域を掠奪に任せてはならない(28条)。占領地にあっては私有財産を尊重しなければならず(46条)、掠奪は厳禁される(47条)。占領国は占領地にある敵国の公共建物、不動産、森林および農場については、財産の基本を保護し用益権の法則によってこれを管理しなければならない(55条)。1949年ジュネーヴ文民(第IV)条約も、紛争当事国の領域および占領地域にある被保護者に対する略奪および被保護者とその財産に対する報復(reprisals)を禁止する(33条)ととも

29　Ibid., p.257, paras.78-79.
30　たとえばニカラグア事件判決(*ICJ Reports*, 1986, 113-114, para.218.)；占領下パレスチナにおける壁構築の法的効果意見(*ICJ Reports*, 2004, 172, para.89)；コンゴ領域における武力行動事件判決(*ICJ Reports*, 2005, para.217.)。
31　Bothe, 1982, 291；Dinstein, 2001, 533.
32　Falk, 2000, 140.

に、占領地域における占領軍による不動産または動産の破壊を、軍事行動によって絶対的に必要とされる場合を除いて禁止する(53条)。なお、1899年ハーグ陸戦条約(1907年改正)以後の武力紛争法の諸条約が、何らかの形で「マルテンス条項」を規定していることにも注意しよう〔⇒本章5.〕。

1977年第Ⅰ追加議定書は、区別原則ないしは軍事目標主義を全面的に適用することとした(48条)。文民および文民たる住民の保護(51条)に加えて、民用物の保護については以下の諸規定がとくに注目される。議定書は民用物を定義するのではなく、軍事目標を定義してそれ以外のすべての物を民用物とし、民用物は攻撃または復仇の対象としてはならず攻撃は厳に軍事目標に対するものに限定すると定める(52条1；2)。さらに議定書はとくに保護されるものとして、文化財・礼拝所(53条)；文民の生存に不可欠なもの(食糧、農業地域、作物、家畜、飲料水施設などが例示される：54条)；自然環境(55条)〔⇒本節(3)〕；危険な威力を内蔵する工作物・施設(ダム、堤防および原子力発電所が列挙される：56条)を挙げるとともに、これらに対する復仇を明文で禁止する。攻撃に当たっては、文民および民用物への被害を防ぐために実行可能な予防措置をとらなければならず、予期される具体的かつ直接的な軍事的利益と比べて巻き添えによる文民の死傷または民用物の損傷が過度に生じることが予測される場合には、攻撃を差し控えなければならない(57条；58条)。第Ⅰ追加議定書は、確立した慣習法原則である区別原則を再確認しただけでなく、それを詳細に具体化することによってさらに発展させたことに意義を有し、適切に適用されるなら武力紛争時における環境保護にも大きく貢献することが期待される(「指針」4項参照)[33]。しかし、54～56条の規定はその後の発展の可能性は別にして議定書採択当時は新規定であったことは否定できず、「特別利害関係国」である米国などいくつかの国が議定書の締約国になっていない事実もあって、議定書の限界にも留意しておく必要がある。

さて、人道法の第2の基本原則である不必要な苦痛を与える兵器の禁止は戦闘員の保護に関わるものであるから、環境の保護に対する効果は第1の基

33　ただし、議定書の規定は原則として陸戦のみに適用される(49条3)。なお、海戦に関しては専門家グループが起草した「サンレモ・マニュアル」が環境保護に関連する規定をおく(11項；13項；44項)。人道法国際研究所 1997、31-32；34-44；79-82、参照。

本原則と比べていっそう間接的である。しかし、この原則の適用として禁止されてきた兵器には、その使用が環境に大きな悪影響を及ぼすものが少なくない。たとえば1925年のジュネーヴ・ガス議定書は、窒息性・毒性のガス等を戦争に使用することの禁止を細菌学的戦争手段の使用にも適用すると定め、1969年の総会決議2603A(XXIV)は同議定書が「国際法の一般に承認された規則」を具現するものであることを確認した。このような使用禁止に加えて、生物兵器については1972年の生物兵器禁止条約が、化学兵器については1992年の化学兵器禁止条約が、それらの開発、生産、取得、保有等を禁止するだけでなく既存の兵器の廃棄も含めて、これらの全面的な禁止を実現した。

これらの兵器とともに「大量破壊兵器」と総称される核兵器が、これらの兵器と比べて格段に深刻な環境破壊をもたらすことは明らかである。ICJは、核兵器の破壊力は空間的にも時間的にも限定できず、地球のすべての文明と生態系を破壊する潜在力を有するものであることを指摘した[34]。したがってICJは、このような核兵器の使用は「武力紛争に適用される国際法の規則、ならびにとりわけ人道法の原則および規則に一般的には違反するであろう」と述べるのであるが、しかし、国の存亡がかかるような自衛の極端な状況ではそれが合法か違法かについて「確定的に結論することはできない」という[35]。

ところで第Ⅰ追加議定書の起草過程では核兵器の問題は検討の対象外とされ、したがって、同議定書は核兵器に関する明文の規定を欠く。しかしこの事実は、同議定書が核兵器の使用には一切適用されないことを意味するのではない。ICRCが第Ⅰ追加議定書のコメンタリーで述べたように、同議定書は戦闘の方法および手段に適用される一般規則を取り入れており、議定書のもとでこれらの規則は引き続き有効であってすべての兵器と同様に核兵器にも適用される[36]。ICJもまた、すべての国は追加議定書に含まれる規則であってその採択の当時に既存の慣習法の表現であったものに拘束されるという[37]。したがって、上に見たような民用物の保護に関する第Ⅰ追加議定書の規定は

34　*ICJ Reports*, 1996, 243-244, paras.35-36.
35　Ibid., 266, para.102 (2) E; see also, 262-263, paras.95-97. このような判示の批判的検討については、松井、1996、参照。
36　Sandoz, et al., 1987, 589-596, paras.1837-1862, esp., 593, para.1852.
37　*ICJ Reports*, 1996, 259, para.84.

慣習法を表現している限りにおいて、核兵器の使用にも適用されるものだと結論することができる[38]。

　環境保護に適用される武力紛争法の基本原則として、最後に「均衡性の原則(principle of proportionality)」に触れておこう。均衡性の原則は国際法のさまざまな分野で登場するが、人道法においては軍事的必要性の原則と人道性の原則に内在するものとしてこれらの均衡をはかる役割を果たし[39]、環境上の考慮もこのような均衡性を計るはかりに載せられることになる。ICJは核兵器使用の合法性勧告的意見において、「国は〔自衛権行使において〕正統な軍事目標を追求するに当たって、必要性と均衡性を評価するさいに環境上の考慮を行わなければならない。環境の尊重は、ある行動が必要性および均衡性の原則と両立するかどうかを評価するに当たっての一つの要素である」と述べた[40]。

　武力紛争法においては、均衡性の原則とその構成要素とされる軍事的必要性の原則——両者はしばしば互換的に用いられる——とは、二つの異なる意味を持つことに注意しなければならない。すなわち、武力紛争法のいわば立法の原則としての意味と、成立した規則の解釈・適用のための法原則としての意味である。第1の意味においては、戦闘の方法および手段の規制にさいしてその軍事的必要性と人道的考慮が比較検討され、後者が前者を大きく凌駕するさいにその禁止が合意されるとされる。1907年ハーグ陸戦条約の前文が、「〔その前身である1899年ハーグ第II条約の〕条規ハ、軍事上ノ必要ノ許ス限、努メテ戦争ノ惨害ヲ軽減スルノ希望ヲ以テ定メラレタルモノ」であるというのは、この意味である。したがって、こうして合意された禁止規則には均衡性の原則ないしは軍事的必要性の原則はすでに折込済みであり、その解釈・適用の段階で改めて均衡性の原則を援用する余地はない。この段階でさらに重ねてこのような比較考量を必要とする規則には、その旨が明記されるであろう。これに対して、それ自体としては禁止されない戦闘の方法および手段に訴える場合に、法原則としての均衡性の原則ないしは軍事的必要性の原則

38　藤田、1981；松井、1986、参照。
39　See, Delbrück, 7 *EPIL*.
40　*ICJ Reports*, 1996, 242, para.30.

が働く。第Ⅰ追加議定書51条5(b)や57条2(a)(iii)の規定は、この意味での均衡性の原則を法典化したものである(「指針」4項；8項；9項、参照)[41]。したがって、伝統的な戦争法において主張されることがあった、「軍事的必要性は戦争の慣例に優越する(Kriegsraeson geht vor Kriegsmanier)」という意味での「軍事的必要性(Kriegsraeson：当時は「戦数」と訳されることが多かった)」の理論は、現在の国際人道法においては成り立つ余地はない[42]。

　均衡性の原則について注意するべき第2の点は、国際法のほかの分野におけるのと同様に武力紛争法においてもその解釈に必然的に伴う主観性である。そもそも、軍事的必要性と人道的考慮とは同じ物差しで計ることはできないだけでなく、これらの比較考量にさいしては多様な価値判断が働く。たとえばシュミットは、環境保護への均衡性原則の適用にさいして働く価値判断について、評価されるべき行為を取り巻く付帯状況の影響；人道性の価値判断への文化の影響；環境保護への概念的アプローチ――人間中心主義か環境それ自体の価値を認めるか――の違いの影響；そして価値判断自体の時代的変遷の影響を挙げる[43]。このような主観性にかんがみるなら、武力紛争法の解釈・適用における均衡性の原則の役割については、十分に慎重でなければならないと思われる〔⇒本章5.〕。

(3)　とくに環境保護を目的とする武力紛争法の諸条約

　前節で紹介した環境保護のために適用可能な武力紛争法の一般原則に加えて、その全体または一部がとくに環境の保護に関わる条約がいくつか登場している。まず、1976年の国連総会が決議31/72において採択した環境改変技術使用禁止条約(ENMOD条約)は、ベトナム戦争における米軍による広範な環境破壊への国際世論の批判を背景に作成されたもので、環境自体を保護するのではなく、環境改変技術を兵器として使用することの禁止を目的とする。すなわち、2条が定義する環境改変技術〔⇒第1章1.(1)〕であって、「広範な、長期的な又は深刻な効果(widespread, long-lasting or severe effects)」をもたらすも

41　ICRC, 2005, 46-50 (Rule 14)；see also, Fenrick, 1982.
42　See, Sandoz, et al., 1987, 390-399, paras.1382-1409；田岡、1943。
43　Schmitt, 2000, 113-123.

のの敵対的使用を他の締約国に対して行うことが禁止される(1条1)。

　条約草案を作成した軍縮委員会会議(CCD)の総会に宛てた報告書は、いくつかの条文に関する「了解」を示す。それによれば、1条にいう「広範な」とは数百平方キロの範囲をカバーする；「長期的な」とは数か月ないしは大体一季節の期間をいう；「深刻な」とは人間の生命、天然資源および経済資源またはその他の価値に対する重大なもしくは相当のかく乱ないしは損害を意味する[44]。なお、1992年に行われた第2回再検討会議は、除草剤の大規模な敵対的使用は1条にいう禁止に該当しうることを確認した[45]。この例が示すように、ここで禁止される環境変更技術はまったくSFの世界のものだとは言えないが、何よりも1条が定める禁止の「しきい」がきわめて高いことは本条約の環境保護の役割をほとんど否定するものであり、そのほか本条約には禁止された以外の使用をむしろ「合法化」する、敵対的な利用が可能な環境改変技術の開発やその使用の準備を制限しないといった厳しい批判が寄せられている[46]。

　ENMOD条約ときびすを接して採択された1977年第Ⅰ追加議定書は、より直接に環境保護を目指す2か条の条文を持つ。すなわち35条3は「自然環境に対して広範、長期的かつ深刻な損害を与えることを目的とする又は与えることが予測される戦闘の方法及び手段を用いること」を禁止し、55条では「戦闘においては、自然環境を広範、長期的かつ深刻な損害から保護するために注意を払う。その保護には、自然環境に対してそのような損害を与え、それにより住民の健康又は生存を害することを目的とする又は害することが予測される戦闘の方法及び手段の使用の禁止を含む」(1項)と規定するとともに、復仇として自然環境を攻撃することを禁止した(2項)。この二か条は類似の表現を持つが、「自然環境」の位置づけは異なっている。すなわち、35条3が環境自体の保護を目指す[47]のに対して、55条は人間中心主義に立つ規定だとされる。ただし後者では、「文民たる住民(civilian population)」ではなくて「住民

44　A/31/27, 91-92.
45　ENMOD/CONF.II/12, 11-12.
46　藤田、1978、参照。もっとも第2回締約国会議は、環境改変技術の研究開発とその使用はもっぱら平和的目的に向けられるべきだという信念を表明した(ENMOD/CONF.II/12, p.11.)。
47　Sandoz, et al., 1987, 410, para.1441.

(population)」の保護が語られており、つまりここでは戦闘員を含む全住民の保護が意図されていることに注意したい[48]。

こうして第Ⅰ追加議定書35条3は武力紛争における自然環境それ自体の保護を目的とする初の条約規定ではあるが、55条も含めて禁止の「しきい」は、残念ながらENMOD条約の場合と比べてさえいっそう高い。第1に、ENMOD条約では「広範」、「長期的」、「深刻」が「又は(or)」で結ばれており、つまり三つの要件が選択的であるのに対して、第Ⅰ追加議定書ではこれらは「及び(and)」で結ばれており、したがって三要件は累積的なのである[49]。第2に、用いられる各用語も異なった意味を持つものとされ、とくに「広範」についてはここでは数十年の単位を意味し、通常戦争に伴う戦場の被害は原則として禁止の対象ではないことに広い合意があったという[50]。先に見たCCDの「了解」は、ENMOD条約のこれらの用語の意味が他の条約には類推適用できないことを強調した[51]。そうだとすれば、第Ⅰ追加議定書のこれらの規定はもっぱら大量破壊兵器を想定したものなのだろうか。

これらの規定が大量破壊兵器を想定したものだとすれば、それらが慣習法を表現するかどうかを検討しておくことは無意味ではない。これらの規定が、議定書採択の当時には新規定だったことは疑いない。実際ICJは核兵器使用の合法性勧告的意見において、これらの二か条に言及して、「これらは、これらの諸規定に合意したすべての国にとっては強力な制約となる」と述べる[52]ことによって、これらが条約上の規則にとどまることを示唆した。他方、「指針」の11項や1999年に国連事務総長が布告した「国連部隊による国際人道法の遵守」の6・3項は、これらの諸規定が慣習法化していることを示す表現をとる。ICRCは、このような事実のほか各国の軍事教範などにも言及して、第Ⅰ追加議定書35条3項の内容を慣習法をなすものとして記述する。ただしICRCも、第Ⅰ追加議定書の新規則を核兵器に適用することを明確に拒否してきた米・英・仏の3国については「一貫した反対国」と認めざるを得なかったので

---

48 Ibid., 663, para.2134.
49 Ibid., 418, para.1457.
50 Ibid., 414-418, paras.1450-1456.
51 A/31/27, 91.
52 *ICJ Reports*, 1996, 242, para.31.

ある[53]。なおICRCは、敵対行為に関する一般原則は自然環境にも適用されること、および戦闘の方法および手段の適用にあたっては自然環境に妥当な考慮を払わなければならず、これについては予防原則〔⇒第5章〕が適用されることをも慣習法として挙げる[54]。

以上のほか、1980年の特定通常兵器使用禁止制限条約は前文において第I追加議定書35条3の禁止を「想起」するとともに、いくつかの議定書において環境保護につながる規定をおく。議定書IIは地雷・ブービートラップの使用を制限し、議定書IIIは焼夷兵器の使用を制限するが、いずれも軍事目標主義にたつもので完全禁止ではなかった。議定書IIIが森林その他の植物群落を焼夷兵器によって攻撃することを禁止したことが注目されるが、植物群落を軍事目標の隠蔽等のために利用している場合と植物群落自体が軍事目標となっている場合を除外した(2条4)。これらの規制を強化する試みははかばかしく進展せず、たとえば1996年の議定書II改正は非国際的武力紛争にもこれを適用するものとし、また地雷に対する規制を強化したが、全面使用禁止は実現しなかった。そこで、これらの兵器の全面禁止を望む諸国がNGOsなどと協力してまず全面禁止を規定する条約を作成し、次いで国際世論の圧力によって消極的な諸国の参加を促進するという、「オタワ方式」と呼ばれる交渉方式が案出された。最初の成功例は1997年の対人地雷禁止条約であり、ついで2008年5月30日にはクラスター弾に関する条約が採択された。これらの条約は、厳しく限定された例外を除いて当該兵器の使用だけでなく開発、生産、取得等を禁止する全面禁止の条約である。

ところでこれらの兵器の多くは紛争終了後も不発弾などの形で残存し、引き続き文民に被害を与えるだけでなく現地の復興と開発を大きく阻害する。歴史的に見れば、1907年の自動触発海底水雷ノ敷設ニ関スル条約が戦争終結に当たって自ら敷設した機雷を除去するために最善を尽くす締約国の義務を規定した(5条)が、これはいうまでもなく平和的な海運の保護を目的としたもので、海洋環境の保護とは無関係だった。第2次世界大戦後では1975年に国連総会決議3435(XXX)が、とりわけ民族解放戦争の過程で植民地施政国が

53　ICRC, 2005, Rule 45, 151-158.
54　Ibid., 143-151（Rules 43 and 44）.

敷設した地雷の除去のために、国際社会が環境保護の協力の一環として支援を行うように求めた。残存兵器の除去が条約上の義務とされた最初の顕著な例は1992年の化学兵器禁止条約であり、その1条3は他の締約国の領域内に遺棄したすべての化学兵器の廃棄を義務づけた。ついで特定通常兵器使用禁止制限条約議定書Ⅱの1996年改正は、対象兵器を敵対行為停止後遅滞なく除去または破壊することを締約国および紛争当事者に義務づける(10条)。さらに、2003年の議定書Ⅴは不発弾等の爆発性の戦争残存物を、敵対行為の停止後できるだけ速やかに撤去、除去または廃棄する締約国および紛争当事者の義務を規定する。対人地雷禁止条約も、自国の管轄・管理下にある地雷敷設地域における対人地雷の廃棄を義務づけ(5条)、クラスター弾条約も同趣旨の詳細な規定をおく(4条)。

　本書で「環境」に与えた広い定義〔⇒第1章1. (1)〕にかんがみれば、武力紛争時における文化財等の保護にも触れておく必要がある。この点についてはハーグ法において古い伝統があり、1907年ハーグ陸戦規則27条と同年のハーグ海軍砲撃(第Ⅸ)条約5条は、歴史上の記念建造物等の保護について定めた。そしてこういった規定は、より強化された形で1977年第Ⅰ追加議定書53条に引き継がれる〔⇒本節(2)〕。他方、1954年の文化財保護条約はユネスコのイニシアチブによって作成されたもので、そのための平時における準備を含めて武力紛争時における文化財の保全と尊重を規定し、同時に作成された〔第1〕議定書は、占領地からの文化財の輸出禁止を規定する。また、1999年に作成された第2議定書は、保護を強化するとともに非国際的武力紛争への適用を徹底させ、さらにこの議定書の著しい違反については刑事責任が追及できるように措置をとることを義務づけた。

4. 武力紛争時の環境破壊による責任

(1) 民事責任

　ハーグ陸戦条約3条は、ハーグ規則に違反した交戦当事者は生じた損害について賠償責任を負い、またその軍隊構成員の一切の行為について責任を負うと規定した。1977年第Ⅰ追加議定書91条に受け継がれるこの規定は、現在

では慣習法化していることは疑いなく[55]、もちろん環境損害にも適用される。ICJは実際に、コンゴ領域における武力行動事件判決と占領下パレスチナにおける壁構築の法的効果意見において、これらの規定を適用してウガンダおよびイスラエルの損害賠償責任を認定した[56]。

武力紛争法違反への賠償の問題がこのようにICJに付託されるのは例外的で、その大部分は講和条約で処理されるが、従来の経験ではその義務は敗戦国のみに負わされるものであり、また対象に環境破壊に起因する損害が含まれた例はない。この点に関して興味深いのは、湾岸戦争の停戦に関する1991年4月3日の安保理事会決議687(1991)が、環境損害を含めてイラクの賠償責任を認めただけでなく、賠償の支払いのために基金を創設するとともに、その管理のために安保理の補助機関として国連賠償委員会(UNCC)の設置を決定したことである(E節16項；18項)。もっとも、注意しなければならないのは、イラクの責任は環境保護の義務を含む武力紛争法上の義務違反から生じたものではなく、「〔イラク〕による違法なクウェートへの侵攻及び同国の占領の結果として」生じた損害に関するもの、言い換えれば憲章2条4に具現される武力行使禁止原則の違反に基づくものだということである。UNCC管理理事会が決定した請求処理基準によれば、カバーされる請求は「1990年8月2日から1991年3月2日までの期間におけるいずれかの側の軍事作戦または軍事行動のおそれ」の結果被った損失を含むとされる[57]事実は、このことを明確に示すものだといえる。つまり本件は、正確に言えば環境保護に関する武力紛争法の違反の責任が追及された事例ではない[58]。

ところでUNCC管理理事会は、政府または国際機構が請求する損害であって直接の環境被害および天然資源の喪失に関するものには、以下のものが含まれると決定した：(a)環境損害の軽減および防止(石油火災の消火および石油の海洋への流出の防止に直接関係する経費を含む)；(b)環境を浄化し回復するた

---

55 See, Sandoz, et al., 1987, 1053, para.3645.
56 *ICJ Reports*, 2005, paras.213-214, 245, 259；*ICJ Reports*, 2004, 189, 198, paras.132, 152-153.
57 S/AC.26/1991/7/Rev.1, para.34(a)．この基準は政府および国際機構の請求に関するものであるが、他の種類の請求についても同じ規定がある。
58 Schmitt, 1997, 91-92；Dinstein, 2001, 547-548；Low and Hodgkinson, 1994-1995, 412-414．なお、UNCCについては以下を参照：中谷、1996；簡単には、松井、1993、175-179。

めにすでにとられた合理的な措置またはそのために合理的に必要なことが証明される将来の措置；(c)環境損害の評価、軽減および回復のための合理的な監視と評価；(d)環境損害の結果生じる健康上のリスクと戦うために合理的に必要とされる健康上のモニタリングと医療上のスクリーニング；(e)天然資源の喪失またはそれへの被害[59]。

　前述のように、ここで問われたイラクの責任は武力紛争法に違反して環境破壊を行った責任ではなかったから、UNCCの経験をこの意味での先例とみなすことはできない。またここには、多国籍軍側の武力紛争法違反の責任はまったく問われなかったこと、安保理事会の補助機関であって政治的機関であるUNCCに請求権の審査という司法的色彩の強い機能を付与したことなど、それ自体の問題も少なくない。しかしこのような問題点を捨象するなら、管理理事会が与えた上のような環境損害の定義は、まだ事例が少ない〔⇒第11章2.〕この分野の賠償責任を考えるにあたって、一つの参考資料となると思われる。

(2) 刑事責任

　ILCが1980年に第1読採択した国家責任条文草案19条は国の刑事責任を規定したことで話題となったが、そこでは、大気または海洋の大量汚染を禁止する義務のような「人間環境の保護および保存にとって基本的な重要性を有する国際義務の重大な違反」は、通常の国際違法行為とは区別される「国の国際犯罪」に含まれるものとされた[60]。しかし周知のように、「国の国際犯罪」概念に対する批判のため、2001年に最終的に採択された国家責任条文からはこの規定は姿を消し、代わって一般国際法の強行規範から生じる義務の重大な違反が規定されることになった(40条；41条)。ILCの40条へのコメンタリーは強行規範の例として環境保護の義務には言及していないが、国際人道法の基本規則を「国際慣習法の犯すことのできない原則」であるとしたICJの言明〔⇒本章3.(2)〕を引用して、「これらを強行的なものとして扱うことは正当化され

59　S/AC.26/1991/7/Rev.1, para.35.
60　See, Commentary to Article 19, *YbILC*, 1976, Vol.II, Part Two, 95-122.

るかもしれない」と述べた[61]。

　他方、武力紛争時における環境破壊に対する個人の刑事責任については、いくつかの条約規定がある。1949年ジュネーヴ文民条約の重大な違反行為（greave breaches）には、「軍事上の必要によって正当化されない不法且つし意的な財産の広はんな破壊若しくは徴発を行うこと」が含まれ（147条）、締約国はこれについて有効な刑罰を定めるとともに被疑者を捜査し、「引き渡すか訴追するか」の義務を負う（146条）。1977年第I追加議定書では、57条2(a)(iii)に違反する無差別な攻撃を行い、あるいは危険な力を内蔵する工作物または施設に対する攻撃を行ったなら、それらが故意に行われ死亡または身体もしくは健康に対する重大な損害を引き起こす場合は重大な違反行為に含められた（85条3(b)(c)）。また、文化遺産に対して攻撃を行い、その結果広範な破壊を生じることも、一定の条件のもとに重大な違反行為とされる（85条4(d)）。同議定書のもとでは、このような重大な違反行為の主張は、国際事実調査委員会による調査とあっせんの対象となることがある（90条）。このほか、文化財保護条約、対人地雷条約およびクラスター弾条約も、条約違反に対して刑事罰を科するために必要な措置をとるように求めている。

　さて、国際刑事裁判所（ICC）規程8条は戦争犯罪であって「特に、計画若しくは政策の一部として又は大規模に行われたそのような犯罪の一部として行われるもの」（1項）をICCの管轄権の対象とするが、そこには1949年ジュネーヴ諸条約の重大な違反行為（同条2(a)）、上に見た環境保護にも適用可能な武力紛争法の基本原則〔⇒本章3.(2)〕の多くの著しい違反（同条2(b)(ii)(ix)(xiii)(xvi)～(xviii)(xx)）のほか、「予期される具体的かつ直接的な軍事的利益全体との比較において、〔……〕自然環境に対する広範、長期的かつ深刻な損害であって、明らかに過度となり得るものを引き起こすことを認識しながら故意に攻撃すること」（同条2(b)(iv)）が含まれる。こうして、第I追加議定書35条3および55条の著しい違反は故意に行われる場合には、国際社会の一般的利益を侵害するものとして国際法上の犯罪であると位置づけられるのである。

61　See, Commentary to Article 40, esp., para.(5), A/56/10, 282-286.

5. まとめ

　1990〜1991年の湾岸戦争における環境破壊を契機に繰り広げられた、武力紛争時における環境保護に関する現行国際法の役割をめぐる活発な討論では、広範な普及と履行さえ確保されるなら現行法で十分であるという説と、「ジュネーヴ第V条約」起草の主張を含めて現行法はまったく不十分でその抜本的な改善が必要だとする説が対立した。そして一見奇妙なことに、この論争では現行法で十分だという点で、ICRCと「筋金入りの戦士」——さしあたり米国に代表される——との間にシュミットがいう「同盟」が現出したのである[62]。しかし、この「同盟」はまったくの呉越同舟だった。ICRCは環境保護にも適用される武力紛争法の基本原則の広範な慣習法化を前提として現行法で十分だと主張したのに対して、「筋金入りの戦士」たちは軍事活動への制約が強められることを危惧して現行法の維持を支持したのである[63]。

　国際人道法の発展を主導してきたことで自他ともに許すICRCと、この問題については「特別利害関係国」である米国との間にこのような論争がある事実は、それ自体、この分野における現行法が決して十分ではないことを例証する。MEAsの武力紛争時における適用については、一定の傾向を見ることができるが議論に決着がついたわけではない〔⇒本章2. (2)〕。環境保護のためにも適用可能な武力紛争法の基本原則については、その基幹的な部分の慣習法化は明らかであるが、とりわけ第I追加議定書の関連規定についてはなお争いが残り、しかも一般原則であることの当然の結果としてその具体的な適用については困難が生じる〔⇒本章3. (2)〕。また、とくに環境保護を目的とする武力紛争法の諸条約については、禁止の範囲が狭くその「しきい」が高いだけでなくそれらの慣習法化についても見解の一致がない〔⇒本章3. (3)〕。こうして、武力紛争時における環境保護を目指す現行国際法は、よりよい適用だけでなく多くの点でいっそうの発展を求められていることは明らかである[64]。

62　Schmitt, 1997, 7. ただし、シュミットが述べた「同盟」は環境保護の人間中心的な捉え方におけるそれだった。
63　このようなICRCの立場は、ICRC, 2005に体現されており、米国はこれを全面的に批判する (See, joint letter 2007.)。
64　たとえばリオ宣言24原則；「指針」14項；16項を参照。

本章では立法論は論じないが、このような武力紛争法の発展のためにどのような力に依拠することができるかについて、簡単に感想を述べて本章のまとめに代えることにしよう。

　武力紛争法の歴史を振り返るなら、その発展に時期を画した諸条約は具体的な戦争の悲惨な体験を踏まえた人道意識の高揚とこれを体現する国際世論の力によって実現してきたことが理解される。1899年（1907年改正）のハーグ陸戦規則、1925年のジュネーヴ・ガス議定書、1949年のジュネーヴ諸条約、そして1977年の二つの追加議定書やENMOD条約は、いずれもその例である[65]。このように見てくるなら、環境保護に関しても武力紛争法の発展を支えることができるもっとも確実な力は、国際世論のそれだということができると思われる。たとえばフォークは、国際法はその有効性を大部分、国際的な基準の内面化と自発的な受諾、さらにはそれらの世論による裏打ちに依存しているので、その立法過程に環境NGOsその他の市民社会グループが参加することが重要であり、市民社会の役割はまた軍産複合体が築く障害を乗り越えるところにもあるという[66]。オーストリアの外交官であるトュルクも、武力紛争法の発展を目指す過去の努力が困難だったのは、一部の国の政府が軍部の圧力に押されてこれに消極的だったからだが、武力紛争が文民や環境に与える悲惨な影響への世論の敏感さは軽視するべきではなく、政策決定者の任務は世論の広範な支持を獲得することにあるという[67]。この点における成功例として、フォークは対人地雷禁止条約を挙げたが、現在ではこれにクラスター弾条約を付け加えることができよう〔⇒本章3.(3)〕。

　同じことは、現行法の解釈・適用についても言える。たとえば先に見た均衡性の原則〔⇒本章3.(2)〕の適用において、均衡性の価値判断を行うのはまずは攻撃に従事する前線の指揮官であろうが、戦時における軍のエートスは圧倒的に愛国主義と勝利への衝動によって支配され、そこに環境保護を含む人道的考慮が働くことは期待できない[68]。他方では、均衡性の判断において考慮されるべき環境価値を担うのは、ボーテの言葉を借りれば「世界のすべて

65　松井、2004、221-225、参照。
66　Falk, 2000, 150-151.
67　Turk 1992, 100-101.
68　See, Falk, 2000, 139-140.

の人民」である[69]。つまり、均衡性の原則が武力紛争における環境保護のために有効に働くことができるかどうかは、この両者の力関係にかかっているといわねばなるまい。

　この点に関しては、1907年ハーグ陸戦条約以後の武力紛争法の諸条約が規定してきた、「マルテンス条項(Martens clause)」の役割にも注目したい。たとえば1977年第Ⅰ追加議定書の1条2は、「文民及び戦闘員は、この議定書その他の国際取極がその対象としていない場合においても、確立された慣習、人道の諸原則及び公共の良心に由来する国際法の諸原則に基づく保護並びにこのような国際法の諸原則の支配の下に置かれる」と規定する。ICJの核兵器使用の合法性勧告的意見は、マルテンス条項を慣習法の表現だと認めた[70]。第Ⅰ追加議定書がマルテンス条項を規定したのは、禁止されていないことはすべて許されるという命題を否定するとともに、状況や技術の発展にも関わらず国際法の基本原則は引き続き適用されることを宣明するためだった[71]。マルテンス条項は、そのような一般原則を生み出すものとして確立した慣習のほか人道の諸原則と公共の良心を挙げており、ふたたびボーテによるなら「現代においては「公共の良心」は確かに環境上の懸念を含むものである」[72]ということができる。

69　Bothe 1991, 56.
70　*ICJ Reports*, 1996, 257, para.78; 259, para.84.
71　Sandoz, et al.,1987 , 38-39, para.55. See, also, Tarasofsky, 1993, 32-35.
72　Bothe 1991, 56.

第Ⅲ部　国際環境法の適用

第11章　環境損害被害者の救済

1. はじめに：被害者救済の諸形態

　本章では、越境環境損害が生じた時の被害者救済のための法的な仕組みを検討するが、このような法的仕組みにはおもに次の二つの形態のものがある。すなわち第1は伝統的な国家責任法に基づく方法であって、被害が生じた国(本章では被害発生国という)が原因行為が行われた国(本章では原因行為国という)を相手に国家間関係において請求を行うものである。そして第2の方法は、被害者個人が原因行為に責任を有するもの、多くの場合は損害を発生させた活動を行う操業者を相手に国内裁判所で私法上の請求を行うものであって、これは国内法上の救済手段であるが、関連国内法のハーモナイゼーションなどのために民事賠償責任条約が結ばれることが少なくない[1]。本章では、これら二つの方法を検討する。

　これらに加えて第3の方法として、操業者の自主的な取り決めによる解決手続が挙げられることがある。1969年のタンカー船主による油汚染への賠償責任に関する自主協定(TAVALOP)、石油会社による1971年の油汚染へのタンカーの賠償責任に関する暫定補足契約(CRISTAL)、同じく石油会社による1974年の沖合施設汚染賠償責任協定(OPOL)などがその例である。これらはいずれも国内法に基づく会社(TAVALOP)か契約(CRISTAL；OPOL)であって、請求者と賠償義務者との紛争解決は国内法上の裁判か国際商業会議所(ICC)

1　山本、1982、309-310；Caron, 1982-1983、658-661.

の仲裁規則による仲裁によって行われるから、これらは第2の仕組みの亜種と位置づけることができよう[2]。

ところで、本論に入る前に本章における訳語について説明しておこう。被害者の救済に関する上記の第1の形態は、国際違法行為に関する原因行為国の「〔国家〕責任（〔State〕responsibility）」を追求するものであるが、この用語法は十分に確立している。他方、「賠償責任（liability）」は、国際違法行為からだけ生じるわけではない。原因行為が国際法によって禁止されず、原因行為国が相当の注意を払ったにもかかわらず、予期しない事故等によって越境環境損害が生じたような場合には、原因行為国に違法行為責任は生じないが、それにもかかわらず被害者は救済されなければならない。このような場合の責任をILCは「賠償責任」と呼んで違法行為責任と区別した〔⇒本章3. (2)〕。しかし、このような二分法は英語でのみ可能であり、フランス語では両者にresponsabilitéという単語が共通して対応するし、英文でも両者を互換的に用いる場合が少なくない。さらに、賠償責任は上記の第2の形態の場合のように国内私法に由来する場合もありうる。このように、responsibilityとliabilityの訳し分けは一筋縄ではいかないが、本章では公定訳による場合または文脈から別個の用語法が正当化される場合を別にして、基本的にはILCの用法に従ってresponsibilityを「責任」と、liabilityを「賠償責任」と訳すことにしたい[3]。なお、アンスティチュ（Institute de Droit International：国際法学会）は1997年に採択した決議「環境損害に関する国際法上の責任および賠償責任」1条を「責任および賠償責任の基本的区別」と題し、基本的には上の区別を採用したが、「責任」には侵害のみに基づく厳格責任を規定する国際法規則から生じるものを含める[4]。

2　See, Caron, 1982-1983, 674-678. 根拠文書は本文の順序で：8 *ILM* 495（1969）；10 *ILM* 137（1971）；13 *ILM* 1409（1974）。なお、類似の契約として2006年に締結された小型タンカー油汚染補償協定（Small Taker Oil Pollution Indemnification Agreement（STOPIA）2006）およびタンカー油汚染補償協定（Taker Oil Pollution Indemnification Agreement（TOPIA）2006）があるが、これらは1992年油汚染損害補償基金条約の2003年議定書に基づいて追加基金が支払った補償の50％をタンカー船主が追加基金に対して補償することを規定するタンカー船主間の契約である。

3　ILCの用語法については、A/CN.4/334, and Add.1 and Add.2, paras.10-18；Barboza, 1994, 302-314を参照。

4　Institute, 1997. See also, Kiss & Shelton, 2004, 317-318.

ところで、責任ないしは賠償責任の制度は法の世界では矯正の機能(corrective function)、予防の機能(preventive function)および賠償の機能(reparative function)を果たすという。矯正の機能とは適法状態を回復する機能であり、予防の機能とは行為者に対して(賠償)責任を科せられることがないよう促す機能であり、そして賠償の機能とは行為の有害な結果を被害者から原因行為者に転嫁する機能である[5]。これらのうち、前二者の機能の重要性についてはいうまでもないが、本章で扱うのはその賠償の機能に限られる[6]。

2. 伝統的な救済の手段：国家間請求による救済

(1) 国際法における「越境環境損害」①：個人の損害

伝統的な国家責任法において国が外交的保護権を行使して請求するのは、国民が国際法に違反する処遇を受けたことによって国自身がこうむった損害として構成される〔⇒本節(3)〕が、「国際法に違反する行為によって被害国の国民がこうむった損害に相当する賠償」が請求されるのが通例であって、この場合、国民がこうむった損害は「国に帰属する賠償を計量するための便利な尺度」として働く[7]。トレイル製錬所事件仲裁判決は、PCIJのこの判示を援用して米国の損害額を算定した[8]。他方、違法行為があったとしても国民に損害が生じていないなら、賠償は認められない[9]。つまり、このような場合であっても出発点は個人が被った損害であり、この点では民事賠償責任条約が適用される私法上の賠償請求の場合と同じである。そこでここでは、この両者を併せて個人の損害の定義と算定について検討する[10]。

PCIJのホルジョウ工場事件判決によれば、国の違法行為に対する賠償は「違

---

5 Lefeber, 1996, 1-4, 313-314.
6 以下をも参照：アンスティチュの上記決議13条；ILCの「有害活動から生じる越境侵害の場合の損失配分に関する原則草案」原則3へのコメンタリー(A/61/10, 140, 144, Commentary to Principle 3, paras.(1) and (10).)。
7 ホルジョウ工場事件判決：PCIJ, Ser. A, No.17, 27-28.
8 3 *UNRIAA* 1905, 1938.
9 マヴロマチス・エルサレム特許事件判決：PCIJ, Ser. A, No.5, 45.
10 以下を参照：Bowman, 2002；Boyle, 2002；La Fayette, 2002.

法行為の結果をできる限り拭い去り、違法行為が行われなかったとすればおそらくは存在したであろう状況を再確立するものでなければならない」のであって、原状回復かそれが不可能な場合はそれに相当する金額の支払い、およびこれによって償われない損失への賠償といったものが、違法行為に対する補償額を決定する原則である[11]。しかし、このような一般原則からだけでは、具体的な事例において個人の損害をどのように計量するかの基準は明らかにならない。

　たとえばこれまでの国際仲裁裁判例によれば、賠償額の査定について何らかの一貫した原則、基準または方法を見出すことはできず、それらは「相矛盾する諸決定のカオスである」とされる[12]。損害の算定に関するこのような困難に、環境損害の場合はさらに特別の事情が加わる。人身や財産に損害が出た場合については争いがなく、これらは初期の民事賠償責任条約からあまねく賠償の対象と認められてきた。トレイル製錬所事件仲裁判決は、土地については米国の裁判所の先例にならって作物の収穫減と森林の損傷による土地の減価などを基準として賠償額を算定したが、米国が請求した家畜への損害、市街地の財産への損害、企業活動への損害などは、損害あるいは因果関係の不証明を理由として賠償を認めなかった[13]。

　環境の利用から生み出される経済的利益の減少から生じる損害は、もちろんこのような財産の損害に含まれるが、それでは、環境それ自体に生じる侵害、例えば環境の「快適性(amenity)」や景観の損傷など経済的に計量できない被害はどうだろうか。近年では、このような環境への侵害については、損なわれた環境の修復のための費用——すでに取られた措置と今後取られるべき措置——および防止措置の費用を賠償の対象とする条約が目立つ[14]。湾岸戦争に関するイラクの賠償責任を具体化したUNCC管理理事会の決定は、環境それ自体への侵害について賠償責任を規定した〔⇒第10章4. (1)〕。管理理事会のもとにおかれたパネルは、商業的価値をもたない天然資源に関する賠償は国際法に根拠をもたないというイラクの主張に対して、そのような天然資

11　PCIJ, Ser. A, No.17, 46-47.
12　Gray, 1990, 5-11.
13　3 *UNRIAA* 1905, 1920-1932.
14　See, A/CN.4/543, 157-168, paras.488-507.

源の喪失または損傷から生じる損害も、イラクによるクウェートへの侵攻と占領の直接の結果であるなら原則として賠償の対象となると判断した。パネルが適用法規としたのは安保理事会決議687(1991)と管理理事会の決定であるが、パネルはこのような判断は一般国際法と矛盾するものではないという[15]。

環境それ自体への損害を賠償の対象とする近年のこのような傾向を集大成するのは、ILCが2006年に採択した「有害活動から生じる越境侵害の場合の損失配分に関する原則草案」である〔⇒本章3.(2)〕。すなわち、原則2(a)では「損害」は「人、財産又は環境に生じた重大な損害をいう」と定義され、(i)生命の喪失又は身体への傷害;(ii)財産(文化遺産の一部をなす財産を含む)の損失又は損害;(iii)環境の損傷による損失又は損害;(iv)財産又は環境(天然資源を含む)の修復のための合理的な措置の費用;(v)合理的な対応措置の費用、を含む。「修復(reinstatement)」とは損なわれた環境要素を「復原する(restore)」ことを意味するが、これが不可能な場合にはそれと同等の要素を環境に導入することを含む。ILCのコメンタリーによれば、原則2(a)の(iii)～(v)は環境それ自体(environment per se)に対する損害の問題を扱うものであって、最近の条約慣行を反映するだけでなく「環境それ自体の保護のための法のいっそうの発展の可能性を切り開くもの」であるという[16]。

このように、近年では環境それ自体に対する損害も賠償の対象に含まれるようになっているが、なおギャップが残る。環境それ自体といっても賠償されるのは修復または予防の費用に限られ、修復や予防が不可能であれば打つ手がない。しかも、経済的価値には換価できない独自の環境価値は、賠償の対象とはなりにくい。このような環境それ自体への損害の賠償をも認めたUNCC管理理事会のパネルでさえ、一般国際法上は賠償額算定のための具体的な基準または方法は定まっておらず、これについては裁判所が一般原則を適用して評価する権限を有するとしかいうことができなかったのである[17]。これらに関してもっとも先進的な規定を有するILCの2006年有害活動から生

---

15 S/AC.26/2005/10, 16-19, paras.44-58.
16 Commentary to Principle 2, paras.(11)-(18), A/61/10, 127-132. 臼杵、2009、参照。
17 S/AC.26/2005/10, 24-25, paras.80-82.

じる越境侵害の場合の損失配分に関する原則草案も、このようなギャップのすべてを埋めるものではないだけなく、先に引用したようにコメンタリーにおいて立法論的な要素を含むことを明言しており、また、この草案が大きく依拠したと思われる1993年COEルガーノ条約は発効の見通しがない〔⇒本章5.(3)〕。

(2) 国際法における「越境環境損害」②:国の損害

それでは、国が直接こうむる国自体の環境損害についてはどうだろうか。国が直接こうむった環境損害への賠償が争われた事例は多くないが、これらの事例から何らかの明確な結論を導くことは困難であるように思われる。トレイル製錬所事件では米国は、損害の調査に要した費用を「合衆国に対して主権侵害の形で行われた違法行為」に関する賠償として請求したが、裁判所はこれを認めなかった。裁判所はもっぱら付託合意の解釈によってこの結論を導き、請求の提出に要した費用を賠償に含めた先例はないから、それを可能とするためには付託合意の明文の規定かその必然的な解釈によることが必要だという[18]。

1978年に原子力発電装置を搭載した当時のソ連の人工衛星コスモス954号がカナダに墜落・解体して汚染を生じた事件では、カナダは1972年宇宙損害賠償条約〔⇒本章3.(1)〕と国際法の一般原則に基づいて約600万カナダ・ドルの賠償をソ連に請求した。カナダは、有害な放射性残滓の領域への堆積は当該領域を利用不適とすることにより宇宙損害賠償条約にいう財産的損害に該当するだけでなく、カナダの主権侵害を構成するものであり、国際法の一般原則によればこのような主権の侵害は賠償支払いの義務を生じるという。この紛争は、1981年の議定書によってソ連がカナダに対して300万カナダ・ドルの支払いを行うことによって解決したが、この金額は本件の「完全かつ最終的な解決」とされ、賠償の法的基礎には触れられていない[19]。もっとも、この事故を契機として国連総会が1993年に採択した決議47/68「宇宙空間における核動力源の使用に関する原則」は、核動力源を搭載した宇宙物体にも宇

---

18 3 *UNRIAA* 1905, 1932-1933, 1959-1962.
19 関連文書は、18 *ILM* 899 (1979); 20 *ILM* 689 (1981)に収録。

宙損害賠償条約が適用されることを確認するとともに、賠償の目的は国を含む請求者に損害が生じなかったなら存在したであろう条件を回復することで、賠償は捜査、回収および除染の正当に証明された費用の償還を含むべきものと規定した(原則9)。

他方、湾岸戦争に関するイラクの賠償責任の場合は、個人および企業その他の団体の請求(もっとも、これらの請求も政府が統合請求として提出する)とは別に政府および国際機構の請求が規定され、請求の対象には前述のように環境それ自体に対する損害も含まれる〔⇒第10章4.(1)；本節(1)〕。もっとも、この場合の適用法規が安保理事会決議687(1991)と管理理事会の決定であるとされたことと、この事例自体の特殊性にかんがみれば、このようなパネルの判断は必ずしも一般的な先例となると見なすことはできない。

越境環境損害の事例を離れても、伝統的な国家責任法では国自体の損害への賠償が認められた事例はまれだという[20]。しかし、そのような先例がないわけではなく[21]、国に対する「直接の侵害」と国民の権利侵害による国への「間接の侵害」とを区別するべき本質的な理由があるとは思われない[22]。国家責任条文36条も、国際違法行為から生じる損害については、原状回復によって埋め合わされない限りは金銭賠償の義務が生じるものと規定する。この義務は外交的保護の文脈において私人に生じる損害だけでなく国自体に生じる損害——汚染損害に対処するために要したコストが例示される——も含むが、その範囲は「金銭的に評価できるすべての損害」という2項の文言によって限界付けられるものとされ、ILCのコメンタリーは、時に「非利用価値(non-use value)」と呼ばれる生物多様性、快適性といった環境価値も原則問題としては財産への損害と同様に補償可能であるというが、それを「数量化することは困難であろう」ことを認める[23]。

---

20 See, Gray, 85-92.
21 たとえば以下を参照：アイム・アローン号事件仲裁判決(3 *UNRIAA* 1609)；ICJのコルフ海峡事件判決(*ICJ Reports*, 1949, 35；244.)；レインボウ・ウォーリア号事件における国連事務総長の裁定(ruling)(24 *ILR* 271.)と同事件の仲裁裁判判決(20 *UNRIAA* 272-275.)。
22 Brownlie, 1983, 236-240.
23 Commentary to article 36, esp., paras.(5),(8) and (15), A/56/10, 99-101.

(3) 国家間における救済請求とその手続的限界

　原因行為国による国際義務の違反があると考える被害発生国は、原因行為国に対して国家責任を援用して請求を行うことになるが、この場合、自然人であるか法人であるかを問わず国民の権利が侵害されたときには外交的保護権の行使として請求を行う。外交的保護権は、伝統的な国家責任法では被害者である国民に代わって国が請求を提出するものではなくて、国が自らの請求を提出する権利だと理解されていた。PCIJがマヴロマチス事件判決で述べるように、「その国民の事件を取り上げて当人のために外交行動または国際的な司法手続に訴えることにより、国は実際には自らの権利——その国民の身体において国際法の尊重を確保する自国の権利——を主張しているのである」[24]。その結果、「保護を与えるべきかどうか、どの程度まで与えるべきか、そしていつそれを止めるべきかについて、〔……〕国は完全な行動の自由を享受する」[25]と考えられている。外交的保護権のこのような国家的性格に照らせば、それが個人の権利保護のための制度として不適当であるだけでなく、大国・強国による濫用の危険が大きいことが容易に理解できる。

　外交的保護権の乱用を防ぐために、一方では国内的救済完了の原則、国籍継続の原則といった原則がその行使のための要件として確立してきた。また他方では、外交的保護権を個人の保護の制度として徹底させるために、さまざまな立法論的提言が行われてきた。近年の例ではILCが2006年に採択した外交的保護条文草案が、外交的保護権を個人の人権保護の制度として換骨奪胎しようというラディカルな問題意識のもとに、いくつかの興味深い立法論的提案を含む。しかしこの条文草案でさえ、現行法における外交的保護権の国家的性格を否定することはまったくできなかったのである（同草案1条；2条）。

　外交的保護権の行使によって越境環境損害の救済を求める場合には、上記のようなその一般的限界に加えて、この分野に特有の以下のような問題が生じる。まず何よりも、越境損害においてはしばしば原因行為に責任を負う者、ひいては原因行為国の特定が困難である。たとえ原因行為国が特定できたと

24　PCIJ, Ser. A, No.2, p.12. 田畑、1946-1947；松井、1990、参照。
25　ICJのバルセロナ・トラクション事件第2段階判決：*ICJ Reports*, 1970, 44, paras.78-79.

しても、特段の条約規定がなければ原因行為国による「領域使用の管理責任」の違反を援用することになるが、「領域使用の管理責任」はよくいえば柔軟だが悪くいえば不確定な概念であって、その違反の立証は困難である〔⇒第3章2.〕。この困難を回避するために無過失責任の導入が主張される〔⇒本章3.(1)〕が、無過失責任の導入は被害発生国に原因行為の違法性の証明を免れさせるとしても、原因行為と損害との事実的因果関係はなお証明する必要がある。

　原因行為と損害との間に必要とされる因果関係について、米独混合請求権委員会の1923年11月1日の「行政決定第2号」は、前者が後者の「主因(proximate cause)」でなければならないと述べた。行為が被害者に直接に作用したのか間接に作用したのか、損失の主観的性格が直接的か間接的かは重要ではないのであって、被害者の被害の原因がドイツまたはその機関の行為だったのでなければならず、「これは私法上も公法上も一般的に適用される規則である、よく知られた主因の規則の一つの適用に過ぎない」という[26]。この「主因の規則」は仲裁裁判等で広く採用されてきたが、その実際の適用は具体的な事例によって異なり、裁判所に広範な裁量の余地を与えるものであるとされる[27]。

　国内の公害訴訟でも因果関係の証明は困難な課題だったが[28]、国際社会では原因行為国と被害発生国との間に立ちふさがる国境の壁が、これを一層困難にする。もっともICJはコルフ海峡事件判決において、挙証責任の若干の緩和を認めた。すなわち同判決によれば、「この〔国の排他的な領域管理の〕事実は、それ自体としては他の事情を別にすれば、一応の責任を含意するものでもなければ挙証責任を転換するものでもない。他方ではこの〔……〕事実は、その事件についての当該の国の了知を証明する方法に関して意味を持つ。この排他的な管理によって国際法違反の犠牲者である他国は、責任を生じさせる事実の直接の証明を提供することがしばしば不可能である。このような国は、事実の推論と状況証拠により自由に依拠することを許されるべきである」[29]。

26　7 *UNRIAA* 23, 29.
27　See, Brownlie, 1983, 225-227；Gray, 1990, 21-26；ILC, Articles on State Responsibility, Commentary to Article 31, A/56/10, 91-94.
28　吉村・水野、2002、131-133；大塚、2006、546-558；阿部・淡路、2006、351-359。
29　*ICJ Reports*, 1949, 18.

3. 改革の諸提案

(1) 無過失責任の主張

　越境環境損害が話題となりだした初期の段階では、少なくとも「高度に危険な活動(ultra-hazardous activities)」については無過失責任を認めるべきだという主張が有力に唱えられた。たとえばゴルディは、国内法におけるのと同じ要求が国際法においても厳格責任の発展を求めるだろうと予測した。すでに原子力の分野では絶対責任を規定する条約が登場しており、交渉中の宇宙条約でもこれを支持する国が多いことは1964年の総会決議・宇宙活動法原則宣言にも現れている、と彼はいう[30]。またジェンクスは、越境環境問題は「国際関心事項」であるという明確な問題意識のもとに、高度に危険な活動に関する既存の損害賠償制度の分析に基づいて、今や国際法においても国内法と同様に分野別の「諸不法行為の法(a law of torts)」から単一の「不法行為法(a law of tort)」への発展を見通すことができるという。民事賠償責任条約は、高度に危険な活動の賠償責任に関する法の一般原則を体現するものと見なければならない。衡平の立場からも現実的便宜からも、越境環境損害とその挙証責任の負担は被害者に負わされてはならず、したがってこの分野では無過失責任を認めなければならない、と彼は主張した[31]。

　彼らのこういった立法論の主張には、現在にも通じる説得力を認めなければならない。しかし、その後の国際法は彼らが期待したような方向には発展しなかった。この点では彼らは、楽観的に過ぎたという他はない。たとえば彼らが先例として援用したトレイル製錬所事件判決やコルフ海峡事件判決は、彼らが理解したような意味で無過失責任主義に立脚したものではない。また、ジェンクスは民事賠償責任条約が規定する私法上の責任と国際法における国の責任とを峻別しながらも、法の一般原則をもって両者を架橋しようとした[32]が、民事賠償責任条約の発展は後述のように自らの責任を回避したいという国の意思によって推進されてきたものだった〔⇒本章5. (3)〕。

30　Goldie, 1965.
31　Jenks, 1966.
32　Ibid.,178-179. 他方、ゴルディはこの区別を明確に意識しなかったように見える。See, Goldie, 1965, 1216-1218, 1242-1246.

結局のところ、国家責任のレベルで無過失責任を実定法化したのは1972年の宇宙損害責任条約だけである。この条約は1966年の宇宙条約VII条を具体化したもので、宇宙物体が地表または飛行中の航空機に与えた損害(II条)、および宇宙物体の衝突により地表または飛行中の航空機に生じた第三国に対する損害(IV条1(a))については、打上げ国の無過失責任を規定した。他方、地表以外の場所で宇宙物体相互間においてまたは第三国の宇宙物体に生じた損害については、過失責任が適用される(III条；IV条1(b))。打上げ国は、損害が請求国またはそれが代表する私人の重大な過失または意図的な作為もしくは不作為によって生じたことを証明すれば無過失責任を免除されるが、国際法に違反する活動から生じた損害については免除を認めない(VI条)。賠償額は、当該損害が生じなかったとすれば存在したであろう状態に被害者を回復させる補償であるとされ、「国際法並びに正義及び衡平の原則」に従って決定される(XII条)。

本条約が、原子力損害などの分野ですでに先例があった民事賠償責任ではなく直接の国家責任を規定したのは、宇宙活動については非政府団体によるものも含めて国が国際的責任を有するとする、いわゆる国への責任集中の原則(宇宙条約VI条)を反映したものである[33]。したがって、民事賠償責任条約では無過失責任とセットになることが多い賠償額の上限は設定されず、また、保険その他の金銭的保証を確保することも義務づけられない。国のポケットは十分に深いと考えられたのである。このような事実を根拠として、本条約は「被害者優先」であると評価されてきた[34]。実際、コスモス954号事件〔⇒本章2.(2)〕では本条約の適用が解決に導いたとされる。ソ連による支払いの法的根拠は明記されなかったが、交渉過程ではカナダはその請求を国際法の一般原則とともに本条約に根拠付け、ソ連もカナダの請求を本条約に基づいて検討することを約束した[35]。しかし、本条約はその後の先例とはならなかった。むしろ、本条約の基礎となった国への責任集中の原則は、初期段階にあっ

33　安藤、1980、328-335、参照。

34　See, e.g., Christol, 1980.

35　Canada: Claim against the Union of Soviet Socialist Republics for Damage Caused by Soviet Cosmos 954, January 23, 1979；Note of March 21, 1978, from the Embassy of the Union of Soviet Socialist Republics at Ottawa (18 *ILM* 905-907；922 (1979)).

た当時の宇宙開発の状況を反映するものであり、一方ではその後の宇宙の民間利用の驚異的な発展に、他方では規制緩和と民営化の進展に照らせば、本条約の基盤のほうが揺らいでいるといえるかも知れない。そしてこのような流れが、次に見るILCの議論にも陰を投げかけたのである。

(2) ILCによる法典化の試み

　ILCは国家責任法の法典化の過程で1978年に、これとは別に「国際法によって禁止されていない行為から生じる有害な結果に関する国際賠償責任 (International liability for injurious consequences arising out of acts not prohibited by international law)」を議題とすることを決めた。両者の区別の基準は、責任の根拠の違いに求められた。「責任 (responsibility)」の根拠は違法行為に、「賠償責任 (liability)」の根拠は適法行為から生じる可能性がある危険 (risks) の引き受けにあるというのである。周知のように、ILCは違法行為から生じる「責任」を二次規則の問題として法典化作業を行ったが、これに対して「賠償責任」は防止の義務とならんで危険な活動の実施に伴う一次規則に属するものと位置づけられた。原因行為国の領域主権を前提としてその活動の自由をできるだけ維持しながら、他方では越境損害が発生した場合にはその損失を被害者だけに負担させることなくその公正な配分を確保するというのが、ILCの基本的な問題意識だった[36]。

　しかし、作業の過程でILC自身が認めたようにこれに関する先例は乏しく、先例に従おうとすれば責任の根拠は結局は違法行為に還ってしまう。議論は迷走し、ILCは1997年にこの議題を二分して、まず「有害活動から生じる越境侵害の防止」を取り上げ、次いで賠償責任の問題に進むことを決定した。前者については、ILCは2001年に「有害活動から生じる越境侵害の防止」条文草案を採択した〔⇒第4章3.(1)〕が、同草案では「防止の義務」は「相当の注意義務」とされ、その違反は違法行為責任となる〔⇒第4章4.(2)〕。

　後者についてはILCは、2006年に「有害活動から生じる越境侵害の場合の損失配分に関する原則草案」を採択した[37]〔⇒本章2.(1)〕。本原則草案は、原

36　この議題に関する初期の議論については、臼杵、1989；薬師寺、1994、を参照。
37　A/61/10, 106, para.66.

因行為国が越境損害防止に関する国際法上の義務を完全に履行したことを前提としており、したがってそれ自体としては損害に関する国家責任を想定せず[38]、被害者に迅速かつ適正な補償を確保するとともに、環境を保全し保護することを目的とする(原則3)。この目的のために、国はすべての必要な措置をとることを期待される(原則4)が、これには特定のカテゴリーの有害活動ごとに国際レジームを発展させることが含まれる(原則7)。とられるべき措置の内容としては、操業者に無過失の賠償責任を負わせること、保険その他の財政的保証を確立すること(原則4の2～4項)、越境損害を生じるかそのおそれがある事故が発生した場合には対応措置をとること(原則5)、国内的な救済措置については平等なアクセスと無差別を確保し、国際的な解決手続にも道を開くべきこと(原則6)などを規定する。

　ILCは、「有害活動から生じる越境侵害の防止」条文草案に関しては総会に対してその条約化を勧告したのに対して、本原則草案についてはそれを推奨する決議を採択して諸国に対してその実施のために国内的・国際的な行動をとるように求めることを勧告した[39]。原則の形をとれば、困難を伴う国内法のハーモナイゼーションを必要とせず、実体規定のより広範な受諾に導きやすいだろうと考えたのである。ILCは、原則草案の諸側面が国際慣習法において占める地位を明らかにすることを試みず、草案の定式化はこの問題に影響を与えることを意図していないと説明する[40]。しかしILCは、草案に付した前文では、「〔総会は〕この分野における国際法の発展に貢献することを希望して」と明記する。

　こうして、国際違法行為に基づく国家責任と対比される意味で、危険な活動の実施に伴う一次規則として「賠償責任」を法典化しようとしたILCの試みは、それ自体として失敗したという他はない。ボイルとチンキンは、賠償責任は取り分けて法律家の問題であり法律専門家の機関であるILCの能力内にある問題だったにもかかわらず、ILCがこのようなトピックについて法を発展させることができなかったとすれば、ILCはその創設者の希望に添うこと

---

[38] Commentary to Principle 4, para.(2), A/61/10, 151-152.
[39] A/61/10, 105-106, para.63.
[40] General Commentary, paras.(12)-(13), A/61/10, 113-114.

ができなかったことになる、と評した[41]。「有害活動から生じる越境侵害の防止」条文草案においては、防止の義務は「相当の注意」義務であってその違反は国家責任を生じるものに他ならなかった。これに対して「有害活動から生じる越境侵害の場合の損失配分に関する原則」草案では、無過失責任が勧告されたがそれは国ではなくて操業者の責任であり、原因行為国に勧告されたのは操業者による措置が適切な補償にとって不十分な場合に「追加の財源が利用可能となるよう確保する」ことだけだった（原則4の5項）。特別報告者を務めたラオは、越境損害に対する国の賠償責任は、「法の漸進的発達の措置としてでさえ支持を得るようには思えない」と述懐したのである[42]。

国の賠償責任に関するILCのこのような腰が引けた態度の背景には、グローバリゼーションの時代における伝統的な国家機能の民営化の流れがあることは明らかである。しかしこのような時代にあっても、環境上の賠償責任は越境環境リスクの実効的な管理のためにはなお中心的な役割を果たすものであり、原因行為国が国家としてあるいは領域主権者として残余責任を引き受けることもまたそうである、とハンドゥルは批判した。原因行為国がそれと知りつつ他国を危害の重大なリスクにさらし、そうすることによって当該他国は与ることができない経済的その他の利益を得ることを国際社会が許容するなら、この越境リスクの創出は原因行為国がすべての合理的な防止措置をとった場合でさえそのリスクの修復を行うべきことを条件としなければならない、というのである[43]。ボイルもまた、少なくとも被害者に迅速かつ適切な補償を利用可能とするよう確保することだけは国の義務として規定するべきだったのであり、そうすることをしなかった原則草案は「進歩の幻想」に過ぎないと批判した[44]。

41　Boyle & Chinkin, 2007, 198-199.
42　A/AC.4/566, para.31.
43　Handl, 2007a.
44　Boyle, 2005. ただし、これはILCの2004年草案への批判である。

4. 国際公域に生じた環境損害への対処

　リオ宣言の原則2が述べるように、国は領域使用の管理責任により、自国の管轄または管理下の活動が他国の環境だけでなく、国の管轄権の範囲外の環境へも損害を与えないように確保する義務をおう〔⇒第3章3.(2)〕。しかしこれまでの国際法は、国際公域に生じた環境損害に関して賠償を確保する制度を知らなかった。たとえば1972年宇宙損害責任条約では、「損害」とは人身または財産への損害を意味するもの(1条)で、宇宙空間を含む環境それ自体への損害は想定されていない。また、1992年油汚染民事賠償責任条約では、適用範囲は締約国の領域または排他的経済水域とされる(ただし、防止措置については取られた場所のいかんを問わない：2条)。ILCの「有害活動から生じる越境侵害の場合の損失配分に関する原則草案」も、「越境損害」を原因行為国以外の国の領域、管轄または管理下にある地域の人、財産、または環境に生じた損害と定義して(原則2(e))、「国際公共財(global commons)」に関する問題は独自の性格を有し別個の取り扱いを要するものとして対象から除外した[45]。

　ところが、近年ではこの点に関する制度化の端緒が見受けられる。たとえば国連海洋法条約のもとでは、深海底資源の開発は国際海底機構の管理のもとに事業体または締約国が保証する契約者によって行われるが、これに伴う有害な影響から海洋環境を保護するための規則および手続を採択し実施することは機構の任務とされ(145条；附属書III「概要調査、探査及び開発の基本的な条件」17条)、契約者と機構は各々の不法行為から生じる損害につきそれぞれ「責任(responsibility or liability)」をおう(同附属書22条)。このような責任はさし当たり、機構総会が採択した「区域における多金属性の団塊の概要調査及び探査に関する規則」において具体化された[46]。

　南極条約協議国会議が2005年に採択した南極環境議定書附属書VI「環境上の緊急状態から生じる賠償責任」[47]も、国際公域に生じた環境損害の賠償に

45　A/61/10, 112, General commentary, para.(7).
46　International Seabed Authority, Decision of the Assembly relating to the regulation on prospecting and exploration for polymetallic nodules in the Area, ISBA/6/A/18, 4 October 2000.
47　邦訳および解説は、臼杵、2008a。

関する興味深い規定をおく。対象は南極条約7条5のもとで事前の通告が要求される活動に関連する緊急事態(1条)で、締約国は操業者が緊急事態のリスクと悪影響を軽減するための合理的な防止措置をとるよう確保し(3条)、緊急事態への対応計画を策定するように求める(4条)義務を負い[48]、対応行動は当該の操業者がとるが、操業者が行動をとらない場合にはその締約国またはその他の締約国が対応行動とるよう奨励される(5条)。対応行動をとることを怠った操業者は代わって行動をとった締約国に対して行動の費用を支払う義務を負い(6条1)、いずれの締約国も対応行動をとらなかった場合には、取られるべきであった行動の費用を操業者が12条に規定する基金に払い込む(6条2)。基金は、とりわけ締約国がとった対応行動の合理的かつ正当な費用を償還する目的で、南極条約事務局が維持し運用する(12条)。操業者の責任は厳格責任である(6条3)が、一定の免責事由(8条)と賠償限度額(9条)が定められる。

　なお、ついに発効することなく終わったが1988年に採択された南極鉱物資源活動規制条約(CRAMRA)[49]は、厳しい環境規制のもとに鉱物資源活動を認めようとするもので、操業者は資源活動が南極の環境または関連の生態系に損害を生じまたは生じるおそれがある場合には、損害の防止、封じ込め、除染および除去を含む必要かつ適時の対応行動をとる義務を負い、このような損害が生じた場合には、原状回復が行われない場合の支払いを含めて厳格責任を負うものとされた(8条)。環境保護を含む資源活動の規制のためには、南極条約協議国を中心に構成される南極鉱物資源委員会を置くことが予定された(18～22条)。このように、国際公域の環境損害への賠償責任を制度化する条約が登場しつつあるが、その特徴は今のところ、計量不可能な環境それ自体の損害の代替として計量可能な対応措置の費用を用いること、そして賠償責任の運用を可能とする国際機構ないしはそれに類似の仕組みが存在することだと思われる。とりわけ後者の条件はおそらくは決定的であって、国際公域の環境保護は理念的にいっても現実的にも、国際社会を代表する機関によって行われなければならないのである。

48　これらの義務は締約国が南極環境保護議定書15条に従って負う義務である。
49　池島、2000、第3部第5章を参照。

5. 国内法を通じた救済

(1) 越境環境事件における国際私法規則の適用

　以上のような国家間レベルにおける救済の限界のために、現行法を前提とする限りでは、救済を求めるおもな道筋は被害者個人が原因行為に責任を有する者、多くの場合は損害を発生させた活動を行う操業者を相手に国内裁判所で私法上の請求を行うというものになる[50]。この方法には、紛争を私人間で処理し国家間紛争にエスカレートさせない；環境コストを原因行為者である企業に負担させる〔⇒本章6.〕；被害者が国の助けを借りずに行動することにより環境問題への人権アプローチ〔⇒第8章3.〕を助長する、といった特徴がある[51]。このように越境環境損害の救済を国内(私)法によって追求する場合、定義上当然に複数の法体系が関係することになる。具体的には：①どの国の裁判所で裁判するのか(裁判管轄)；②どの国の法を適用するのか(準拠法)；③外国裁判所の確定判決にどのような効力を認めるのか(外国判決の承認・執行)、が問題となり、これらを解決するのが各国の国際私法(private international law；抵触法conflict of lawsともいう)の規則である。日本ではこの分野の基本法は長年にわたって「法例」だったが、2007年1月にはこれに換えて「法の適用に関する通則法(法適用通則法)」が施行された。

　国際私法は国内法であるから、その内容は国によって異なる。越境環境損害の民事責任を争う訴訟は一般に不法行為訴訟と性格付けられ、なかでも原因行為地と被害発生地が異なる隔地的不法行為を構成するものとされる。不法行為の準拠法としては、不法行為地(行動地)法；結果(損害)発生地法；被告会社の本拠地法などの説があるが、隔地的不法行為の場合は不法行為地法および結果発生地法がともに準拠法となることができ(偏在理論)、この場合には生じた損害の填補という不法行為法の趣旨に照らして被害者により有利な結果発生地法を準拠法とすべきだという考えが有力だという[52]。法例によ

50　See, Kiss & Shelton, 2004, 277.
51　Birnie & Boyle, 2002, 268；邦訳、302-303。
52　以下を参照：von Bar, 1997, 363-377；櫻田、1999、727-737；植松、2000、45-61；道垣内、2001, 166-171；高杉、2001、88-99；出口、2005, 55-59。

れば不法行為から生じる債権の成立および効力は、「其原因タル事実ノ発生シタル地ノ法律ニ依ル」とされていた(11条)が、これについては行動地と結果発生地という二説があった。法適用通則法ではこの点が明確にされ、「加害行為の結果が発生した地の法」によるが、その地における結果の発生が通常予見することができないものであったときは「加害行為が行われた地の法」によると規定され(17条)、これは一般に被害者保護を重視した結果であると評価されている[53]。

　他方、裁判管轄については、被告の住所地または営業本拠地の裁判所；結果発生地の裁判所(原因行為地という解釈と損害発生地という解釈がある)；原告に法廷地の選択を認める、といった立場があるという。ヨーロッパ共同体司法裁判所は、1968年の「民事及び商事に関する裁判管轄並びに判決執行に関する条約」5条(3)の解釈としてであるが、結果発生地と行動地が異なる場合には「有害な結果が発生した場所」という表現は双方を意味するものと解釈されねばならず、原告はいずれかの裁判所を選択することができると判示した[54]。こうして、通常は複数の裁判所の管轄権が競合するから、原告によるいわゆる"forum shopping"を招くことがあり、これに対して英米法系の国の裁判所ではforum non convenienceの法理が適用されて管轄権行使が拒否される場合がある。たとえば1984年にインドのボパールで発生した、有毒ガスの漏出によって2,000名以上の死者を生じた事故について、インド政府は被害者を代表して、事故を起こしたインド企業の親会社である米国のユニオン・カーバイド社を米国の裁判所に訴えたが、この訴えはforum non convenienceの法理の適用によって退けられた[55]。裁判所はインドの法制度の尊重をおもな理由としたが、実際にはforum non convenienceの法理に隠れて自国企業である被告に有利な判断を下したものとして批判されている[56]。

　こうして、準拠法と裁判管轄における国際私法規則の多様性は、越境環境

53　法適用通則法における不法行為の準拠法については、以下を参照：高杉、2006；中西、2007；植松、2008。

54　G. J. Bier農園対アルザス・カリ鉱山事件先行判決：Reports of Cases before the Court, 1976-8, 1735.

55　25 *ILM* 771 (1986).

56　See, e.g., von Bar, 1997, 344-346；Muchlinski, 1987, 579-581；新美、1989；村瀬、1992/2002、369-370；村瀬、1994b/2002、408-412。

訴訟に予測不可能性；複雑さ；訴訟費用などの負担の増大を招くことになり、原告は環境損害への賠償を獲得するためには、「ハードルを次々に飛び越さなければならない、法的な障害物競走」に直面することになる[57]。それでは、国内(私)法による救済が含む以上のような困難を、国際法を通じて解決できないのだろうか？

(2) 平等なアクセスと無差別の原則

平等なアクセスと無差別(equal access and non-discrimination)の原則はOECDに起源を有するものといわる。たとえば1974年の越境汚染に関する原則についての理事会勧告は、越境汚染によって影響を受けた者は汚染発生国において同じ汚染の影響を受けた者に劣らない待遇を与えられるべきこと(無差別の原則)、ならびに、このような者は汚染発生国の司法上または行政上の手続においてその国の者と同じ当事者資格および同等の手続的権利を与えられるべきこと(平等な聴聞の権利)を勧告した[58]。

ヨーロッパの地域レベルではこの勧告と同年に作成された北欧環境保護条約が、環境に有害な他国の活動によって影響を受けるかも知れない者の許認可手続への平等の参加と、それから生じる損害の賠償に関する訴訟手続における当該の国の規則より不利でない規則の適用を規定した(2条；3条)。また、UNECEが作成したいくつかの条約は関係手続への平等なアクセスを規定しており、とくに1998年のオーフース条約は司法等へのアクセスについてきわめて詳細な規定(9条)をおいたが、このようなアクセスの権利は市民権、国籍または住所による差別なく認められる(3条9)〔⇒第8章4.(3)〕。本条約における司法等へのアクセスはおもに公衆による環境法の実施を目指すものであるが、そこにいう手続は差し止めを含めて「適切かつ効果的な救済」を規定するべきものとされ(9条4)、この「救済」には損害が現実に発生した場合の金銭賠償も含まれる[59]。

他方、法の状況は普遍的なレベルではなお不十分である。リオ宣言の原則

57　Birnie & Boyle, 2002, 276：邦訳、315；Kiss & Shelton, 2004, 285.
58　OECD, Recommendation of the Council on Principles Concerning Transfrontier Pollution, C(74) 224, and Annex, Titles C and D, OECD, 1977, 11-18.
59　UNECE, 2000, 132.

10は、賠償および救済を含む司法上・行政上の手続への市民のアクセスを規定するが、無差別と平等には言及しない。国連海洋法条約235条2も、自国の管轄下の私人による海洋汚染から生じる損害につき「自国の法制度に従って迅速かつ適正な補償その他の救済のための手続が利用し得ることを確保する」とするに留まる。また、1997年に国連総会が採択した「国際水路の非航行的利用の法に関する条約」32条とILCが2001年に採択した「有害活動から生じる越境侵害の防止」条約草案15条はほぼ同文で、重大な越境侵害のリスクに直面する者の利益保護のために、関係国が別段の合意を行わない限り、適切な救済のための司法その他の手続へのアクセスについて、国は、国籍または住所もしくは損害発生場所を理由とする差別を行わないと規定する。両者のコメンタリーはともに、先例としてOECDの勧告と北欧環境保護条約を挙げたが、前者ではILCの委員の間に異論があったことが記録されている[60]。さらに、ILCが2006年に採択した「有害活動から生じる越境侵害の場合の損失配分に関する原則草案」〔⇒本章3. (2)〕の原則6の2項は、平等なアクセスと無差別の原則を勧告的に記述し（"should"）、そのコメンタリーは「これは、国の慣行においてその受諾が増大しつつある側面である」と述べる[61]。

　以上のように、現状では平等なアクセスと無差別の原則が慣習法上の権利となったということはできないが、これを拒否された個人は公正な裁判を受ける権利（自由権規約14条）や法律の前の平等の権利（同26条）を侵害されたとの主張ができるかも知れない[62]。しかしそれにもまして重要なのは、この原則がはたして越境環境損害の被害者の救済のために適切なものかということである。OECDの勧告は越境環境損害への賠償をめぐる争いについて、裁判管轄権の所在と準拠法に明文で言及していないが、原因行為国のそれらを黙示的に含意していると理解される[63]。このようなOECDのアプローチは、次のように批判される。すなわち、OECD加盟国のように同等の発展段階にあり、

60　Draft articles on the Law of Non-navigational Uses of International Watercourses, Commentary to Article 32, *YbILC*., 1997, Vol.II, Part Two, 132-133; Draft articles on Prevention of Transboundary Harm from Hazardous Activities, Commentary to Article 15, *YbILC*., 2001, Vol.II, Part Two, 167-168.
61　Draft principles on the allocation of loss in the case of transboundary harm arising out of hazardous activities, Commentary to Principle 6, para.(5), A/61/10, 174.
62　Birnie & Boyle, 2002, 270：邦訳、305-306。
63　McCaffery, 1975, 7.

かつ同様の社会体制と法体系を有する諸国の間では平等なアクセスと無差別の原則は有効に機能するとしても、そのような条件がない諸国の間では同じことは期待できず、原因行為国における訴訟は汚染者に圧倒的に有利に働くものであり、むしろ本来的に不平等な汚染者とその被害者の関係においてこの不平等を埋め合わせる方法こそが求められる、という[64]。

OECDの勧告を高く評価するマッカフリーでさえ、原因行為国において外国人に同じ当事者資格と救済が認められるとしても、原因行為国の被害者にこれらが認められていなければ意味をなさず、たとえば多くの国では行政上の認可を得た活動について差し止めを認めず損害賠償のみが可能であるが、このことは原因行為国においては正統な政策だとしても、被害発生国との関係では「カネさえ払えば汚染してもよい」ライセンスになってしまうという[65]。つまり、「平等なアクセスと無差別」が認められるとしても、当該国の国内法上、越境環境損害救済のための実体法と手続法が整備されていなければ意味がないのである。したがって、これらについて法の一定のハーモナイゼーションを目指す、民事賠償責任条約の役割が重要となる。

(3) 民事賠償責任条約

民事賠償責任条約を締結して各国の私法上の救済を枠づけようという試みは国際運輸に関しては長い歴史をもつが、越境環境損害に関しては原子力損害の分野に端を発し、油による海洋汚染の分野を経て、1990年代以降は他の分野にも拡がるようになった。近年ではこの種の条約は数を増しているだけでなく、旧来の制度が改正・拡充されたり、当初は損害賠償制度を持たなかった条約に議定書や附属書でこれを追加するものも見られる。内容的に見ても、かつて古典的な人身および財産に対する損害に限られていた対象が、近年では環境それ自体に生じる侵害をも含める方向が追及され、また、生じた損害の賠償だけではなく損害発生の防止をも視野に入れるようになっている〔⇒本章2.(1)；4.〕。

これらの民事賠償責任条約はほぼ定型化された内容を持ち、一般に以下の

64　Willheim, 1976-1977, esp., 183-184.
65　McCaffery, 1975, 4.

ような規定をおく。被害者の迅速かつ効果的な救済のために、賠償責任者は一般に操業者に特定される。責任の性格は「厳格責任(strict liability)」とされ、免責事由が厳しく限定される。免責事由はたとえば、武力紛争、内乱、例外的で予測不可能かつ抵抗しがたい自然現象、公の当局の命令に従った措置、第三者の故意の違法行為の結果などに限られ、挙証責任はもちろん賠償責任者が負う。条文上は「絶対(absolute)責任」ないしは「無過失責任」と記載されるものもあるが、ここでも一定の免責事由が認められる。他方、特定された賠償責任者以外への請求は排除され、また賠償責任者の一定の第三者に対する求償権が認められる。厳格責任の場合には賠償額の上限が設定されるが、過失責任が規定される場合には賠償額の上限は設定されない。賠償義務者には支払いのために保険その他の金銭的保証を確保することが義務づけられ、また、賠償額が規定の上限を超える場合などに対処するために基金が設けられることがある[66]。締約国は条約が定める賠償制度を実施するために必要な立法上その他の措置をとる義務をおい、このような措置については国籍、住所等による差別を行ってはならない〔⇒本節(2)〕。管轄裁判所については、近年の条約は原因行為地国、損害発生地国および被告の住所地国等の間で原告に選択を認めることが多い。当該条約が定める事項以外の実体および手続の準拠法は法廷地法とされ、確定判決は一定の条件を満たすことを条件にその承認と執行が義務づけられる〔⇒本節(1)〕。

　他方、国の責任の範囲は条約上の義務を誠実に履行する一般国際法上の義務（条約法条約26条；友好関係原則宣言）を大きく超えるものではない。原子力損害の場合、施設国は金銭上の保証が賠償の上限に満たない場合に不足の範囲で基金を提供する義務を負い（1997年IAEAウィーン条約7条1；1997年IAEA補完補償条約3条1)、また、1992年油汚染損害補償基金条約の場合は、締約国は拠出義務者による義務履行を確保する義務を負う(13条2)に留まり、繰り返して主張される国による残余責任の引き受けは実現していない。このような国の態度は「汚染者負担の原則」によって説明される〔⇒本章6.〕が、民事賠償責

66　1971年油汚染損害民事賠償責任条約に基づく同年の油汚染損害補償基金条約はその後何度か改正され、有効に機能していると評価されている。Birnie & Boyle, 2002, 385-387：邦訳、441-444、参照。

任条約においてこの原則が貫徹されているわけではない。過失責任主義がとられる場合は過失は証明される必要があり、また、予測できずあるいは不可避であった損害は賠償されないので、汚染者ではなく被害者または納税者が損失を負担する。厳格責任がとられる場合はこの原則により近づくが、この場合でも賠償額に上限を設けるならこれを超える損害については汚染者は負担しない。さらに、経済的に換価できない侵害は賠償の対象とはなりがたい。この限りにおいて、民事賠償責任制度のもとでも汚染者は引き続き環境コストの負担を免れるのである[67]。

さて、1993年にヨーロッパ評議会が作成した「環境に危険な活動から生じる損害の民事賠償責任条約（COEルガーノ条約）」は、包括的な民事賠償責任条約の初めての試みである。その主要な内容は、上に紹介したこの種の条約の最近の傾向を集大成したものといえるが、とくに以下の点は注目に値する。何よりも、従来の諸条約がおのおの特定の活動分野を対象としたのに対して、本条約は越境環境リスクを有する活動一般をカバーしようとする。すなわち、人、環境または財産に対して重大なリスクをもたらす広範な爆発性、酸化性、可燃性、有毒性などを有する「危険な物質」（遺伝子組み換え生物または微生物を含むものとされ、附属書Ｉがその基準を定める）の生産、貯蔵、使用、処理などを行う「危険な活動」が対象である。「危険な活動」には、附属書Ⅱに特定する廃棄物処理施設も含む。責任を負う「操業者」とは、「危険な活動」を管理する者をいう（2条1〜5）。なお、附属書の改正は常設委員会（26〜28条）における簡易手続によって行われる（30条）。

「損害」には人身および財産の損害だけでなく、環境の損傷による損害および防止措置のコストを含むが、前者は実際に行われたか行われるべき「回復」の補償に限る（2条7）。「回復」の概念は基本的なものであって、環境の直接の保護を確保するものだと説明される[68]。地理的には、事故が締約国の領域内において生じれば、損害発生地のいかんを問わず条約が適用される（3条）。

---

[67] Birnie & Boyle, 2002, 93-94；邦訳、109-110。なお、民事賠償責任条約については、以下を参照：A/CN.4/543；Barboza, 1994, 371-391；山本、1982、183-210；薬師寺、1994、78-95；高村、2009。

[68] Convention on Civil Liability for Damages Resulting from Activities Dangerous to the Environment (*CEST* No.150), Explanatory Report, para.39.

ただし、締約国は損害発生地が非締約国である場合には相互主義の留保を行うことができる(35条1(a))。責任の内容は厳格責任であって、免責事由は厳しく限定される(8条)が、被害者が過失により損害に寄与した場合には賠償は減額または不許容とされる(9条)。なお、通常は厳格責任に伴って設定される責任の上限は、規定されない。本条約はまた、公の当局および操業者が有する環境情報にアクセスできる広範な権利を規定し(14〜16条)、被害者以外の環境保護団体が危険な活動の禁止や防止措置、回復措置を求めて訴えを提起することを認める(18条)。前者の規定は訴訟において証拠の獲得を容易にすることを目的の一つとするものであり、後者の規定は「環境それ自体の真の保護を促進する」規定の一部だと説明される[69]。さらに、事故と損害の間の因果関係を検討するに当たっては、裁判所は「危険な活動」に内在的な損害発生の危険性の増大に妥当な考慮を払うべきものとされる(10条)。

　以上のように、本条約は民事賠償責任条約としては画期的な内容を有するが、裏を返せばそれが操業者と原因行為国に課する負担は重く、発効の見通しは立っていない。本条約は三か国の批准等により発効する(32条)が、2009年2月現在の署名国は9で批准国はなく、この数字は1997年から変化していないのである。この条約は、1977年に同じくヨーロッパ評議会によって作成されながら、必要な批准を得ない間にその後の発展によって乗り越えられてしまったヨーロッパ生産物責任条約と同じ運命をたどるだろうと予測されている[70]。実際、たとえばこの条約の環境情報にアクセスする権利等に関する規定は、すでに発効している1998年のオーフース条約〔⇒第8章4.〕に取り込まれているのである[71]。

6. 誰が負担するのか？:「汚染者負担の原則」

(1) 経済原則としての「汚染者負担の原則」

　国が越境環境損害について直接国家責任を引き受けたがらず、民事賠償責

69　Ibid., paras.68, 81.
70　von Bar, 1997, 323-324.
71　COEルガーノ条約については、出口、2005、46-50、参照。

任条約において残余責任を引き受けるのにも消極的な背景には、「汚染者負担の原則(polluter-pays principle：「汚染者支払原則」ともいう)」があるといわれる。リオ宣言の原則16は、「国の機関は、汚染者が原則として汚染による費用を負担するとのアプローチを考慮しつつ、また、公益に適切に配慮し、国際的な貿易及び投資を歪めることなく、環境費用の内部化と経済的手段の使用の促進に努めるべきである」という。

汚染者負担の原則は、1972年のOECD理事会勧告「環境政策の国際経済的側面に関する指導原則」に端を発するものといわれる。同勧告は、汚染者負担の原則は「希少な環境資源の合理的な利用を促進し、国際的な貿易および投資における歪曲を避けることを目的に、汚染の防止および管理のコストを配分するために利用されるべき原則」であると位置づけ、「環境が受忍可能な状態にあるよう確保する目的で、公の当局が決定する上記の措置を実施するための費用を、汚染者が負担すべきこと」を意味すると定義した。言い換えれば、「これらの措置のコストは生産および／または消費の過程で汚染を生じる商品およびサービスのコストに反映されるべきであり、このような措置は国際的な貿易および投資の重大な歪曲をもたらす補助金を伴ってはならない」という[72]。

ILCの越境侵害損失配分原則草案の原則3へのコメンタリーも、汚染者負担の原則の起源における核心は「コストの内部化」の達成にあると指摘して、「この原則は、政府がこれらの環境コストを補助することによって国際的な貿易と投資のコストを歪曲しないように確保しようとする」と説明する[73]。つまり、汚染者負担の原則とは本来、汚染の防止・除去のために要した費用を内部化することにより、政府の支出によって貿易と投資が歪曲されることを防ぐことを目的とする経済政策の原則であった。ボイルは、「このような政策の目的は、環境上の目的というよりも経済的目的である」という[74]。

---

72 OECD, 1972, para.4.
73 A/61/10, 144-145, Commentary to Principle 3, para.(11).
74 Boyle, 1991a, 368.

(2) 国際法における「汚染者負担の原則」

　ヨーロッパでは、汚染者負担の原則はOECDのほかECの文書にも規定されてきた。たとえばEU運営条約191条2は、「汚染者が負担すべきであること」を共同体の環境政策の基礎の一つとしてあげる。この地域の環境条約に目を移せば、COEルガーノ条約〔⇒本章5.(3)〕の前文は、「この分野において汚染者負担の原則を考慮に入れて厳格な賠償責任を規定することが望ましいことに留意」する。説明報告書は、本条約は賠償責任を危険な活動を管理する操業者に負わせるが、それは「汚染者負担の原則」に従うものだと説明する[75]。また、1992年にUNECEが作成した産業事故越境影響条約の前文と、この条約および下記の1992年越境水路条約に共通の民事賠償責任議定書である2003年キエフ議定書前文は、「国際環境法の一般原則（a general principle of international environmental law）としての汚染者負担の原則を考慮」する。さらに、UNECEの1976年地中海汚染防止バルセロナ条約を改正した1995年地中海環境保護バルセロナ条約はいくつかの新しい一般的義務を加えたが、それには汚染者負担の原則が含まれる（4条3(b)）。このほか1992年のOSPAR条約2条2(b)、越境水路条約2条5(b)およびバルト海海洋環境保護条約3条4も、締約国が従うべき一般的義務の一つとして汚染者負担の原則を規定する。

　他方普遍的なレベルでは上記のリオ宣言の他、たとえば1990年の油汚染事故対策協力条約は前文において前引のUNECEの諸条約と同一の表現で汚染者負担の原則に言及し、2001年POPs条約も前文でリオ宣言の原則16を「再確認」する。また、ロンドン海洋投棄条約1996年議定書は、一般的義務を規定する3条にリオ原則の原則16の趣旨を取り込む（ただし、「汚染者負担の原則」という用語は用いない：2項）。なお、ヨーロッパ外の地域条約では1985年のASEAN自然保全協定が、環境悪化をもたらしうる活動の原因者（originator）がその防止、削減および管理ならびに可能な場合にはその修復措置に責任を持つことを「可能な限り考慮する」ように締約国に求める（10条(d)）[76]。

　汚染者負担の原則は先進国により上記のように自由主義の経済論理に基づいて推進され、発展途上国の多くも理由は別としてもこれを支持してきた。

75　Explanatory Report, para.29.
76　関連条約規定については、Atapattu, 2006, 464-469を参照。

多くの国際文書、とりわけリオ宣言がこれを規定したことを理由に、この原則は今ではヨーロッパ諸国に限らず適用される法の一般原則として受諾されたという理解がないわけではない[77]。しかし、ヨーロッパの代表的な国際環境法の教科書は汚染者負担の原則を国際環境法の基本原則に含めて説明するが、結論的にはこの原則が普遍的に適用される慣習法原則となったことを否定する[78]。その理由としては、以下のような点があげられる：少なくとも普遍的なレベルでは、明確な法的義務としてこれを規定した文書はない。たとえばリオ宣言の原則16は表現自体が留保的であるうえ助動詞に"should"を用いる。リオ宣言では、汚染者負担の原則は「絶対的でもなければ義務的でもない」[79]；誰を「汚染者」とするかが明確ではない；汚染者が負担するべき費用の範囲、その例外などについて合意がない；汚染者から費用を徴収する方法についても明確ではない。税金によるか、課徴金によるか、汚染者に直接除染を担当させるか、など。

ところで、汚染者負担の原則は、国際的な含意が決定的であるとはいっても、それ自体は国内の環境政策の指導原則として提唱されたものだった。OECDの上記の勧告は、加盟国の(国内)環境政策の国際的側面に関わるものであって、それ自体国際関係に属する越境汚染や発展途上国問題を「カバーするものではない」ことが断られていた[80]。リオ宣言の原則16が国への義務づけを限定するような言葉遣いを用いたのは、「汚染者負担の原則は国内レベルで適用可能なものであって、国際レベルにおける国家間の関係または責任を規律するものではない」という多くの国の見解を反映したのもだとされる[81]。

それでは、この原則は国際環境法に導入可能なのだろうか。可能だとして、義務を負うのが原因行為国であることは容易に理解できるが、それではこれ

---

[77] Lefeber, 1996, 2-3.
[78] Birnie & Boyle, 2002, 92-95：邦訳、107-111；Sands, 2003, 279-285；Kiss & Shelton, 2004, 212-216. ただし、ヨーロッパ諸国間は例外だという指摘(Sands, 2003, 280.)や、それはヨーロッパの「地域的慣習」だという主張(Atapattu, 2006, 483.)がある。
[79] Birnie & Boyle, 2002, 93：邦訳、108. See also, Atapattu, 2006, 453.
[80] OECD, 1972, para.1.
[81] Sands, 2003, 280-281. See also, Atapattu, 2006, 454.

に対応する権利は誰に属するのか。被害発生国や被害者個人が権利者であるということは意味をなさない。彼らにとっては損害が賠償されればよいのであって、それを負担するのが原因行為国か操業者かは問うところではない。汚染者負担の原則は、原因行為国が残余責任を拒否する理由を提供することによって、被害者救済に水をかける結果にもなりかねないのである[82]。また、国際社会全体が権利を有するという議論が一般に可能であるとしても、それはここでは当てはまらない。国際社会が必要とするは汚染の防止または除去であって、その費用を誰が負担するかはやはりどうでもよいことなのである。

　政府の費用負担が一種の補助金となって貿易と投資を歪曲することを防ぐという汚染者負担の原則の趣旨に照らせば、汚染を生じる産品と同種の産品を生産する第三国が権利者だといえるかも知れない。しかしそのように理解するとすれば、汚染者負担の原則は国際環境法とは別世界のガット／WTO法の世界に移住することになろう。ちなみにいささか旧聞に属するが、ガットのパネルはかつて、汚染者負担の原則により米国は環境問題を生じた自国の産品にのみ課税するべきだったというEECの主張に関して、ガット規則は締約国が汚染者負担の原則を適用することを許容するが、それを義務づけるわけではないと判断したことがある[83]。

　むしろ、国をおもな法主体とする国際法に汚染者負担の原則を翻訳するとすれば、国自体を汚染者と見なす視角が必要だと思われる。国は主権的権利として、自国の管轄または管理下において越境環境損害を生じるリスクを有する産業活動を許可し、規制し、管理する権限を有する。それにもかかわらず、このような活動を禁止せず、あるいはこれに厳しい規制を課することを避けてきた国の方針は、そのような産業活動がGDPを増大させることによって国家的利益を増進するという発想に基礎付けられていたはずである。それは、ILCが「国際法によって禁止されない行為から生じる有害な結果への賠償責任」を議題として以来の一貫した発想でもあった〔⇒本章3.(2)〕。そうだとすれば、越境環境損害の損失配分を操業者がなんらかの理由で引き受けない場合には、国民経済全体がつまり国が、その受け皿の一部を引き受けるこ

82　薬師寺、1994, 89-91, 参照。
83　米国―石油および若干の輸入物資への課税：*BISD* Supp. No.34, 136, paras.5.2.3-5.2.6.

とに理由がないわけではなく、これこそが国際関係における汚染者負担の原則の適用であるように思われるのである[84]。

---

84 See, Lefeber, 1996, 3.

第12章　多数国間環境保護協定の遵守確保と紛争解決

1. はじめに

　国連総会が国際人権規約を採択した頃、当時はまだ揺籃期にあった国際人権法学において「定義の時代から実施の時代へ」ということが語られた。遵守されるべき人権の定義は国際人権規約によって実現したから、以後はこのように定義された人権の国際的な実施手続の整備が主要な課題となるという趣旨である。振り返ってみれば、人権の定義が国際人権規約によって完了したという認識は誤っていたが、国際法の発展が実体規定からその実施のための手続規定へと進むという流れは、自然なことだといえる。たとえばサンズが指摘するように[1]、国際環境法においてはこのような「実施の時代」は1992年のリオ会議(UNCED)を契機として本格化した〔⇒第1章5. (2)〕。

　このような実施の技術として多くの多数国間環境保護協定(MEAs)が規定するのは、国家報告と締約国会議の制度であるが、これらの制度は必ずしもMEAsに特有のものではない。これに対してUNCED以後、MEAsに特徴的な(不)遵守手続が急速に一般化してきたが、このような手続は国際環境法のどのような性格に由来するのだろうか。他方では、MEAsは一般的な多数国間条約と同様の、ほぼ定型化した紛争解決条項をも併せて規定している。長く困難な条約締結交渉が終わりに近づいて最終条項の起草に取りかかる段階で、くたびれ果てた外交官たちは熟慮することなく過去の多数国間条約の紛

1　Sands, 2003, 69.

争解決条項を「コピー・アンド・ペースト」するのだという[2]が、このような説明はどこまで当たっているのだろうか。本章では、以上のような国家報告制度、(不)遵守手続および紛争解決条項を取り上げて、国際環境法の特徴がそこにどのように反映されているかを検討することにより、本書を締めくくることにしたい。

2. 国家報告制度と締約国会議

(1) 国家報告制度

前に説明したように〔⇒第2章4.(2)〕、MEAsが定める義務の大部分は「結果の義務」、とりわけ「防止の義務」であって、その履行のための手段の選択は当該の国に委ねられている。したがって、MEAsが定める義務の遵守を確保するためには、締約国がこの目的のために国内でどのような措置をとっているのかが、決定的に重要となる。とりわけ、MEAsが規制の対象とする行為の大部分は個人や私企業の活動にかかわるから、条約上の義務は国内法に「翻訳」される必要がある[3]。こうしてMEAsの大部分は、それを実施するために締約国がとった立法上、政策上、行政上その他の措置とそれらの実際の実施状況に関する情報を事務局を通じて締約国会議(COP)等の条約機関に提出する締約国の義務を規定する。このような国家報告制度、とりわけ締約国による自己報告の制度は、もっとも非侵入的な(the least intrusive)制度としてMEAsにはほとんど遍在する[4]。

たとえば気候変動枠組条約(UNFCCC)では、すべての締約国が温室効果ガスの発生源による人為的な排出および吸収源による除去に関する自国の目録；条約を実施するための締約国の措置；その他条約目的の達成に関連を有する情報等をCOPに送付する義務を負う(4条1；12条1)ほか、先進締約国(附属書Iおよび附属書IIの締約国)には追加的な情報の送付が義務づけられ(4条2；

---

[2] Romano, 2007, 1037. See also, Szell, 2007, 80-81.
[3] Chayes & Chayes, 1995, 166-167. See also, Redgwell, 2007.
[4] Chayes & Chayes, 1995, 162. 国家報告制度については、以下を参照：臼杵、1997、170-173；岩間、2001、116-119；髙村、2002b；西村、2005；Sachariew, 1992; Wolfrum, 1998, 37-55；UNEP, 2007.

同3；12条2；同3)、情報提出のタイミングにも「共通に有しているが差異のある責任」の考えを適用する(12条5)〔⇒第7章3.(2)〕。なお、COPの関連決定に従い京都議定書に基づく活動の情報もこれに含めることとされた(京都議定書10条(f))。送付されるべき情報はいうまでもなく条約によって多様であるが、送付先もCOP、枠組条約の議定書の場合は議定書の締約国会合の役割を果たす条約の締約国会議(COP/MOP)、国際機構が作成した条約では当該の機構など、一様ではない。

それでは国家報告制度は、関連MEAの遵守を確保するためにどの程度有効なのだろうか。それは締約国の自己報告を中心とするから、初期にはその実効性を疑問視する見解[5]があったのは不思議ではない。しかしチェイェス夫妻は、MEAsに限らず広く規制的な条約の遵守確保のための国家報告制度の役割を高く評価する。透明性つまり情報の利用可能性は、とりわけ遵守する当事者に対して他の当事者も遵守しているという保証を与え、また、不遵守を意図する行為者を抑止するという点で遵守の向上を促進するが、自己報告の制度はこの点で鍵となる役割を果たす。「こうして国家報告は不可欠の管理手段であり、〔……〕条約上の義務の遵守を促す上で決定的である」と彼らはいう[6]。さらに国家報告制度は、締約国の遵守状況を広く国際世論に向けて明らかにすることによって、遵守への圧力を強めることができる。それは、報告をめぐる開かれた議論とそれによって喚起される世論の圧力によって、遵守を促進する可能性をもつのである[7]。

(2) 締約国会議

MEAsにおいて、国家報告を受領し検討する権限を与えられるのは、一般に全締約国からなるCOPである。COPと呼ぶ条約機関は軍縮条約等にも見られるが、この名称の機関を設けた最初のMEAは1973年のワシントン野生動植物取引規制条約(CITES)であるとされ、その後、MEAsの大部分がCOPをおいてきた。1946年国際捕鯨条約の国際捕鯨委員会(3条)や1959年南極条約

---

5 Eg., Sachariew, 1992, 41；Koskenniemi, 1996, 239-240.
6 Chayes & Chayes, 1995, 135, et seq., esp., 173. See also, Raustiala, 2000, 415-416.
7 Sachariew, 1992, 41-42；UNEP, 2002, Guideline, para.14(c).

の協議国会議(9条)のように、母体の条約がMEAsの性格を帯びるようになるにつれて既存の条約機関がCOP類似の役割を果たすようになる事例もある。COPは、国家報告の検討を含めて条約実施状況を監視する任務を有し、議定書や附属書の採択と改正といった一種の立法権限を与えられるだけでなく、広く条約目的実現のための協力の促進などの任務をもつ。枠組条約のもとで採択された議定書では、条約の締約国会議が議定書の締約国の会合としての役割を果たす(COP/MOP)が、この場合は条約の締約国であるが議定書の締約国ではない国はオブザーバーの資格で審議に参加する[8]。

　さて、UNFCCCの場合は、COPは条約の最高機関として条約およびCOPが採択する法的文書の実施状況を定期的に検討し、条約の効果的な実施を促進するための決定を行うものとされ、COPの権限として13項目が列挙される(7条2)。COPの通常会合は原則として毎年開催され、必要に応じて特別会合をもつ(7条4；5)。COPを助けるために科学上・技術上の助言に関する補助機関(9条)、および実施に関する補助機関を設け、送付された情報の検討はCOPの指導のもとに実施に関する補助機関が行う(10条)。このような情報に基づいて、COPは条約の実施状況を評価し、定期的な報告書を採択・公表し、また勧告を行う(7条2(e)(f)(g))。COPはまた、資金供与の制度を指導する(11条)ほか、条約の附属書の採択と改正(16条)、議定書の採択(17条)といった一種の立法権限も付与される[9]。また、UNFCCCのCOPは京都議定書の締約国会合としての役割を果たし、同COP/MOPはUNFCCCのCOPが同条約について果たす役割と類似の役割を、京都議定書との関係で果たす(京都議定書13条)。このほか、多くのMEAsが規定するCOPないしはMOPも、上記とほぼ同様の任務と権限を有する。

　ここでは、COPないしMOPに付与されたある種の立法権限についてだけ、簡単に見ておこう。MEAsの多くは枠組条約の形をとり〔⇒第2章2.(2)〕、そうでなくても科学技術の発展や社会経済状況の変化に即応することを必要とするから、このような必要性に適合するための仕組みを設けることになる。UNFCCCを例にとれば、条約の改正はCOPにおいてコンセンサスによ

8　以下を参照：柴田、2006b, 45-48；Churchill and Ulfstein, 2000；Ulfstein, 2007。
9　UNFCCCのCOPについては、鈴木、1992；田村政、2000、を参照。

り、それが不可能な場合には出席しかつ投票する締約国の4分の3以上の多数により採択され、締約国の少なくとも4分の3の受諾により、受諾した締約国について発効する(15条)。他方、附属書——原則として表、書式その他科学的、技術的、手続的または事務的な性格を有する説明的な文書に限定される——の採択および改正にも条約改正の手続が準用されるが、これらは寄託者が採択を通報した後6箇月で、不受諾を書面で通告した締約国を除いてすべての締約国について効力を発生する(16条)。なお、議定書もCOPが採択するが、議定書の発効要件は当該の議定書が定めるものとされ(17条)、京都議定書は独自の発効要件を定める(同議定書25条)。

このように、条約本体の改正については条約改正に関する国際法の一般的な規則(条約法条約40条参照)が適用されるのに対して、附属書の採択と改正についてはいわゆる"opt-out"の方式をとることにより、発効要件が緩和されていることが注目される。もっとも、附属書とその改正に拘束されることを望まない締約国には、その旨の明示の意思表示によって拘束を免れることを認めるから、条約法の基本原則である合意の原則が崩されるわけではない。ここでは、明示の合意が黙示的な合意に置き換えられるだけなのである[10]。この点でおそらく唯一の例外はモントリオール議定書であって、そこでは議定書が定める規制措置の「調整(adjustments)」については、特定多数決による決定がすべての締約国を拘束する(同議定書2条9(c) (d))〔⇒第2章2. (2)〕。この規定は、かつて「枠組条約の法構造が到達した先進性」を表すものであって、「主権的同意の伝統的原則を大きく浸食する」「革命的な第一歩」であると評価された[11]が、後に続くものはないように思われる。UNECE長距離越境大気汚染条約の若干の議定書は、採択された当該附属書の改正ないしは調整は全締約国を拘束すると規定し、1998年ロッテルダム(PIC)条約と2001年ストックホルム(POPs)条約も一部の附属書について同様の規定をおくが、いずれも附属書の対象が手続的、事務的な事項に限定されるだけでなく、採択にコンセンサスを要する(両条約の各22条5)点でモントリオール議定書の場合とは異

---

10 Burunnee, 2002, 19.
11 山本、1993, 148；Werksman, 1996a, 61-62. ただし、特定多数によって調整が採択された事例はないという。See, Ulfstein, 2007, 882.

なる。

　さて、MEAsでは、前述のようにCOPのもとに各種の補助機関がおかれるほか、一般に事務局を設ける。また、COPないし事務局に、外部の国際機構や関連条約機関と協力関係を取り結ぶことを認めることも、まれではない。こうして、COPをある種の——より非公式でよりアド・ホックな——国際機構と理解する見解[12]が登場するのは自然であるが、他方ではそれは条約上の機関に過ぎずあるいは国家間の外交会議以上のものではないという見解も根強い[13]。

　このような議論の中で、チャーチルとウルフスタインの研究はこれをMEAsにおける「自律的な制度取り決め(autonomous institutional arrangements)」として分析する興味深い視角を提示するが、彼らのおもな問題関心はCOPに伝統的な条約解釈規則が適用されるのか、それとも「黙示的権限(implied powers)」の理論のような、よりリベラルな国際機構法の諸原則が適用されるのかを明らかにするところにあった[14]。しかし、このように条約の解釈規則と「黙示的権限」の理論を截然と区別する理解には、問題が残る。条約法条約5条は、条約法条約が原則として国際機関の設立文書にも適用されると規定する。「黙示的権限」の理論の基礎を据えたICJの国連の役務中に被った損害の賠償に関する勧告的意見が、憲章に明文の規定を欠く国連の法人格と職員に対するその機能的保護の権能を導くに当たって、その立論を憲章解釈に基礎付けたことを忘れてはならない[15]。ICJ自身が国連のある種の経費に関する勧告的意見では、「裁判所は、国際連合憲章の解釈に直面した過去の事例においては、条約解釈一般に適用される原則および規則に従ってきた。裁判所は、憲章は若干の特別の性格を持つ条約ではあるが、一つの多数国間条約だと認めてきたからである」と述べる[16]。つまりCOPをある種の国際機構だと理解するとしても、そうだからといってCOPがその母体であるMEAの、条約法

12　E.g., Churchill & Ulfstein, 2000, 658；Sands, 2002, 109.
13　たとえば、柴田、2006b, 47-48；Birnie & Boyle, 2002, 204-205：邦訳、236. なお、この問題に「国際コントロール」論からアプローチする見解が有力に唱えられているが、ここではこれに触れる余裕はない。以下を参照：佐藤、1995；小寺、1996；森田、2000。
14　Churchill & Ulfstein, 2000, 625. See also, Brunnee, 2002, 15-16.
15　*ICJ Reports*, 1949, 178-180, 182-184.
16　*ICJ Reports*, 1962, 157.

の解釈規則を適用した解釈から自由になるわけではないと思われるのである。

3. 遵守手続

(1) 遵守手続とその目的

　MEAsでは、不遵守が疑われる状況に非対決的・促進的な方法で対処する手続を定める制度が増大している。MEAs自体には簡単な根拠規定だけがおかれ、制度の具体的な内容は後にCOPないしMOPの決定等によって定めるのが通例である。モントリオール議定書が1992年の第4回締約国会合の決定IV/5によって設けた「不遵守手続（Non-Compliance Procedure）」がその最初のもので、近年では、そのような制度を予定していなかった初期の協定に後のCOP決議などによってこの種の制度を設けるものが目立ち、現在検討中のものを含めれば20近い制度があるという[17]。

　このような遵守手続は分野別に見れば、大気または水の越境汚染に関するもの；特定の物質等の越境取引の規制に関するするもの；公衆参加等の手続的権利に関するものが目立つ。以下では、このような各分野で代表的な制度と思われる、モントリオール議定書の不遵守手続[18]；京都議定書の遵守手続[19]；有害廃棄物規制バーゼル条約の遵守メカニズム[20]；UNECEオーフース条約の遵守手続[21]をおもな素材として、MEAsにおける遵守手続を概観する。

17　遵守手続の概観については、遠井、2005；UNEP, 2007、を参照。なお、ここでは個別の制度の具体的な名称をあげる場合を除いて、これらの制度を「遵守手続」と総称する。

18　Decision IV/5 – Annex IV to the Report of the Fourth Meeting of the Parties, in, UNEP/OzL. Pro.4/15, as amended by Decision X/10 Review of the non-compliance procedure, in, UNEP/OzL. Pro.10/9. たとえば以下を参照：遠井、1998；髙村、1998；臼杵、2000；岩間、2001；Yoshida, 1999；Shigeta, 2001。

19　Decision 27/CMP.1 Procedures and mechanisms relating to compliance under Kyoto Protocol, in, FCCC/KP/CMP/2005/8/Add.3. たとえば以下を参照：岩間・磯崎監訳、2001, 261-282；西村、2002；髙村、2002a; 2002c。

20　Decision VI/12. Establishment of a mechanism for promoting implementation and compliance, in, UNEP/CHW.6/40. 柴田2003；Shibata 2006、参照。

21　Decision I/7 Review of Compliance, Annex, Structure and Functions of the Compliance Committee and Procedures for the Review of Compliance, in, ECE/MP.PP/2/Add.8. 髙村、2003；UNECE, 2006；Koester, 2007、を参照。

さて、モントリオール議定書8条は不遵守手続を「この議定書の違反(non-compliance)の認定及び当該認定をされた締約国の処遇に関する手続及び制度」と性格付けたが、履行委員会の任務は具体的には「議定書の規定の尊重を基礎として事案の友好的解決を確保すること」とされる(不遵守手続8項)。バーゼル条約遵守メカニズムの目的は「条約上の義務を遵守するために締約国を支援すること」であり、「条約上の義務の実施および遵守を促進し、助長し、監視し、ならびにその確保を目指す」ことだとされる(1項)。また、オーフス条約15条は遵守検討取り決めを、「非対決的、非司法的かつ協議的な性格の選択的な取り決め」と性格付ける。このように、遵守手続を非対決的・促進的な性格のものとする規定は、すべての制度に共通するといってよい。

　他方、以上と相当ニュアンスを異にするのは京都議定書の遵守手続であって、その目的は議定書に基づく約束の遵守を「促進し、助長しおよび執行すること(to facilitate, promote and enforce compliance)」である(遵守手続Ⅰ「目的」)。京都議定書18条によれば、このさいには「不遵守の原因、種類、程度および頻度」が考慮されるが、拘束力のある措置を伴う制度は議定書の改正によるべきものとされた。もっとも、このような明文の規定は欠くが、多くの制度において継続的な不遵守の事態に対して、より強制的な措置でのぞむ必要性が議論されていることには留意が必要であろう〔⇒本節(4)〕。

(2)　手続の発動

　遵守手続を発動させる(trigger)のが誰かについては、いくつかのパターンが認められる。まず、最善の努力にもかかわらず義務の遵守が困難と考える締約国による自己申告は、当初は「異例」のものといわれた[22]が、現在ではすべての制度が共通して認める。他の締約国の義務遵守について懸念を有する締約国による付託も共通に認められるが、一部の制度は付託できる締約国を何らかの意味での利害関係国に限定するか、あるいはこれを含むことを明記する。なお第三国による付託については、軽微なものまたは明白に根拠を欠くものについて審理を行わない遵守機関の権限を認める制度がある。

　また、手続の発動について条約機関のイニシアチブを認める制度もある。

22　Marauhn, 1996, 702.

たとえばモントリオール議定書不遵守手続3項；オーフース条約遵守手続17項；バーゼル条約遵守メカニズム9項(c)では、事務局が報告の準備などその任務を遂行する過程で締約国による義務不遵守の可能性を認める場合に、当該の事例を遵守機関に付託することを認める。京都議定書の遵守手続VI-1項では、UNFCCC附属書Iの締約国が提出する情報の専門家検討チームによる検討（京都議定書8条）の報告書が示す実施上の問題が、事務局を通じて遵守委員会に提出される。さらにUNECEエスポー条約では、実施委員会自身のイニシアチブを認める[23]。

地域的にはヨーロッパを中心とするが、公衆による通報を認める制度も登場している。先鞭をつけたのはオーフース条約遵守手続で、当事者は4年以内に限ってこれからopt-outすることを認められる(18項)が、この権利を行使した当事者はなく[24]、2009年6月末現在で合計37件の通報が公衆から寄せられ、うち15件について遵守委員会の見解が出されたという。これに続いて、同じくUNECEの越境水路および国際湖沼の保護および利用に関する条約への水および健康に関する議定書の遵守手続も、公衆からの通報を可能とした[25]。さらに、UNECEエスポー条約の遵守手続でも、公衆の参加を検討中だという[26]。ただし、UNECEの枠内においてさえ遵守手続への公衆参加、とりわけ公衆による通報を認める制度には、手続の非対決的な性格を損なうものとして抵抗が強いとされ、このような制度が今後円滑に進展するかどうかはなお未知数かも知れない[27]。

(3) 遵守機関の組織と活動

大部分のMEAsは、遵守委員会(Compliance Committee)、履行委員会(Implementation Committee)などと呼ぶ専門の条約機関をおく。この点ではワ

---

23 Annex II, Decision III/2 Review of Compliance, Appendix, Structure and Functions of the Implementation Committee and Procedures for Review of Compliance, para.6, in, ECE/MP.EIA/6.
24 UNECE, 2006, 31.
25 Decision I/2 Review of Compliance, Annex, Compliance Procedure, para.16, in, ECE/MP.WH/2/Add.3 – EUR/06/5069385/1/Add.3.
26 Decision III/2, para.5.
27 See, Pitea, 2008.

シントン野生動植物取引規制条約(CITES)のみが例外で、遵守手続はCOPのもとに常設委員会、動物委員会、植物委員会および事務局が分担する[28]が、COPと事務局を別にしてこれらの委員会は条約には明文の根拠をもたず、後にCOPが設置したその補助機関である[29]。CITESの遵守手続は長年の慣行によって形成され効果的に機能してきたという評価から、新たな遵守機関を設けず、これらの機関が従うことを勧告される「遵守手続への指針(Guide to CITES compliance procedure)」のみが設けられた[30]。

さて、遵守機関は通常、COPないしMOPによって選出されるが、その構成には三つの型がある。第1に、たとえばモントリオール議定書の履行委員会は衡平な地理的配分に基づきMOPが2年の任期で選出する10の締約国により構成され(5項)、つまり国家代表からなる。このほか、国家代表から構成される遵守機関としてはUNECEエスポー条約の実施委員会(1項)、UNECE長距離越境大気汚染条約とその議定書に共通する履行委員会[31]がある。

第2に、京都議定書の遵守委員会は全体会、議長団、促進部(Facilitative Branch)と執行部(Enforcement Branch)からなり、COP/MOPが選出する20名で構成、各10名が両部を担当する。委員は個人の資格で勤務し、関連分野で有能な人物であること、執行部については法的経験を有することを確認する。両部の委員は以下のように選出する：(a)国連の地理的集団から各1名および発展途上の島嶼国から1名；(b)附属書Ⅰの締約国から2名；(c)非附属書Ⅰの締約国から2名。委員長と副委員長は附属書Ⅰの締約国と非附属書Ⅰの締約国から各1名を選出し、これらの輪番とする。両部の各委員長と副委員長は選出母体を逆にする(Ⅱ-1～6項)。このほか、カルタヘナ議定書の遵守委員会(Ⅱ-3項)、オーフース条約の遵守委員会(1項)、ロンドン海洋投棄条約1996年議

---

28 See, Conf.11.3 (Rev.Cop14) Compliance and enforcement.
29 Conf.11.1 (Rev. CoP14) Establishment of committees.
30 Conf.14.3 CITES compliance procedure, 13 September 2007. See, SC54 Inf.3. 石橋、1995、参照。
31 Annex V, Decision 1997/2 Concerning the Implementation Committee, Its Structure and Functions and Procedures for Review of Compliance as Amended, Annex, Structure and Functions of the Implementation Committee and Procedures for Review of Compliance, para.1., in, ECE/EB.AIR/75.

定書の遵守班(Compliance Group)[32]およびUNECE水・健康議定書の遵守委員会(4項)でも、委員はおのおの個人の資格で勤務する。なお、オーフス条約の遵守委員会については、締約国および署名国だけでなく締約国会合においてオブザーバー資格を認められるNGOs(条約10条5)にも候補者の指名が認められることが特徴である(4項)。

さて、第3の型として、バーゼル条約の委員会はCOPが選出する15名からなり、国連の五つの地域グループを衡平に代表する。委員は専門の知識を有し客観的にかつ条約の最善の利益のために職務を行うものとされるが、国家代表か個人資格かについては明記がない(3〜5項)。このようなパターンは、交渉過程における妥協の産物であって解釈上の争いを残す[33]が、現在作成中の1998年ロッテルダム条約(PIC)および2001年ストックホルム条約(POPs)の遵守手続に関しても、同様の規定が検討されているようである。

各遵守機関の活動に目を移すと、モントリオール議定書の履行委員会は議定書の規定の尊重を基礎として事案の友好的解決を確保するために、通報、情報および見解を検討し、適当と考える勧告を含めてMOPに対して報告を行う。また、締約国の招請に基づき当該締約国の領域内において情報収集を行うことができる(7項;8項)。バーゼル条約の委員会は、個々の付託を検討して促進的な措置を提示するほか追加的措置に関するCOPへの勧告を作成し(19項;20項)、また遵守および実施に関する一般的事項も検討する(21項)。委員会は任務の遂行において広く情報を求めることができ、当該締約国の同意を条件として外部に専門的知識を求め、その領域内において情報収集を行うことができる(22項)。さらに、オーフス条約の遵守委員会の任務は個別的な申し立て、付託および通報の検討を中心とする(13項)が、遵守問題を審理して勧告を行うこともこれに含まれる(14項)。なお、公衆からの通報については受理許容性の要件が定められているが、国内的救済の完了は絶対的な要件ではない(20項;21項)。委員会はまた、追加情報を求め、関係締約国の同意を得てその領域内で情報収集を行うことができる(25項)。以上のよう

---

32 Annex 7, Compliance Procedures and Mechanisms Pursuant Article 11 of the 1996 Protocol to the London Convention 1972, para.3.2., in, LC 29/17.

33 柴田、2003、60-63、参照。

な諸制度では、その遵守が懸念される締約国を含めて関係国(オーフース条約では通報を行った公衆を含む)は委員会の手続に参加することを認められるが、その決定には関与できない。

これに対して京都議定書では、委員会は促進部と執行部の間で任務を分担する。促進部は、共通に有しているが差異のある責任および個々の能力を考慮に入れて、議定書の実施につき締約国に助言と促進を提供すること、締約国の議定書上の約束の遵守を促進することに責任を有するほか、執行部の権限外の実施問題に対処する(IV-4〜6)。これに対して執行部は、附属書Iの締約国が以下の点についての不遵守であるかどうかを決定する：(a)約束期間後における議定書3条1の排出削減に関する約束；(b)約束期間中および期間後の5条1・2および7条1・4に基づく方法上・報告上の要件；(c)6条(共同実施)、12条(クリーン開発メカニズム)および17条(排出量取引)の適格性の要件。執行部はまた、議定書8条にいう専門家検証チームとの関係で意見の不一致が生じた場合に次のことを実施するかどうかを決定する：(a)5条2に基づく目録の調整；(b)7条4に基づく割当量の計算に関する修正(以上、V-4；5)。委員会の意思決定ではコンセンサスのためにあらゆる努力を払うが、不可能な場合には出席し投票する委員の4分の3の以上の議決で採択を行う。ただし執行部の決定については、附属書Iの締約国の委員と非附属書Iの締約国の委員の各過半数を要する(II-9)。さらに、執行部の審査については聴聞を行うなどの適正手続を保障し(IX)、適正手続を欠くと考える締約国はCOP/MOPに対して上訴を行うことができる(XI)。また、6条、12条および17条による適格性の審査については簡易手続がある(X)。

(4) 不遵守に対する措置

上に見たように、不遵守の事例を具体的に検討してこれに対処する措置を提起するのは遵守委員会等であるが、これに関して決定をくだす権限は、通常、条約の最高機関としてのCOPないしMOPにあるものとされる。もっとも、助言的な措置については委員会限りでとることを認める制度もある。他方、京都議定書においては措置の決定権限は直接委員会の各部に付与され、議定書上のCOP/MOPの権限(13条；16条；18条)はこの点に関しては一般的な

ものに留まる。

　不遵守に対して取られる措置について原型を提供したのも、モントリオール議定書の不遵守手続の「議定書の不遵守に関して締約国会合によりとられることのある措置の例示リスト（Indicative List of Measures That Might be Taken by a Meeting of the Parties in Respect of Non-Compliance with the Protocol）」である[34]。それによれば可能な措置には、A)適切な援助（データの収集と報告への援助；技術援助；技術移転と財政援助；情報移転および訓練を含む）；B)警告の発出；C)条約の運用停止に関する適用可能な国際法の規則に従った、議定書上の特定された権利および特権（産業合理化、生産、消費、貿易、技術移転、財政メカニズムおよび制度的取り決めに関するものを含む）の、期限付きまたは無期限の停止、が含まれる。この「例示リスト」の案を採択するに当たって法律専門家アド・ホック作業班は、対応措置は不遵守の性格および程度ならびにその背後にある理由と釣り合ったものであるべきで、強制的な措置を考える前に遵守を奨励するすべての可能な援助措置を利用するべきことに合意した[35]。なおその後の制度では、関係締約国を名指しての不遵守の事実の公表、当該締約国による遵守計画の作成と委員会によるその実施状況の検証、などの措置が含まれることもある。

　他方、京都議定書の執行部が適用する帰結は以上とは様相を異にし、次のようである：議定書5条1・2および7条1・4の不遵守の場合は、不遵守の宣言および不遵守国による是正計画の作成。不遵守国は計画進捗状況を定期的に報告し、執行部がこれを審査する；附属書I締約国が6条、12条、17条の適格性の要件を満たさない場合は、資格の停止。要請に基づく審査により資格の回復ができる；3条1の不遵守については、不遵守の宣言、第2約束期間の割当量からの超過排出量の1・3倍の減算、17条に基づく移転資格の停止。不遵守国は遵守行動計画を作成し、進捗状況を執行部に報告、審査が行われる（XV)。

34　Decision IV/5-Annex V to the Report of the Fourth Meeting of the Parties, in, UNEP/OzL. Pro.4/15. このリストは「指示リスト」と訳されることが多いが、起草過程ではその性格は「例示的であって包括的ではない」とされていた（UNEP/Ozl.Pro/WG.3/2/3, para.15.）ので、「例示リスト」と訳すほうが適切であろう。

35　UNEP/OzL.Pro/WG.3/3/3, para.44.

京都議定書の執行部によるこのような手続の性格は、以下のように説明される：この手続の対象は附属書Ⅰの締約国だけであるが、このような締約国は議定書3条1により数量化された削減抑制義務を負い、またこれらの国は技術的・財政的な理由によって不遵守を正当化できないから、このような義務の履行確保のためには「強制」的な手段が必要と考えられた。他方では、「京都メカニズム」〔⇒第7章3.(1)〕を効果的に適用するためには不遵守の帰結について予測可能性を確保することが必要だった。こうした理由によって執行部の手続は促進部のそれと異なり強制的性格を帯び、その裏返しとして適正手続を保障するなど「司法的」要素が強く見られるというのである[36]。

　前述のような遵守手続に共通の措置が「アメ(carrot)」を中心とするのに対して、京都議定書の執行部が適用する措置は「ムチ(stick)」であるといわれる。もっとも、「ムチ」は京都議定書には限らない。たとえば、CITESの遵守手続は違反が継続的であり当該締約国が遵守の意図を示さない場合には、常設委員会が貿易措置を勧告できるものとした[37]。また、モントリオール議定書の履行委員会はしばしば、不遵守の認定に伴って「例示リスト」Aの援助を勧告するとともに、Bにしたがって当該締約国が所定の期間内に遵守の約束を履行しない場合には、議定書4条の貿易制限を含めてCの措置をとると警告した[38]。

　このモントリオール議定書の履行委員会の態度が示すように、遵守手続における「ムチ」は、ほとんどもっぱら不遵守に対する抑止効果を期待されていたといってよい[39]。しかしこれらは、まったくの伝家の宝刀に留まったわけではない。モントリオール議定書履行委員会は、ロシアの不遵守に対して1995年に、明記はしないが事実上貿易制限措置を適用した[40]。また京都議定書の遵守委員会執行部は初めての事例として、2008年にギリシャによる議定書5条1および7条の不遵守を宣言して、同国に対して遵守計画の作成を求め

36　たとえば、西村、2002、118-119；高村、2002a、140-151.
37　Conf.14.3, para.30.
38　たとえば1998年の第10回締約国会合が採択した旧ソ連諸国に関する決定を参照：Decisions X/20, X/21, X/23 to X/28, in, UNEP/OzL.Pro/10/9.
39　See, UNEP/CDB/BS/COP-MOP/4/2/Add.1, para.5(e).
40　Decision VII/18. Compliance with the Montreal Protocol by the Russian Federation, in, UNEP/OzL.Pro.7/12. See, Werksman, 1996b, esp., 767-768.

るとともに、遵守問題の解決に至るまで議定書6条、12条および17条に基づく同国の適格性を停止した[41]。

さらに、意図的な不遵守が繰り返される場合には、より「強制的」な措置が必要だという認識も広まりつつようである。たとえば、モントリオール議定書の不遵守手続の改正を決定した第10回締約国会合の決定X/10は、同時に、継続的な不遵守が存在する場合には、履行委員会は「当該締約国の継続的な不遵守のパターンを取り巻く事情を考慮に入れて、モントリオール議定書の完全性(integrity)を確保する目的で」締約国会合に対して適切な勧告を行うように求めた[42]。また、カルタヘナ議定書の遵守手続は、「簡素、促進的、非対審的(non-adversarial)かつ協力的な性格」を自任する[43]が、遵守委員会は現在、「度重なる不遵守の事例」への対処を検討中である[44]。こうして、MEAsは「締約国性善説」に立つという指摘[45]に、締約国自身は同意していないように見える。

(5) 遵守手続の性格

遵守手続は、「紛争回避」の形式であるとともに「裁判外紛争解決(alternative dispute resolution)」の形式でもあるといわれる[46]。すなわち遵守手続は、ある締約国による義務の不遵守が現実に発生し、締約国間にそれをめぐる紛争が生じる以前の段階から適用されるものであり、最善の努力にもかかわらず十分な義務遵守が不可能だと結論する締約国による自己申告のほか、他の締約国による義務の遵守について「懸念(reservations)」を有する締約国の通報によっても発動される。こうして遵守手続は、「紛争の防止のために重要な役割を果たす」[47]とされる。

---

41 Decision taken by the enforcement branch of the Compliance Committee with respect to Greece, FCCC/KP/CMP/2008/5, Annex III.
42 Decision X/10, para.3.
43 COP-MOP 1 Decision BS-I/7, Annex, Procedure and Mechanisms on Compliance under the Cartagena Protocol on Biosafety, para.I-2.
44 See, e.g., UNEP/CDB/BS/COP-MOP/4/2/Add.1.
45 村瀬、2002b、73。
46 Birnie & Boyle, 2002, 207; 邦訳、2007、240。
47 UNEP, 2002, Guidelines, para.14(d)(iii). See also, UNEP, 2007, 10-11.

つまり、義務の不遵守によって締約国間に生じることがある紛争の防止を目的とする限りでは、遵守手続は防止の義務の一環である通報および協議の義務〔⇒第4章3.〕を組織化したものだと理解できる。たとえばビルダーは、遵守手続が登場するはるか以前の段階で、紛争を回避し予防する義務は一般国際法上は存在しないが国際環境法においては形成途上にあると論じ、「紛争回避の技術」として現在の遵守手続を思わせる制度を提案した[48]。またマラーンによれば、越境汚染の国際法において国家間の通報と協議の義務として成立した「手続的協力の原則」は、遵守管理のメカニズムのもとでは締約国と条約機関の間の協力に転換されたという[49]。

しかし遵守手続は、実際に不遵守が認定され紛争が生じた後にも機能する。繰り返してみてきたように〔⇒第3章2.(2)；第5章3.(9)；第11章2.〕、環境破壊に起因する国際紛争をおもに国家責任法と国際裁判に依拠する伝統的な紛争処理手段を通じて解決することは困難であり、とりわけ個別国家に目に見える損害を生じることがない国際公域の環境破壊に関しては、事実上不可能だといえた。遵守手続はこのような国際公域の環境破壊に起因する国際紛争を処理することによって、個別国家の法益とは区別される国際社会の一般的利益を守ることを目的に案出された制度だと性格付けることができる[50]。何よりもその発動のメカニズム〔⇒本節(2)〕において、締約国による通報を認める手続の多くでは当該締約国が利害関係国であることを要さず、また、条約機関によるイニシアチブを認める手続も少なくない。とくに注目されるのは、オーフス条約遵守手続が認める公衆による通報である。同条約は環境問題に関する政策決定への公衆の広範な参加の権利を認めるから〔⇒第8章4.〕、公衆による通報はこのような権利の侵害に対して救済を求めるものと理解されるかもしれない。しかしこの遵守手続では、公衆による通報には人権条約の個人通報制度に見られる「被害者」要件[51]は設けられていない。オーフス条約遵守メカニズムに関するUNECEの指針は、「遵守手続は条約の遵守改善を

48　Bilder, 1975, 158-160.
49　Marauhn, 1996, 723-724.
50　Hey, 2003, 41.
51　たとえば自由権規約第1選択議定書1条；ヨーロッパ人権条約34条、など。

目的とするもので、個人の権利の侵害への救済手続ではないことを強調」した[52]。

同じことは、不遵守に対してとられる措置〔⇒本節(4)〕の面からもいえる。このような措置は、モントリオール議定書不遵守手続によれば「議定書を十分に履行するための措置」であり「議定書の目的を促進する措置」であって、締約国による議定書の履行を援助する措置を含むことが明記される(9項)。このような援助は技術移転や財政援助を含み(措置の例示リストA)、慣行上もこのような援助が不遵守に対する措置の核心をなしてきた。義務の不遵守に対して援助の供与という「報償」が与えられるのは一見不可解であるが、当該締約国による遵守の回復が全締約国の共通利益ないしは国際社会の一般的利益にかなうものであることを考えれば、その理由を理解することができる。ハンドゥルも、モントリオール議定書の対応措置の柔軟さは「一締約国の不遵守によって影響を受ける利益の、本質的に普遍的な性格の反映」だという[53]。他方、不遵守は一般的には締約国の個別的利益の侵害を生じるものではないから、対応措置に不遵守国に対して賠償の支払いを強制する措置が含まれることはない[54]。

ところでハンドゥルは、遵守手続の「柔軟さ」は対応措置の段階についていえることであって、不遵守の評価の段階における仕事は「準司法的」だという[55]。確かに、遵守手続は一方では「非司法的」、「非対審的」であることを標榜しながら、他方では不遵守を疑われる締約国に対して遵守機関における手続への参加の権利や聴聞の権利などを認め〔⇒本節(3)〕、法の適正手続を確保するよう務める。このような法の適正手続の保障は、「強制的な」帰結をもたらすことがある京都議定書の執行部による手続については理解しやすいが、促進的な帰結だけをもたらす典型的な遵守手続の場合であっても、不遵守の「懸念」の対象とされることは締約国にとってけっして歓迎するべきことではない——遵守機関による不遵守の宣言は「名指し恥ずかし(naming and

---

52 UNECE, 2006, 29.
53 Handl, 1997, 45.
54 See, Koskenniemi, 1992, 151.
55 Handl, 1997, 44-45.

shaming)」と呼ばれる[56]——から、遵守手続を国に対して受諾可能とするためにはこのような手続的保障はやはり必要なことであろう。

なお、遵守手続の紛争解決手段としての局面に注目した場合に、これを調停の一種であると性格付ける見解が有力である[57]。確かに、不遵守に対してとられる措置が法的拘束力を持たない勧告に留まることにかんがみれば、この性格付けは理解することができる。しかし、調停委員会が独立の個人から構成される中立的な機関であるのに対して、不遵守に対する措置は大部分の場合、全締約国が構成する政治的機関であるCOPないしはMOPが決定する。しかもこれらの機関は、条約の改正、議定書や附属書の採択と改正など、条約レジームの発展をもたらす権限をも有する。このように見るならば、遵守手続は調停－裁判とは対立的な意味において、法を動かしてでも政治的な紛争の解決を志向する典型的な紛争の動的解決手続[58]だと見ることはできないだろうか？

4. 対抗措置と紛争解決

(1) 条約の運用停止と対抗措置

前述のように、いくつかの遵守手続では不遵守に対して適用される措置として、援助の供与等の促進的な措置および不遵守の宣言などだけでなく、議定書上の権利および特権の停止を可能としている。これらのうち、前二者は不遵守締約国の法的権利を損なうものではないから、取り立てて正当化事由を必要とするわけではない。これに対して、議定書上の権利等の停止には何らかの正当化事由が必要である。そしてこれらの措置を規定する遵守手続は、このような正当化事由を「条約の運用停止に関する国際法の適用可能な規則」に求めている[59]。

これらの規定はその明文から明らかなように、条約法条約60条2が規定す

---

56 UNEP/CBD/ABS/GTLE/2/2/Add.2, 8.
57 臼杵、2000、77；Sands, 2003, 205；Stephens, 2009, 88.
58 祖川、1944/2004；祖川、1950、221-232。なお、宮野、2001、48-49、参照。
59 モントリオール議定書不遵守手続・措置の例示リストC；オーフース条約遵守手続37項(g)；水・健康議定書遵守手続35項(f)。

る、多数国間条約の重大な違反があった場合に違反国以外の締約国が一定の手続きを踏んでとることができる当該条約の運用停止を想定しているように見える。そして、学説上もそのような理解は少なくない[60]。しかし、条約法条約60条に基づく条約の終了または運用停止は、*inadimplenti non est adimplendum*(約束を履行しないものに対しては、履行されるべきでない)という法格言で表現され、ILCによれば「他の締約国が条約で引き受けた義務を履行しないときに、締約国は同一の条約のもとにおける義務を履行することを求められない」という考慮に基づく[61]。つまり、条約法条約60条の措置は典型的な相互主義の考慮に基づくものであって、そのようなものとして国際社会の一般的な利益の実現を目指すMEAsにふさわしいものではない[62]。また、制度の趣旨からいえばそれは一締約国の重大な違反によって損なわれた条約上の権利義務の均衡を、消極的な形で取り戻すことを目的とするのであって、これは不遵守国を遵守に立ち戻らせることを目指す遵守手続の制度目的とは異なる。

　他方、国家責任法では被害国は違法行為国に対して、違法行為の停止と再発防止の保障および完全な賠償を求めて対抗措置をとることができる(国家責任条文22条；49条以下、参照)。議定書上の権利等の停止はそれ自体としては国際違法行為であるが、先行する不遵守国による不遵守をやめさせて適法状態を回復するために行われるのであればその違法性が阻却されると考えれば、このような措置は対抗措置の定義にぴたりと当てはまる。たとえばコスケニエミは、モントリオール議定書の不遵守手続は一種の集団的対抗措置のメカニズムであると論じた[63]。しかし、このような性格付けにも批判が少なくない。たとえば対抗措置は違法性阻却の根拠であるのに対して遵守手続は議定書に基づく合目的的な措置だと指摘され[64]、あるいは対抗措置が他国の違反に対して条約上の義務を一時的に履行しないことを正当化するのに対して、不遵守手続の帰結である権利停止はこれを付与する条約規定の効力を一

60　たとえば、西村、2002、120；柴田、2008、10。
61　Commentary to Draft Article 57, para.(6), *Yb ILC*, 1976, Vol.II, 254.
62　Handl, 1997, 34-35；Wolfrum, 1998, 56-57.
63　Koskenniemi, 1992, 141-143.
64　西村、2002、120-121。

時的に停止することだから、これを対抗措置と位置づけることはできないという[65]。さらに、遵守手続の主要な目的が一次規則の義務の遵守回復であるのに対して、対抗措置の目的は二次規則の遵守にかかわり、おもに原状回復と賠償の獲得を目指すが、これらはMEAsの文脈では不可能であるか不適切であると論じられる[66]。

こうしてM. フィッツモーリスらは、遵守手続は国家責任法の対抗措置における多数国間条約上の「特定の義務(particular obligations)」の集団的な停止と、条約法条約60条にいう「文書としての条約全体(the treaty instrument as a whole)」の集団的運用停止の中間にある制度であって、国家責任／対抗措置と条約の重大な違反の双方の外側にあるが、双方の要素を含む柔軟な対応を提供するものだと結論する[67]。このような立論は折衷説の常として歯切れはよくないが、遵守手続も多くの妥協を踏まえて成立する多数国間条約上の制度であって、必ずしも一貫した理論的立場で説明できるものではないと考えれば、真実の一端を示すものだと評価できるかも知れない[68]。

(2) 紛争解決条項

MEAsは上記の遵守手続とならんで、一般の多数国間条約と同様にほぼ定型化された紛争解決条項を有する。その概略は：①交渉または紛争当事国が選択するその他の平和的解決手段による解決に努める；②地域的経済統合機関でない締約国は、(a)国際司法裁判所への付託、(b)仲裁への付託、を当然にかつ特別の合意なしに義務的であると宣言することができる。地域的経済統合機関である締約国(a Party which is a regional economic integration organization)は、(b)の宣言を行うことができる。多くの条約では仲裁の仕組みについて附属書をおく；③②の規定が適用される場合を除いて、一定の期間内に①の方法によって紛争が解決しなければ、いずれかの当事国の要請によって紛争は調停に付託する。調停の仕組みについても、附属書等で規定する条約が多

---

[65] 柴田、2008、11-12。
[66] Fitzmaurice & Redgwell, 2000, 56-57.
[67] Ibid., 59.
[68] 条約法条約60条と対抗措置の関係については、たとえば以下を参照：Simma, 1970；松井、1994；坂元、2001/2004。

い；④以上の手続は、議定書に別段の定めがない限りこれにも準用する、とするものである。

　上記以外の紛争解決手続を規定する条約としては、たとえば国連海洋法条約（UNCLOS）はその第XV部が詳細な紛争解決規定をおき、紛争当事者による手段選択の自由を基礎とする（第1節）が、それによって解決できなかった紛争については拘束力を有する決定を伴う義務的手段に付託することとして（第2節）、そのような諸手段の間で選択を認めるとともに、紛争当事者が同一の手段を選択していないか選択を宣言していない場合には、紛争は附属書VIIの仲裁に付託するべきものと規定する（287条）。このシステムは、「その適用範囲の包括性と義務的な性格によって、国際環境法においてきわめて顕著なもの」と評価される[69]。そして国連公海漁業実施協定30条やロンドン海洋投棄条約1996年議定書16条は、UNCLOS第XV部の準用を可能とする[70]。

　なお、環境紛争について特徴的と思われるのは、事実調査（fact-finding）ないしは審査（inquiry）の利用である。国際水路の非航行的利用の法に関する条約33条と有害活動から生じる越境侵害防止条約案19条では、別段の合意がない場合に事実調査委員会への付託が義務的である。さらにUNECEエスポー条約では一般的な紛争解決手段としてではなく、計画活動が環境影響評価の対象となる重大な越境環境悪影響を生じる可能性があるかどうかについて合意がない場合に、この問題を審査委員会に付託することができると規定する（3条7；附属書IV）。ILCは有害活動から生じる越境侵害防止条約案19条について、「この義務的な手続は、諸国がその紛争を事実の客観的な確認と評価に基づいてすみやかに解決するのを助けるために、有益かつ必要である。正確で関連ある事実の適切な評価が欠如していることは、しばしば国家間の意見の相違または紛争の根源だからである」と説明した[71]。

　以上のように、大部分のMEAsにおける紛争解決条項は手段選択の自由を出発点として、合意によってICJまたは仲裁裁判への付託を選択的に認めるが、このような合意がない場合には調停または事実審査を義務的とするとい

69　Stephens, 2009, 41.
70　MEAsにおける紛争解決条項の概観については、UNEP, 2007, 119-121；Stephens, 2009, 21-47, 参照。
71　Commentary to Draft Article 19, para.(4), *YbILC*, 2001, Vol.II Part Two, 170.

う構造を持ち、これは一般の多数国間条約と共通する。とりわけ、義務的裁判の制度こそ未確立であるが、あれこれの形の裁判が可能な選択肢として維持されていることに注意したい。これに対して、受け皿である裁判所の側でも、環境紛争を積極的に受け入れようとする態度が明確だった。

ICJは1993年に、「この数年間に生じた環境法および環境保護の分野における発展にかんがみて」、ICJ規程26条1にいう特定部類事件裁判部として7名の裁判官からなる「環境問題裁判部(Chamber for Environmental Mattes)」を設置した[72]。ITLOSもまた1997年に、7名の裁判官から構成される常設の特別裁判部(ITLOS規程15条1)として、「海洋環境裁判部(Chamber on the Marine Environment)」を設置し、構成裁判官はとくにこの分野における知識、専門性および経験に基づいて選任することとした[73]。さらにPCAは2001年に、「天然資源および／または環境に関する紛争の仲裁のための選択規則(Optional Rules for Arbitration of Disputes Relating to Natural Resources and/or the Environment)」を、2002年には同じく調停のための選択規則を作成した[74]。仲裁または調停の特徴として国のみでなく国際機構および私人がかかわる紛争にも適用可能であり、また、天然資源／環境紛争に対応するために若干の工夫を行う。

しかし、環境紛争を積極的に受け入れようとするこうした裁判機関の側の努力は、実を結ばなかった。1990年代になってからはICJに環境紛争としての一面をもつ紛争がいくつか提起されてきたが、これらはすべて全員法廷の事件である。ICJは2006年には、その利用がなかったことを理由に環境問題裁判部を構成する裁判官の選挙を行わなかった。当時の裁判所長ヒギンズはこれを、諸国は環境法を国際法全体の一部と見なしていることは明らかだと説明した[75]。環境問題がかかわるいくつかの事件に弁護人として関与したサンズは、一つの事件は環境問題だけでなく多様な側面を有するから、紛争当事国が環境事件としての性格付けに合意することは困難だという[76]。

72　A/48/4, para.6.
73　Press Release ITLOS/Press 5, 3 March 1997.
74　PCA, Annual Report-2001, para.5; Annual Report-2002, para.8. これらの規則はPCAのウェブ・サイトから入手可能。
75　A/62/4, para.241.
76　Sands, 2007, 68.

ITLOSにおいても、事情は同じである。環境事件として注目されたみなみまぐろ事件、MOXプラント事件およびジョホール海峡埋め立て事件〔⇒第5章3. (4)～(6)〕はいずれも暫定措置の事件で、全員法廷で審理が行われた。唯一の争訟事件である南東太平洋めかじき資源の保存および持続可能な開発に関する事件は、同じ裁判部でも海洋環境裁判部ではなくITLOS規程15条2の特定事件裁判部に付託された[77]。また、その「包括性と義務的な性格」によって大きな期待を寄せられたUNCLOS第XV部の紛争解決条項も、このような期待を満たすものでは必ずしもなかった。みなみまぐろ事件の附属書VII仲裁裁判所は、「UNCLOSは拘束力を有する決定を伴う義務的管轄権の包括的な制度を樹立するにははるかに及ばない」と述べて自らの管轄権を否定したのである[78]。さらにPCAに目を向けるなら、それが関与した最近の仲裁で環境事件として注目を集めた「鉄のライン」鉄道事件でも、用いられた手続規則は上記の選択規則ではなく「二国家間紛争の仲裁のための選択規則」だった[79]。

このように見てくると、国際社会の一般的利益にかかわる環境紛争を二国間紛争処理の制度として形成された国際裁判で解決することが含む、先に指摘した矛盾〔⇒第5章3. (9)〕は、なお解消されていないように思われる。とりわけ、拘束力がある判決をもたらす義務的な裁判の制度に対する諸国の不信は、なお根深いといえる。もちろんこのことは、環境紛争における裁判の役割を一切否定することを意味するのではない。たとえば、ICJのガブチコボ・ナジマロシュ計画事件判決やWTO上級委員会の米国―エビ／カメⅠ事件の報告が持続可能な発展の原則について行ったように〔⇒第6章3. (2)〕、国際裁判は法の確認や漸進的発展に貢献することができる。また、ITLOSの暫定措置命令―附属書VII仲裁裁判所と進みながら後者の管轄権否定で終わったみなみまぐろ事件裁判が、みなみまぐろ保存委員会における解決を後押しした事実はしばしば指摘される[80]。しかしこれらは、紛争当事者が裁判に託した本来の役割ではない。

---

77 ITLOS, Order of 20 December 2000.
78 Award on Jurisdiction and Admissibility, para.62.
79 Award of 24 May 2005, para.5.
80 See, e.g., Stephens, 2004.

(3) 遵守手続と紛争解決手続との関係

　MEAsの多くでは遵守手続と紛争解決条項が併存し、前者の適用は後者を妨げないとされる。たとえばモントリオール議定書の不遵守手続は「〔オゾン層の保護のための〕ウィーン条約第11条に定める紛争解決手続の適用を妨げることなく適用する」ものと定める（前文）。しかし同議定書は、不遵守の事案にかかわる締約国は条約11条の手続の結果をCOP/MOPに対して報告するべきこと（12項）、COP/MOPは11条の手続が完了するまでは暫定的要請および／または勧告を行うことができること（13項）を規定するだけで、それ以上に詳しく両者の関係を定めていない。不遵守手続の起草過程ではいずれかの手続の優先を認めるべきだという意見もあったが、大部分の専門家は、条約11条にいう司法および仲裁による紛争解決と議定書8条が定める不遵守手続とは「十分に並行して存在しうる二つの別個の手続」であり、「締約国は特定の状況においていずれかを選択する権利を有するべきである」という見解だったとされる[81]。学説上も一般に、両者は排除しあうのではなく相互に補完しあうと指摘されるが、両者がどのように「補完」しあうかについては十分な説明はないようである。MEAsも紛争解決条項もそれぞれ多様な側面を有するから、どの側面を比較するかによって両者の関係は異なってこよう。しかし、モントリオール議定書の不遵守手続の起草過程では、前述のように条約11条については司法および仲裁による紛争解決が想定されており、多くの論者も暗黙のうちのこのことを前提としているように見えるから、ここでは紛争解決手段を司法的解決と仲裁に代表させるとして、これらとMEAsの関係を簡単に見ることにしよう。

　「紛争」とは「二の法人格の間の法または事実に関する不一致、法的な見解または利益の矛盾、対立」[82]と定義され、紛争解決とはこのような二当事者間の個別的な利害の衝突の解決を目指すものである。ここでは「加害国」による義務違反が措定され、これによって「被害国」に生じた損害が原状回復、金銭賠償等によって救済される。これに対して遵守手続はMEAsにおける締約国の共通利益ないしは国際社会の一般的利益の実現を目指して遵守機関が運

81　UNEP/OzL.Pro/WG.3/2/3, para.18.
82　マヴロマチス事件判決：PCIJ, Ser. A, No.2, 11.

用する集団的な制度である。ここでは手続は必ずしも義務違反には該当しない不遵守によって発動され、紛争解決の機能を果たす場合でも個別的な「被害国」——そのようなものがあるとして——の救済ではなく、遵守の回復という国際社会の一般的利益の実現が目指される〔⇒本章3.(5)〕[83]。もっとも、遵守手続においても付託権者に利害関係国を含むことを明記するものもある[84]から、このような「棲み分け」は厳密なものではないといえるかも知れない。しかしこれらの議定書は対象物質の越境移動を規制するものであり、したがってそれらの究極の目的は地球環境の保護であるとしても、ここでは輸出国、通過国、輸入国といった個別国家間の利害の対立があり得ることに注意したい。

さて、このような遵守手続と紛争解決条項は、先にも見たように別個の手続として併存してきた。それにもかかわらず、後者がほとんど利用されてこなかったことは周知の事実である。遵守手続が本格化する以前のことであるが、コスケニエミは、「管見の限りではこれらの裁判条項はかつて利用されたことはなく」、これらが規定されることは遵守問題が国家責任法に基づいて処理しうるという現実的な信念に基づくというよりも「むしろ一種の儀式としてである」と述べたことがある[85]。この発言から十数年を経た現在でも状況が大きく変わっていない〔⇒本節(2)〕が、なぜMEAsにおいては定型的な紛争解決条項が維持され続けるのだろうか？

それは、地球環境の保護という国際社会の一般的利益の実現を目指すMEAsであっても、それが規律する事態が個々の締約国の個別的利益を侵害することがあり得ないわけではない、少なくとも一部の締約国の認識ではそうである、という事実のためだと思われる。この点については、先にバーゼル条約やカルタヘナ議定書の例に触れたが、地球環境の保護を目指す点で

---

[83] この点については以下を参照：兼原、1994；小森、1998、16-17；宮野、1998、9-11；西村、2005；柴田、2006a；Koskenniemi, 1992；Marauhn, 1996, 720-722；Handl, 1997, 46-48；Wolfrum, 1998, 146-150；Fitzmaurice & Redgwell, 2000, 43-52。

[84] たとえばバーゼル条約遵守メカニズム9項(b)；カルタヘナ議定書遵守手続Ⅳ1.(b)；ロンドン海洋投棄条約1996年議定書の遵守手続4.1.3項(Annex 7, Compliance Procedures and Mechanisms Pursuant to Article 11 of the 1996 Protocol to the London Convention 1972, para,4.1.3., in, LC 29/17.)。前者については、柴田、2003、参照。

[85] Koskenniemi, 1991, 82；Koskenniemi, 1996, 247.

より典型的な条約であるUNFCCCと京都議定書についても、小島嶼国連合（AOSIS）に属するいくつかの国は、自国による本条約／議定書への署名は気候変動の悪影響に関して国家責任法上有する権利を放棄するものと解釈されてはならず、条約／議定書の条項は一般国際法の諸原則から逸脱するものと解釈されてはならないという趣旨の宣言を付していることが注目される[86]。これらの諸国が想定する事態において「加害国」の国家責任を追及することは至難のことと思われるが、しかし、これらの諸国が紛争解決条項に基づいて国家責任を追及する権利は、誰しも否定することはできないと思われる。なおこの点との関連では、小地域の協定ではあるが北米環境協力協定では、締約国による国内環境法の不履行に関する市民の申し立てと、同じく一貫した不履行に起因する国家間申し立てとが、手続的に截然と区別されていることが想起される〔⇒第8章4.(3)〕。すなわち、前者が締約国の共通利益を擁護するための手続であるのに対して、後者は締約国の個別的な通商上の利益の侵害に対処する制度なのである。

なお、遵守手続と紛争解決が競合した場合の調整の事例は知られていないが、UNECEエスポー条約附属書IVの事実調査と同条約14条の2の履行審査の競合については、履行審査手続15項が事実調査の対象となっている事例については履行審査の対象とはしない旨の明文の規定を置く[87]。この規定は、ウクライナが自国領域内のダニューブ・デルタで行った航路浚渫をルーマニアが争ったBystroe Canal事件で適用された。履行委員会はルーマニアの付託の審査を同国の事実調査委員会設置の要請に伴っていったん中止したが、後者の報告提出（2006年7月）の後にルーマニアの新しい付託を受けて審査を行い、2008年1月の報告でウクライナによるエスポー条約3条（通報の義務）の不遵守を認定した[88]。

86　UNFCCC, Status of Ratification: Declarations, last modified on 11 April 2007, (1) Nauru; (2) Tuvalu; (3) Kiribati; (7) Papua New Guinea, Kyoto Protocol, Status of Ratification: Declarations, last modified on 08 July 2009, (4) Cook Islands; (5) Niue; (6) Kiribati; (7) Nauru.
87　ECE/MP.EIA/6, Annex II, Appendix, para.15.
88　See, ECE/MP.EIA/2008/6.

5. まとめ：遵守手続の評価をめぐって

　環境分野に限らず広く規制的な国際合意について遵守手続に理論的支柱を提供したのは、チェイェス夫妻らの「管理学派」である。彼らによれば、不遵守の主要な原因は損得の計算に基づく意図的なものというよりは、多分に解釈の余地を残す条約規定のあいまいさ、技術的、行政的、財政的などの能力の限界、そして規制的な条約が求める社会・経済の変革には時間を要することである。したがって、不遵守は処罰されるべき悪というよりは解決するべき問題であって、これに対処するためには制裁に基礎をおく従来の「強制モデル (enforcement model)」は実効性と正統性とを欠く。彼らがこれに対置する「管理モデル (managerial model)」では、遵守戦略の基礎は条約が提供する規範的枠組みであり、これを基礎として報告制度、遵守問題を提起する行動とその原因の同定、規範の意味やその履行をめぐる紛争を解決するメカニズム、そして規範それ自体を修正し現状に適合させる必要性が論じられ、このような過程におけるNGOsと国際機構の役割の重要性が強調される[89]。以上のような管理学派の議論は、本章で概観してきたMEAsにおける遵守管理の制度とその存在理由を見事に浮き彫りにしたもののように見え、この分野における学説の多くでもその基礎とされているといってよい。

　しかしこれに対しては、現実主義者の立場から伝統的な「強制モデル」を擁護する反論が執拗に行われている。たとえばダウンズらは、管理学派は事例の選択を誤ったという。締約国に対して、従来の行動に意味のある変化を求めないような「協力の深度 (depth of cooperation)」が浅い条約——彼らは、モントリオール議定書もその例だという——なら、強制がなくても高度の遵守が確保できる。「協力の深度」が増して規制が厳格になるにつれて、違反を抑止するために必要な処罰の強度も増さねばならない。強制の不存在ではなく条約規定のあいまいさや能力不足が不遵守のおもな原因だという管理学派の主張も、軍縮や経済の分野だけでなく環境分野でも正当化されないとダウンズらは批判する[90]。また、条約が遵守されるかどうかよりも、それが締約国の

---

[89] Chayes & Chayes, 1995；遠井、1997、参照。
[90] Downs, et al, 1996.

行動を望ましい方向に変化させたかどうかという「実効性(effectiveness)」のほうがより重要なのであって、遵守の程度と実効性の程度とは必ずしも比例しないという指摘もある[91]。

ここでは、もちろんこの論争のどちらかに軍配をあげる用意はない。しかし、次のことだけはいえそうである。すなわち、ダウンズらも彼らが管理学派を非難するのとまったく同様に、事例の選択を誤ったのである。彼らが遵守確保のために強制が必要である例として挙げたのは、軍縮や経済など相互主義が機能する典型的な分野であって、環境分野で彼らがあげた公海漁業の規制についても同じことがいえる。つまり彼らは、個別国家の利害の調整が問題である分野と、国際社会の一般的利益の実現が求められる分野との間の違いを、意識していないのである。ダウンズらが引いた例で唯一国際社会の一般的利益がかかわるのは、タンカーによる海洋の油汚染の規制であるが、彼らがその実効性の理由としてあげたのが基準を満たさないタンカーは排除されるという制裁だった[92]のに対して、むしろ造船業者や船級協会のような私的行為者の自発的な遵守の努力がより重要だったという指摘がある[93]。

このように見るなら、管理学派が推奨する遵守手続は、少なくとも国際社会の一般的利益にかかわる**MEAs**に関しては、「強制モデル」からの効果的な批判を受けていないことが理解できる。こうして遵守手続は、このような分野に関する限りはその理論的妥当性を逆照射されたというべきであろう。しかしもちろん、遵守手続は理論的な説明の妥当性だけに自足してはならない。遵守手続のパイオニアとなったモントリオール議定書は、すでに相当の実行を積み重ねて積極的な評価を確立したといってよいが、それに続く諸手続も次第に実行に移されつつあり、このような実行の分析を踏まえて遵守手続が地球環境の保護というその究極の目的にどのように貢献してきたのか、また、貢献することができるのかを解明することが、国際環境法の重要な課題として浮かび上がるのである。

91　Raustiala, 2000. ただし、この議論は管理学派への批判を意図したものではない。
92　Downs, et al, 1996, 396-397.
93　Raustiala, 2000, 413-414.

補遺：ICJ・ウルグアイ河岸パルプ工場事件判決について

　本書の再校を終えた段階で、ICJによるウルグアイ河岸パルプ工場事件の判決（2010年4月20日）に接した。本判決においてICJは、ウルグアイによる若干の手続的義務の違反を認定したものの、同国が環境保全に関する実体的義務に違反したというアルゼンチンの主張は認めなかった。裁判所は、おもに1975年ウルグアイ河規程の解釈としてこのような判断に達したのであるが、これとの関連で若干の慣習法規則にも言及した。本判決を受けて本文中の叙述を修正する必要があるとは思われないが、本文で述べたことを補足する意味で判決の関連部分を紹介しておくことは有益であろう。ただし、時間的にも技術的にも本文自体に加筆することは困難なので、補遺として以下の若干の説明を付け加えることとしたい。

(1) 手続的義務の違反の法的効果〔⇒第4章4.(2)〕

　裁判所は、ウルグアイが工場等の建設計画を事前にウルグアイ河行政委員会（Comisión Administradora del Rio Uruguay: CARU）に通報しなかったこと、および定められた交渉期間の満了前に建設許可を与えたことによって、ウルグアイ河規程7〜12条が定める手続的義務に違反したと認定した（judgment, paras.111, 122, 149, 282(1).）が、同規程の実体的義務の違反はなかったと判断した（ibid., para.282(2).）。アルゼンチンは手続的義務と実体的義務の不可分性を

理由に、違法行為の中止と原状回復すなわちパルプ工場の撤去を請求したが、裁判所は「手続的義務に関するウルグアイの違法行為の裁判所による認定それ自体が、アルゼンチンにとっての満足の措置を構成する」と考え、原状回復は慣習法が認める賠償の一形態ではあるが、交渉期間の満了後はウルグアイが工場の建設と操業に進むことは妨げられず、同国は1975年規程上の実体的義務には違反していないから、工場の撤去は手続的義務の違反に対する適切な救済をなすものではない、と判断した (ibid., paras.269-270, 273-275.)。

(2) 予防原則による挙証責任の転換〔⇒第5章1. (4)〕

アルゼンチンは、1975年規程は予防的な取り組み方法を採用しており、それによればウルグアイが当該の工場は環境に対して相当の損害を生じないことの挙証責任を負うと主張したが、裁判所はいくつかの先例を援用して「「挙証責任は原告にある (onus probandi incumbit actori)」という十分に確立した原則によれば、ある事実を主張する当事者がその事実の存在を証明する義務を負う」と述べ、「規程の諸規定の解釈および適用において予防的な取組方法は適切かも知れないが、そうだからといって予防的な取組方法が挙証責任の転換をもたらすということにはならない」と判断した (judgment, paras.160, 162-164.)。ICJは、仮保全措置命令の場合〔⇒第5章3. (3)〕と同様に、ここでも予防原則ないしは予防的な取組方法自体に関する自らの考えを直接には示していないが、ウルグアイが1975年規程の実体的義務に違反したというアルゼンチンの主張については、後者がその主張を証明しなかったことを一貫してこれらを拒否する理由としており、少なくとも本件において予防原則に依拠しなかったことは明白だと思われる。

(3) 環境影響評価 (EIA) の法的地位〔⇒第8章4. (2)〕

本件において両当事者はともに、EIAを行う必要性自体については一致したが、両者は行われるべきEIAの範囲と内容において対立した。この点について裁判所は、EIAを行う義務が一般国際法上のものであることを示唆して、

次のようにいう：「規程41条(a)のもとにおける〔水の環境を〕保護し保全する義務は、計画中の産業活動が越境的な文脈において、とりわけ共有資源に対して相当の悪影響を及ぼす危険がある場合に、環境影響評価を行うという慣行に従って解釈されなければならない。この慣行は近年、諸国間において大変広範に受諾されてきたので、今では一般国際法上の要件と見なすことができるかも知れない。さらに、〔ウルグアイ〕河の水量の状況 (le régime du fleuve) またはその水質に影響を与えるかも知れない作業を計画している当事者が、このような作業の潜在的な影響について環境影響評価を行わなかったとすれば、相当の注意義務とこれが含意する警戒および防止の義務は果たされたとは見なされないであろう」(judgment, para.204.)。しかし裁判所は、1975年規程も一般国際法もEIAの範囲および内容を特定していないと指摘し、各事例において必要とされるEIAの特定の内容は、各国が国内立法においてあるいは計画の許可手続において決定するべきことであるが、EIAは計画の実施以前に行われるべきであり、活動の開始以後もその存続中は環境への影響に関する継続的な監視が必要であると判断する (ibid., para.205.)。

参考文献一覧

《条約集、判例集などの参考図書》

Birnie, Patricia W., and Alan Boyle, eds, *Basic Documents on International Law and the Environment*, Oxford University Press, 1995.

Ruster, Bernd, and Bruno Simma, eds., *International Protection of Environment: Treaties and Related Documents*, 31 Vols., Dobbs Ferry and Oceana Publications, 1975-1983.

Sands, Philippe, and Paolo Galizzi, eds., *Documents in International Environmental Law*, 2nd ed., Cambridge University Press, 2004.

地球環境法研究会編『地球環境条約集』第4版、中央法規、2003年

広部和也・臼杵知史(編修代表)『解説国際環境条約集』三省堂、2003年

奥脇直也編『国際条約集』各年度版、有斐閣

広部和也・杉原高嶺(編修代表)『解説条約集』各年度版、三省堂

松井芳郎(編集代表)『ベーシック条約集』各年度版、東信堂

松井・薬師寺・坂元・小畑・德川編『国際人権条約・宣言集』(第3版)東信堂、2005年

Bethlehem, Daniel, James Crawford and Philippe Sands, general eds., *International Environmental Law Reports*, 5 Vols., Cambridge University Press, 1999-2007.

横田喜三郎『国際判例研究 Ⅰ・Ⅱ・Ⅲ』有斐閣、1933年；1970年；1981年

波多野里望・松田幹夫編著『国際司法裁判所 判決と意見(第1巻)』国際書院、1999年

波多野里望・尾崎重義編著『同上(第2巻)』国際書院、1996年

波多野里望・広部和也編著『同上(第3巻)』国際書院、2007年

波多野里望・東寿太郎編著『国際判例研究 国家責任』三省堂、1990年

戸波・北村・建石・小畑・江島編『ヨーロッパ人権裁判所の判例』信山社、2008年

中村民雄・須網隆夫編著『EU法基本判例集』日本評論社、2007年

松下満雄・清水章雄・中川淳司編『ケースブック WTO法』有斐閣、2009年

松井芳郎(編集代表)『判例国際法』(第2版)東信堂、2006年

山本草二・古川照美・松井芳郎編『国際法判例百選』別冊ジュリストNo.159、2001年

《国際機構の文書などの一次資料》

Boutoros Boutoros-Ghali, *Report on the Work of the Organization from the Forty-seventh to the forty-eighth Session of the General Assembly*, United Nations, 1993 (Boutoros-Ghali, 1993).

CEC, Recommendation of the Secretariat to the Council for the development of a Factual Record in accordance with Articles 14 and 15 of the North American Agreement on Environmental Cooperation, A14/SEM/96-001/07/ADV, 7 June 1996.

—— Final Factual Record Presented in Accordance with Article 15 of the North American Agreement on Environmental Cooperation in relation to the "Cruise Ship Pier Project in Cozumel, Quintana Roo", A14/SEM/96-001/13/FFR, 24 October 1997.

—— *Bringing the Facts to Light: A Guide to Articles 14 and 15 of the North American Agreement for Environmental Cooperation*, CEC, 2000 (CEC, 2000).

COE, Explanatory report to the Additional Protocol to the European Social Charter providing for a system of collective complaints, *CETS* No.: 158, 1995 (COE, 1995).

—— Parliamentary Assembly, Recommendation 1614 (2003), Environment and human rights, adopted on 27 June 2003. (COE, 2003).

Commission on Human Rights, Sub-Commission on Prevention of Discrimination and Protection of Minorities, Human Rights and Environment, Preliminary, Progress, Second progress and Final reports presented by Mrs. Fatma Zohra Ksentini, Special Rapporteur, E/CN.4/Sub.2/1991/8, 2 August 1991; E/CN.4/Sub.2/1992/7, 2 July 1992; E/CN.4/Sub.2/1993/7, 26 July 1993; E/CN.4/Sub.2/1994/9, 6 July 1994.

Human Rights and the Environment: Reports of the Secretary-General prepared in accordance with Commission resolutions 1995/14 and 1996/13, E/CN.4/1996/23, and Add.1, 31 January 1996 and 13 March 1996; E/CN.4/1997/18, 9 December 1996.

CCPR, General Comment No.23: The rights of minorities (Art.27), CCPR/C/21/Rev.1/Add.5, 8 April 1994.

CITES, Fifty-fourth meeting of the Standing Committee, 2-6 October 2006, document submitted by the CITES Secretariat, Compliance Committees within MEAs and the Desirability and Feasibility of Establishing Special Compliance Bodies Under CITES, SC54 Inf.3, 20 May 2004.

CSD, Report on the Second Session, ECOSOCOR, 1994, Supp. No.13, E/1994/33/Rev.1-E/CN.17/1994/20/Rev.1.

—— Report of the Third Session, ECOSOCOR, 1995, Supp. No.12, E/1995/32-E/CN.17/1995/36.

—— Overall progress achieved since the UNCED: Report of the Secretary-General, Addendum, International legal instruments and mechanisms, E/CN.17/1997/2/Add.29, 21 January, 1997.

—— Rio Declaration on Environment and Development: application and implementation,

Report of the Secretary-General, E/CN.17/1997/8, 10 February 1997.

ENMOD, Final Document of the Second Review Conference of the Parties to the Convention on the Prohibition of Military or Any Other Hostile Use of Environmental Modification Techniques, ENMOD/CONF.II/12, 1992.

EU Commission, Communication from the Commission on the precautionary principle, COM/2000/0001 final.

GEF, Council, Information Document, Incremental Costs, GEF/C.7/Inf.5, February 29, 1996.

ILC, Draft Articles on the Law of Treaties with Commentary, in, Report on the work of its eighteenth session, *YbILC*, 1966, Vol.II .

―― Report on the work of its twenty-fifth session, A/9010/Rev.1, in, *YbILC*, 1973, Vol.II.

―― Report on the work of its twenty-eighth session, A/31/10, in, *YbILC*, 1976, Vol.II Part Two.

―― Report on the work of its twenty-ninth session, A/32/10, in, *YbILC*, 1977, Vol.II Part Two.

―― Report on the work of its thirtieth session, A/33/10, in, *YbILC*, 1978, Vol.II Part Two.

―― Preliminary report on international liability for injurious consequences arising out of acts not prohibited by international law, by Mr. Robert Q. Quentin-Baxter, Special Rapporteur, A/CN.4/334 and Add.1 and Add.2, in, *YbILC*, 1980, Vol.II Part One.

―― Survey of State practice relevant to international liability for injurious consequences arising out of acts not prohibited by international law, prepared by the Secretariat, A/CN.4/384, 16 October 1983, *YbILC*, 1985, Vol.II Part One.

―― Draft articles on Prevention of Transboundary Harm from Hazardous Activities, with commentaries, in, Report of the International Commission on the work of its fifty-third session, A/56/10, *YbILC*, 2001, Vol.II Part Two.

―― Survey of liability regimes relevant to the topic of international liability for injurious consequences arising out of acts not prohibited by international law (international liability in case of loss from transboundary harm arising out of hazardous activities), Prepared by Secretariat, A/CN.4/543, 24 June 2004.

―― The effect of armed conflict on the treaties: an examination of practice and doctrine, Memorandum by the Secretariat, A/CN.4/550, 1 February 2005.

―― Fifty-seventh session, First report on the effects of armed conflicts on treaties, by Mr. Ian Brownlie, Special Rapporteur, A/CN.4/552, 21 April 2005.

―― Fifty-eighth session, Third report on the legal regime for the allocation loss in case of transboundary harm arising out of hazardous activities, by Pemmaraju Sreenivasa Rao, Special Rapporteur, A/CN.4/566, 7 March 2006.

―― Fifty-ninth session, Effects of Armed Conflicts on Treaties, Report of the Working Group, A/CN.4/L.718, 24 July 2007.
―― Report on the work of its fifty-third session, *GAOR*, Fifty-fifth session, Supplement No.10 (A/56/10).
―― Report on the work of its fifty-eighth session, *GAOR*, Sixty-first session, Supplement No.10 (A/61/10).
―― Fragmentation of International Law: Difficulties Arising from the Diversification and Expansion of International Law, Report of the Study Group of International Law Commission Finalized by Martti Koskenniemi, A/CN.4/L.682, 13 April 2006.
IMO, Twenty-Ninth Consultative Meeting of Contracting Parties to the Convention on the Prevention of Marine Pollution by Dumping of Wastes and Other Matter 1972 & Second Meeting of Contracting Parties to the 1996 Protocol to the Convention on the Prevention of Marine Pollution by Dumping of Wastes and Other Matter 1972, Report of the Twenty-Ninth Consultative Meeting and the Second Meeting of Contracting Parties, LC 29/17, 14 December 2007.
IPCC, *16 Years of Scientific Assessment in Support of the Climate Convention*, December 2004 (IPCC, 2004).
OECD, Guiding Principles Concerning International Economic Aspects of Environmental Policies, 11 *ILM* 1172 (1972) (OECD, 1972).
―― *Legal Aspects of Transfrontier Pollution*, 1977 (OECD, 1977).
―― *The Environmental Effects of Trade*, 1994：環境庁地球環境部監訳『貿易と環境：貿易が環境に与える影響』中央法規、1995年 (OECD：邦訳、1995)
UNCC Governing Council, Criteria for Additional Categories of Claims, S/AC.26/1991/7/Rev.1, 17 March 1992.
―― Report and Recommendations Made by the Panel of Commissioners concerning the Fifth Instalment of "F4" Claims, S/AC.26/2005/10, 30 June 2005.
United Nations Conference on the Human Environment, Development and Environment: Report by the Secretary-General, A/CONF.48/10, 22 December 1971.
―― Report of the United Nations Conference on the Human Environment, Stockholm, 5-16 June 1972, A/CONF.48/14/Rev.1.
UNCED, Report of the United Nations Conference on Environment and Development, A/CONF.151/26/Rev.1.
―― The final text of agreements negotiated by Governments at the UNCED, 3-14 June 1992, Rio de Janeiro, Brazil (Agenda 21: Programme of Action for Sustainable Development; Rio Declaration on Environment and Development; Statement of Forest Principles), United Nations Publications – Sales No. E.93.1.11：環境庁・外

務省監訳『アジェンダ21』海外環境協力センター、1993年

UNDP, *Human Development Report 1998: Consumption for Human Development*, Oxford University Press, 1998：UNDP人間開発報告書1998『消費パターンと人間開発』(日本語版)国際協力出版会、1998年(UNDP, 1998：邦訳)

United Nations Department for Policy Coordination and Sustainable Development, Report of the Expert Group Meeting on Identification of Principle of International Law for Sustainable Development, Geneva, Switzerland, 26-28 September 1995, available at <http://www.un.org/gopher-data/esc/cn17/1996/backgrnd/law.txt> (DPCSD, 1995).

UNECE, Charter on Environmental Rights and Obligations: Draft, 21/2 *Env. Pol. & L.* 81 (1991) (UNECE, 1991).

―― The Aarhus Convention: An Implementation Guide, United Nations, 2000 (UNECE, 2000).

―― Executive Body for the Convention on Long-Range Transboundary Air Pollution, Report of the Nineteenth Session of the Executive Body, ECE/EB.AIR/75, 16 January 2002.

―― Meeting of the Parties to the Convention on Access to Information, Public Participation in Decision-making and Access to Justice in Environmental Matters, Report of the First Meeting of the Parties, ECE/MP.PP/2/Add.8, 2 April 2004.

―― Meeting of the Parties to the Convention on Environmental Impact Assessment in a Transboundary Context, Report of the Third Meeting, ECE/MP.EIA/6, 13 September 2004.

―― Guidance Document on Aarhus Convention Compliance Mechanism, v. 07. 2006 (UNECE, 2006).

―― Meeting of the Parties to the Convention on Environmental Impact Assessment in a Transboundary Context, Finding and recommendation further to a submission by Romania regarding Ukraine (EIA/IC/S/1), ECE/MP.EIA/2008/6., 27 February 2008.

UNECE/WHO Regional Office for Europe, Report of the Meeting of the Parties to the Protocol on Water and Health to the Convention on the Protection and Use of Transboundary Watercourses and International Lakes on Its First Meeting, ECE/MP.WH/2/Add.3 - EUR/06/5069385/1/Add.3, 3 July 2007.

UNEP, Report of the Governing Council on the work of its sixth session, 9-25 May 1978, *GAOR*, forty-second session, Supplement No.25 (A/33/25).

―― Report of the Governing Council on the work of its fourteenth session, 8-19 June 1987, *GAOR*, forty-second session, Supplement No.25 (A/42/25).

—— Report of the Governing Council on the work of its fifteenth session, 15-26 May 1989, *GAOR*, forty-forth session, Supplement No.25 (A/44/25).

—— Governing Council, MEAs application of environmental norms by military establishment: Report of the Executive Director, Addendum, UNEP/GC.18/6/Add.1, 14 May 1995.

—— Decision SS.VII/4, Compliance with and enforcement of multilateral environmental agreements, in, Report of the Governing Council, Seventh Special Session/Global Ministerial Environmental Forum, 13-15 February 2002, UNEP/GCSS.VII/6, 43-44. Text of the Guideline, in, UNEP, Global Ministerial Environmental Forum, Implementation of Decisions Adopted by the Governing Council at its Twenty-First Session, Report of the Executive Director, Addendum, UNEP/GCSS.VII/4/Add.2, 23 November 2001 (UNEP, 2002, Guidelines).

—— Compliance Mechanisms Under Selected Multilateral Environmental Agreements, UNEP, 2007 (UNEP, 2007).

—— Report of the Second Meeting of the *Ad Hoc* Working Group of Legal Experts on Non-Compliance with the Montreal Protocol, UNEP/OzL.Pro/WG.3/2/3, 11 April 1991.

—— Report of the Third Meeting of the *Ad Hoc* Working Group of Legal Experts on Non-Compliance with the Montreal Protocol, UNEP/OzL.Pro/WG.3/3/3, 9 November 1991.

—— Report of the Fourth Meeting of the Parties to the Montreal Protocol on Substances That Deplete the Ozone Layer, Copenhagen, 23-25 November 1992, UNEP/OzL.Pro.4/15, 25 November 1992.

—— Report of the Seventh Meeting of the Parties to the Montreal Protocol on Substances That Deplete the Ozone Layer, Vienna, 5-7 December 1995, UNEP/OzL.Pro.7/12, 27 December 1995.

—— Report of the Tenth Meeting of the Parties to the Montreal Protocol on Substances That Deplete the Ozone Layer, Cairo, 23-24 November 1998, UNEP/OzL.Pro/10/9, 3 December 1998.

—— Report of the Nineteenth Meeting of the Parties to the Montreal Protocol on Substances That Deplete the Ozone Layer, Montreal, 17-21 September 2007, UNEP/OzL.Pro.19/7, 21 September 2007.

—— *The Programme for the Development and Periodic Review of Environmental Law for the First Decade of the Twenty-First Century*, 2001 (UNEP, 2001).

—— Report of the Conference of the Parties to the Basel Convention on the Control of Transboundary Movements of Hazardous Waste and Their Disposal, Sixth

meeting, Geneva, 9-13 December 2002, UNEP/CHW.6/40, 10 February 2003.
—— Report of the Sixth Meeting of the Conference of the Parties to the Convention on Biological Diversity, UNEP/CBD/COP/6/20, 27 May 2002.
—— Further Information and Experience Regarding Cases of Repeated Non-Compliance under the Compliance Mechanisms of Other Multilateral Environmental Agreements: Compilation by the Compliance Committee, UNEP/CBD/BS/COP-MOP/4/2/Add.1, 6 December 2007.
—— Convention on Biological Diversity, Group of Technical and Legal Exparts on Compliance in the Context of the International Regime on Access and Benefit-Sharing, Note by the Ececutive Secretary, Addendum, Submission from the UNEP, UNEP/CBD/ABS/GTLE/2/2/Add.2, 23 January 2009.
—— *From Conflict to Peacebuilding: The Role of Natural Resources and the Environment*, 2009 (UNEP, 2009).
UNFCCC, Report of the Conference of the Parties serving as the meeting of the Parties to the Kyoto Protocol on its First session, held at Montreal from 28 November to 10 December 2005, FCCC/KP/CMP/2005/8/Add.1, 30 March 2006 ; Addendum, FCCC/KP/CMP/2005/8/Add.3.
—— Annual Report of the Compliance Committee to the Conference of the Parties serving as the meeting of the Parties to the Kyoto Protocol, FCCC/KP/CMP/2008/5, 31 October 2008.
UNGA, Report of the Conference of the Committee on Disarmament, *GAOR*, Thirty-First session, Supplement No.27 (A/31/27).
—— Report of the Human Rights Committee, Vol.II, *GAOR*, Forty-fifth session, Supplement No.40 (A/45/40).
—— Report of the Conference on Disarmament, *GAOR*, Forty-seventh session, Supplement No.27 (A/47/27).
—— Protection of the Environment in Times of Armed Conflict: Report of the Secretary-General, A/47/328, 31 July 1992.
—— Official Records, Forty-eighth Session, Supplement No.4 (A/48/4), Report of the International Court of Justice, 1 August 1992-31 July 1993.
—— Guidelines for Military Manuals and Instructions on the Protection of the Environment in Times of Armed Conflict, United Nations Decade of International Law: Report of the Secretary General, A/49/323, 19 August 1994, Annex.
—— Official Records, Fifty-sixth Session, Supplement No.19 (A/56/19), Report of the Commission on Sustainable Development acting as the preparatory committee for the World Summit on Sustainable Development, Organizational session (30 April-2

May 2001).
―― Sixty-first session, 107th and 108th meetings, 13 September 2007, A/61/PV.107 and A/61/PV.108.
―― Official Records, Sixty-second Session, Supplement No.4 (A/62/4), Report of the International Court of Justice, 1 August 2006-31 July 2007.
[US Government] "Joint letter from John Bellinger and William Haynes to Jakob Kellenberger on Customary International Law Study", 46 *ILM* 514 (2007), reproduced in, 89 *Int'l Rev. Red Cross* 443 (2007). (joint letter, 2007).
WSSD, Report of the Commission on Sustainable Development acting as the preparatory committee for the World Summit on Sustainable Development, Organizational session (30 April-2 May 2001), A/CONF.199/4.
―― Report of the World Summit on Sustainable Development, Johannesburg, South Africa, 26 Augst-4 September 2002, A/CONF.199/20.
―― Type 2 Partnership Initiatives; Supplement to Type 2 Partnership Initiatives, A/CONF.199/CRP.5 and Add.1, 28 August 2002 and 30 August 2002.
WTO, Committee on Trade and Environment, Report (1996) of the Committee on Trade and Environment, WT/CTE/1, 12 November 1996.
―― Doha WTO Ministerial 2001, Ministerial Declaration, 14 November 2001, WT/MIN (01)/DEC/1.
―― Committee on Trade and Environment, *Matrix on Trade Measures Pursuant to Selected Multilateral Environmental Agreements*, WT/CTE/W/160/Rev.4 – TN/TE/S/5/Rev.2, 14 March 2007.
―― Committee on Trade and Environment Special Session, Summary Report on the Nineteenth Meeting of CTESS, 11-12 June 2007, TN/TE/R/19, 8 August 2007.

《研究論文および著書》

Al-Nauimi, Najeeb, and Richard Meese, eds., *International Legal Issues Arising under the United Nationas Decade of International Law*, Martinus Nijhoff, 1995 (Al-Nauimi & Meese, eds., 1995).
Anaya, James, "Mayagna Indigenous Community of Awas Tingni and Its Efforts to Gain Recognition of Traditional Lands", in, Picolotti & Taillant, 2003 (Anaya, 2003).
Anderson, Michael R., "Human Rights Approaches to Environmental Protection: An Overview", in, Boyle & Anderson, 1996 (Anderson, 1996).
Anghie, Anthony, *Imperialism, Sovereignty and the Making of International Law*, Cambridge University Press, 2005 (Anghie, 2005).

Atapattu, Sumud A., *Emerging Principles of International Environmental Law*, Transnational Publishers, 2006(Atapattu, 2006).

Austin, Jay E. and Carl E. Bruch, eds., *The Environmental Consequences of War: Legal, Economic and Scientific Perspectives*, Cambridge University Press, 2000(Austin & Bruch, 2000).

Bakker, Christine, and Luisa Vierucci, "Introduction: a normative or pragmatic definition of NGOs?", in, Dupuy & Vierucci, 2008(Bakker & Vierucci, 2008).

Bar, Christian von, "Environmental Damage in Private International Law", 268 *RdC* 293 (1997)(Bar, 1997).

Barboza, Julio, "International Liability for the Injurious Consequences of Acts Not Prohibited by International Law and Protection of the Environment", 247 *RdC* 292 (1994-III)(Barboza, 1994).

Bartels, Lorand ,"Applicable Law in WTO Dispute Settlement Proceedings", 35 *JWT* 499 (2001)(Bartels, 2001).

Baxter, R. R., "International Law in "Her Infinite Vareity"", 29 *ICLQ* 549(1980) (Baxter, 1980).

Bernasconi-Osterwalder, Nathalie et.al., *Environment and Trade: A Guide to WTO Jurisprudence*, Earthscan, 2006(Bernasconi-Osterwalder, et al., 2006).

Beyerlin, Ulrich, "State Community Interests and Institution-Building in International Environmental Law", 56 *ZaöRV* 602(1996) (Beyerlin, 1996).

Beyerlin, Ulrich, and Martin Reichard, "The Johannesburg Summit: Outcome and Overall Assessment", 63 *ZaöRV* 214(2003) (Beyerlin & Reichard, 2003).

Bilder, Richard B., "The Settlement of Disputes in the Field of the International Law of the Environment", 144 *RdC* (1975-I) 139(Bilder, 1975).

Birnie, Patricia and Alan Boyle, *International Law and the Environment*, 1st ed., Oxford University Press,1992(Birnie & Boyle,1992).

―― *International Law and the Environment*, 2nd ed., Oxford University Press, 2002；パトリシア・バーニー／アラン・ボイル：池島大策・富岡仁・吉田脩訳『国際環境法』慶應義塾大学出版会、2007年(Birnie & Boyle, 2002：邦訳)

Blomeyer-Bartenstein, Horst, "Due Diligence", 10 *EPIL* 138(Blomeyer-Bartenstein, 10 *EPIL*).

Bodansky, Daniel, Remarks by, Panel: New Development in International Environmental Law, 85 *ASIL Proc.* 413(1991) (Bodansky, 1991).

―― "The United Nations Framework Conventioun on Climare Change: A Commentary", 18 *Yale J. Int'l L.* 451(1993) (Bodansky, 1993).

―― "Customary(and Not So Customary)International Environmental Law, 3 *Ind. J.*

Global Legal Stud. 105 (1995-1996) (Bodansky, 1995-1996).
—— "The Legitimacy of International Governance: A Coming Challenge for International Environmental Law?", 93 *AJIL* 596 (1999) (Bodansky, 1999).
—— "The Role of Reporting in International Environmental Treaties: Lessons for Human Rights Supervision", in, Alston, Philip, and Crawford, James, eds., *The Future of UN Human Rights Treaty Monitoring*, Cambridge University Press, 2000 (Bodansky, 2000a).
—— "What's So Bad about Unilateral Action to Protect the Environment?", 11 *EJIL* 339 (2000) (Bodansky, 2000b).
—— "Rules vs. Standards in International Environmental Law", 98 *ASIL Proc.* 275 (2004) (Bodansky, 2004).
Bodansky, Daniel, Jutta Brunnee and Ellen Hey, eds., *The Oxford Handbook of International Environmental Law*, Oxford University Press, 2007 (Bodansky, et al., eds., 2007).
Bodansky, Daniel, Jutta Brunnee and Ellen Hey, "International Environmental Law: Mapping the Field", in, Bodansky, et al, eds., 2007 (Bodansky, et al., 2007).
Boisson de Chazournes, Lawrence, "Technical and Financial Assistance", in, Bodansky, et al., eds., 2007 (Boisson de Chazournes, 2007).
Bosselmann, Klaus and Benjamin Richardson, eds., *Environmental Justice and Market Mechanisms: Key Challenges for Environmental Law and Policy*, Kluwer Law International, 1999 (Bosselmann & Richardson, eds.1999).
Bosselmann, Klaus and Benjamin Richardson, "Introduction: New Challenges for Environmental Law and Policy", in, Bosselmann & Richardson, eds. 1999 (Bosselmann & Richardson, 1999).
Bothe, Michael, "War and Environment", 4 *EPIL* 290 (1982) (Bothe, 4 *EPIL*).
—— "The Protection of the Environment in Times of Armed Conflict: Legal Rules, Uncertainty, Deficiencies and Possible Development", 34 *GYIL* 54 (1991) (Bothe 1991).
Bouvier, Antoine, "Protection of the natural environment in time of armed conflict", 285 *Int'l Rev. Red Cross*, 567 (1991) (Bouvier, 1991).
Bowman, Michael and Alan Boyle, *Environmental Damage in International and Comparative Law*, Oxford University Press, 2002 (Bowman & Boyle, 2002).
Bowman, Michael, "The Definition and Valuation of Environmental Harms: An Overview", in, Bowman & Boyle, 2002 (Bowman, 2002).
Boyle, Alan, "State Responsibility and International Liability for Injurious Consequences of Acts Not Prohibited by International Law: A Necessary Distinction?", 39 *ICLQ* 1 (1990) (Boyle, 1990).

―― "Making the Polluter Pay? Alternative to State Responsibility in the Allocation of Transboundary Environmental Costs", in, Francioni & Scovazzi, eds. 1991. (Boyle, 1991a).

―― "Saving the World? Implementation and Enforcement of International Environmental Law through International Institutions", 3 *J. Envtl. L.* 229 (1991) (Boyle, 1991b).

―― "International Law and Protection of the Global Atmosphere: Concepts, Categories and Principles", in, Churchill & Freestone, 1991 (Boyle, 1991c).

―― "Comment on the Paper by Diana Poce-Nava", in, Lang, ed., 1995 (Boyle, 1995).

―― "The Role of International Human Rights Law in the Protection of the Environment", in, Boyle & Anderson, 1996 (Boyle, 1996).

―― "Some Reflections on the Relationship of Treaties and Soft Law", 48 *ICLQ* 901 (1999) (Boyle, 1999).

―― "Reparation for Environmental Damages in International Law: Some Preliminary Remarks", in, Bowman & Boyle, 2002 (Boyle, 2002).

―― "Globalising Environmental Liability: The Interplay of National and International Law", 17 *J. Envtl. L.* 3 (2005) (Boyle, 2005).

―― "Relationship between International Environmental Law and Other Branches of International Law", in, Bodansky, et al., eds., 2007 (Boyle, 2007).

Boyle, Alan E. and Michael R. Anderson, eds., *Human Rights Approaches to Environmental Protection*, Clarendon Press, 1996 (Boyle & Anderson, 1996).

Boyle, Alan, and David Freestone, eds., *International Law and Sustainable Development: Past Achievements and Future Challenges*, Oxford University Press., 1999 (Boyle & Freestone, 1999).

Boyle, Alan, and Christine Chinkin, *The Making of International Law*, Oxford University Press, 2007 (Boyle & Chinkin, 2007).

Brownlie, Ian, "A Survey of International Customary Rules of Environmental Protection", in, Teclaff & Utton, 1974 (Brownlie, 1974).

―― "Some Questions Concerning the Applicable Law in International Tribunals", in, Makarczyk, 1996 (Brownlie, 1996).

―― *Principles of Public International Law*, 6th ed., Oxford University Press, 2003 (Brownlie, 2003).

Brunnee, Jutta, "COPing with Concent: Law-Making Under Multilateral Environment Agreements", 15 *Leiden J. Inter'l L.* 1 (2002) (Brunnee, 2002).

―― "Common Areas, Common Heritage, and Common Concern", in, Bodansky, et al., eds., 2007 (Brunnee, 2007).

Burhenne-Guilmin, Francois, and Susan Casy-Lefkowitz, "The Convention on Biological

Diversity: A Hard Won Global Achievement", 3 *YbIEL* 43(1992) (Burhenne-Guilmin & Casy-Lefkowitz, 1992).

Buzan, Barry, "Negotiating by Consensus: Developments in Technique at the United Nations Conference on the Law of the Sea", 75 *AJIL* 324(1981) (Buzan, 1981).

Cameron, James, "The GATT and the Environment", in, Sands, ed.,1993(Cameron, 1993).

Cameron, James, and Juli Abouchar, "The Status of the Precautionary Principle in International Law", in, Freestone & Hey, eds., 1996(Cameron & Aboucher, 1996).

Caron, David D., "Liability for Transnational Pollution Arising from Offshore Oil Development: A Methodological Approach", 10 *Ecology L. Q.* 651(1982-1983) (Caron, 1982-1983).

Carson, Rachel, *Silent Spring*, 1962, 青樹簗一訳『沈黙の春』新潮文庫、1964年

Chinkin, Christine M., "Crisis and the Performance of International Agreements: The Outbreak of War in Perspective", 7 *Yale J. World Pub. Ord.* 177(1980-1981) (Chinkin, 1980-1981).

―― "The Challenge of Soft Law: Development and Change in International Law", 38 *ICLQ* 850(1989) (Chinkin, 1989).

Charnovitz, Steve, "The NAAEC and Its Implications for Environmental Cooperation, Trade Policy, and American Treaty-Making", in, Rubin, Senour J. and Dean C. Alexander, eds., *NAFTA and the Environment*, Kluwer Law International, 1996 (Charnovitz, 1996).

―― "Nongovernmental Organizations and International Law", 100 *AJIL* 348(2006) (Charnovitz, 2006).

Chayes, Abram, and Antonia Handler Chayes, *The New Sovereignty: Compliance with International Regulatory Agreements*, Harvard University Press, 1995(Chayes & Chayes, 1995).

Chengyuan, Tang, "Legal Aspects of the Global Partnership between North and South", in, Al-Nauimi & Meese, eds., 1995(Chengyuan, 1995).

Chowdhury, Subrata Roy, "Common but differentiated State responsibility in international environmental law: from Stockholm(1972) to Rio(1992)", in, Ginter, et al., eds., 1995(Chowdhury, 1995).

Christol, Carl Q., "International Liability for Damage Caused by Space Objects", 74 *AJIL* 346(1980) (Christol, 1980).

Churchill, Robin, and David Freestone, eds., *International Law and Global Climate Change*, Graham & Trotman/Martinus Nijhoff, 1991(Churchill & Freestone, 1991)

Churchill, Robin, and Geir Ulfstein, "Autonomous Institutional Arrangements in Multilateral Environmental Agreements: A Little-Noticed Phenomenon in

International Law", 94 *AJIL* 623 (2000) (Churchill & Ulfstein, 2000).

Churchill, Robin R. and Urfan Khaliq, "The Collective Complaints System of the European Social Charter: An Effective Mechanism for Ensuring Compliance with Economic and Social Rights?", 15 *EJIL* 417 (2004) (Churchill & Khaliq, 2004).

Cullet, Philippe, "Differential Treatment in International Law towards a New Paradigm of Inter-state Relations", 10 *EJIL* 549 (1999) (Cullet, 1999).

Dejeant-Pons, Maguelonne and Marc Pallemaerts, *Human rights and the environment*, Council of Europe Publishing, 2002 (Dejeant-Pons & Pallemaerts, 2002).

Delbrück, Jost, "Proportionality", 7 *EPIL* 396 (1984) (Delbrück, 7 *EPIL*).

Desgagne, Richard, "Integrating Environmental Values into the European Convention on Human Rights", 89 *AJIL* 263 (1995) (Desgagne, 1995).

Dinstein, Yoram, "Protection of the Environment in International Armed Conflict", 5 *Max Planck UNYB* 523 (2001). (Dinstein, 2001).

Dommen, Caroline, "Claiming Environmental Rights: Some Possibilities Offered By The United Nations' Human Rights Mechanisms", 11 *Geo. Int'l Envtl. L. Rev.* 1 (1998-1999) (Dommen, 1998-1999).

Douma, Wybe Th., "The Precautionary Principle in the European Union", 9 *RECIEL* 132 (2000) (Douma, 2000).

Downs, George W., David M. Rocke, and Peter N. Barsoon, "Is the good news about compliance good news about cooperation?", 50 *Int'l Org.* 379 (1996) (Downs, et al, 1996).

Dunoff, Jeffrey L., "The Death of the Trade Regime", 10 *EJIL* 733 (1999) (Dunoff, 1999)

Dupuy, Pierre-Marie, "United Nations Environment Programme", 5 *EPIL* 319 (Dupuy, 5 *EPIL*).

―― remarks by, in, Panel: A Hard Look at Soft Law, 82 ASIL Proc. 381 (1988) (Dupuy, 1988).

―― "Soft Law and the International Law of the Environment", 12 *Mich. J. Int'l L.* 420 (1991) (Dupuy, 1991).

―― "Ou en est le droit international de l'environment a la fin de siècle?", 101 *RGDIP* 873 (1977) (Depuy, 1997).

―― "Conclusion: return on the legal status of NGOs and on the methodological problems which arise for legal scholarship", in, Dupuy & Vierucci, 2008 (Dupuy, 2008).

Dupuy, Pierre-Marie, and Luisa Vierucci, eds., *NGOs in International Law: Efficiency in Flexibility?*, Edward Elgar, 2008 (Dupuy & Vierucci, 2008).

Dworkin, Ronald M., "The Model of Rules", 35 *U. Ch. L. Rev.* 14 (1967) (Dworkin, 1967).

Edeson, W.R., "The Code of Conduct for Responsible Fisheries: An Introduction", 11 *Int'l*

J. Marine & Coastal L. 233 (1996) (Edeson, 1996).

Ellis, Jaye, "Overexploitation of a Valuable Resource? New Literature on the Precautionary Principle", 17 *EJIL* 445 (2006) (Ellis, 2006).

Enderlin, Tim, "Alpine Convention: A Different Compliance Mechanism", 33 *Envtl Pol'y & L.* 155 (2003) (Enderlin, 2003).

Eustis, Robert D., "Procedures and Thechniques of Multinational Negotiations: The LOS III Model", 17 *Va.J. Int'l L.* 217 (1976-1977) (Eustis, 1976-1977).

Evensen, Jens, "Working Methods and Procedures in the Third United Nations Conference on the Law of the Sea", 199 *RdC* 415 (1986-IV) (Evensen, 1986).

Falk, Richard, "The Environmental Law of War: an Introduction", in, Plant, 1992 (Falk, 1992).

—— "The Inadequacy of the Existing Legal Approach to Environmental Protection in Wartime", in, Austin & Bruch, 2000 (Falk, 2000).

Fenrick, William J., "The Rule of Proportionality and Protocol I in Conventional Warfare", 98 *Military L. Rev.* 91 (1982) (Fenrick, 1982).

Fisher, Elizabeth, "Is the Precautionary Principle Justiciable?", 13 *J. Env'l. L.* 315 (2001) (Fisher, 2001).

Fitzmaurice, Malgosia, "The Contribution of Environmental Law to the Development of Modern International Law", in, Makarczyk, 1996 (Fitzmaurice, 1996).

Fitzmaurice, M.A., and C. Redgwell, "Environmental Non-Compliance Procedures and International Law", 31 *NYIL* 35 (2000) (Fitzmaurice & Redgwell, 2000).

Francioni, Francesco, and Tullio Scovazzi, eds., *International Responsibility for Environmental Harm*, Graham & Trotman, 1991 (Francioni & Scovazzi, 1991).

Freestone, David, "The Precautionary Principle", in, Churchill & Freestone, 1991 (Freestone, 1991).

—— "The Road from Rio: International Environmental Law after the Earth Summit", 6 *J. Envtl. L.* 193 (1994) (Freestone, 1994).

—— "International Fisheries Law Since Rio: The Continued Rise of the Precautionary Principle", in, Boyle & Freestone, 1999 (Freestone, 1999).

Freestone, David, and Ellen Hey, "Origin and Development of the Precautionary Principle", in, Freestone & Hey, eds., 1996 (Freestone & Hey, 1996).

Freestone, David, and Ellen Hey, eds., *The Precautionary Principle and International Law: The Challenge of Implementation*, Kulwer Law International, 1996 (Freestone & Hey, eds., 1996).

French, Duncan, "Developing States and International Environmental Law: The Importance of Differentiated Responsibilities", 49 *ICLQ* 35 (2000) (French, D., 2000).

——— "A Reappraisal of Sovereignty in the Light of Global Environmental Concerns", 21 *Legal Stud.* 376 (2001) (French, D., 2001).
——— *International Law and Policy of Sustainable Development*, Manchester University Press, 2005 (French, D., 2005).
French, Hilary, "The Role of Non-State Actors", in, Werksman, ed., 1996 (French, H., 1996).
Fuentes, Ximena, "International Law-making in the Field of Sustainable Development: The Unequal Competition between Development and the Environment", in, Schrijver & Weiss, 2004 (Fuentes, 2004).
Ginter, Denters and de Waart, eds., *Sustainable Development and Good Governance*, Martinus Nijhoff, 1995 (Ginter, et al., 1995).
Gladwin, Thomas N., "Environment, Development, and Multinational Enterprise", in, Pearson, ed., 1987 (Gladwin, 1987a).
——— "A Case Study of Bhopal Tragedy", in, Pearson, ed., 1987 (Gladwin, 1987b).
Goldemberg, Jose, ed., *Issues & Options: The Clean Development Mechanism*, UNDP, 1998 (Goldemberg, 1998).
Goldie, L. F. E., "Liability for Damage and the Progressive Development of International Law", 14 *ICLQ* (1965) 1189 (Goldie, 1965).
——— "International Principles of Responsibility for Pollution", 9 *Colum. J. Transnat'l L.* 283 (1970).
Gray, Christine, *Judicial Remedies in International Law*, Clarendon Press, 1990 (Gray, 1990).
Gündling, Lothar, "Environment, International Protection", 9 *EPIL* 119 (Gündling, 9 *EPIL*).
——— "The Status in International Law of the Principle of Precautionary Action", 5 *Int'l J. Estuarine & Coastal L.* 23 (1990) (Gündling, 1990).
Gupta, Joyeeta, "The Role of Non-State Actors in International Environmental Affairs", 63 *ZaöRV* 459 (2003) (Gupta, 2003).
Haas, Peter M., "Do regimes matter? Epistemic communities and Mediterranean pollution control", 43 *Inter'l Org.* (1989) 377 (Haas, 1989).
Halvorssen, Anita Margrethe, *Equality Among Unequals in International Environmental Law: Differential Treatment for Developing Countries*, Westview, 1999 (Halvorssen, 1999).
Hamwey, Robert, and Francisco Szekely, "Practical Approaches in the Energy Sector", in, Goldemberg, ed., 1998 (Hamwey & Szekely, 1998).
Handl, Günther, "Territorial Sovereignty and the Problem of Transnational Pollution", 69

AJIL 50 (1975) (Handl, 1975).

—— "Environmental Security and Global Change: The Challenge to International Law", in, Lang, et al., 1991 (Handl, 1991).

—— "Controlling Implementation of and Compliance with International Environmental Law: The Rocky Road from Rio", 5 *Colo. J. Int'l Envtl. L. & Pol'y* 305 (1994) (Handl, 1994).

—— "Compliance Control Mechanisms and International Environmental Obligations", 5 *Tul. J. Int'l & Comp. L.* 29 (1997) (Handl, 1997).

—— "International Accountability for Transboundary Environmental Harm Revisited: What Role for "State Liability"", 37 *Envtl Pol'y. & L.* 116 (2007) (Handl, 2007a).

—— "Transboundary Impacts", in, Bodansky, et al, eds., 2007 (Handl, 2007b).

Hardin, Garrett, "The Tragedy of the Commons", 162 *Science* 1243 (1968) (Hardin, 1968).

Hardy, Michael, "The United Nations Environmental Program", in, Teclaff & Albert, 1974 (Hardy, 1974).

Henckaerts, Jean-Marie, "Towards Better Protection for the Environment in Armed Conflict: Recent Developments in Inernational Humanitarian Law", 9 *RECIEL* 13 (2000) (Henckaerts, 2000).

Hewison, Grant J., "The Precautionary Approach to Fisheries Management: An Environmental Perspective", 11 *Int'l J. Marine & Coastal L.* 301 (1996) (Hewison, 1996).

Hey, Ellen, "The Precautionary Concept in Environmental Policy and Law: Institutionalizing Caution", 4 *Geo. Int'l Envtl L. Rev.* 303 (1991-1992) (Hey, 1991-1992).

—— "The International Regime for the Protection of the North Sea: From Functional Approach to Integrated Approach", 17 *Int'l J. Marine & Coastal L.* 325 (2002) (Hey, 2002).

—— "Sustaibable Development, Normative Development and the Legitimacy of Decision-Making", 34 *NYIL* 3 (2003) (Hey, 2003).

Hicks, Bethany Lukitsch, "Treaty Congestion in International Environmental Law: The Need for Greater International Coordination", 32 *U. Rich. L. Rev.* 1643 (1998-1999) (Hicks, 1998-1999).

Hohmann, Harald, *Precautionary Legal Duties and Principles of Modern International Environmental Law*, Graham & Trotman/Martinus Nijhoff, 1994 (Hohmann, 1994).

Höpfner, Matthias, "Behring Sea Arbitration", 2 *EPIL* 36 (Höpfner, 2 *EPIL*).

Howse, Robert, "Democracy, Science, and Free Trade: Risk Regulation on Trial at the World Trade Organization", 98 *Mich. L. Rev.* 2329 (1999-2000) (Howse, 1999-2000).

Hunter, David, James Salzman and Durwood Zaelke, eds., *International Environmental Law and Policy,* Foundation Press, 1998 (Hunter, et al., 1998).

Hurst, Sir Cecil J. B., "The Effect of War on Treaties", 2 *BYIL* 37 (1921-1922) (Hurst, 1921-1922).

Institute de droit international, Responsibility and Liability under International Law for Environmental Damage, 37 *ILM* 1473 (1998) (Institute, 1997).

International Committee of the Red Cross, *Customary International Humanitarian Law*, Vol.I, Cambridge University Press, 2005 (ICRC, 2005).

Commission on Environmental Law of IUCN – The World Conservation Union in cooperation with International Council of Environmental Law, *International Covenant on Environment and Development*, IUCN, 1995 (IUCN, et al., 1995).

ILA, *Report of the Sixty-First Conference*, Paris, 1984 (ILA, 1984).

—— *Report of the Seventieth Conference*, New Delhi, 2002 (ILA, 2002).

Jenks, C. Wilfred, "Liability for Ultra-Hazardous Activities in International Law", 117 *RdC* 101 (1966-I) (Jenks, 1966).

Jordan, Andrew, "Paying the incremental costs of global environmental protection: The evolving role of GEF", 36-6 *Environment* 12 (1994) (Jordan, 1994).

Kameri-Mbote, Annie Patricia and Philippe Cullet, "Law, Colonialism and Environmental Management in Africa", 6(1) *RECIEL* 23 (1997). (Kameri-Mbote & Cullet, 1997).

Kanehara, Atsuko, "A Critical Analysis of Changes and Recent Developments in the Concept of Conservation of Fishery Resources on the High Seas", 41 *Jap.Ann. Inter'l L.* 1 (1998) (Kanehara, 1998).

Kirgis, Frederic L., *Prior Consultation in International Law: A Survey of State Practice*, University Press of Virginia, 1983 (Kirgis, 1983).

Kiss, Alexandre, "The Right to Conservation of the Environment", in,. Picolotti & Taillant, 2003 (Kiss, 2003).

Kiss, Alexandre and Dinah Shelton, *International Environmental Law*, 3rd ed., Transnational Publishers, 2004 (Kiss & Shelton, 2004).

Kiss, Alexandre Ch., et Stephane Doumbe-Bille, "La conférence des Nations Unies sur l'environnement et le développement" 38 *Annuaire Français de Droit International* 823 (1992) (Kiss et Doumbe-Bille, 1992).

Koester, Veit, "The Compliance Committee of the Aarhus Convention: An Overview of Procedures and Jurisprudence", 37 *Envtl Pol'y & L.* 83 (2007) (Koester, 2007).

Koskenniemi, Martti, "Peaceful Settlement of Environmental Disputes", 60 *Nordic J. Int'l L.* 73 (1991) (Koskenniemi, 1991).

—— "Breach of Treaties or Non-Compliance? Reflection on the Enforcement of the Montreal Protocol", 3 *YbIEL* 123 (1992) (Koskenniemi, 1992).

—— "Comment on the Paper by Antonia Handler Chayes, Abram Chayes and Ronald B.

Mitchell", in, Lang, 1995 (Kosmenniemi, 1995).
—— "New Institutions and Procedures for Implementation Control and Reaction", in, Werksman, ed., 1996 (Koskenniemi, 1996).
—— "International Legislation Today: Limits and Possibilities, 23 *Wis. Int'l L. J.*, 61 (2005) (Koskenniemi, 2005).
Kwiatkowska, Barbara, "Southern Buluefin Tuna (New Zealand v. Japan; Australia v. Japan) Order on Provisional Measures", 94 *AJIL* 150 (2000) (Kwiatkowska, 2000)
La Fayette, Louise De, "The Marine Environment Protection Committee: The Conjunction of the Law of the Sea and International Environmental Law", 16 *Int'l J. Marine & Coastal l.* 155 (2001) (La Fayette, 2001).
—— "The Concept of Environmental Damage in International Liability Regimes" in, Bowman & Boyle, 2002 (La Fayette, 2002).
Lang, W., H. Neuhold & K. Zemanek, eds., *Environmental Protection and International Law*, Graham & Trotman/Martinus Nijhoff, 1991 (Lang, et al., 1991).
Lang, Winfried, ed., *Sustainable Development and International Law*, Graham & Trotman, 1995 (Lang, 1995).
Lefeber, Rene, *Transboundary Environmental Interference and the Origin of State Liability*, Kluwer Law International, 1996 (Lefeber, 1996).
Leggett, Jaremy "The Environmental Impact of War: a Scientific Analysis and Greenpeace's Reaction", in, Plant, 1992 (Leggett, 1992).
Low, Luan and David Hodgkinson, "Compensation for Wartime Environmental Damage: Challenges to International Law After the Gulf War", 35 *Va. J. Int'l L.* 405 (1994-1995) (Low & Hodgkinson, 1994-1995).
Lowe, Vaughan, "Sustainable Development and Unsustainable Arguments", in, Boyle & Freestone, 1999 (Lowe, 1999).
Madders, Kevin J., "Trail Smelter Arbitration", 2 *EPIL* 276 (Madders, 2 *EPIL*).
Magraw, Daniel Barstow, "Legal Treatment of Developing Countries: Differential, Contextual, and Absolute Norms", 1 *Colo. J. Int'l Envtl. L. & Pol'y* 69 (1990) (Magraw, 1990).
Magraw, Daniel Barstow, and Lisa D. Hawke, "Sustainable Development", in, Bodansky, et al., eds., 2007 (Magraw & Hawke, 2007).
Makarczyk, Jerzy, ed., *Theory of International Law at the Threshold of the 21st Century: Essays in honour of Krzysztof Skubiszewski*, Kulwer Law International, 1996 (Makarczyk, 1996).
Marauhn, Thilo, "Towards a Procedural Law of Compliance Control in International Environmental Relations", 56 *ZaöRV* 696 (1996) (Marauhn, 1996).

Marceau, Gabrielle, "Conflicts of Norms and Conflicts of Jurisdiction: The Relationship between WTO Agreement and MEAs and other Treaties", 35 *JWT.* 1081 (2001) (Marceau, 2001).

Marr, Simon, "The Southern Bluefin Tuna Cases: The Precautionary Approach and Conservation and Management of Fish Resources", 11 *EJIL* 815 (2000) (Marr, 2000)

Martin-Bidou, Pascale, "Le principe de précaution en droit international de l'environnement", 103 *RGDIP* 631 (1999) (Martin-Bidou, 1999).

Matsui, Yoshiro, "The road to sustainable development: evolution of the concept of development in the UN", in, Ginter, et al., 1995 (Matsui, 1995).

―― "Some Aspects of the Principle of 'Common but Differentiated Responsibilities'", in, Schrijver & Weiss, 2004 (Matsui, 2004).

Matsushita, Mitsuo, Thomas J. Schoenbaum and Petros C. Mavroidis, *The World Trade Organization: Law, Practice, and Policy*, Oxfoed University Press, 2003 (Matsushita, et al., 2003).

McAllister, Sean T., "The Convention on Access to Information, Public Participation in Decision-Making, and Access to Justice in Environmental Matters", 10 *Colo. J. Int'l Envtl. L. & Pol'y* 187 (1999) (McAllister, 1999).

McIntyre, Owen and Thomas Mosedale, "The Precautionary Principle as a Norm of Customary International Law", 9 *J. Envtl L.* 221 (1997) (McIntyre & Mosedale, 1997).

Lord McNair, *The Law of Treaties*, Clarendon Press, 1961 (McNair, 1961).

McCaffrey, Stephen C., "The OECD Principles Concerning Transfrontier Pollution: a Commentary", 1 *Envtl Pol'y & L.* 2 (1975) (McCaffrey, 1975).

McGoldrick, Dominic, *The Human Rights Committee: Its Role in the Development of the International Covenant on Civil and Political Rights*, Clarendon Press, 1991 (McGoldrick, 1991).

―― "Sustainable Development and Human Rights: An Integrated Conception", 45 *ICLQ* 796 (1996) (McGoldrick, 1996).

McLachlan, Campbell, "The Principle of Systematic Integration and Article 31 (3) (c) of the Vienna Convention", 54 *ICLQ* 279 (2005) (McLachlan, 2005).

Meadows, Donella H., et al., *The Limits of Growth: A Report for the Club of Rome's Project on the Predicament of Mankind*, Universe Books, 1972, 大来佐武郎監訳『成長の限界：ローマ・クラブ「人類の危機」レポート』ダイヤモンド社、1972年

Merrills, J. G., The *Development of International Law by the European Court of Human Rights*, 2nd ed., Manchester University Press, 1993 (Merrills, 1993).

―― "Environmental Protection and Human Rights: Conceptual Aspects", in, Boyle &

Anderson, 1996 (Merrills, 1996).

―― "Environmental Rights", in, Bodansky, et al., eds., 2007 (Merrills, 2007).

Mgbeoji, Ikechi, "Beyond Rhetoric: State Sovereignty, Common Concern, and Inapplicability of the Common Heritage Concept to Plant Genetic Resources", 16 *Leiden J. Int'l L.* 811 (2003) (Mgbeoji, 2003).

Mosler, Hermann, "General Principles of Law", 7 *EPIL* 89 (Mosler, 7 *EPIL*).

Muchlinski, P.T., "The Bopal Case: Controlling Ultrahazardous Indusitrial Activities Undertaken by Foreign Investors" 50 *Mod. L. Rev.* 545 (1987) (Muchlinski, 1987).

Munro, R. D. and J. G. Lammers, eds., *Environmental Protection and Sustainable Development: Legal Principles and Recommendations*, Graham & Trotman/Martinus Nijhoff, 1987 (Munro & Lammers, 1987).

Murase, Shinya, "Perspectives from International Environmental Law on Transnational Environmental Issues", 253 *RdC* 283 (1995) (Murase, 1995).

Mwandosya, Mark J., "From Origin Towards Operations", in, Goldemberg, 1998 (Mwandosya, 1998).

Oberthur, Sebastian and Hermann E. Otto, *The Kyoto Protocol*, Springer, 1999, 岩間徹・磯崎博司監訳『京都議定書――21世紀の国際気候政策』シュプリンガー・フェアラーク東京、2001年(オーバーテュアー・オット：岩間・磯崎監訳、2001)

Oellers-Frahm, Karin, "Article 41", in, Andreas Zimmermann, Christian Tomuschat and Karin Oellers-Frahm, eds., *The Statute of the International Court of Justice*, Oxford University Press, 2006 (Oellers-Frahm, 2006).

Okowa, Phoebe N., "Procedural Obligations in International Environmental Law", 67 *BYIL* 275 (1996) (Okowa, 1996).

Pallemaerts, Marc, "International Environmental Law from Stockholm to Rio: Back to the Future?" in, Sands, ed., 1993 (Pallemaerts, 1993).

―― "The human rights to a healthy environment as a substantive right", in, Dejeant-Pons & Pallemaerts, 2002 (Pallemaerts, 2002).

Palmer, Geoffrey, "New Ways to Make International Environmental Law", 86 *AJIL* 259 (1992) (Palmer, 1992).

Paradell-Trius, Lluis, "Principles of International Environmental Law: an Overview", 9 *RECIEL* 93 (2000) (Paradell-Trius, 2000).

Pauwelyn, Joost, *Conflict of Norms in Public International Law: How WTO Law Relates to other Rules of International Law*, Cambridge University Press, 2003 (Pauwelyn, 2003).

Pearson, Charles S, ed., *Multinational Corporations, Environment, and the Third World: Business Matters*, Duke University Press, 1987 (Pearson, ed., 1987).

——— "Environmental Standards, Industrial Relocation, and Pollution Havens", in, Pearson, ed., 1987 (Pearson, 1987).

Perrez, Franz Xaver, "The Wolrd Summit on Sustainable Development: Environment, Precaution and Trade – A Potential for Success and/or Failure", 12(1) *RECIEL* 12 (2003) (Perrez, 2003).

Picolotti, Romina and Jorge Daniel Taillant, eds., *Linking Human Rights and the Environment*, University of Arizona Press, 2003 (Picolotti & Taillant, 2003).

Pisillo-Mazzeschi, Riccardo, "The Due Diligence Rule and the Nature of the International Responsibility of States", 35 *GYIL* 9 (1992) (Pisillo-Mazzeschi, 1992).

Pitea, Cosare, "The legal status of NGOs in environmental non-compliance procedures: an assessment of law and practice", in, Dupuy & Vierucci, 2008 (Pitea, 2008).

Plant, Glen ed., *Environmental Protection and the Law of War: A 'Fifth Geneva' Convention on the Protection of the Environment in Time of Armed Conflict*, Belhaven Press, 1992. (Plant, 1992).

——— "Introduction", in, *ibid.*, (Plant, 1992a).

——— "Elements of 'Fifth Geneva' Convention on the Protection of the Environment in Time of Armed Conflict", in, *ibid.*, (Plant, 1992b).

Ponce-Nava, Dianna, "Capacity-building in Environmental Law and Sustainable Development", in, Lang, 1995 (Ponce-Nava, 1995).

Popović, Neil A.F. "In Pursuit of Environmental Human Rights: Commentary on the Draft Declaration of Principles on Human Rights and the Environment", 27 *Colum. Hum. Rts. L. Rev.* 487 (1995-1996) (Popović, 1995-1996).

Porras, Ileana M., "The Rio Declaration: A New Basis for International Cooperation", in, Sands, ed., 1993 (Porras, 1993).

Rajamani, Lavanya, "The Principle of Common but Differentiated Responsibility and the Balance of Commitments under the Climate Regime", 9 *RICIEL* 120 (2000) (Rajamani, 2000).

Raustiala, Kal, "Compliance and Effectiveness in International Regulatory Cooperation", 32 *Case W. Res. J. Int'l L.* 387 (2000) (Raustiala, 2000).

Rayfuse, Rosemary, "The Challenge of Sustainable High Sea Fisheries", in, Schrijver & Weiss, 2004 (Rayfuse, 2004).

Rebasti, Emanuele, "Beyond consultative status: which legal framework for an enhanced interaction between NGOs and intergovernmental organizations?", in, Dupuy & Vierucci, 2008 (Rebasti, 2008).

Redgwell, Catherine, "Nationl Implementation", in, Bodansky, et al., eds., 2007 (Redgwell, 2007).

Reisman, W. Michael, remarks by, in, Panel: A Hard Look at Soft Law, 82 *ASIL Proc.* 373 (1988) (Reisman, 1988).

Roberts, Adam, "The law of war and environmental damage", in, Austin & Bruch, 2000 (Roberts, 2000).

Romano, Ceare P. R., "International Dispute Settlement", in, Bodansky, et al., eds., 2007 (Romano, 2007).

Rosenne, Shabtai and Louis B. Sohn, eds., *United Nations Convention on the Law of the Sea 1982: A Commentary*, Vol.V, Martinus Nijhoff, 1989 (Rosenne & Sohn, 1989).

Sachariew, Kamen, "Promoting Compliance with International Environmental Legal Standards: Reflections on Monitoring and Reporting Mechanisms", 2 *YbIEL* 31 (1992) (Sachariew, 1992).

Sand, Peter H., "Institution Building to Assist Compliance with International Environmental Law: Perspectives", 56 *ZaöRV* 774 (1996) (Sand, 1996).

—— "Compensation for Environmental Damage from the 1991 Gulf War", 35/6 *Envitl Pol'y & L.* 244 (2005) (Sand 2005).

—— "The Evolution of International Environmental Law", in, Bodansky, et al., eds., 2007 (Sand, 2007).

Sands, Philippe, "The Environment, Community and International Law", 30 *Harv. Inter'l L. J.* 393 (1989) (Sands, 1989).

—— "International Law in the Field of Sustainable Development", 65 *BYIL* 303 (1994) (Sands, 1994).

—— "International Law in the Field of Sustainable Development: Emerging Legal Principles", in, Lang, 1995 (Sands, 1995).

—— "The International Court of Justice and the European Court of Justice", in, Werksman, ed., 1996 (Sands, 1996).

—— "Treaty, Custom and the Cross-fertilization of International Law", 1 *Yale Hum. Rts. & Dev. L.J.* 85 (1998) (Sands, 1998).

—— "Sustainable Development: Treaty, Custom, and the Cross-fertilization of International Law", in, Boyle & Freestone, 1999 (Sands, 1999a).

—— "International Courts and the Application of the Concept of "Sustainable Development"", 3 *Max Planck UNYB* 389 (1999) (Sands, 1999b).

—— "Unilateralism, Values, and International Law" 2, 11 *EJIL* 291 (2000) (Sands,2000).

—— *Principles of International Environmental Law*, 2nd ed., Cambridge University Press, 2003 (Sands, 2003).

—— "Litigating Environmental Disputes: Courts, Tribunals and the Progressive Development of International Environmental Law", 37 *Envtl Pol'y & L.* 66 (2007) (Sands, 2007).

―― ed., *Greening International Law*, Earthscan, 1993 (Sands, ed., 1993).

Sandoz, Yves, Christophe Swinarski and Bruno Zimmermann, eds., *Commentary on the Additional Protocols of 8 June 1977 to the Geneva Conventions of 12 August 1949*, International Committee of the Red Cross – Martinus Nijhoff, 1987 (Sandoz, et al., 1987).

San Jose, Daniel Garcia, *Environmental protection and the European Convention on Human Rights*, Council of Europe Publishing, 2005 (San Jose, 2005).

Schmitt, Michael N., "Green War: An Assessment of the Environmental Law of International Armed Conflict", 22 *Yale J. Int'l L.* 1 (1997) (Schmitt, 1997).

―― "War and the Environment: Fault Lines in the Prescriptive Landscape", in, Austin & Bruch, 2000 (Schmitt, 2000).

Schoenbaum, Thomas J., "International Trade and Protection of the Environment: The Continuing Search for Reconciliation", 91 *AJIL* 268 (1997) (Schoenbaum, 1997).

Schrijver, Nico, *Sovereignty over Natural Resources: Balancing Rights and Duties*, Cambridge Univesity Press, 1997 (Schrijver, 1997).

―― "The Changing Nature of State Sovereignty", 70 *BYIL* 65 (1999) (Schrijver, 1999).

―― *The Evolution of Sustainable Development in International Law: Inception, Meaning and Status*, Martinus Nijhoff, 2008 (originally published in 239 *RdC* 217 (2007)) (Schrijver, 2008).

Schrijver, Nico and Friedl Weiss, eds., *International Law and Sustainable Development: Principles and Practice*, Martinus Nijhoff, 2004 (Schrijver & Weiss, 2004).

Shelton, Dinah, "Human Rights, Environmental Rights, and the Right to Environment", 28 *Stan. J. Int'l L.* 103 (1991-1992) (Shelton, 1991-1992).

―― "Environmental Rights", in, Philip Alston, ed., *Peoples' Rights*, Oxford University Press, 2001 (Shelton, 2001).

―― "The Environmental Jurisprudence of International Human Rights Tribunals", in, Picolotti & Taillant, 2003 (Shelton, 2003).

―― "Equity", in, Bodansky, et al., eds., 2007 (Shelton, 2007).

Shelton, Dinah and Alexandre Kiss, *Judicial Handbook on Environmental Law*, UNDP, 2005 (Shelton & Kiss, 2005).

Shibata, Akiho, "Ensuring Compliance with Basel Convention – its Unique Features", in, Beyerlin, Ulrich, Peter-Tobias Stoll and Rudiger Wolfrum, eds., *Ensuring Compliance with Multilateral Environment Agreements: Academic Analysis and Views from Practice*, Koninkljike Brill NV, 2006 (Shibata, 2006).

Shigeta, Yasuhiro, "Verification of 'Soft' Nature of the Montreal Non-Compliance Procedure: Evaluation Through the Practice", 『大阪学院大学　国際学論集』12巻、

2001年 (Shigeta, 2001).

Shue, Henry, "Global environment and international inequality", 75 *Inter'l Aff.* 531 (1999) (Shue, 1999).

Sidel, Victor W., "The Impact of Military Preparedness and Militarism on Health and the Environment", in, Austin & Bruch, 2000 (Sidel, 2000).

Simma, Bruno, "Reflection on Article 60 of the Vienna Convention on the Law of Treaties and Its Background in General International Law", 20 *Österreichische Zeitschrift für öffentliches Recht* 5 (1970) (Simma, 1970).

―― "From Bilateralism to Community Interest in International Law", 250 *RdC* (1994-VI) (Simma, 1994).

Simma, Bruno, ed., *The Charter of the United Nations: A Commentary*, 2nd ed., Vol.II, Oxford University Press, 2002 (Simma, ed., 2002).

Simonds, Stephanie N., "Conventional Warfare and Environmental Protection: A Proposal for International Legal Reform", 29 *Stan. J. Int'l L.* 165 (1992-1993) (Simonds, 1992-1993).

Sohn, Louis B., "The Stockholm Declaration on the Human Environment", 14 *Harv. Int'l L. J.* 423 (1973) (Sohn, 1973).

―― "Voting Procedures in United Nations Conferences for the Codification of International Law", 69 *AJIL* 310 (1975) (Sohn, 1975).

Stansfield, Robert H., "Torrey Canyon, The", 11 *EPIL* 333 (Stansfield, 11 *EPIL*).

Stephens, Tim, "The Limits of International Adjudication in International Environmental Law: Another Perspective on the Southern Bluefin Tuna Case", 19 *Inter'l J. of Marine & Coastal L.* 177 (2004) (Stephens, 2004).

―― *International Courts and Environmental Protection*, Cambridge University Press, 2009 (Stephens, 2009).

Stern, Nicholas, *The Economics of Climate Change: The Stern Review*, Cambridge University Press, 2007 (Stern, 2007).

Stewart, Richard B., "Environmental Regulation and International Competitiveness", 102 *Yale L. J.* 2039 (1993) (Stewart, 1993).

Stone, Christopher D., "Common but Differentiated Responsibilities in International Law" 98 *AJIL* 276 (2004) (Stone, 2004).

Strong, Maurice F., "Introduction by the Secretary-General of the Conference, Founex Report on Development and Environment", 586 *International Conciliation* 1 (January 1972) (Strong, 1972).

Sunstein, Cass R., "Beyond the Precautionary Principle" 151 *U. Pa. L. Rev.* 1003 (2002-2003) (Sunstein, 2002-2003).

Susskind, Lawrence E., *Environmental Diplomacy: Negotiating More Effective Global*

Agreements, Oxford U.P., 1994：L. E. サスカインド、吉岡庸光訳『環境外交：国家エゴを超えて』日本経済評論社、1996年（サスカインド、1996）
Suy, Erik, "Consensus", 7 *EPIL* 759 (Suy, 7 *EPIL*).
Szell, Patrick, "Supervising the Observance of MEAs", 37 *Envtl Pol'y & L.* 79 (2007) (Szell, 2007).
Taillant, Jorge Daniel, "Environmental Advocacy and the Inter-American Human Rights System", in, Picolotti & Taillant, 2003 (Taillant, 2003).
Tanzi, Attila, "Controversial developments in the field of public participation in the international environmental law process", in, Dupuy & Vierucci, 2008 (Tanzi, 2008).
Tarasofsky, Richard G., "Legal Protection of the Environment During International Armed Conflict", 24 *NYIL* 17 (1993) (Tarasofsky, 1993).
―― "Ensuring Compatibility between Multilateral Environmental Agreements and GATT/WTO", 7 *YbIEL* 52 (1996) (Tarasofsky, 1996).
Tarlock, Dan, "Ecosystem", in, Bodansky, et al., eds., 2007 (Tarlock, 2007).
Taylor, Prue, "An Ecological Approach to International Trade Law: Learning From Dolphins and Turtles", in, Bosselmann & Richardson, 1999 (Taylor, 1999).
Teclaff, Ludwik A., and Albert E. Utton, eds., *International Environmental Law*, Praeger, 1974 (Teclaff & Utton, 1974).
Timoshenko, Alexandre, "From Stockholm to Rio: The Institutionalization of Sustainable Development", in, Lang, 1995 (Timoshenko, 1995).
Tomuschat, Christian, "Obligations Arising for States Without or Against Their Will", 241 *RdC* 195 (1993-IV) (Tomuschat, 1993).
Trachtman, Joel P., "The Domain of WTO Dispute Resolution", 40 *Harv. Int'l L. J.* 333 (1999) (Trachtman, 1999).
Türk, Helmut, "The Negotiation of a New Geneva-style Convention: a Government Lawyer's Perspective", in, Plant, 1992 (Türk 1992).
Ulfstein, Geir, "Treaty Bodies", in, Bodansky, et al., eds., 2007 (Ulfstein, 2007).
Vasak, Karel, "A 30-year struggle: The sustained efforts to give force of law to the Universal Declaration of Human Rights", *Unesco Courier*, November 1977, 29 (Vasak, 1977).
Voneky, Silja, "A New Shield for the Environment: Peacetime Treaties as Legal Restraints of Wartime Damage", 9 *RECIEL* 20 (2000) (Voneky, 2000a).
―― "Peacetime environmental law as a basis of state responsibility for environmental damage caused by war", in, Austin & Bruch, 2000 (Voneky, 2000b).
Walde, Thomas W., "Introductory Note to European Energy Charter Conference: Final Act, Energy Charter Treaty, Decisions and Energy Charter Protocol on Energy Efficiency and Related Environmental Aspects", 34 *ILM* 360 (1995) (Walde, 1995).

Weating, Arther H., "In furtherance of environmental guidelines for armed forces during peace and war", in, Austin & Bruch, 2000 (Weating, 2000).

Weil, Prosper, "Towards Relative Normativity in International Law", 77 *AJIL* 413 (1983) (Weil, 1983).

Weiss, Edith Brown, "International Environmental Law: Contemporary Issues and the Emergence of a New World Order", 81 *Georgetown L. J.*, 675 (1993) (Weiss, 1993).

―― *In Fairness to Future Generations: International Law, Common Patrimony, and Intergenerational Equity*, United Nations University/Transnational Publishers, 1989;岩間徹訳『将来世代に公正な地球環境を――国際法、共同遺産、世代間衡平――』国際連合大学／日本評論社、1992年(Weiss, 1989：邦訳、1992).

Werksman, Jacob, "Greening Bretton Woods", in, Sands, ed., 1993 (Werksman, 1993).

―― "Consolidating Governance of the Global Commons: Insights from the Global Environment Facility", 6 *YbIEL* 27 (1995) (Werksman, 1995).

―― "The Conference of Parties to Environmental Treaties", in, Werksman, ed., 1996 (Werksman, 1996a).

―― "Compliance and Transition: Russia's Non-Compliance Tests the Ozone Regime", 56 *ZaöRV* 750 (1996) (Werksman, 1996b).

―― ed., *Greening International Institutions*, Earthscan, 1996 (Werksman, ed., 1996).

Wettestad, Jorgen, "Monitoring and Verification", in, Bodansky, et al., eds., 2007 (Wettestad, 2007).

Wiener, Jonathan B., "Precaution", in, Bodansky, et al., eds., 2007 (Wiener, 2007).

Willheim, E., "Private Remedies for Transfrontier Environmental Damage: a Critique of OECD's Doctrine of Equal Right of Access", 7 *Austl Yb.IL* (1976-1977) 174 (Willheim, 1976-1977).

Willetts, Peter, "From "Consultative Arrangements" to "partnership": The Changing Status of NGOs in Diplomacy at the UN", 6 *Global Governance* 191 (2000) (Willetts, 2000).

Wolfrum, Rüdiger, "Purposes and Principles of International Environmental Law", 33 *GYIL* 308 (1990) (Wolfrum, 1990).

―― "Means of Ensuring Compliance with and Enforcement of International Environmental Law", 272 *RdC*, 9 (1998) (Wolfrum, 1998).

―― "Article 55 (A) and (B)", in, Simma, ed., 2002 (Wolfrum, 2002).

World Commission on Environment and Development, *Our Common Future*, Oxford University Press., 1987;大来佐武郎監修・環境庁国際環境問題研究会訳『地球の未来を守るために』福武書店、1987年(WCED, 1987：邦訳、1987)

Wynter, Marie, "The Use of Market Mechanisms in the Shrimp-Turtle Dispute: The

WTO's Response", in, Bosselmann & Richardson, 1999 (Wynter, 1999).
Yoshida, O., "Soft Enforcement of Treaties: The Montreal Protocol's Noncompliance Procedure and the Functions of Internal International Institutions", 10 Colo. J. Int'l Envtl. L. & Pol'y 95 (1999) (Yoshida, 1999).
—— The International Regime for the Protection of the Stratospheric Ozone Layer, Kulwer Law International, 2001 (Yoshida, 2001).
Zemanek, Karl, "Majority Rule and Consensus Technique In Law-Making Diplomacy", in, R. St. J. Macdonald and Douglas M. Johnston, eds., The Structure and Process of International Law: Essays in Legal Philosophy Doctrine and Theory, Martinus Nijhoff, 1983 (Zemanek, 1983).

青木隆「ベーリング海オットセイ漁業仲裁と公海漁業の規制」、栗林・杉原編、2007、所収(青木、2007)
阿部泰隆・淡路剛久編『環境法』第3版補訂版、有斐閣、2006年(阿部・淡路編、2006)
阿部照哉・畑博行編『世界の憲法集』(第3版)有信堂高文社、2005年(阿部・畑編、2005)
荒木一郎「なぜ、今、WTOについて論じるのか」、小寺彰編、2003、所収(荒木、2003)
淡路剛久・川本隆史・植田和弘・長谷川公一編『法・経済・政策』(リーディングス環境・第4巻)有斐閣、2006年(淡路等、2006)
安藤仁介「領域外の私人活動に関する国家責任──原子力事故、宇宙活動、海洋汚染にかかわる諸条約の検討を手掛かりとして──」『神戸法学雑誌』30巻2号、1980年(安藤、1980)
池島大策『南極条約体制と国際法：領土、資源、環境をめぐる利害の調整』慶應義塾大学出版会、2000年(池島、2000)
石野耕也・磯崎博司・岩間徹・臼杵知史編『国際環境事件案内』信山社、2001年(石野ほか編、2001)
石橋可奈美「多数国間環境条約における「監督」又は「遵守管理」メカニズムの実効性」『香川法学』15巻2号、1995年(石橋、1995)
同「環境影響評価(EIA)と国際環境法の遵守」、内田古稀、所収 (石橋、1996)
同「環境影響評価(EIA)」、水上ほか編、2001、所収(石橋、2001)
磯崎博司「武力紛争時の環境保護に関する国際法制度──人道法と環境法の連携──」『環境研究』89号、1993年(磯崎、1993)
同「環境条約の効果的な実施に向けて」、内田古稀、所収 (磯崎、1996)
同『国際環境法──持続可能な地球社会の国際法──』信山社、2000年(磯崎、2000)
同『知っておきたい環境条約ガイド』中央法規、2006年(磯崎、2006)
位田隆一「開発の国際法における発展途上国の法的地位──国家の平等と発展の不平等──」『法学論叢』116巻1〜6号、1985年(位田、1985a)

同「「ソフトロー」とは何か──国際法上の分析概念としての有用性批判──」『法学論叢』117巻5号、6号、1985年（位田、1985b）
一之瀬高博「国際的な環境影響評価のしくみとその特徴」『環境研究』89号、1993年（一之瀬、1993）
同『国際環境法における通報協議義務』国際書院、2008年（一之瀬、2008）
岩沢雄司『WTOの紛争処理』三省堂、1995年（岩沢、1995）
同「WTO紛争処理の国際法上の意義と特質」、国際法学会、2001c、所収（岩沢、2001）
同「WTO法と非WTO法の交錯」『ジュリスト』1254号、2003年10月15日（岩沢、2003）
岩間徹「地球環境条約の履行確保」国際法学会、2001b、所収（岩間、2001）
同「国際環境法上の予防原則について」『ジュリスト』1264号、2004年3月（岩間、2004）
植松真生「国際私法の観点から見た環境汚染──ドイツの議論を参考にして──」『国際法外交雑誌』99巻5号、2000年（植松、2000）
同「新国際私法における不法行為──法の適用に関する通則法17条、18条および19条の規定に焦点をあてて──」『国際私法年報』8号、2006年（植松、2006）
臼杵知史「越境損害に関する国際協力義務──国連国際法委員会におけるQ・バクスターの構想について──」『北大法学論集』30巻1号、1989年（臼杵、1989）
同「湾岸戦争と国際環境法」『環境研究』89号、1993年（臼杵、1993）
同「地球環境保護条約における紛争解決手続の発展──オゾン層議定書の「不遵守手続」の機能を中心に──」小田滋先生古希祝賀『紛争解決の国際法』三省堂、1997年、所収（臼杵、1997）
同「戦争および武力紛争における国際環境の保護」深瀬忠・樋口陽一・杉原泰雄・浦田賢治編『恒久平和のために：日本国憲法からの提言』勁草書房、1998年、所収（臼杵、1998）
同「地球環境保護条約における履行確保の制度──オゾン層保護議定書の「不遵守手続」を中心に──」『世界法年報』19号、2000年（臼杵、2000）
同「国際環境法の形成と発展」水上ほか編、2001、所収（臼杵、2001a）
同「環境保護に関する南極条約議定書」、水上ほか編、2001、所収（臼杵、2001b）
同「事前の通報および協議の義務」、水上ほか編、2001、所収（臼杵、2001c）
同「オゾン層保護の条約および議定書」、水上ほか編、2001、所収（臼杵、2001d）
同「南極環境の緊急事態から生じる賠償責任」『同志社法学』60巻2号、2008年（臼杵、2008a）
同「「危険活動から生じる越境損害の防止」に関する条文草案」『同志社法学』60巻5号、2008年（臼杵、2008b）
同「「危険活動から生じる越境損害に関する損失配分」の原則案」『同志社法学』60巻6号、2009年（臼杵、2009）
内田久司先生古希記念『国際社会の組織化と法』信山社、1996年（内田古希）

馬橋憲男『国連とNGO――市民参加の歴史と課題――』有信堂高文社、1999年（馬橋、1999）
大阪弁護士会環境権研究会『環境権』、日本評論社、1973年（大阪弁護士会、1973）
大島堅一「安全保障と環境問題」、佐藤誠・安藤次男編『人間の安全保障：世界危機への挑戦』東信堂、2000年、所収（大島、2000）
太田宏「持続可能な開発のメルクマール――持続可能性の目標と指標」、日本国際連合学会編『持続可能な開発の新展開（国連研究第7号）』、国際書院、2006年、所収（太田、2006）
大塚直「未然防止原則、予防原則・予防的アプローチ(1)――その国際的展開とEUの動向」『法学教室』284号、2004年5月（大塚、2004）
同『環境法』第2版、有斐閣、2006年（大塚、2006）
岡村堯『ヨーロッパ環境法』三省堂、2004年（岡村、2004）
奥田直久「国連環境計画（UNEP）」、西井編、2005、所収（奥田、2005）
奥脇直也「「国際公益」概念の理論的検討――国際交通法の類比の妥当と限界――」広部和也、田中忠（編集代表）『山本草二先生還暦記念・国際法と国内法――国際公益の展開――』勁草書房、1991年、所収（奥脇、1991）
小田滋『海の国際法（下巻）――国際漁業と大陸棚――』（増補版）有斐閣、1969年（小田、1969）
加藤信行「環境損害に関する国家責任」、水上等、2001、所収（加藤、2001）
同「ILC越境損害防止条約草案とその特徴点」『国際法外交雑誌』104巻3号、2005年（加藤、2005）
同「トリー・キャニオン号事件と海洋汚染防止制度の発展」、栗林・杉原編、2007、所収（加藤、2007）
兼原敦子「地球環境保護における損害予防の法理」『国際法外交雑誌』93巻3・4合併号（1994年）（兼原、1994）
同「枠組条約」、国際環境班報告書、1995、所収（兼原、1995）
同「領域使用の管理責任原則における領域主権の相対化」、村瀬信也・奥脇直也編集代表『山本草二先生古稀記念・国家管轄権――国際法と国内法――』勁草書房、1998年、所収（兼原、1998）
同「環境保護における国家の権利と責任」、国際法学会、2001b、所収（兼原、2001）
兼原信克「みなみまぐろ事件について――事実と経緯――」『国際法外交雑誌』100巻3号、2001年（兼原信、2001）
川崎寿彦『森のイングランド』平凡社、1997年（川崎、1997）
川瀬剛志「WTO体制下における自由貿易と地球環境保護の法的調整――ガソリンケース後のGATTと多国間環境協定（MEA）――」『日本国際経済法学会年報』6号、1997年（川瀬、1997）
河野真理子「環境に関する紛争解決と差し止め請求の可能性」、国際法学会、2001b、

所収(河野、2001)
同「国連海洋法条約の義務的紛争解決制度に関する一考察」、島田ほか編、2006、所収(河野、2006)
金堅敏『自由貿易と環境保護——NAFTAは調整のモデルとなるか——』風行社、1999年(金、1999)
功刀達朗・毛利勝彦編著『国際NGOが世界を変える——地球市民社会の黎明——』東信堂、2006年(功刀・毛利編著、2006)
窪誠「ヨーロッパ社会憲章の発展とその現代的意義」『国際人権』12号、2001年(窪、2001)
栗林忠男『註解国連海洋法条約(下巻)』有斐閣、1994年(栗林、1994)
栗林忠男・杉原高嶺編『海洋法の歴史的展開』有信堂高文社、2004年(栗林・杉原編、2004)
同編『海洋法の主要事例とその影響』有信堂高文社、2007年(栗林・杉原編、2007)
栗林忠男・秋山昌廣編『海の国際秩序と海洋政策』東信堂、2006年(栗林・秋山編、2006)
国際環境班報告書『国際環境法の重要項目』日本エネルギー法研究所、1995年(国際環境班報告書、1995)
国際法学会編『海』(日本と国際法の100年、第3巻)三省堂、2001年(国際法学会、2001a)
同編『開発と環境(日本と国際法の100年第6巻)』三省堂、2001年(国際法学会、2001b)
同編『紛争の解決(日本と国際法の100年第9巻)』三省堂、2001年(国際法学会、2001c)
小坂田裕子「米州における先住民族の土地に対する権利——ラテンアメリカ諸国の葛藤——」『神戸法学年報』24号、2008年(小坂田、2008)
小寺彰「国際コントロールの機能と限界——WTO/ガット紛争解決手続の法的性質——」『国際法外交雑誌』95巻2号(1996)(小寺、1996)
同『WTO体制の法構造』東京大学出版会、2000年(小寺、2000)
同『パラダイム国際法:国際法の基本構成』有斐閣、2004年(小寺、2004)
同「現代国際法学と「ソフトロー」——特色と課題」、小寺・道垣内編、2008、所収(小寺、2008)
同編『転換期のWTO:非貿易的関心事項の分析』東洋経済新報社、2003年(小寺編、2003)
小寺彰・道垣内正人編『国際社会とソフトロー(ソフトロー研究叢書5)』有斐閣、2008年(小寺・道垣内編、2008)
小森光夫「国際公法秩序における履行確保の多様性と実効性」『国際法外交雑誌』97巻3号、1998年(小森、1998)
児矢野マリ『国際環境法における事前協議制度』有信堂高文社、2006年(児矢野、2006)
同「環境リスク問題への国際的対応」、長谷部恭男編『リスク学入門3 法律からみたリ

スク』岩波書店、2007年、所収(児矢野、2007)

小山佳枝「EUにおける「予防原則」の法的地位――欧州委員会報告書の検討――」『法学政治学論究』52号、2002年(小山、2002)

同「海洋環境保護と「予防原則」」、栗林・秋山編、2006、所収(小山、2006)

齋藤民徒「国際法と国際規範――「ソフト・ロー」をめぐる学際研究の現状と課題――」『社会科学研究』54巻5号、2003年(齋藤、2003)

同「「ソフト・ロー」論の系譜」『法律時報』77巻8号、2005年7月(齋藤、2005)

同「国際法学におけるソフトロー概念の再検討」、小寺・道垣内編、2008、所収(齋藤、2008)

阪井博「バーゼル条約損害賠償責任議定書の成立経緯と概要」『ジュリスト』1174号、2000年3月(阪井、2000)

坂元茂樹「武力紛争が条約に及ぼす効果――国際法学会ヘルシンキ決議(一九八五年)の批判的検討――(一)〜(三)」『法学論集』41巻4号;43巻5号;44巻2号、1991〜1994年(坂元、(一)(二)(三))

同「国家責任法と条約法の交錯――二つの事例を手がかりとして――」(初出2001年)、坂元、2004、所収(坂元、2001/2004)

同『条約法の理論と実際』東信堂、2004年(坂元、2004)

櫻田嘉章「国際環境私法をめぐる事例ならびにヴォルフの見解について」『京都大学法学部創立百周年記念論文集(第三巻・民事法)』有斐閣、1999年(櫻田、1999)

佐藤哲夫「国際組織による国々の義務履行に関する国際的コントロール――国際人権法から国際環境法へ――」『一橋論叢』114巻1号、1995年(佐藤、1995)

佐分晴夫「WTOの現状と課題――新貿易交渉を手がかりとして――」『日本国際経済法学会年報』12号、2003年(佐分、2003)

繁田泰宏「原子力事故による越境汚染と領域主権――チェルノブイリ原発事故を素材として――」『法学論叢』131巻2号、1992年;133巻2号、1993年(繁田、1992/93)

同「越境環境損害をめぐる紛争の国際司法裁判所による処理の実効性」『大阪学院大学国際学論集』10巻2号、1999年(繁田、1999)

同「国際仲裁・司法・準司法手続による環境基準設定――国家間関係と国家・個人間関係――」『国際法外交雑誌』104巻3号、2005年(繁田、2005)

同「トレイル溶鉱所事件」、松井等編、2006年、所収(繁田、2006)

柴田明穂「バーゼル条約遵守メカニズムの設立」『岡山大学法学会雑誌』52巻4号、2003年(柴田、2003)

同「「環境条約不遵守手続は紛争解決制度を害さず」の実際的意義:有害廃棄物等の越境移動を規律するバーゼル条約を素材に」、島田ほか編、2006、所収(柴田、2006a)

同「締約国会議における国際法定立活動」『世界法年報』25号、2006年(柴田、2006b)

同「核実験事件」、松井等編、2006、所収(柴田、2006c)
同「環境条約不遵守手続の帰結と条約法」『国際法外交雑誌』107巻3号、2008年(柴田、2008)
島田征夫・杉山晋輔・林司宣編『国際紛争の多様化と法的処理：栗山尚一・山田中正先生古稀記念論集』信山社、2006年(島田ほか編、2006)
人道法国際研究所、竹本正幸監訳『海上武力紛争法サンレモ・マニュアル解説書』東信堂、1997年(人道法国際研究所、1997)
鈴木克徳「気候変動枠組み条約に関する制度的規定」『ジュリスト』995号、1992年2月(鈴木、1992)
同「酸性雨」、石野ほか編、2001、所収(鈴木、2001)
瀬岡直「戦争法における自然環境の保護」『同志社法学』55巻1号、2003年(瀬岡、2003)
祖川武夫「国際調停の性格」(初出、1944年)、小田滋・石本泰雄編『祖川武夫論文集　国際法と戦争違法化：その論理構造と歴史性』信山社、2004年、所収(祖川、1944/2004)
同『国際法IV』法政大学通信教育部、1950年(祖川、1950)
平覚「環境価値と貿易価値の調整——ppmに基づく貿易関連環境措置のGATT／WTO法上の取扱いについて——」松本博之・西谷敏・佐藤岩夫編『環境と法—日独シンポジウム』信山社、1999年、所収(平、1999)
同「「貿易と環境」に関する紛争の解決におけるWTO上級委員会の「創造的」役割」、阿部・佐々木・平編『グローバル化時代における法と法律家』日本評論社、2004年、所収(平、2004)
田岡良一「戦数論」、同『戦争法の基本問題』岩波書店、1943年、所収(田岡、1943)
髙杉直「開発と環境に関する私法的対応」国際法学会、2001b、所収(髙杉、2001)
同「法適用通則法における不法行為の準拠法——22条の制限的な解釈試論」『ジュリスト』1325号、2006年12月(髙杉、2006)
髙島忠義『開発の国際法』慶應通信、1995年(髙島、1995)
同「国際法における「開発と環境」」、国際法学会、2001b、所収(髙島、2001)
同「持続可能な開発と国際法」『法学研究』75巻2号、2002年(髙島、2002a)
同「国際環境法とNGO」『世界法年報』21号、2002年(髙島、2002b)
同「WTOと多数国間環境条約の貿易制限措置」『ジュリスト』1254号、2003年10月15日(髙島、2003)
高村ゆかり「国際環境条約の遵守に対する国際コントロール——モントリオール議定書のNon-compliance手続(NPC)の法的性格——」『一橋論叢』119巻1号、1998年(高村、1998)
同「環境破壊兵器」、石野ほか、2001、所収(高村、2001a)
同「有害廃棄物に関するバーゼル条約」、水上ほか編、2001、所収(高村、2001b)

同「生物多様性条約」、水上ほか編、2001、所収（高村、2001c）
同「京都議定書の遵守手段・メカニズム」『静岡大学法政研究』6巻3・4号、2002年（高村、2002a）
同「京都議定書のもとでの報告・審査手続」高村・亀山編、2002、所収（高村、2002b）
同「京都議定書のもとでの遵守手続・メカニズム」高村・亀山編、2002、所収（高村、2002c）
同「情報公開と市民参加による欧州の環境保護――環境に関する、情報へのアクセス、政策決定への市民の参加、及び、司法へのアクセスに関する条約（オーフス条約）とその発展――」『法政研究』8巻1号、2003年（高村、2003）
同「国際環境法におけるリスクと予防原則」『思想』963号、2004年7月（高村、2004）
同「国際環境法における予防原則の動態と機能」『国際法外交雑誌』104巻3号、2005年（高村、2005）
同「国際法における環境損害――その責任制度の展開と課題」『ジュリスト』1372号、2009年2月（高村、2009）
高村ゆかり・亀山康子編『京都議定書の国際制度』信山社、2002年（高村・亀山編、2002）
竹本正幸『国際人道法の再確認と発展』東信堂、1996年
立松美也子「ヨーロッパ人権条約における「環境権」」、石野ほか編、2001、所収（立松、2001）
田中則夫「国連海洋法条約にみられる海洋法思想の新展開――海洋自由の思想を超えて――」、林久茂・山手治之・香西茂編集代表『海洋法の新展開』東信堂、1993年、所収（田中、1993）
同「みなみまぐろ事件――国連海洋法条約の統一解釈への影響――」、山手治之・香西茂編集代表『現代国際法における人権と平和の保障』東信堂、2003年（田中、2003）
田畑茂二郎「外交的保護の機能変化（一）（二）」『法学論叢』52巻4号、1946年；53巻1・2号、1947年（田畑、1946/47）
同『国際法Ⅰ（新版）』有斐閣、1973年（田畑、1973）
玉田大「国際司法裁判所　ウルグアイ河のパルプ工場事件（仮保全措置命令 2006年7月13日）」『岡山大学法学会雑誌』56巻2号、2007年（玉田、2007）
田村政美「国連気候変動枠組条約制度の発展と締約国会議決定」『世界法年報』19号、2000年（田村政、2000）
田村次朗『WTOハンドブック』弘文堂、2001年（田村次、2001）
田村恵理子「武力紛争における環境保護の法規制――ジュネーヴ諸条約第1追加議定書35条3項および55条を中心に――」『関西大学大学院法学ジャーナル』81号、2007年（田村恵、2007）

張新軍「環境保護における予防原則の意義と問題点——中国の視点——」『世界法年報』26号、2007年(張、2007)

鶴田順「「国際環境法上の原則」の分析枠組」『社会科学研究』57巻1号、2005年(鶴田、2005)

出口耕自「国際的環境損害の民事責任」『国際法外交雑誌』104巻3号、2005年(出口、2005)

寺田達志「戦略的環境アセスメント(SEA)の導入に向けて」『ジュリスト』1149号、1999年2月

道垣内正人「環境損害に対する民事責任—とくに、国際私法上の問題—」、水上ほか編、2001、所収(道垣内、2001)

遠井朗子「紹介：Abram Chayes & Antonia Handler Chayes, The New Sovereignty: Compliance with International Regulatory Agreements, Harvard University Press, 1995, XII＋404pp.」『国際法外交雑誌』96巻3号、1997年(遠井、1997)

同「多数国間環境保護条約における履行確保——モントリオール議定書不遵守手続の検討を手がかりとして——」『阪大法学』48巻3号、1998年(遠井、1998)

同「多数国間環境条約における不順守手続」、西井編、2005、所収(遠井、2005a)

同「「共通であるが差異ある責任(CBDR)」原則——履行援助における差異化の検討を中心として——」『阪大法学』55号、2005年(遠井、2005b)

戸部真澄「ドイツ環境行政法におけるリスク規制(上)(中)(下)——連邦イミッシオン防止法(BImSchG)を素材として」『自治研究』78巻7号、10号、12号、2002年(戸部、2000)

富岡仁「海洋汚染防止条約と国家の管轄権」、松井芳郎・木棚照一・加藤雅信編『国際取引と法』名古屋大学出版会、1988年、所収(富岡、1988)

同「船舶の通航権と海洋環境の保護——国連海洋法条約とその発展——」『名経法学』12号、2002年(富岡、2002)

同「海洋環境保護の歴史」、栗林・杉原編、2004、所収(富岡、2004)

中川淳司「貿易・投資の自由化と環境保護——北米自由貿易協定と北米環境協力協定の三年——」『社会科学研究』48巻6号(1997年)(中川、1997a)

同「条約に基づく国内法の調和(harmonization)の方法——北米自由貿易協定と北米環境協力協定における環境基準の調和を素材に——」、松田幹夫編『寺澤一先生古稀記念　流動する国際関係の法』国際書院、1997年、所収(中川、1997b)

同「WTO体制における貿易自由化と環境保護の調整」、小寺編、2003、所収(中川、2003)

中川淳司・清水章雄・平覚・間宮勇『国際経済法』有斐閣、2003年(中川等、2003)

中谷和弘「湾岸戦争の事後救済機関としての国連補償委員会」、内田古希、所収(中谷、1996)

中西康「法適用通則法における不法行為——解釈論上の若干の問題について——」『国際私法年報』9号、2007年(中西康、2007)
中西準子「環境リスクの考え方」、橘木俊詔・長谷部恭男・今田高俊・益永茂樹編『リスク学入門1 リスク学とは何か』岩波書店、2007年、所収(中西準、2007)
中村耕一郎『国際「合意」論序説：法的拘束力を有しない国際「合意」について』東信堂、2002年(中村耕、2002)
中村民雄「遺伝子組み換え作物規制における「予防原則」の形成——国際法と国内法の相互形成の一事例研究——」『社会科学研究』52巻3号、2001年(中村民、2001)
新美育文「インド・ボパールのガス漏出事故と被害者救済」『ジュリスト』936号、1989年6月(新美、1989)
西井正弘編『地球環境条約：生成、展開と国内実施』有斐閣、2005年(西井編、2005)
西海真樹「「開発の国際法」における補償的不平等観念——二重規範論をてがかりにして——」『熊本法学』53号、1987年(西海、1987)
同「「持続可能な開発」の法的意義」『法学新報』109巻5・6号、2003年(西海、2003)
西前晶子「オゾン層保護のためのウィーン条約とモントリオール議定書」、西井編、2005、所収(西前、2005)
西村智朗「気候変動条約交渉過程に見る国際環境法の動向(一)——「持続可能な発展」を理解する一助として——」『法政論集』160号、1995年(西村、1995)
同「気候変動問題と地球環境条約システム——京都議定書を素材として——」『法経論叢』16巻1号、2号、1998年、1999年(西村、1998/99)
同「地球環境条約における遵守手続の方向性」『国際法外交雑誌』101巻2号、2002年(西村、2002)
同「締約国会議における情報管理と報告審査制度」、西井編、2005、所収(西村、2005a)
同「国際環境条約の実施をめぐる理論と現実」『社会科学研究』57巻1号、2005年(西村、2005b)
西本健太郎・奥脇直也「海洋秩序の維持におけるソフトローの機能——漁業資源の保存管理と海洋環境の保護・保全」、小寺・道垣内編、2008、所収(西本・奥脇、2008)
畠山武道「新しい環境概念と法」『ジュリスト』No.1015、1993年1月(畠山、1993)
初川満「"環境問題"と国際人権法」『ジュリスト』1015号、1993年1月(初川、1993)
林司宣「漁業の国際的規制とその課題」、栗林・秋山編、2006、所収(林、2006)
同『現代海洋法の生成と課題』信山社、2008年(林、2008)
林智・西村忠行・本谷勲・西川栄一『サステイナブル・ディベロップメント：成長・競争から環境・共存へ』法律文化社、1991年(林など、1991)
藤倉良「生物多様性条約とカルタヘナ議定書」、西井編、2005、所収(藤倉、2005)

藤田久一「環境破壊兵器の法的規制：環境変更技術の敵対的禁止条約をめぐって」『法学論集』28巻2号、1978年(藤田、1978)
同「核兵器と一九七七年追加議定書」『法学論集』31巻1号、1981年(藤田、1981)
同『国際人道法』(再増補)東信堂、2003年(藤田、2003)
藤田友敬編『ソフトローの基礎理論(ソフトロー研究叢書1)』有斐閣、2008年(藤田友編、2008)
古川照美「国際環境問題・紛争への対応・処理手段」、国際環境班報告書、1995、所収(古川、1995)
星野一昭「南極条約環境保護議定書」、西井編、2005、所収(星野、2005)
堀口健夫「国際環境法における予防原則の起源——北海(北東大西洋)汚染の国際規制の検討——」『国際関係論研究』15号、2000年(堀口、2000)
同「予防原則の規範的意義」『国際関係論研究』18号、2002年(堀口、2002)
同「「持続可能な開発」理念に関する一考察——その多義性と統合説の限界——」『国際関係論研究』20号、2003年(堀口、2003)
松井芳郎「天然の富と資源に対する永久的主権」『法学論叢』79巻3号、4号、1966年(松井、1966)
同「国際法解釈論批判」、天野・片岡・長谷川・藤田・渡辺編『現代法学批判(マルクス主義法学講座⑦)』日本評論社、1977年、所収(松井、1977)
同「人権の国際的保護への新しいアプローチ」、長谷川正安編『現代人権論』法律文化社、1982年、所収(松井、1982)
同「核兵器と国際法——使用禁止を中心として——」『科学と思想』59号、1986年(松井、1986)
同「経済的自決権の現状と課題——「発展の権利に関する宣言」を手がかりに——」『科学と思想』1988年7月号(松井、1988)
同「伝統的国際法における国家責任法の性格——国家責任法の転換(1)——」『国際法外交雑誌』89巻1号、1990年(松井、1990)
同『湾岸戦争と国際連合』日本評論社、1993年(松井　1993)
同「国際法における「対抗措置」の概念」『法政論集』154号、1994年(松井、1994)
同「国際司法裁判所の核兵器に関する勧告的意見を読んで」『法律時報』1996年10月号(松井、1996)
同『国際法から世界を見る：市民のための国際法入門』第2版、東信堂、2004年(松井、2004)
同「現代国際法における紛争処理のダイナミックス——法の適用と創造との交錯——」『世界法年報』25号、2006年(松井、2006)
同「条約解釈における統合の原理——条約法条約31条3(c)を中心に」、坂元茂樹編『藤田久一先生古稀記念　国際立法の最前線』有信堂高文社、2009年(松井、2009)

松井芳郎・佐分晴夫「新国際経済秩序、自決権および国有化」『経済』1981年1月号(松井・佐分、1981)
松井芳郎・佐分晴夫・坂元茂樹・小畑郁・松田竹男・田中則夫・岡田泉・薬師寺公夫『国際法』第5版、有斐閣Sシリーズ、2007年(松井ほか、2007)
間宮勇「貿易と社会的規制——WTO協定の下での健康と安全の確保」『ジュリスト』1254号、2003年10月(間宮、2003)
水上千之・西井正弘・臼杵知史編『国際環境法』有信堂高文社、2001年(水上ほか編、2001)
水上千之「海洋汚染防止のMARPOL条約」、水上ほか編、2001、所収(水上、2001a)
同「予防原則」、水上ほか編、2001、所収(水上、2001b)
同「国際漁業管理における予防的アプローチ」、同編『現代の海洋法』有信堂高文社、2003年(水上、2003)
南諭子「国際環境法の発展と環境アセスメント」『一橋論叢』115巻1号、1996年(南、1996)
同「国際環境法における環境アセスメントの「事前審査」機能——国家による環境保護義務の履行確保の視点から——」『同上誌』、118巻1号、1997年(南、1997)
宮野洋一「国際紛争処理制度の多様化と紛争処理概念の変容」『国際法外交雑誌』97巻2号、1998年(宮野、1998)
同「WTO紛争処理の限界——いわゆる「主権事項」の意味——」『日本国際経済法学会年報』8号、1999年(宮野、1999)
同「国際法学と紛争処理の体系」、国際法学会、2001c、所収(宮野、2001)
宮本憲一『環境経済学』岩波書店、1989年(宮本、1989)
村瀬信也『国際立法—国際法の法源論—』東信堂、2002年(村瀬、2002)
同「現代国際法における法源論の動揺——国際立法論の前提的考察として」(初出、1985年)、村瀬、2002、所収(村瀬、1985/2002：以下、同上書に所収の論文はこのように表記する。)
同「国際環境法への国際経済法からの視点」(初出1992年)(村瀬、1992/2002)
同「GATTと環境保護」(初出1994年)(村瀬、1994a/2002)
同「国際環境法における国家の管理責任——多国籍企業の活動とその管理をめぐって」(初出1994年)(村瀬、1994b/2002)
同「国際紛争における『信義誠実』原則の機能——国際レジームの下における締約国の異議申立手続を中心に」(初出1995年)(村瀬、1995/2002)
同「「貿易と環境」に関するWTO紛争処理の諸問題」(初出1997年)(村瀬、1997/2002)
同「「環境と貿易」問題の現状と課題」(初出1999年)(村瀬、1999a/2002)
同「国際環境レジームの法的側面——条約義務の履行確保」(初出1999年)(村瀬、1999b/2002)
同「国際環境法の履行確保——その国際的・国内的側面——京都議定書を素材として」

『ジュリスト』1232号、2002年10月（村瀬、2002b）
同「武力紛争における環境保護」、村瀬・真山編、2004、所収（村瀬、2004）
村瀬信也・真山全編『武力紛争の国際法』東信堂、2004年（村瀬・真山編、2004）
森田章夫『国際コントロールの理論と実行』東京大学出版会、2000年（森田、2000）
薬師寺公夫「国連海洋法条約における賠償責任諸条項の構成と問題点」、高林秀雄先生還暦記念『海洋法の新秩序』東信堂、1993年、所収（薬師寺、1993）
同「越境損害と国家の適法行為責任」『国際法外交雑誌』93巻3・4合併号、1994年（薬師寺、1994）
同「海洋汚染防止に関する条約制度の展開と国連海洋法条約——船舶からの汚染を中心に」、国際法学会、2001a、所収（薬師寺、2001）
山田卓平「トリー・キャニオン号事件における英国政府の緊急避難理論」『神戸学院法学』35巻3号、2005年（山田、2005）
山村恒年編『環境NGO——その活動・理念と課題』信山社、1998年（山村編、1998）
山本草二「環境損害に関する国家の国際責任」『法学』、40巻4号、1977年（山本、1977）
同「国際紛争における協議制度の変質」『紛争の平和的解決と国際法（皆川洸先生還暦記念）』北樹出版、1981年、所収（山本、1981）
同『国際法における危険責任主義』東京大学出版会、1982年（山本、1982）
同「国際環境協力の法的枠組の特質」『ジュリスト』1015号、1993年1月（山本、1993）
山本吉宣「国際レジーム論——政府なき統治を求めて——」『国際法外交雑誌』95巻1号、1996年（山本吉、1996）
湯山智之「国際法上の国家責任における「過失」及び「相当の注意」に関する考察(1)～(4)」『香川法学』22巻2号；23巻1・2号；24巻3・4号；26巻1・2号、2002～2006年（湯山、2002/06）
横田喜三郎『海の国際法（上巻）』有斐閣、1959年（横田、1959）
吉村良一・水野武夫編『環境法入門——公害から地球環境問題まで——』第2版、法律文化社、2002年（吉村・水野、2002）
吉田脩「国際法における「国際制度」の新展開——国際社会における組織化現象の理論的再検討——」『国際法外交雑誌』99巻3号、2000年（吉田、2000）
渡部茂己『国際環境法入門——地球環境と法——』ミネルヴァ書房、2001年（渡部、2001）

事項索引

[ア行]

アイルランド	90.125.126.132, 224
新しい人権	148, 197, 199, 201
アフリカ統一機構(OAU：現AU)	115, 191
「アメ」と「ムチ」	327
アルゼンチン	23, 123、343-345
あるべき法	39, 96
アンスティチュ	286
EC	104, 128, 129, 143
EC司法裁判所	126, 129, 131
EC委員会	129, 131, 142, 144
EU委員会	109
イスラエル	277
一貫性の原則	141
一般国際法	iv, 10, 60, 87, 95-97, 99, 123, 125, 127, 164, 224, 232, 235, 278, 289, 306, 329, 339, 345
一般的慣行	35
一方的宣言	120
イデオロギー的役割	62, 139, 168, 258
イラク	261, 266, 277, 278, 289
――の賠償責任	288, 291
因果関係	52, 67, 106, 109, 111, 112, 117, 288
――挙証責任	107
――原因行為と環境被害の	102, 103, 106, 107
――原因行為と損害との間の	293, 308
インフォームド・コンセント	95
ウィングスプレッド声明	109, 142
ウガンダ	277
ウクライナ	178, 339
英国	16, 23, 85, 90, 125, 126, 129, 134, 208, 240, 274
エストッペル	35
越境環境影響	96, 222
越境環境損害	18, 60, 67-69, 220, 221, 225, 285-287, 290-292, 294, 301, 304, 305, 308, 312
――国の損害	290
――個人の損害の算定	287
越境環境問題	12, 64, 67, 68, 77, 96, 98, 102, 294
NGOs	16, 23, 24, 27, 39, 43, 44, 46-50, 106, 109, 153, 154, 200, 202-203, 215, 223, 227-232, 249, 266, 275, 281, 324, 340
――協議的地位	49
――国際法主体性	48
――定義	47
――役割	47-48
沿岸国	20, 29, 70, 78, 80, 90, 97, 160, 163, 220
オーストラリア	23, 77, 124, 130, 179, 206
汚染者負担の原則	60, 154, 175, 306, 308-313
――経済原則としての	309
――国際法上の	310-313
オタワ方式	31, 275
"opt-out"の方式	318, 322
温室効果ガス	102, 174, 177, 315
――削減抑制義務	81, 178, 327

[カ行]

外交的保護権	68-69, 287, 292
快適性	7, 20, 78, 288, 291
開発の国際法	171
回復不可能な損害	103-105
海洋自由の原則	34
海洋法	10, 20, 29
科学および環境の健全さネットワーク	108

科学者の社会的責任	29	環境避難所	181
科学的確実性の欠如	103, 104, 106, 125-126, 131, 140	環境保護——人権の制約事由	210-211
科学的証拠	122, 124-125, 128, 129	環境保護の法意識	12, 18, 20, 45
隔地的不法行為	301	環境保全と社会的・経済的発展との調和	17
核兵器	270-271, 274	慣習法	12, 14-15, 22, 32, 34-35, 40-42, 59, 61, 64-66, 75-76, 87, 96, 98-99, 122, 131, 135-138, 159, 161, 224, 245, 262, 265, 268-271, 274-275, 278, 280, 282, 297, 304, 311
カナダ	64, 128, 206, 213, 228, 250-251, 254, 290, 295		
仮保全措置	77-78, 120, 123, 130-132, 143		
環境影響評価（EIA）	53, 81, 82, 91, 96, 111, 121, 125, 153, 162, 218-224, 334	慣習法成立の要件	34, 135-136
——継続的性格	162-163, 166, 225	危険（リスク）	103, 122, 126, 296
——国際法的地位	224, 334-335	——の配分	142
「環境および発展に関する国際規約」草案（IUCN）	60, 106, 190, 199	——の不存在	141
		——管理	140
「環境および発展に関する北京閣僚宣言」	174	——継続的なモニター	94
環境改変技術	5, 21, 272-273	——評価	91, 116, 127, 128, 140
環境基準	8-9, 27, 177, 180-181, 258	寄港国	20, 29, 78, 80
環境基本法	159, 198, 219	気候変動に関する政府間パネル（IPCC）	28
環境協力委員会（CEC）——北米環境協力協定の	228	旗国	29, 66, 69, 78-80
		——主義	15, 20, 66, 69, 78, 80
環境権	21, 46, 48, 85, 195, 197-207, 209, 216, 230-232	——の義務	78-79
——国内法上の	197-198	議定書の締約国会合の役割を果たす条約の締約国会議（COP/MOP）	316-317
——立法論	200	「議定書の不遵守に関して締約国会合によりとられることのある措置の例示リスト」	326, 327, 330
環境主義者	7, 12, 22, 76, 239, 257, 265		
環境上の緊急状態	82, 87, 122, 300		
環境情報	6, 45, 82, 84, 85, 157, 210, 216-218, 226-227, 260, 308	規範創設的性格	161
		基本的人権	6, 195
——へのアクセスの権利	217, 233	逆コンセンサス方式	241
環境それ自体に生じる侵害	288, 305	牛海綿状脳症；狂牛病（BSE）	129, 134
環境と発展に関する世界委員会（WCED）	22, 146, 149-152, 155, 164, 169	協議国会議——南極条約の	317
		協議の義務	88-92, 217
——環境法専門家グループ	154, 199	——合意の必要性	94-95
環境の定義	5-6	——誠実な協議	93
環境の"内在的価値"	8	——定義	88
環境被害の定義——UNCC管理理事会による	277-278	——内容	92-93
		強制モデル	340-341

事項索引　387

共通に有しているが差異のある責任　18, 153, 169, 171-172, 174-177, 183, 185, 188, 189, 191, 316, 325
　——法原則　193-194
共通に有している責任　172-173
共同実施　179, 325
共同達成　179
京都メカニズム　179, 186, 327
共有天然資源　60, 88-89, 95-97, 117, 134, 163
協力の義務　99, 125, 152, 154, 172
漁業資源の保存と管理　112
挙証責任　121, 125, 127, 153, 294, 306, 344
　——の緩和　293
　——の転換　108, 115, 121, 122, 293, 344
ギリシャ　211-212, 327
緊急事態　85-88, 98, 132, 224, 265, 300
均衡性(の)原則　141, 263, 271-272, 281-282
　——共同体法の　129-130
グッド・ガバナンスの原則　153-154
国の国際犯罪　51, 278
国の個別的利益　51, 119, 133-134, 330, 338, 341
国の責任——民事賠償責任条約における　306
国への責任集中の原則　295
区別原則→軍事目標主義
クリーン開発メカニズム　179, 185-186, 325
グループ77　27
グローバリゼーション　8, 25, 29, 40, 44, 144, 168, 237, 298
軍事目標主義　267-269, 275
軍縮委員会会議(CCD)　273-274
景観　5-7, 288
経済協力開発機構(OECD)　14, 27, 177, 192, 238-240, 303-305, 309-311
経済社会理事会　13, 47, 157
経済成長至上主義的な開発政策　26
形成途上の法　41, 96

結果の義務　9, 52-53, 67, 315
結果発生地法　301
厳格責任　286, 294
　——操業者の　300, 306, 307-308
言及による編入　41
研究の自由　29
現行法　39, 266, 280, 281, 292, 301
原告適格→当事者資格
現代国際法　51, 162
憲法　159, 197-198
権利濫用の禁止　35
行為体　9, 43, 44, 46, 48, 50, 139, 153, 173, 199
行為の義務→手段・方法の義務
合意の原則　62, 318
公海漁業　20, 79, 109, 220, 341
公海自由の原則　12, 66, 109
公衆による通報　322, 329
公衆の参加　153, 218-223, 226, 234, 322
交渉命令判決　90
高度に危険な活動　294
後発発展途上国　153, 180, 186
衡平原則　35, 36, 153, 175
衡平な地理的配分　18, 19, 323
国際違法行為　52, 278, 286, 291, 297, 332
国際海事機関(IMO)　13, 29, 41, 79, 86, 112, 221
国際海底機構(ISBA)　72, 299
国際海洋法裁判所(ITLOS)　23, 78, 90, 97, 99, 112, 123-127, 130-131, 224, 225, 335, 336
国際河川委員会　12
国際環境法
　——国際法の一分野　8
　——独自の法分野　9, 17
　——人間中心的性格　7, 8
　——基礎づけ　17-18
　——国内的実施　9
　——の定義　8
　——の発展　11, 19

国際機構　　　　　　12-13, 18, 33, 34,
　　　　　　　　38-39, 41-46, 48, 50,
　　　　　　　75, 136, 139, 144, 153-154,
　　　　　200-201, 228, 237-239, 300, 319, 340
国際経済法　　　10, 156, 171, 179, 236-237
国際原子力機関（IAEA）　　　　14, 41, 86
国際公域　　　　　　　8, 51, 62, 66, 68, 69,
　　　　　　75-76, 78, 89, 220, 299-300, 329
　　──に生じた環境損害　　　　　　299
「国際コントロール」論　　　　　　　319
国際再生可能エネルギー機関（IRENA）　192
国際事実調査委員会──1977年第I追加
　　議定書の　　　　　　　　　　　279
国際自然保護連合（IUCN）　　　60, 106,
　　　　　　　　　　　　　149, 190, 199
国際私法　　　　　　　　　　　301-303
国際司法裁判所（ICJ）　　23, 32-36, 42, 51, 61,
　　　　　　　　76, 77, 85, 90, 93, 97, 105,
　　　　　　　120-123, 130, 132, 133, 137, 140,
　　　　　　　163, 164-167, 255, 263, 265-268,
　　　　　　　270-271, 274, 282, 293, 319, 333-336
　　──環境問題裁判部　　　　　23, 335
国際社会（全体）の一般的利益　　45, 49, 51,
　　　　　　　107, 119, 133, 329, 332, 338, 341
国際社会の分権的構造　　　　　　　　9
国際人権法　　　　　　　　　10, 31, 156,
　　　　　　　196-197, 216, 234, 265, 314
国際人道法　　　10, 264-276, 278, 280-282
国際世論　　14, 45, 47-48, 249, 275, 281, 316
国際的義務の性質分類　　　　　　　52
国際的なアファーマティブ・アクション　175
国際法
　　──成立形式　　　　32, 35-36, 40, 59, 136
　　──によって禁止されていない行為か
　　　　ら生じる有害な結果に関する国際
　　　　賠償責任　　　　　　　　　296
　　──の一般原則　　35-36, 61, 154, 290, 295
　　──の漸進的発達　　　　　13, 98, 200

　　──の相互豊富化　　　　　　　10
　　──の断片化　　　　　　　33, 235
国際法委員会（ILC）　　　　51-53, 63, 68,
　　　　　　　　82, 87, 90-92, 94, 98,
　　　　　　　100, 105-106, 117, 226,
　　　　　　248, 262, 278, 286, 291, 292,
　　　　　　296-299, 304, 309, 312, 332, 334
国際法協会（ILA）　　　　　　71, 96, 144,
　　　　　　　　　　　152-154, 156, 169
国際法上の犯罪　　　　　　　　　279
国際捕鯨委員会　　　　　　　　160, 316
国際連合開発計画（UNDP）　186, 188, 189
国際連合と民間団体との間の協議関係　47
国際労働機関（ILO）　　　　　　205-206
国籍継続の原則　　　　　　　　　292
国内的救済完了（の原則）　　　229, 292
国内法　　　　　9, 35, 47, 167, 197-198,
　　　　　　　215-216, 218, 219, 223,
　　　　　　227, 294, 301-302, 305, 315
国連海洋法会議　　　　　　20, 29-31, 80
国連環境計画（UNEP）　　18-19, 97, 186
　　──管理理事会　　　　　18-19, 110
国連環境発展会議（リオ会議：UNCED）
　　　　　　　　21-22, 39, 103, 136, 146,
　　　　　　　150, 164-165, 172-174, 186, 189
国連事務総長　　　　44, 111, 173, 189, 274
国連食糧農業機関（FAO）　73, 79, 113, 206
国連総会決議　　　　　　　　35, 42, 137
国連賠償委員会（UNCC）　277-278, 288-289
国連貿易開発会議（UNCTAD）　　　148
国連ヨーロッパ経済委員会（UNECE）
　　　　　　　6, 103, 114, 201, 227, 303, 322, 329
個人通報（の）制度　　　　　　231-232
コスモス954号事件　　　　　　290, 295
国家　　　43-44, 53, 62-63, 199, 258, 292, 298
国家機能の民営化　　　　　　　　298
国家主権　　　　　　　　　　　44, 70
国家責任　　　　　　　　　10, 34, 67-68,

事項索引　389

	100, 107-108, 225, 285, 291-293, 295-298, 332-333, 338-339
国家責任条文第1読草案	51, 52, 278
――2条	68
――19条	51, 278
――20条	52
――21条	52
――23条	52, 67
――33条	122
国家責任法	107-108, 285, 287, 291-292, 329, 332-333, 338-339
国家報告	316, 317
――制度	315-316
COPs→締約国会議	
コンセンサス	30, 38, 39, 43, 138, 183, 187, 258-259, 317-318, 325
――方式	29-31

[サ行]

最恵国待遇原則	237, 244
差異のある責任	173-177
裁判外紛争解決	328
裁判基準	35, 61
裁判不能	35
差別防止・少数者保護小委員会	197, 199-200, 205
参加革命	23
参加の権利	216, 219, 224, 226, 231, 233-234, 329-330
酸性雨	15
残存兵器の除去	276
暫定措置	23, 90, 94, 97, 123-127, 130-132, 143, 225, 336
産油国	27
自決権	138-139, 147-148, 213
――先住人民の	206
事実審査	92, 228, 234, 334
事実の記録	228-230

市場経済	168, 171
市場の失敗	239-240
持続可能な発展	17, 24, 162, 231, 247, 254, 256
――構成要素	152-155, 158
――の権利	156, 203
――の国際法	22, 150
――のための国際法原則に関する専門家グループ	173
――の定義	150-152
――の法的側面に関する委員会(ILA)	156
――への援助	181-188
――法原則	168
「持続可能な発展に関する国際法の諸原則のニューデリー宣言」(国際法協会(ILA)採択決議)	71, 144, 152-154
持続可能な発展に関する世界サミット(WSSD)	24, 247
持続可能な発展委員会(CSD)	42, 48, 157, 189
――専門家グループ	154
湿地保存基金	182
私法上の請求	68, 285, 301-305
司法的な理由付け	167
市民	44, 46, 202, 227-230, 304, 339
――社会	23, 44, 46, 153, 154, 281
――参加	84, 156, 196, 216, 220, 222, 234
自由権規約委員会	42, 204, 212-215, 234, 235
重大な違反行為	279
集団的申立制度	211-212, 232
集団の権利	206, 231, 232
主権国家	9, 258
主権平等	18, 35, 63, 65
手段選択の自由	248, 334
手段・方法の義務(行為の義務)	9, 52-53
受忍可能な危険	141, 143
ジュネーヴ法	267
受理許容性	207, 229, 232, 324
遵守委員会――オーフース条約の	23, 228, 323-324

遵守手続		正統化	43, 62, 139, 168, 230
――遵守機関	322	正統性	32, 35, 49, 144, 194, 209,
――発動手続	321		233, 234, 249-250, 258, 340
――評価	340-341	政府間海事協議機関(IMCO)	13
――不遵守に対する措置	325	生物圏の生態学的均衡	18
――目的と性格	320-321	政府の失敗	239
常設国際司法裁判所(PCIJ)	35, 89,	世界遺産基金	182
	94-95, 97, 287, 292	世界銀行	186-188
常設仲裁裁判所(PCA)	63, 335-336	世界貿易機関(WTO)	128, 132-134,
小島嶼国連合(AOSIS)	27, 339		163-166, 237-238,
情報および司法へのアクセス	153, 226		240-243, 247-250, 256, 336
情報の還元	84	世界保健機関(WHO)	142
条約		世界保全戦略	149
――解釈規則	319	赤十字国際委員会(ICRC)	265, 266,
――解釈原則	128, 132		270, 274-275, 280
――渋滞	33	世代間衡平	10, 60-61, 153, 169
――の運用停止	245, 262, 326, 331-333	設立文書――国際機構の	41, 45-46, 319
条約法	10, 263, 318-319	先住人民の権利	71, 204-206, 215-216
将来の世代	71, 73, 149,	先進国	16, 26-27, 73, 169,
	150-151, 154, 156, 159, 169		174, 176, 188, 189, 191, 246, 310
植物遺伝資源に関する国際了解	73	先進締約国	81, 177, 186, 193, 243, 315
自律的な制度取り決め	319	船籍移転(reflagging)	79
信義誠実の原則	35, 245	戦略的環境影響評価(SEA)	224, 234
人権	21, 148, 152-156,	増加費用	33, 182, 184, 187
	195-197, 199-201,	相互主義	176, 308, 332, 341
	208, 210, 230-234, 314	――的な義務	50, 196, 246
――の不可分性	148	相当の注意	67-68, 99, 226, 286
「人権と環境」(クセンチニ報告)	197, 199	――義務	67, 68, 76, 82, 87, 98-100,
新国際経済秩序	148, 156, 171, 176		102, 105, 108, 225, 296, 298
紳士協定	30	属人主義	66, 69
人類の共通の関心事(項)	60, 73-75,	ソビエト連邦(ソ連)	69, 290, 295
	118, 153, 172	ソフトな義務	33, 42, 53, 75, 114
人類の共同の財産	72-74	ソフト・ロー	38-42, 200
ストックホルム会議	6, 11, 15-19, 26, 64-65	――文書	18, 34, 39,
生活環境	6-7		41-43, 45, 59, 88, 104,
政策決定への参加	219, 226-227		113, 136, 190, 193, 216
生産工程および生産方法	255	損害の要件	229
生産消費様式の変更	189-193		

事項索引　391

[タ行]

大気汚染　20, 96, 253
大気の保護　113-114
大規模遠洋流し網漁業　20, 112
対抗措置　331-333
第3次国連海洋法会議→国連海洋法会議
「第三世代の人権」論　199, 231
対審手続　135
多国籍企業　181, 202
「多数国間環境協定の遵守及び執行に関する指針」　53
多数国間環境保護協定（MEAs）　28, 32-33, 45-46, 48, 52-53, 84, 181-182, 192, 243, 244-247, 262-265, 314-317, 319-320, 322, 332-334, 337-338, 340-341
　──武力紛争時における適用　263-264, 280
多数国間基金──モントリオール議定書の　183-184
WTOにおける紛争解決　241
WTO紛争解決機関　23, 104, 128, 134, 241
　──小委員会　128, 129, 194, 241, 248
　──上級委員会　128, 129, 241, 248
地域海洋プログラム　19, 37, 111
チェルノブイリ原発事故　69, 86
地球環境の不可分性　8, 29
地球環境ファシリティ　186-188
地中海行動プラン　28
知的所有権の保護　73, 84
仲裁裁判所──UNCLOS附属書VIIの　124-127
調整　38, 318
調停　331, 333-335
通報および協議の義務　88-94, 329
　──一般国際法上の義務　87, 96-98
　──違反の法的効果　98-99
　──相当の注意義務　99
通報および情報の交換　83-88

抵触規定　244
DDTの禁止　141-142
締約国会議（COP）　36, 188, 316-319
　──条約の最高機関　317-318
　──立法権限　317
適正手続　325, 327, 330
手続的義務　96-99, 224, 343-345
伝統的国際法　12, 20, 32, 35, 43, 62, 64, 67-69, 102, 262, 267
天然資源に対する永久的主権決議　15, 70
同意の原則　38, 44, 318
統合の原則　154-159, 168
当事国意思主義　262
当事者資格　48, 69, 133, 214, 228-229, 303, 305
同時代性の原則──環境規範適用における　163
ドーハ閣僚宣言　247
特定事態防止の義務　9, 67
「特別法は一般法を破る」の原則　245
特別利害関係国　35, 269, 280
トリー・キャニオン号事件　15-16, 69, 79

[ナ行]

内国民待遇原則　237, 244
南極　21, 264, 300
二国間条約　32, 85, 88, 159
二重基準　177, 180-181, 184
二重の加重多数決　187
日本　15, 23, 124, 128-129, 178, 219, 301
日本国憲法　198
ニュージーランド　23, 77, 120-121, 124, 130, 133, 178, 206, 224
二要素説　34
人間環境のための行動計画　19
人間中心主義　7-8, 230-231, 268, 272, 273
認識の共同体　28
農民の権利　206

ノルウェー	179		267-268, 269-270
		フランス	23, 77, 120-121, 254, 274
[ハ行]		武力紛争が条約に及ぼす効果	262-263
ハーグ法	267, 276	武力紛争時における文化財等の保護	276
ハード・ロー	38-40, 42	武力紛争法	21, 265, 266-267,
バイオセーフティに関する情報交換セン			269, 271, 272, 277-282
ター	84, 85	フロンガス	28
「廃棄物の海洋投棄を含む海洋汚染への		紛争解決条項	119, 248,
予防的な取組方法」(UNEP管理理事			314-315, 333-334, 336-339
会決議)	110	紛争回避	328-329
廃棄物の発生	115, 119, 190-191	「紛争」の定義	337
排出量取引	179, 325	文明国が認めた法の一般原則	35-36
賠償責任(liability)	14, 176,	米国	27, 64, 68, 104, 128, 163, 176, 178,
	276-278, 285-288,		228, 250-255, 274, 280, 290, 302, 312
	291, 294, 296-298, 300, 310	米州人権委員会	203, 215
排他的な主権	62	米州人権裁判所	215
パッケージ・ディール	29-31	ベトナム戦争	261, 272
発展	146-148, 151-152	ベルリン・マンデート	41, 178
発展途上国	16-17, 27, 32-33,	便宜船籍	16, 69
	73, 147-148, 153, 169, 171, 172,	貿易措置	19, 237, 245-247, 252, 255, 256, 327
	174, 188, 191, 231, 246, 256, 310	——MEAsに基づく	243-244
発展の権利	148, 152,	——一方的な	255-259
	153, 156, 169, 199	貿易と環境に関する委員会(CTE)	246-247
ハンガリー	23, 122, 132, 134, 158	貿易の自由化	239-240
バンキング	179	法規則	57-59, 123, 139, 167, 168
被害者救済	18, 285, 312	法原則	35, 57-59, 135, 139,
「被害者」の要件	214-215, 329		154, 164-168, 193, 271
比較考量	142, 233, 249	——成立形式	58
非国家(的な)行為体	23-24, 49, 145, 196	——役割	61
評価の余地	208-209, 214, 233, 249	防止の義務	52-53, 81-82, 90, 92, 96,
費用対効果	28, 60, 104, 114		100, 105-108, 226, 296, 298, 329
——の原則	141	法則決定の補助手段	32
平等なアクセスと無差別の原則	303-305	法的信念	34-35, 41-42, 137
貧困の悪循環	147	法の一般原則	294, 311
forum non convenienceの法理	302	法の適用に関する通則法(法適用通則法)	
不遵守手続	22-23, 38, 183,		301-302
	320-322, 326, 328-330, 332, 337	法のハーモナイゼーション	285, 297, 305
不必要な苦痛を与える兵器の禁止		ボパール・ガス爆発事故	181, 302

事項索引　393

[マ行]

マルテンス条項	269, 282
マレーシア	23, 97, 127, 194, 253, 254
みなみまぐろ保存委員会	124, 336
民事賠償責任条約	264, 285, 287, 288, 294, 295, 305-308
民衆訴訟	133, 203, 214, 232
民主主義の赤字	36-37, 144
民主的正統性	209, 233, 249
民用物	267-270
無過失責任	293-295, 298
——国家責任における	295
——操業者の	298
無差別の原則	60, 141, 203, 303-305
メキシコ	228-229, 251
MOXプラント	90, 125-126

[ヤ行]

「有害廃棄物の環境上健全な管理のためのカイロ指針及び原則」	115
ユネスコ	276
ヨーロッパ社会権委員会	211-212
ヨーロッパ人権委員会	207, 217
ヨーロッパ人権裁判所	207-211, 217, 233
ヨーロッパ評議会（COE）	6, 7, 47, 201, 232, 307-308
ヨーロッパ連合（EU）	13, 60, 109, 137, 144, 178
予防原則	
——運用可能化	139
——海洋環境の保護	110-113
——慣習国際法	121, 123, 131, 135-140
——共有天然資源	117
——挙証責任	111, 121, 122
——許容規範	139
——暫定措置との親和性	131
——政策的含意	140-145
——生物の種の保存	116-117
——定義	103-105
——に関するウィングスプレッド・コンセンサス声明	109
——に関する通報（EU委員会）	109, 140-144
——防止と義務との関係	105-108
——有害廃棄物等	114-116
予防措置	103, 104, 109, 113, 114, 116, 269
予防的な取組方法	104, 106, 110, 112-117, 137, 153
四大公害訴訟	15

[ラ行]

ラムサール少額贈与基金	182
利益の衡平なバランス	91
リオ会議（UNCED）	11, 22-23, 82, 157, 314
立法過程の中間段階	41
留保	30-33, 308
領域主権	12, 15, 34, 67, 94, 107
——の原則	10, 64
領域使用の管理責任	11, 12, 18, 50, 62-66, 225, 293
——調整原則としての	63, 92, 97, 107
ルーマニア	339
レジーム	46, 75, 196, 247, 248, 297, 331
労働環境	6-7, 17
ロシア	327

[ワ]

枠組条約	21, 28, 33, 36-38, 41, 61, 114, 317-318
『われら共通の未来』	22, 146, 149, 151, 169
湾岸戦争	261, 266, 277, 280, 288, 291

人名索引

[ア行]
アバウチャー (Abouchar, Juli) 108, 136
安藤仁介 213
ヴァサク (Vasak, Karel) 199
ウィーラマントリー (Weeramantry, Christopher Gregory) 121, 134, 159, 162, 166, 195, 225
ウェイユ (Weil, Prosper) 45
ウォルフラム (Wolfrum, Rudiger) 126
臼杵知史 11, 98
ウルフスタイン (Ulfstein, Geir) 319
エヴェンセン (Evensen, Jens) 30
オコワ (Okowa, Phoebe N) 87, 95, 98, 99
小田滋 134

[カ行]
カーギス (Kirgis, Frederic L) 96
カーソン、レイチェル (Carson, Rachel Louise) 15
兼原敦子 77, 107, 110
キス (Kiss, Alexandre) 11, 22
キャメロン (Cameron, James) 108, 136
クセンチニ (Ksentini, Fatma Zohra) 197, 200, 201
コスケニエミ (Koskenniemi, Martti) 63, 332
小寺彰 57
児矢野マリ 98, 99
ゴルディ (Goldie, L. F. E) 294

[サ行]
坂元茂樹 262
サンズ (Sands, Philippe) 11, 12, 22, 48, 57, 60, 97, 137, 154, 165, 175, 198, 335
サンド (Sand, Peter H) 11
シェルトン (Shelton, Dinah) 11, 197, 201

ジェンクス (Jenks, C. Wilfred) 294
シュー (Shue, Henry) 175
シュミット (Schmitt, Michael N) 272
シュライバー (Schrijver, Nico) 61, 71
シンマ (Simma, Bruno) 34
ストロング (Strong, Maurice F) 16
セクリー (Szekely, Francisco) 126
ソーン (Sohn, Louis B.) 17, 31, 201

[タ行]
ダウンズ (Downs, George W) 340-341
高島忠義 154
チェイエス夫妻 (Chayes, Abram, and Antonia Handler Chayes) 258, 316, 340
チャーチル (Churchill, Robin) 319
チンキン (Chinkin, Christine) 40, 297
テイラー (Taylor, Prue) 257
デュピュイ (Dupuy, Pierre-Marie) 50
ドゥオーキン (Dworkin, Ronald M) 58
トュルク (Turk, Helmut) 281
トレベス (Treves, Tullio) 131

[ナ行]
西海真樹 154

[ハ行]
ハーディン (Hardin, Garrett) 240
バーニー (Birnie, Patricia W) 137, 154, 165
パーマー (Palmer, Geoffrey) 44, 121
バクスター (Baxter, R. R.) 40
パラデルートゥリウス (Paradell-Trius, Lluis) 59-60
ハンドゥル (Handl, Günther) 63, 65, 96, 99, 180, 298, 330
ヒギンズ (Higgins, Rosalyn) 23, 335

人名索引 395

ビヌエサ（Vinuesa, Raúl Emilio） 123
ビルダー（Bilder, Richard B） 329
フィッツモーリス（Fitzmaurice, Malgosia） 10, 333
フーバー（Huber, Max） 63
フェンテス（Fuentes, Ximena） 231
フォーク（Falk, Richard） 281
ブザン（Buzan, Barry） 31
ブトロス・ガリ（Boutoros-Ghali, Boutoros） 44
ブラウンリ（Brownlie, Ian） 10, 34, 262-263
フリーストーン（Freestone, David） 136
フレンチ（French, Duncan） 154, 156, 168
ボイル（Boyle, Alan） 8, 40, 58, 78, 82, 99, 137, 154, 165, 180, 297, 298, 309
ボーテ（Bothe, Michael） 281-282
ホーマン（Hohmann, Harald） 135
ボダンスキー（Bodansky, Daniel） 9, 58, 65, 257, 259

ポラス（Porras, Ileana M） 189

[マ行]
マクゴールドリック（McGoldrick, Dominic） 156, 235
マッカフリー（McCaffery, Stephen C.） 305
マローン（Marauhn, Thilo） 329
メリルス（Merrills, J. G） 235

[ラ行]
ラオ（Rao, Pemmaraju Sreenivasa） 298
リースマン（Reisman, W. Michael） 40, 42
レイン（Laing, Edward Arthur） 131
ロウ（Lowe, Vaughan） 161, 167

[ワ]
ワイス、イーディス（Weiss, Edith Brown） 169

【著者紹介】
松井 芳郎（まつい よしろう）

1941年、京都府生まれ。1963年、京都大学法学部卒業。
現在、立命館大学法科大学院教授

[主要著書]
『現代日本の国際関係』(1978年、勁草書房)、『現代の国際関係と自決権』(1981年、新日本出版社)、『国際法』(共著、1988年、有斐閣)、『国際法Ⅰ・Ⅱ』(共編、1990年、東信堂)、『湾岸戦争と国際連合』(1993年、日本評論社)、『テロ、戦争、自衛―米国等のアフガニスタン攻撃を考える―』(2002年、東信堂)、『国際法から世界を見る』第2版(2004年、東信堂)、『国際人権条約・宣言集』第3版(共編、2005年、東信堂)、『判例国際法』第2版(共編、2006年、東信堂)、『ベーシック条約集』2010年版(編集代表、2010年、東信堂)

国際環境法の基本原則　　　　　　　　　　　　　　　　　　〔検印省略〕
2010年9月1日　初 版　第1刷発行　　　　※定価はカバーに表示してあります。

著者©松井芳郎　　発行者　下田勝司　　　　　印刷・製本／中央精版印刷

東京都文京区向丘1-20-6　　郵便振替00110-6-37828
〒113-0023　TEL(03)3818-5521　FAX(03)3818-5514　　株式会社　発行所　東信堂

Published by TOSHINDO PUBLISHING CO., LTD
1-20-6, Mukougaoka, Bunkyo-ku, Tokyo, 113-0023, Japan
E-mail：tk203444@fsinet.or.jp

ISBN978-4-7989-0012-4　　C3032　　©MATSUI, Yoshiro

東信堂

国際法新講〔上〕〔下〕	田畑茂二郎	上 二九〇〇円／下 二七〇〇円
ベーシック条約集〔二〇一〇年版〕	編集代表 松井芳郎	二六〇〇円
ハンディ条約集	編集代表 松井芳郎	一六〇〇円
国際人権条約・宣言集〔第3版〕	編集代表 松井芳郎	三八〇〇円
国際経済条約・法令集〔第2版〕	編集 松井・薬師寺・坂元・小畑・徳川	三八〇〇円
国際機構条約・資料集〔第2版〕	編集 小室程夫・山手治之夫	三九〇〇円
判例国際法〔第2版〕	編集代表 安藤仁介／松井芳郎	三二〇〇円
国際環境法の基本原則	松井芳郎	三八〇〇円
国際立法——国際法の法源論	松井芳郎	六八〇〇円
条約法の理論と実際	村瀬信也	六八〇〇円
国際法/はじめて学ぶ人のための国際法入門〔第2版〕	坂元茂樹	四二〇〇円
国際法と共に歩んだ六〇年	真山全編	一四二八六円
国際法学の地平――歴史、理論、実証	村瀬信也編	二七〇〇円
国連安保理の機能変化	村瀬信也編	二八〇〇円
海洋境界画定の国際法	江藤淳一編	二八〇〇円
国際刑事裁判所	村瀬信也・洪恵子編	四二〇〇円
自衛権の現代的展開	村瀬信也編	二八〇〇円
国際法から世界を見る——市民のための国際法入門〔第2版〕	松井芳郎	二八〇〇円
海の国際秩序と海洋政策〔海洋政策研究叢書1〕	大沼保昭	三六〇〇円
スレブレニツァ——あるジェノサイドをめぐる考察	小田滋	六八〇〇円
21世紀の国際機構：課題と展望	秋山昌廣編著／栗林忠男	三八〇〇円
国際機構法の研究	長有紀枝	三八〇〇円
21世紀国際社会における人権と平和（上・下巻）	中村道	三二〇〇円
国際社会の法構造――その歴史と現状	中位田・安藤・寺谷・川崎・広部・藤田仁司・村隆道編	七一四〇円
現代国際法における人権と平和の保障	編集代表 山手治之・香西茂之	八六〇〇円
	編集代表 山手治之・香西茂之	五七〇〇円
	代表 西村治茂之	六三〇〇円

〒113-0023 東京都文京区向丘1-20-6　TEL 03-3818-5521　FAX 03-3818-5514　振替 00110-6-37828
Email tk203444@fsinet.or.jp　URL: http://www.toshindo-pub.com/

※定価：表示価格（本体）＋税

東信堂

入門 政治学	仲島陽一	二三〇〇円
政治の品位——日本政治の新しい夜明けはいつ来るか	内田 満	二〇〇〇円
帝国の国際政治学——冷戦後の国際システムとアメリカ	山本吉宣	四七〇〇円
赤十字標章ハンドブック——標章の使用と管理の条約・規則・解説集	井上忠男編訳	六五〇〇円
解説 赤十字の基本原則〔第2版〕	J・ピクテ／井上忠男訳	一〇〇〇円
医師・看護師の有事行動マニュアル——医療関係者の役割と権利義務	井上忠男	一二〇〇円
社会的責任の時代	功刀達朗編著	三三〇〇円
国際NGOが世界を変える——地球市民社会の黎明	毛利勝彦編著	二〇〇〇円
国連と地球市民社会の新しい地平	功刀達朗・内田孟男編著	三四〇〇円
イギリス債権法	幡新大実	三八〇〇円
実践 ザ・ローカル・マニフェスト	松沢成文	一二三八円
実践 マニフェスト改革	松沢成文	二三〇〇円
NPO実践マネジメント入門	ブノワ・ルヴェック／ルイ・ファヴロー／小山端	一八〇〇円
NPOの公共性と生涯学習のガバナンス	佐藤一子	二八〇〇円
〈現代臨床政治学シリーズ〉 リーダーシップの政治学	石井貫太郎	一六〇〇円
アジアと日本の未来秩序	伊藤重行	一八〇〇円
象徴君主制憲法の20世紀的展開	下條芳明	二〇〇〇円
ネブラスカ州の一院制議会	藤本一美	一六〇〇円
ルソーの政治思想	根本俊雄	二〇〇〇円
海外直接投資の誘致政策	邊牟木廣海	一八〇〇円
シリーズ《制度のメカニズム》 アメリカ連邦最高裁判所	大越康夫	一八〇〇円
衆議院——そのシステムとメカニズム	向大野新治	一八〇〇円
フランスの政治制度	大山礼子	一八〇〇円
イギリスの司法制度	幡新大実	二〇〇〇円

〒113-0023 東京都文京区向丘1-20-6
TEL 03-3818-5521 FAX03-3818-5514 振替 00110-6-37828
Email tk203444@fsinet.or.jp URL:http://www.toshindo-pub.com/

※定価：表示価格（本体）＋税

東信堂

【世界美術双書】

バルビゾン派	井出洋一郎	二二〇〇円
キリスト教シンボル図典	中森義宗	二二〇〇円
パルテノンとギリシア陶器	関 隆志	二二〇〇円
中国の版画——唐代から清代まで	小林 宏光	二二〇〇円
象徴主義——モダニズムへの警鐘	中村 隆夫	二三〇〇円
中国の仏教美術——後漢代から元代まで	久野 美樹	二三〇〇円
セザンヌとその時代	浅野 春男	二三〇〇円
日本の南画	武田 光一	二三〇〇円
画家とふるさと	小林 忠	二三〇〇円
ドイツの国民記念碑——一八一三─一九一三年	大原 まゆみ	二三〇〇円
日本・アジア美術探索	永井 信一	二三〇〇円
インド、チョーラ朝の美術	袋井 由布子	二三〇〇円
古代ギリシアのブロンズ彫刻	羽田 康一	二三〇〇円

【芸術学叢書】

芸術理論の現在——モダニズムから	谷川 渥 編著	三八〇〇円
絵画論を超えて	藤枝晃雄編著	
いま蘇るブリア＝サヴァランの美味学	尾崎 信一郎	四六〇〇円
美術史の辞典	川端 晶子 P・デュロ他 中森義宗・清水忠訳	三八〇〇円 三六〇〇円
バロックの魅力	小穴 晶子 編	二六〇〇円
新版 ジャクソン・ポロック	藤枝 晃雄	二六〇〇円
美学と現代美術の距離——アメリカにおけるその乖離と接近をめぐって	金 悠美	三八〇〇円
ロジャー・フライの批評理論——知性と感受	要 真理子	四二〇〇円
レオノール・フィニ——境界を侵犯する新しい種	尾形 希和子	二八〇〇円
アーロン・コープランドのアメリカ	G・レヴィン／J・ティック 奥田 恵二 訳	三三〇〇円
イタリア・ルネサンス事典	J・R・ヘイル編 中森義宗監訳	七八〇〇円
キリスト教美術・建築事典	P・マレー／L・マレー 中森義宗監訳	続刊
芸術／批評 0〜3号	藤枝晃雄責任編集	一六〇〇〜二〇〇〇円

〒113-0023　東京都文京区向丘1-20-6
TEL 03-3818-5521　FAX 03-3818-5514　振替 00110-6-37828
Email tk203444@fsinet.or.jp　URL: http://www.toshindo-pub.com/

※定価：表示価格（本体）＋税